陆大绘　张颢 编著

随机过程及其应用

（第 2 版）

清华大学出版社
北京

内 容 简 介

本书是在1986年版《随机过程及其应用》的基础上修改而成的，总结了二十多年来多位教师在清华大学电子工程系讲授"随机过程"课程的教学经验，以及历届学生对课程教学的反馈与建议，是集体智慧的结晶。

本书的内容大体可以分为三个部分：Gauss过程和Poisson过程作为最基本最典型的随机过程，分别给予了独立章节进行讨论；二阶矩过程对于理解电子系统中的随机信号及其特性是本质的，书中分别从时域、频域以及统计处理三个方面进行了分析；Markov过程近年来在电子信息领域的重要性正日益显现，书中对离散状态Markov过程（Markov链）分离散时间和连续时间两部分进行了讨论。考虑到多数读者对确定性函数的分析方法较为熟悉，因此本书尽可能强调随机分析与确定性分析的平行性。同时，本书对研究随机变量的基本工具，例如条件期望、特征函数和母函数等，给予了充分重视，尽量使用它们进行分析和讨论。

为方便读者自学，本书配备了一定数量的习题供读者选做。随机过程的分析处理方法有其自身的特点，读者需要通过练习才能对其理论及方法有较为深入的认识。

本书可供高等院校相关专业大学高年级本科及研究生作为教材使用，也可供工程技术人员参考。

图书在版编目(CIP)数据

随机过程及其应用/陆大绘，张颢编著. --2 版. --北京：清华大学出版社，2012.11（2024.12重印）
ISBN 978-7-302-24275-8

Ⅰ. ①随… Ⅱ. ①陆… ②张… Ⅲ. ①随机过程 Ⅳ. ①O211.6

中国版本图书馆 CIP 数据核字(2010)第 251680 号

责任编辑：王一玲
封面设计：常雪影
责任校对：焦丽丽
责任印制：丛怀宇

出版发行：清华大学出版社
　　　　网　　　址：https://www.tup.com.cn, https://www.wqxuetang.com
　　　　地　　　址：北京清华大学学研大厦 A 座　　　　邮　　编：100084
　　　　社 总 机：010-83470000　　　　　　　　　　邮　　购：010-62786544
　　　　投稿与读者服务：010-62776969, c-service@tup.tsinghua.edu.cn
　　　　质量反馈：010-62772015, zhiliang@tup.tsinghua.edu.cn
　　　　课件下载：https://www.tup.com.cn, 010-83470236
印 装 者：三河市龙大印装有限公司
经　　销：全国新华书店
开　　本：185mm×260mm　　印　张：19.5　　字　数：469 千字
版　　次：2012 年 10 月第 2 版　　　　　印　次：2024 年 12 月第 16 次印刷
定　　价：49.00 元

产品编号：036085-03

前　言

本书是在 1986 年版《随机过程及其应用》的基础上修改而成的,总结了二十多年来多位教师在清华大学电子工程系讲授"随机过程"课程的教学经验,以及历届学生对课程教学的反馈与建议,是集体智慧的结晶。

随机过程理论已经在物理、生物、化学、社会科学、经济、工程技术科学等领域得到了广泛应用。其重要程度、应用的深度和广度正随着科学技术的日新月异不断得到发展。本书作为工程技术科学类专业使用的随机过程入门教材,不涉及测度论知识,侧重于讲述随机过程的基本概念和基本方法,突出与电子工程实践的结合,尽量使用电子与信息工程中常见的模型作为实例加以讨论。本书的内容大体可以分为三个部分:Gauss 过程和 Poisson 过程作为最基本最典型的随机过程,分别给予了独立章节进行讨论;二阶矩过程对于理解电子系统中的随机信号及其特性是本质的,书中分别从时域、频域以及统计处理三个方面进行了分析;Markov 过程近年来在电子信息领域的重要性正日益显现,书中对离散状态 Markov 过程(Markov 链)分离散时间和连续时间两部分进行了讨论。考虑到多数读者对确定性函数的分析方法较为熟悉,因此本书尽可能强调随机分析与确定性分析的平行性。例如以读者熟悉的"距离"概念为基础来建立均方意义下的随机微积分,从确定性信号谱分析的基本结论出发去研究随机信号的谱分析等。同时,本书对研究随机变量的基本工具,例如条件期望、特征函数和母函数等,给予了充分重视,尽量使用它们进行分析和讨论。为方便读者自学,本书配备了一定数量的习题供读者选做。随机过程的分析处理方法有其自身的特点,读者需要通过练习才能对其理论及方法有较为深入的认识。

阅读本书的先修知识包括微积分、线性代数、基础概率论以及信号与系统。本书尽量使用具备先修知识的读者熟悉的方法和技巧进行分析论述,这一方面可以复习巩固以往所学,另一方面可以在新学科的学习中增强灵活运用已有知识的能力。书中力求使用严密和系统的计算来强化读者对基本概念的理解。这对于培养读者运用数学工具解决问题的能力有积极作用。但同时本书又针对工程学科读者的特点,不拘泥于数学的严格性,对于涉及到测度以及实分析的一些内容只给出结论,不做详细讨论。

本书可供相关专业大学高年级本科以及研究生作为教材使用,也可供工程技术人员参考。由于本书篇幅稍大,所以读者在使用时应根据自身需要进行材料的取舍。

限于水平,本书难免有不足和不确切之处,恳请读者批评指正。

作　者

2011 年 8 月于清华园

符 号 表

因本书符号繁多，为方便阅读，特说明如下：

$a, b, \cdots$	一维确定性常数
$\boldsymbol{a}, \boldsymbol{b}, \cdots$	多维确定性向量
$X, Y, \cdots$	一维随机变量
$\boldsymbol{X}, \boldsymbol{Y}, \cdots$	多维随机向量
$X(t), Y(t), \cdots$	一维随机过程
$\boldsymbol{X}(t), \boldsymbol{Y}(t), \cdots$	多维随机过程
$\boldsymbol{A}, \boldsymbol{B}, \cdots$	确定性矩阵

目　　录

第1章 引　　言

1.1　随机过程的概念和分类

什么是随机过程？随机过程是一组依赖于实参数 t 的随机变量。参数 t 可以取离散整数值，此时称该过程为离散参数随机过程，记作 $\{X_n, n \in \mathbb{N}\}$；参数 t 也可以取连续值，则称该过程为连续参数随机过程，记作 $\{X(t), t \in \mathbb{R}\}$。由于许多应用中参数 t 具有时间的含义，所以习惯上就把 t 称为时间。

根据概率基础知识，给定概率空间 $(\Omega, \mathcal{F}, P)$，随机变量 $X(\omega)$ 是定义在样本空间 Ω 上，取值于 $\mathbb{R}$ 的可测函数。随机过程 $X(t)$ 作为以参数 t 为指标的一组随机变量，可看作二元函数 $\{X(t, \omega), (t, \omega) \in \mathbb{R} \times \Omega\}$。如果固定 ω，将得到一个以 t 为自变量的函数，这是随机过程 $X(t)$ 在一次实验中的“实现”，称该函数为随机过程 $X(t)$ 的一条样本轨道 (sample path)。另一方面，如果固定 t，那么将得到一个依赖于 t 的随机变量，设该随机变量的分布为 $F_{X(t)}(x)$，称这个分布为随机过程 $X(t)$ 的一维分布。随机过程的一维分布和 t 有关，通常不同的 t 所对应随机变量有不同的分布。更进一步，$\forall n \in \mathbb{N}$，固定 n 个时刻 $t_1, \cdots, t_n$，得到 n 维随机向量

$$\boldsymbol{X} = (X(t_1), \cdots, X(t_n)) \tag{1-1}$$

其联合分布为 $F_{X(t_1), \cdots, X(t_n)}(x_1, \cdots, x_n)$，也可以表示为 $F_{X(t)}(x_1, \cdots, x_n; t_1, \cdots, t_n)$。一般情况下，随机向量，即式 (1-1) 的各个分量间并不独立，n 维联合分布不能由一维分布简单导出。所以对于了解随机过程的统计性质而言，一维分布和任意维联合分布都很重要。把这些分布合在一起称为随机过程的有限维分布族 (finite-dimensional distributions)。有限维分布族中包含了随机过程的大量信息，但是并不能确定过程。换句话说，两个随机过程的有限维分布族完全相同，并不意味着这两个过程本身相同 (读者请举例)。

概率论中的零概率事件通常被忽略，所以这里所说的两个随机过程 $X(t)$ 和 $Y(t)$ 相同，通常指的是

$$P(X(t) \neq Y(t)) = 0, \quad \forall t \tag{1-2}$$

称满足式 (1-2) 的随机过程 $X(t)$ 和 $Y(t)$ 为等价的 (stochastically equivalent)。等价的随机过程拥有相同的有限维分布族，反之则不然。但等价的随机过程可能有不同的样本轨道。

例 1.1 (等价过程)　考虑随机过程 $X(t)$ 和 $Y(t)$，$t \in [0, 1]$，τ 为 $[0, 1]$ 上连续分布的随机变量，定义

$$X(t) \equiv 0, \qquad Y(t) = \begin{cases} 1 & t = \tau \\ 0 & t \neq \tau \end{cases}$$

由于

$$P(X(t) \neq Y(t)) = P(t = \tau) = 0$$

所以 $X(t)$ 和 $Y(t)$ 是等价的。但是 $X(t)$ 的样本轨道恒为 0，而 $Y(t)$ 的样本轨道在 τ 处有间断。∎

随机过程可以依照取值 (有时也称为状态) 和参数的连续或者离散进行分类。这里通过例子分别说明。

例 1.2 (离散参数离散状态之例 —— Bernoulli 过程) 随机过程 $\{X_n\}_{n=0}^{\infty}$，X_k 服从两点分布

X_k	0	1
P_k	q	p

其中

$$p + q = 1, \quad \forall k$$

且对于 $n \neq m$，X_n 和 X_m 独立，则称该过程为 Bernoulli 过程。该过程是多次统计实验的简单模型。 ∎

例 1.3 (离散参数连续状态之例 —— AR(1) 过程) 由下列递推方程决定的随机过程 $\{X_n\}_{n=0}^{\infty}$

$$X_n = \alpha X_{n-1} + Z_n, \quad n \geqslant 1$$

其中 α 为确定性常数，$\{Z_n, n \in \mathbb{N}\}$ 为相互独立的零均值连续随机变量，称该过程为一阶自回归过程，简记为 AR(1)。该类过程在时间序列建模中有重要作用。 ∎

例 1.4 (连续参数离散状态之例 —— Poisson 过程) 整数值随机过程 $X(t)$ 满足 $X(0) = 0$，$\forall t_1 < t_2 \leqslant t_3 < t_4$，都有 $X(t_4) - X(t_3)$ 和 $X(t_2) - X(t_1)$ 独立，且

$$P(X(t_2) - X(t_1) = k) = \frac{(\lambda(t_2 - t_1))^k}{k!} \exp(-\lambda(t_2 - t_1))$$

则称其为 Poisson 过程，该过程在离散事件建模中有非常广泛的应用。 ∎

例 1.5 (连续参数连续状态之例 —— Brown 运动) 实数值随机过程 $X(t)$ 满足 $X(0) = 0$，$\forall t_1 < t_2 \leqslant t_3 < t_4$，都有 $X(t_4) - X(t_3)$ 和 $X(t_2) - X(t_1)$ 独立，且

$$[X(t_2) - X(t_1)] \sim N(0, \sigma^2(t_2 - t_1))$$

称它为 Brown 运动。该过程具有许多优良性质，无论在理论上还是在实际应用中都有重要价值。 ∎

利用物理概念和概率论知识来构建随机过程的一维和多维联合分布，是研究随机过程的重要手段。随机过程作为一种"过程"，随时间的发展而演变的统计特性是研究的重要内容。特别是那种随时间发展而保持恒定统计特性的过程 (即"不变性")，更是受到广泛的关注。平稳性就是一种典型的不变性。随机过程有多种平稳性，其中的严平稳(strict-sense stationary) 定义如下：对于随机过程 $\{X(t), t \in \mathbb{R}\}$，如果 $\forall n$，$\forall t_1, t_2, \cdots, t_n$，$\forall D$，都有

$$f_{X(t_1), \cdots, X(t_n)}(x_1, \cdots, x_n) = f_{X(t_1+D), \cdots, X(t_n+D)}(x_1, \cdots, x_n) \tag{1-3}$$

就称 $X(t)$ 是严平稳的。换句话说，严平稳意味着随机过程的有限维分布族随时间的平移保持不变。如果式 (1-3) 仅对 $n = 1$ 成立，则称过程是一阶严平稳的；如果式 (1-3) 仅对 $n = 1, 2$ 成立，则称过程是二阶严平稳的。依此类推可以得到严平稳的各种特定形式。如果把有限维分布族换成其他统计特性，还可以得到不同类型的平稳性。

1.2 基本研究方法和章节介绍

尽管随机过程种类繁多，其基本的研究方法却有规律可循。本书将着重介绍两种方法 —— 相关方法和 Markov 方法。

前面提到，对于随机过程 $X(t)$ 而言，取定时间 t，即可得到一个随机变量。换句话说，随机过程可以看作取值为随机变量的"函数"。既然是"函数"，就可以借鉴函数研究中所使用过的分析方法来探讨随机过程的性质，主要包括随机变量的收敛概念，以及以收敛为核心的过程连续性、可微性、可积性等。这就是"随机微积分"的基本内容。和普通微积分有所不同的是，随机变量的收敛含义很多，不同的收敛含义将会引出不同的微积分。所以在讨论随机微积分的有关问题时，必须明确研究是在何种意义的收敛下进行的。本书的第 2 章将讨论均方收敛意义下的随机微积分。

分析方法的另一个关键是函数所处空间的结构和性质，随机过程的研究也不例外。在随机变量所构成的线性空间中，受到最多关注的是均方可积空间 $L^2(\Omega, \mathcal{F}, P)$，其中元素满足 $E|X(t)|^2 < \infty$。取值于该空间的随机过程 $X(t)$ 称为二阶矩过程 (second order processes)。均方可积空间是内积空间。相关运算作为该空间的内积，在随机过程的研究中作用非常大。两个随机变量 X 和 Y 的相关定义为

$$\langle X, Y \rangle = E(X\overline{Y})$$

由此引出二阶矩过程 $X(t)$ 相关函数的概念

$$R_X(t, s) = E(X(t)\overline{X(s)})$$

基于相关函数可以得到宽平稳 (wide-sense stationary, 也称为广义平稳) 的概念。如果随机过程 $X(t)$ 的相关函数满足：$\forall t, s$, $\forall D$，且

$$R_X(t, s) = R_X(t + D, s + D) = R(t - s) \tag{1-4}$$

则称该过程是宽平稳的。相关函数和宽平稳性是讨论随机过程的重要工具。本书第 2 章将利用它们讨论随机过程的二阶矩性质。

电子信息领域中，在研究信号与系统问题时，采用时域和频域两个方面进行分析将有助于从理论和物理意义两个方面深化对信号和系统的认识，这也使得作为分析方法的重要分支 —— Fourier 分析成为电子工程师的必备工具。从某种角度上讲，相关函数可看作是对随机过程二阶关联的时域描述，当过程为宽平稳时，其频域结构是 Fourier 分析在随机过程中的自然延伸。从而不仅可以得到相关函数的 Fourier 变换 —— 功率谱密度 (power spectral density)

$$S_X(\omega) = \int_{-\infty}^{\infty} R_X(\tau) \exp(-j\omega\tau) d\tau \tag{1-5}$$

还可以通过确定性信号频谱的延伸得到随机过程的谱表示 (spectral representation)。确定性信号理论中的采样定理、Hilbert 变换、基带表示等在随机过程中也有对应的内容。随机过程的频域分析将在第 5 章进行讨论。

最优线性估计是随机过程相关理论的成功应用。利用均方可积空间以及内积运算，可以赋予最优线性估计明显的几何意义，可将它看作线性空间中元素在某一个子空间上的投影。这样就自然得到了正交化原理以及新息过程的概念，并在此基础上导出著名的 Wiener 滤波和 Kalman 滤波的解析表达式。第 6 章将重点研究相关理论的统计应用。

从另外一个角度出发，随机过程 $X(t, \omega)$ 可以看作一组随机变量 (当时间离散时尤其如此)。这些随机变量之间存在依赖关系，可以通过条件分布来描述这种依赖关系。设 $(X(t_1), \cdots, X(t_n))$ 的联合分布为

$$F_{X(t_1), \cdots, X(t_n)}(x_1, \cdots, x_n)$$

那么由条件分布的定义，得

$$
\begin{aligned}
&F_{X(t_1), \cdots, X(t_n)}(x_1, \cdots, x_n) \\
&= F_{X(t_n)|X(t_{n-1}), \cdots, X(t_1)}(x_n|x_{n-1}, \cdots, x_1) F_{X(t_1), \cdots, X(t_{n-1})}(x_1, \cdots, x_{n-1})
\end{aligned}
$$

进而可得到

$$
\begin{aligned}
&F_{X(t_1), \cdots, X(t_n)}(x_1, \cdots, x_n) \\
&= F_{X(t_n)|X(t_{n-1}), \cdots, X(t_1)}(x_n|x_{n-1}, \cdots, x_1) \cdots F_{X(t_2)|X(t_1)}(x_2|x_1) F_{X(t_1)}(x_1)
\end{aligned} \tag{1-6}
$$

可见，有限维联合分布可以由各阶条件分布表示出来。

式 (1-6) 中高阶条件分布所体现的依赖关系比较复杂，而实际应用当中有一大类过程的条件依赖关系可以简化。假定 $\forall n$, $\forall t_1, t_2, \cdots, t_n$，且

$$F_{X(t_n)|X(t_{n-1}), \cdots, X(t_1)}(x_n|x_{n-1}, \cdots, x_1) = F_{X(t_n)|X(t_{n-1})}(x_n|x_{n-1}) \tag{1-7}$$

则式 (1-6) 可以简化为

$$F_{X(t_1), \cdots, X(t_n)}(x_1, \cdots, x_n) = F_{X(t_n)|X(t_{n-1})}(x_n|x_{n-1}) \cdots F_{X(t_2)|X(t_1)}(x_2|x_1) F_{X(t_1)}(x_1)$$

所有的高阶依赖关系都简化成为二阶依赖，这使得模型的复杂程度大大降低。满足式 (1-7) 的随机过程称为 Markov 过程。Markov 性是随机过程的重要研究内容。本书的第 7 章和第 8 章将从离散时间和连续时间两个方面讨论状态离散的 Markov 过程 (也称为 Markov 链) 的基本性质。

习题

1. 设随机过程 $\xi(t) = V \sin \omega t$，其中 ω 为常数，V 为服从 $(0, a)$ 内均匀分布的随机变量。

(1) 画出 $\xi(t)$ 的某一条样本轨道。

(2) 求 $\xi(0)$, $\xi\left(\dfrac{\pi}{4\omega}\right)$, $\xi\left(\dfrac{\pi}{2\omega}\right)$, $\xi\left(\dfrac{5\pi}{4\omega}\right)$ 的概率密度。

2. 设有随机脉冲信号 $\xi(t)$，脉宽为确定值 T_0，不同脉冲的幅度为独立同分布的随机变量。脉冲信号起始时间 U 为 $(0, T_0)$ 内均匀分布的随机变量，且与脉冲幅度相互独立。在下列两种情况下，求 $\xi(t_1)$ 和 $\xi(t_2)$ 的联合概率密度。

(1) 脉冲幅度服从均值为 0，方差为 σ^2 的 Gaussian 分布。

(2) 脉冲幅度服从样本空间 $\{-2, -1, 1, 2\}$ 的等概分布。

第2章 相关理论与二阶矩过程 (I) —— 时域分析

2.1 基本定义与性质

二阶矩过程 (second-order processes) 是电子技术与通信领域最为常见的一类随机过程。这类过程的主要特性可以通过其二阶矩的性质体现。因此，围绕着"相关"(correlation) 展开的一系列概念及处理方法在二阶矩过程的研究中起着非常重要的作用。现在首先给出二阶矩过程的定义。

定义 2.1 (二阶矩过程) 设有实 (复) 值随机过程 $X(t), t \in \mathbb{R}$，如果 $\forall t \in \mathbb{R}$，$X(t)$ 的均值和方差都存在，则称该随机过程为二阶矩过程。

常见的随机相位正弦波、通信系统中各类调制信号、随机电报信号，以及前面讨论到的 Brown 运动、Poisson 过程都属于二阶矩过程。

研究二阶矩过程最重要的工具是自相关函数 (autocorrelation function)，这是大家所熟悉的统计相关概念在随机过程中的延伸，它反映了随机过程在两个不同时刻所对应的随机变量之间的线性关联程度。

定义 2.2 (自相关函数) 设复随机过程 $X(t), t \in \mathbb{R}$ 为二阶矩过程，则其自相关函数 $R_X(t,s) : \mathbb{R} \times \mathbb{R} \to \mathbb{C}$ 为

$$R_X(t,s) = E(X(t)\overline{X(s)}) \tag{2-1}$$

类似地，可以定义自协方差函数 (autocovariance function)。

定义 2.3 (自协方差函数) 设复随机过程 $X(t), t \in \mathbb{R}$ 为二阶矩过程，则其自协方差函数 $C_X(t,s) : \mathbb{R} \times \mathbb{R} \to \mathbb{C}$ 为

$$C_X(t,s) = E((X(t) - EX(t))\overline{(X(s) - EX(s))}) \tag{2-2}$$

定义 2.2 还可以延伸到两个随机过程的相互关系上，导出互相关函数 (cross-correlation function)。

定义 2.4 (互相关函数) 设 $X(t)$ 与 $Y(t)$ 为两个二阶矩复随机过程，则其互相关函数 $R_{XY}(t,s) : \mathbb{R} \times \mathbb{R} \to \mathbb{C}$ 为

$$R_{XY}(t,s) = E(X(t)\overline{Y(s)}) \tag{2-3}$$

与自协方差函数相对应，互协方差函数定义如下。

定义 2.5 (互协方差函数) 设 $X(t)$ 与 $Y(t)$ 为两个二阶矩复随机过程，则其互协方差函数 $C_{XY}(t,s) : \mathbb{R} \times \mathbb{R} \to \mathbb{C}$ 为

$$C_{XY}(t,s) = E((X(t) - EX(t))\overline{(Y(s) - EY(s))}) \tag{2-4}$$

由于 $E((X(t) - EX(t))\overline{(X(s) - EX(s))}) = E(X(t)\overline{X(s)}) - EX(t)\overline{EX(s)}$, 因此自 (互) 相关函数与自 (互) 协方差函数之间仅仅相差一个均值的乘积，如果随机过程的均值为常数，

则两者仅相差一个常数, 没有本质的区别。本书如不特别指出, 通常假定二阶矩过程的均值为零, 其自相关函数与自协方差函数可以不加区分。

　　自相关函数作为研究二阶矩过程的重要工具, 其存在与否非常关键。对于一般的二阶矩过程, 自相关函数总是存在的。事实上, 由 Cauchy-Schwarz 不等式 (见附录), 可得

$$|R_X(t,s)| = |E(X(t)\overline{X(s)})| \leqslant E|X(t)\overline{X(s)}| \leqslant (E(|X(t)|^2)E(|X(s)|^2))^{1/2}$$
$$= [(\mathrm{Var}(X(t)) + |E(X(t))|^2)(\mathrm{Var}(X(s)) + |E(X(s))|^2)]^{1/2}$$
$$< \infty$$

同样地, 自协方差函数也存在。

　　二阶矩过程的自相关函数具有许多重要的性质。

　　定理 2.1　复二阶矩过程 $X(t)$ 的自相关函数具有如下性质:

(1) 共轭对称性;

(2) 对于加法和乘法的封闭性;

(3) 非负定性。

　　证明　(1) 由自相关函数的定义直接得到如下的共轭对称性

$$R_X(t,s) = \overline{R_X(s,t)} \tag{2-5}$$

如果 $X(t)$ 是实过程, 则为

$$R_X(t,s) = R_X(s,t) \tag{2-6}$$

由此直接得到推论: n 维实随机向量 $\boldsymbol{X} = (X_1, X_2, \cdots, X_n)^{\mathrm{T}}$ 的自相关矩阵 $R_{\boldsymbol{XX}} = E(\boldsymbol{XX}^{\mathrm{T}})$ 是对称矩阵, 而复随机向量的自相关矩阵 $R_{\boldsymbol{XX}} = E(\boldsymbol{XX}^{\mathrm{H}})$ 是 Hermitian 矩阵。

　　(2) 如果 $R_1(t,s)$ 和 $R_2(t,s)$ 是两个自相关函数, 则对加法的封闭性是指

$$R(t,s) = \alpha R_1(t,s) + \beta R_2(t,s), \quad \alpha > 0, \beta > 0 \tag{2-7}$$

仍然是某一随机过程的自相关函数, 事实上, 只要设 $R_1(t,s), R_2(t,s)$ 分别为两个独立的零均值二阶矩过程 $X(t)$ 与 $Y(t)$ 的相关函数, 令 $Z(t) = \alpha^{1/2}X(t) + \beta^{1/2}Y(t)$, 就可以得出 $R(t,s)$ 恰为 $Z(t)$ 的自相关函数。同样地, 考虑 $Z(t) = X(t)Y(t)$, 立刻得到

$$R(t,s) = R_1(t,s)R_2(t,s) \tag{2-8}$$

仍然是自相关函数, 即具有乘法的封闭性。

　　(3) 首先给出二元非负定函数的定义

　　定义 2.6 (二元非负定函数)　如果二元函数 $\boldsymbol{G}(t,s): \mathbb{R} \times \mathbb{R} \to \mathbb{C}, \forall n, \forall t_1, t_2, \cdots, t_n \in \mathbb{R}, \forall z_1, z_2, \cdots, z_n \in \mathbb{C}$, 满足

$$\sum_{k=1}^{n}\sum_{m=1}^{n} \boldsymbol{G}(t_k, t_m)z_k\overline{z_m} \geqslant 0 \tag{2-9}$$

则称该二元函数是非负定的。

　　由此可以导出一元非负定函数的定义。

定义 2.7 (一元非负定函数) 如果一元函数 $G(t) : \mathbb{R} \to \mathbb{C}$, $\forall n, \forall t_1, t_2, \cdots, t_n \in \mathbb{R}, \forall z_1,$ $z_2, \cdots, z_n \in \mathbb{C}$ 时满足

$$\sum_{k=1}^{n}\sum_{m=1}^{n} G(t_k - t_m) z_k \overline{z_m} \geqslant 0 \tag{2-10}$$

则称该一元函数是非负定的。

现证明自相关函数的非负定性。设有复二阶矩过程 $X(t), t \in \mathbb{R}$, $\forall n, \forall t_1, t_2, \cdots, t_n \in \mathbb{R}$, 令 $\boldsymbol{X} = (X(t_1), X(t_2), \cdots, X(t_n))^{\mathrm{T}}$, $\boldsymbol{Z} = (z_1, z_2, \cdots, z_n)^{\mathrm{T}}$, 有

$$\sum_{k=1}^{n}\sum_{m=1}^{n} R_{\boldsymbol{X}}(t_k, t_m) z_k \overline{z_m} = \boldsymbol{Z}^{\mathrm{T}} E(\boldsymbol{X}\boldsymbol{X}^{\mathrm{H}}) \overline{\boldsymbol{Z}} = E(\boldsymbol{Z}^{\mathrm{T}} \boldsymbol{X}\boldsymbol{X}^{\mathrm{H}} \overline{\boldsymbol{Z}})$$

$$= E|\boldsymbol{Z}^{\mathrm{T}} \boldsymbol{X}|^2 \geqslant 0$$

由此可以得到 n 维随机向量 $\boldsymbol{X}$ 的自相关矩阵 $\boldsymbol{R_{XX}}$ 是非负定矩阵,自相关函数的这一性质对于二阶矩过程的应用具有重要意义。

应当指出,非负定性是自相关函数的一种特征性质。如果一个二元函数满足非负定性,则一定可以构造一个随机过程,使得其自相关函数恰为给定的二元函数。

2.2 宽平稳随机过程

平稳性是一类随机过程的重要性质,该性质很好地概括了许多物理现象不依赖于时间起点的内在禀性。所谓平稳 (stationary),是指随机过程的某种统计特性不随时间的推移而发生变化。由于人们所关注的统计特性各不相同,由此引出的平稳的定义也随之变化。这里首先研究最简单也是最常见的一种平稳性——宽平稳 (wide-sense stationary,WSS)。

定义 2.8 (宽平稳) 对于随机过程 $X(t), t \in T$, 如果 $\forall t, s \in T$, 都有

$$E(X(t)) = E(X(s))$$
$$R_X(t, s) = R_X(t+D, s+D), \qquad \forall D \in T$$

则称随机过程 $X(t)$ 具有宽平稳性,或称其为宽平稳随机过程。

可以看出,宽平稳过程的均值是常数,自相关函数只依赖于时间差 $t-s$,与绝对时间 t、s 无关,即 $R_X(t, s) = R_X(t-s)$。也就是说,宽平稳过程的均值和自相关函数不随时间的推移而发生变化。因此常常把宽平稳过程的自相关函数写成一元函数 $R_X(\tau)$,其中 $\tau = t - s$。

和宽平稳相对应,如果在各个时刻的联合分布上都具有平移不变性,就得到了另一种平稳——严平稳 (strict sense stationary,SSS)。

定义 2.9 (严平稳) 对于随机过程 $X(t), t \in T$, 如果 $\forall n$, $\forall t_1, t_2, \cdots, t_n \in T, \forall D \in T$, 都有

$$F_{t_1, t_2, \cdots, t_n}(x_1, x_2, \cdots, x_n) = F_{t_1+D, t_2+D, \cdots, t_n+D}(x_1, x_2, \cdots, x_n) \tag{2-11}$$

则称随机过程 $X(t)$ 具有严平稳性,或称其为严平稳随机过程。

这里 $F_{t_1,t_2,\cdots,t_n}(x_1,x_2,\cdots,x_n)$ 是指随机过程 $X(t)$ 在 n 个时刻 $t_1,t_2,\cdots,t_n$ 取值 $(X(t_1),\cdots,X(t_n))$ 的联合分布。很明显，严平稳的要求比宽平稳苛刻得多。在二阶矩存在的前提下，严平稳蕴含宽平稳；而一般来讲，宽平稳无法得到严平稳。

有时需要了解两个随机过程相互之间的关系，将自相关函数的时移不变性推广到互相关函数，得到联合宽平稳 (joint wide sense stationary)。

定义 2.10 (联合宽平稳)   对于两个宽平稳随机过程 $X(t)$ 与 $Y(t)$，如果 $\forall t,s \in T$，都有

$$R_{XY}(t,s) = R_{XY}(t+D,s+D), \forall D \in T \tag{2-12}$$

则称随机过程 $X(t)$ 和 $Y(t)$ 具有联合宽平稳性。

结合二阶矩过程的一般特性，可以得到宽平稳过程的性质如下。

定理 2.2 (宽平稳过程的性质)   设 $R_X(\tau)$ 是复宽平稳随机过程 $X(t)$ 的自相关函数，m_X 为该过程的均值，则下列性质成立：

(1) $R_X(\tau) = \overline{R_X(-\tau)}$；

(2) $R_X(0) \geqslant |m_X|^2$；

(3) $|R_X(\tau)| \leqslant R_X(0)$；

(4) $R_X(\tau)$ 是一元非负定函数。

上述性质请读者自行证明。

下面给出几个宽平稳随机过程的例子。

例 2.1 (随机相位信号)   考虑随机过程 $X(t) = A\cos(\omega t + \Theta), t \in \mathbb{R}$，其中 A 和 Θ 是相互独立的随机变量，ω 是一个常数。求使得该过程具有平稳性的相位分布。

首先计算 $X(t)$ 的均值 $m(t)$

$$m(t) = E(A\cos(\omega t + \Theta)) = E(A)E(\cos(\omega t + \Theta))$$
$$= E(A)[E(\cos\Theta)\cos\omega t - E(\sin\Theta)\sin\omega t]$$

注意到 $m(t)$ 是 $\cos\omega t$ 和 $\sin\omega t$ 的线性组合，欲使均值不依赖于时间 t 的唯一选择是线性组合的系数为零，即

$$E(\cos\Theta) = E(\sin\Theta) = 0$$

然后计算 $X(t)$ 的自相关函数 $R_X(t,s)$

$$R_X(t,s) = E(A^2)E(\cos(\omega t + \Theta)\cos(\omega s + \Theta))$$
$$= \frac{E(A^2)}{2}(\cos(\omega(t-s)) + E(\cos(\omega(t+s) + 2\Theta)))$$

可以看出，由于 $t+s$ 取值的任意性，要让 $R_X(t,s)$ 只依赖于 $t-s$，$E(\cos(\omega(t+s)+2\Theta))$ 必须不依赖于 $t+s$。利用计算均值的方法，得到

$$E(\cos 2\Theta) = E(\sin 2\Theta) = 0$$

总结上面的结果，$X(t)$ 为宽平稳过程的条件是

$$E(\cos 2\Theta) = E(\sin 2\Theta) = E(\cos\Theta) = E(\sin\Theta) = 0$$

满足上述条件的 Θ 的分布可以有多种选择，例如 $[0,2\pi]$ 间的均匀分布，取 $\left\{0,\dfrac{\pi}{2},\pi,\dfrac{3\pi}{2}\right\}$ 四个值的等概率离散分布等，其中就包括了通信技术中比较常见的随机相位调制信号以及相位噪声。 ∎

需要进一步指出的是，当 Θ 服从 $[0,2\pi]$ 间的均匀分布时，$X(t)=A\cos(\omega t+\Theta)$ 不仅是宽平稳的，而且还具有严平稳性。从直观上看这非常自然，事实上，严平稳性要求对于任意的 D，$X(t)$ 与 $X(t+D)$ 具有相同的有限维分布，由于

$$X(t+D)=A\cos(\omega(t+D)+\Theta)=A\cos(\omega t+\widetilde{\Theta})$$

其中，$\widetilde{\Theta}=(\omega D+\Theta)\ \mathrm{mod}\ 2\pi$。

不难看出，当 Θ 服从 $[0,2\pi]$ 间的均匀分布时，$(A,\widetilde{\Theta})$ 和 (A,Θ) 具有相同的联合分布，因此，$A\cos(\omega t+\widetilde{\Theta})$ 与 $A\cos(\omega t+\Theta)$ 具有相同的有限维分布，即 $X(t)$ 是严平稳的。

例 2.2 (随机电报信号) 令 $N(t)$ 为标准 Poisson 过程，定义随机电报信号 $X(t)$ 如下：

$$X(t)=X_0(-1)^{N(t)}$$

其中，X_0 为以等概率取 $\{-1,1\}$ 的随机变量，且和 $N(t)$ 相互独立。

首先计算均值。很明显，$E(X_0)=0$，所以

$$E(X(t))=E(X_0)E((-1)^{N(t)})=0$$

其次计算自相关函数，不妨设 $t>s$，有

$$R_X(t,s)=E(X(t)X(s))=P(X(t)X(s)=1)-P(X(t)X(s)=-1)$$

由于

$$
\begin{aligned}
P(X(t)X(s)=1)&=\sum_{k=0}^{\infty}P(N(t)-N(s)=2k)\\
&=\sum_{k=0}^{\infty}\frac{(\lambda(t-s))^{2k}}{(2k)!}\exp(-\lambda(t-s))\\
&=\frac{1}{2}\exp(-\lambda(t-s))\left(\sum_{k=0}^{\infty}\frac{(\lambda(t-s))^k}{k!}+\sum_{k=0}^{\infty}\frac{(-\lambda(t-s))^k}{k!}\right)\\
&=\frac{1}{2}\exp(-\lambda(t-s))(\exp(\lambda(t-s))+\exp(-\lambda(t-s)))\\
&=\frac{1}{2}(1+\exp(-2\lambda(t-s)))
\end{aligned}
$$

同理可得

$$P(X(t)X(s)=-1)=\frac{1}{2}(1-\exp(-2\lambda(t-s)))$$

所以

$$R_X(t,s)=\exp(-2\lambda|t-s|) \tag{2-13}$$

可以看出，随机电报信号是宽平稳随机过程。 ∎

例 2.3 (滑动平均 (MA) 过程)　设 $\xi_n(n = 0, \pm 1, \pm 2, \cdots)$ 为标准不相关的随机变量，即其均值为 0，方差为 1，且 $E(\xi_k\xi_i) = 0(k \neq i)$；又设 $a_1, a_2, \cdots, a_n$ 为任意实数，定义 MA 过程 X_n 如下

$$X_n = a_1\xi_n + a_2\xi_{n-1} + \cdots + a_m\xi_{n-m+1} = \sum_{k=1}^{m} a_k\xi_{n-k+1}$$

那么 X_n 的均值为 $E(X_n) = 0$，X_n 的自相关函数为

$$\begin{aligned}
R_X(n, n+l) = E(X_nX_{n+l}) &= E\left(\sum_{k=1}^{m} a_k\xi_{n-k+1} \sum_{i=1}^{m} a_i\xi_{n+l-i+1}\right) \\
&= \sum_{k=1}^{m}\sum_{i=1}^{m} a_ka_i E(\xi_{n-k+1}\xi_{n+l-i+1}) \\
&= \sum_{1\leqslant k, k+l\leqslant m} a_ka_{k+l}
\end{aligned}$$

自相关函数仅依赖于时延 l，不依赖于 n，所以 X_n 是宽平稳过程。　■

例 2.4 (谐波过程)　定义如下的随机过程 $X(t)$

$$X(t) = \sum_{k=1}^{\infty} (\xi_k \cos(\omega_k t) + \eta_k \sin(\omega_k t))$$

其中，$\{\xi_k\}$、$\{\eta_k\}(k = 1, 2, \cdots)$ 为两组相互统计独立的随机变量，满足 $E(\xi_k) = E(\eta_k) = 0$，$\mathrm{Var}(\xi_k) = \mathrm{Var}(\eta_k) = \sigma_k^2$，$\forall k \in \mathbb{N}$，且 $E(\xi_n\xi_m) = E(\eta_n\eta_m) = 0, n \neq m$；$\omega_1, \omega_2, \cdots$ 为互不相等的实数。于是

$$\begin{aligned}
E(X(t)) &= E\left(\sum_{k=1}^{\infty} (\xi_k \cos(\omega_k t) + \eta_k \sin(\omega_k t))\right) \\
&= \sum_{k=1}^{\infty} (E(\xi_k) \cos(\omega_k t) + E(\eta_k) \sin(\omega_k t)) = 0
\end{aligned}$$

同时

$$\begin{aligned}
R_X(t, s) &= E(X(t)X(s)) \\
&= E\left(\sum_{k=1}^{\infty} (\xi_k \cos(\omega_k t) + \eta_k \sin(\omega_k t)) \sum_{i=1}^{\infty} (\xi_i \cos(\omega_i s) + \eta_i \sin(\omega_i s))\right) \\
&= \sum_{k=1}^{\infty} E(\xi_k^2) \cos(\omega_k s) \cos(\omega_k t) + E(\eta_k^2) \sin(\omega_k s) \sin(\omega_k t) \\
&= \sum_{k=1}^{\infty} \sigma_k^2 \cos(\omega_k(t - s))
\end{aligned}$$

很明显，$X(t)$ 是宽平稳过程。　■

例 2.5 (宽平稳随机过程的时间平均)　设随机过程 $X(t)$ 是宽平稳的，$T \in \mathbb{R}_+$，定义

$$A = \frac{1}{2T} \int_{-T}^{T} X(t)\mathrm{d}t$$

则 A 是一个随机变量。于是

$$m_A = E(A) = E\left(\frac{1}{2T}\int_{-T}^{T} X(t)\mathrm{d}t\right) = \frac{1}{2T}\int_{-T}^{T} E(X(t))\mathrm{d}t = E(X(t))$$

即 A 和 $X(t)$ 有相同的均值。

$$\mathrm{Var}(A) = E(A - E(A))^2 = \frac{1}{4T^2}\int_{-T}^{T}\int_{-T}^{T} C_X(t_1 - t_2)\mathrm{d}t_1\mathrm{d}t_2$$

使用积分换元来处理二重积分，如图 2-1 所示。设

$$\tau = t_1 - t_2, \quad u = t_1 + t_2$$

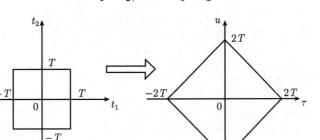

图 2-1　积分换元示意图

则有

$$\int_{-T}^{T}\int_{-T}^{T} C_X(t_1 - t_2)\mathrm{d}t_1\mathrm{d}t_2 = \int_{-2T}^{2T}\int_{-2T+|\tau|}^{2T-|\tau|} \frac{1}{2}C_X(\tau)\mathrm{d}u\mathrm{d}\tau$$

$$= \int_{-2T}^{2T}[2T - |\tau|]C_X(\tau)\mathrm{d}\tau$$

所以

$$\mathrm{Var}(A) = \frac{1}{4T^2}\int_{-T}^{T}\int_{-T}^{T} C_X(t_1 - t_2)\mathrm{d}t_1\mathrm{d}t_2 = \frac{1}{2T}\int_{-2T}^{2T}\left[1 - \frac{|\tau|}{2T}\right] C_X(\tau)\mathrm{d}\tau \tag{2-14}$$

关系式 (2-14) 在后面遍历性的讨论中起着重要作用。∎

　　例 2.6 (两个极端的例子的分析)　下面讨论两个极端但很有趣的例子，第一个例子是随机过程 $\{X_n\}, n \in \mathbb{N}$，其中每个时刻的 X_n 为彼此独立、分布相同、均值为常数 μ 的随机变量。很明显，$\{X_n\}$ 是严平稳的，因为各时刻取值的独立性使得其有限维联合分布可以写成各个时刻取值分布的乘积；而同分布性质又使得这个乘积不依赖于过程的初始时间。如果假定 X_n 的方差有限，则该过程同时又是宽平稳的。第二个例子是 $\{Y_n\}, n \in \mathbb{N}$，其中 $Y_n \equiv Z$，这里 Z 是一个均值为 μ 的随机变量。不难看出，各个时刻完全等同的 Y_n 也是严平稳的，并且加上二阶矩有限的条件后，同样满足宽平稳性。尽管 X_n 和 Y_n 具有相同的平稳特性，但

是 $\{X_n\}$ 却恰好和 $\{Y_n\}$ 处于两个不同的极端,一个是各个时刻间完全独立,而另一个则各个时刻完全相关 (相同)。可以从以下的两个方面看两者的差别。

首先考虑可预测性 (predictability)。对于第一个例子,如果我们掌握了 $X_1, X_2, \cdots, X_n$ 的信息,对于预测 X_{n+1} 没有任何帮助,原因很简单,它们彼此是独立的,完全不具有相关性。而对于第二个例子,一旦掌握了 $Y_1, Y_2, \cdots, Y_n$ 的信息 (实际上根本不需要这么多,只要某一时刻的信息就足够了),那么就可以对 $Y_{n+1}, Y_{n+2}, \cdots$ 作出精确的预测。原因同样很简单,$\{Y_n\}$ 在各个时刻是完全等同的,$\{Y_n\}$ 的每一条样本轨道是常值函数。换句话说,如果已知其中一个时刻的情况,其他时刻就全都清楚了。

其次假定 $\{X_n\}$ 和 $\{Y_n\}$ 具有有限的方差,对于 $\{X_n\}$,由大数定律 (law of large numbers),可以通过样本均值来估计均值 μ,即

$$\frac{1}{n}(X_1 + X_2 + \cdots + X_n) \to \mu, \qquad n \to \infty$$

同时

$$\mathrm{Var}\left(\frac{1}{n}(X_1 + X_2 + \cdots + X_n)\right) = \frac{1}{n}\mathrm{Var}(X_1) \to 0, \qquad n \to \infty$$

通过多次采样后平均,随着 n 的增大,用样本均值作为 $\{X_n\}$ 的均值估计,可以在相当程度上消除 X_n 均值估计的随机性。而对于 $\{Y_n\}$ 而言,可得

$$\frac{1}{n}(Y_1 + Y_2 + \cdots + Y_n) = Y_n = Z, \qquad \forall n$$

也就是说,在 n 增大的过程中,其样本均值始终为 $\{Y_n\}$,因而均值估计的随机性丝毫没有降低。

随机过程的样本均值在各种随机极限意义下收敛于过程的某些参数的性质称为遍历性 (ergodic)。对具有遍历性质的过程进行研究的时候,可以不必 (实际上也不能) 对样本空间有全面的了解,而只需要掌握某一条样本轨道的信息。沿着这条轨道进行平均,只要平均的时间充分长,就可以对过程的统计特性作出准确的推断。所以,遍历性对于随机过程的实际应用是非常重要的。

从自相关函数的角度出发,可以对上述两例 $\{X_n\}$ 和 $\{Y_n\}$ 的性质差异给出适当解释。事实上,导致上述差异的一个重要原因是两个宽平稳过程自相关函数随时间差增长而"衰减"的速度不同。第一例中 $\{X_n\}$ 的自相关函数随时间差而"衰减"的速度在所有宽平稳过程中是最"快"的。也就是说,相关时间最短。即

$$R_X(m) = E(X_n X_{n+m}) = E(X_n)E(X_{n+m}) = 0, \qquad m \neq 0$$

而第二例中 $\{Y_n\}$ 的自相关函数随时间差而"衰减"的速度则在所有宽平稳过程中居于末尾,相关时间最长。即

$$R_Y(m) = E(Y_n Y_{m+n}) = E(Z^2) = \sigma_Z^2$$

这种自相关函数"衰减"速度的极端性态恰好反映了 $\{X_n\}$ 和 $\{Y_n\}$ 这两个过程在可预测性与遍历性方面的差异。∎

上面的例子说明，宽平稳随机过程的自相关函数随时间差增长而"衰减"的速度是过程的重要性质。为定量描述该速度，引入"相关时间"的概念。

例 2.7 (相关时间) 如果随机过程 $X(t)$ 满足

$$C_X(t,s) = 0, \quad |t-s| > \alpha$$

则称该过程为 α 相关过程，此时称 α 为相关时间。

相关时间是随机过程任意两个时刻间相关性的一种表征。如果两个时刻的间隔小于相关时间，那么两个时刻所对应的随机变量就具有较强的相关性；反之则不然。换句话说，它从某种程度上描述了随机过程起伏涨落的剧烈程度。相关时间较小，说明过程 $X(t)$ 往往变化得更为剧烈。移动通信中，常常用相关时间描述信道衰落现象[16]。

对于宽平稳过程 $X(t)$，相关时间也可以做如下定义。设

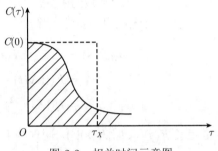

图 2-2   相关时间示意图

$$\tau_X = \frac{1}{C(0)} \int_0^\infty C(\tau)\mathrm{d}\tau$$

则称 τ_X 为 $X(t)$ 的相关时间，如图 2-2 所示。   ■

2.3   正交增量过程

为进一步理解宽平稳和非平稳性，下面给出一类比较典型的非平稳随机过程——正交增量过程，这类过程理论与实际应用意义都很重要。

定义 2.11 (正交增量过程) 对于二阶矩过程 $X(t), t \in \mathbb{R}$，如果 $\forall t_1 < t_2 \leqslant t_3 < t_4$，$t_1$、$t_2$、$t_3$、$t_4 \in \mathbb{R}$，满足

$$E((X(t_4) - X(t_3))\overline{(X(t_2) - X(t_1))}) = 0$$

则称该过程为正交增量过程。

定义表明，正交增量过程在不同时段的增量彼此正交。这里使用了"正交"这样几何意义明显的术语，它点出了相关计算的几何意义。事实上，如果引入随机过程的向量空间描述，则自相关计算正好是一种内积操作。后面还将从几何的角度对二阶矩过程进行讨论。

和正交增量有联系的还有两个重要概念 —— 独立增量和平稳增量。

定义 2.12 (独立增量过程) 对于随机过程 $X(t), t \in \mathbb{R}$，如果 $\forall t_1 < t_2 \leqslant t_3 < t_4$，$t_1$、$t_2$、$t_3$、$t_4 \in \mathbb{R}$，$X(t_4) - X(t_3)$ 和 $X(t_2) - X(t_1)$ 统计独立，则称该过程为独立增量过程。

如果 $X(t)$ 为独立增量过程，且均值为 0，那么 $X(t)$ 就是正交增量过程。事实上，$\forall t_1 < t_2 \leqslant t_3 < t_4$，增量 $X(t_4) - X(t_3)$ 和 $X(t_2) - X(t_1)$ 统计独立，那么

$$E((X(t_4) - X(t_3))\overline{(X(t_2) - X(t_1))}) = E(X(t_4) - X(t_3))E\overline{(X(t_2) - X(t_1))} = 0$$

定义 2.13 (平稳增量过程) 对于随机过程 $X(t), t \in \mathbb{R}$，如果增量 $X(t) - X(s)$ 的分布仅仅依赖于 $t - s$，那么称该过程为平稳增量过程。

平稳增量和宽平稳以及严平稳等概念有某种相似性。读者应注意随机过程中各类平稳性之间的区别和联系。

正交增量过程的自相关函数具有独特的性质。

定理 2.3　随机过程 $X(t), t \in [0, \infty]$，满足 $X(0) = 0$，则其为正交增量过程的充分必要条件是自相关函数满足

$$R_X(s, t) = F(\min(s, t)) \tag{2-15}$$

其中，$F(\ )$ 是单调不减的函数。

证明　首先证明必要性。当 $t > s$ 时

$$\begin{aligned}
R_X(t, s) = E(X(t)\overline{X(s)}) &= E((X(t) - X(s) + X(s))\overline{X(s)}) \\
&= E(((X(t) - X(s))\overline{(X(s) - X(0))})) + E(|X(s)|^2) \\
&= E(|X(s)|^2) = F(s)
\end{aligned}$$

这里定义 $F(s) = E(|X(s)|^2)$。同理当 $t < s$ 时

$$R_X(t, s) = F(t)$$

下面验证 $F(\ )$ 的单调不减性。当 $s < t$ 时

$$\begin{aligned}
F(t) - F(s) &= F(t) - F(s) - F(s) + F(s) \\
&= E(|X(t)|^2) - E(|X(s)|^2) - E(|X(s)|^2) + E(|X(s)|^2) \\
&= E(|X(t)|^2) - E(X(t)\overline{X(s)}) - E(\overline{X(t)}X(s)) + E(|X(s)|^2) \\
&= E|X(t) - X(s)|^2 \geqslant 0
\end{aligned}$$

因此 $F(\ )$ 是单调不减的函数。

其次证明充分性。如果 $X(t)$ 的自相关函数满足 $R_X(t, s) = F(\min(s, t))$，则 $\forall t_1 < t_2 \leqslant t_3 < t_4$，$t_1$、$t_2$、$t_3$、$t_4 \in \mathbb{R}$，有

$$\begin{aligned}
&E(X(t_4) - X(t_3))\overline{(X(t_2) - X(t_1))} \\
=&E(X(t_4)\overline{X(t_2)}) - E(X(t_3)\overline{X(t_2)}) - E(X(t_4)\overline{X(t_1)}) + E(X(t_3)\overline{X(t_1)}) \\
=&F(\min(t_4, t_2)) - F(\min(t_3, t_2)) - F(\min(t_4, t_1)) + F(\min(t_3, t_1)) \\
=&F(t_2) - F(t_2) - F(t_1) + F(t_1) = 0
\end{aligned}$$

即 $X(t)$ 为正交增量过程。　　　　　　　　　　　　　　　　　　　　　　　　　■

正交增量过程在实际应用中十分常见，对称无限制的随机游动、Brown 运动等都是典型的正交增量过程。以后章节还将进一步讨论此类过程。

2.4　随机过程的均方微积分

如果把随机过程作为时间 t 的函数进行研究，必然会涉及数学分析中的概念与方法在随机过程上的延伸与拓展。特别是微积分所涉及的适用于分析确定性函数的一些基本概念，包

括极限、连续、导数、积分等,都需要找到随机过程方面的相应拓展。众所周知,上述概念的共同基础是极限,所以本节从随机极限的定义入手,引出随机连续、随机导数以及随机积分的定义和相应性质,对随机微积分展开讨论。

2.4.1 均方极限

随机变量序列的极限及收敛有若干种定义方法,例如几乎处处收敛、依概率收敛、依分布收敛等 (各种收敛的定义与它们间的相互关系见附录)。这里采用在二阶矩过程研究中常用的均方收敛 (均方极限) 作为讨论的基础,由均方极限引出的微积分称为"均方微积分"。首先给出均方极限的定义。

定义 2.14 (随机变量序列的均方极限) 设 $\{X_n, n \in \mathbb{N}\}$ 是一个随机变量序列,满足 $E(X_n^2) < \infty$;设 X 为随机变量,满足 $E(X^2) < \infty$。如果 $\forall \varepsilon > 0$, $\exists N \in \mathbb{N}$, 使得当 $n > N$ 时有

$$(E|X_n - X|^2)^{1/2} < \varepsilon$$

则称序列 $\{X_n\}$ 均方收敛于 X 或序列 $\{X_n\}$ 的均方极限为 X,记作

$$X_n \xrightarrow{m.s} X$$

有时也记作

$$\mathop{\mathbf{l.i.m}}_{n \to \infty} X_n = X$$

其中 $\mathop{\mathbf{l.i.m}}_{n \to \infty}$ 是 "limit in mean square" 的缩写。

不难看出,上述定义和普通的极限定义非常类似,区别仅仅在于衡量逼近程度的"距离"发生了变化,普通极限中使用的是欧氏距离,而均方极限中则使用均方根距离。所以有理由推测,普通极限所持有的、仅仅依赖于距离所共有特性的性质,均方极限也同样具有。

定理 2.4 均方极限具有如下性质:

(1) 唯一性:

$$X_n \xrightarrow{m.s} X, \quad X_n \xrightarrow{m.s} Y \quad \Rightarrow \quad X = Y$$

(2) 可加性:

$$X_n \xrightarrow{m.s} X, \ Y_n \xrightarrow{m.s} Y \quad \Rightarrow \quad \alpha X_n + \beta Y_n \xrightarrow{m.s} \alpha X + \beta Y, \alpha, \beta \text{是常数}$$

(3) Lipchitz 性:

$$X_n \xrightarrow{m.s} X, \ F(x) \text{ 是 Lipchitz 函数} \Rightarrow \quad F(X_n) \xrightarrow{m.s} F(X)$$

证明 性质 (1),(2),(3) 的证明都仅仅依赖于均方根距离所具有的距离的共有特性 —— 非负性和三角不等式 (见附录)。下面记 $(E| \quad |^2)^{1/2}$ 为 $\| \quad \|$,突出其作为普通距离的一面。

(1) 唯一性。

$$\|X - Y\| = \|X - X_n + X_n - Y\| \leqslant \|X - X_n\| + \|X_n - Y\| \longrightarrow 0 + 0 = 0, \quad n \to \infty$$

(2) 可加性。

$$\|\alpha X_n + \beta Y_n - \alpha X - \beta Y\| = \|\alpha(X_n - X) + \beta(Y_n - Y)\|$$

$$\leqslant |\alpha|\|X_n - X\| + |\beta|\|Y_n - Y\| \longrightarrow 0 + 0 = 0, \quad n \to \infty$$

(3) Lipchitz 性质。

$$\|F(X_n) - F(X)\| \leqslant L\|X_n - X\| \longrightarrow 0, \quad n \to 0$$

这里用到了 Lipchitz 条件，$\|F(x) - F(y)\| \leqslant L\|x - y\|$，其中 L 为正常数。　　■

上述均方极限的性质和距离的共性有关，此外还有些性质和均方距离的特性有关，例如对于均方收敛的随机变量序列，它的数字特征具有收敛性。

定理 2.5　均方极限具有如下性质：

(1) $X_n \xrightarrow{m.s} X \Rightarrow E(X_n) \longrightarrow EX$

(2) $X_n \xrightarrow{m.s} X \Rightarrow \mathrm{Var}(X_n) \longrightarrow \mathrm{Var}(X)$

(3) $X_m \xrightarrow{m.s} X, Y_n \xrightarrow{m.s} Y \Rightarrow E(X_m\overline{Y_n}) \longrightarrow E(X\overline{Y}), \quad m, n \to \infty$

证明　(1) 容易看出

$$|E(X_n) - E(X)| = E|X_n - X| \leqslant (E|X_n - X|^2)^{1/2} \to 0, \quad n \to 0$$

其中用到了 Cauchy-Schwarz 不等式。

(2) 注意到 $\mathrm{Var}(X) = E|X|^2 - |E(X)|^2$，故只须考虑 $E|X_n|^2$ 的收敛性，记 $\|X - Y\| = (E|X - Y|^2)^{1/2}$，由三角不等式有：

$$\|\|X_n\| - \|X\|\| \leqslant \|X_n - X\| \longrightarrow 0, \quad n \to 0$$

即有 $E|X_n^2|^{1/2} \longrightarrow E(X^2)^{1/2}$，$n \to \infty$。这正是要证明的。

(3) 首先得到

$$|E(X_m\overline{Y_n}) - E(X\overline{Y})| = |E(X\overline{(Y_n - Y)} + (X_m - X)\overline{Y} + (X_m - X)\overline{(Y_n - Y)})|$$

$$\leqslant E|X\overline{(Y_n - Y)} + (X_m - X)\overline{Y} + (X_m - X)\overline{(Y_n - Y)}|$$

$$\leqslant E|X\overline{(Y_n - Y)}| + E|(X_m - X)\overline{Y}| + E|(X_m - X)\overline{(Y_n - Y)}|$$

然后使用 Cauchy-Schwarz 不等式，有

$$|E(X_m\overline{Y_n}) - E(X\overline{Y})| \leqslant \|X\|\|Y_n - Y\| + \|X_m - X\|\|Y\| + \|X_m - X\|\|Y_n - Y\|$$

$$\longrightarrow 0 + 0 + 0 = 0, \quad m, n \to \infty$$

　　　　■

在具体极限未知的情况下，如何判断随机序列是否收敛是一个非常重要的问题。微积分中有著名的 Cauchy 准则，均方微积分中也有相应的准则。

定理 2.6 (Cauchy 准则)　设随机变量序列 $X_n, n = 1, 2, 3, \cdots$ 满足 $E|X_n|^2 < \infty$，随机变量 X 满足 $E(X^2) < \infty$，则

$$X_n \xrightarrow{m.s} X \Leftrightarrow E|X_n - X_m|^2 \longrightarrow 0, \quad n, m \to \infty \tag{2-16}$$

证明 首先证明必要性。从距离的特性出发,利用三角不等式

$$\|X_n - X_m\| \leqslant \|X_n - X\| + \|X_m - X\| \longrightarrow 0, \quad n, m \to \infty$$

进而有 $E|X_n - X_m|^2 = \|X_n - X_m\|^2 \longrightarrow 0, \quad n, m \to \infty$。

充分性的证明需要用到实变函数的知识,有兴趣的同学可以参阅文献[18]。■

Cauchy 准则有一个非常有用的推论 —— Loeve 准则,它能够很好地说明自相关函数在均方微积分研究中所处的核心地位。

定理 2.7 设随机变量序列 $X_n, n = 1, 2, 3, \cdots$ 满足 $E|X_n|^2 < \infty$,随机变量 X 满足 $E(X^2) < \infty$,则

$$X_n \xrightarrow{m.s} X \quad \Leftrightarrow \quad E(X_n \overline{X_m}) \longrightarrow C, \quad n, m \to \infty \tag{2-17}$$

这里 C 是一个实常数。

证明 证明必要性只需直接使用定理 2.5(3) 给出的均方极限的性质

$$X_n \xrightarrow{m.s} X, \quad X_m \xrightarrow{m.s} X \Rightarrow E(X_m \overline{X_m}) \longrightarrow E(|X|^2) = C, \quad n, m \to \infty$$

充分性是 Cauchy 准则的直接推论,已知 $E(X_m \overline{X_m}) \longrightarrow C$,则

$$E|X_n - X_m|^2 = E|X_m|^2 + E|X_n|^2 - E(X_m \overline{X_n}) - E(\overline{X_m} X_n)$$

$$\to C + C - 2C = 0$$ ■

Loeve 准则表明,自相关函数的性态对于均方极限的存在性有准确的刻画。下面还将对自相关函数在均方微积分的研究中所起的作用做进一步的讨论。

2.4.2 均方连续

研究随机过程的连续性依赖于所使用的极限概念。若把样本轨道作为时间 t 的函数,从这一角度出发研究随机过程的连续性,则得到以概率 1 连续。

定义 2.15 (以概率 1 连续) 如果在 t_0 点出现不连续的样本轨道的概率是 0,则称随机过程 $X(t), t \in \mathbb{R}$ 在 t_0 点是以概率 1 连续。

以概率 1 连续在多数情况下显得过于严格,而且若采用概率为 0 来定义,则不易进行运算。现采用均方极限来定义均方连续性。

定义 2.16 (均方连续) 如果二阶矩随机过程 $X(t), t \in \mathbb{R}$ 在 t_0 点满足

$$X(t) \xrightarrow{m.s} X(t_0), \quad \text{当} t \to t_0 \tag{2-18}$$

则称该过程在 t_0 点是均方连续的。

下面的定理说明,$X(t)$ 的均方连续性完全由其自相关函数确定。

定理 2.8 设 $R_X(t, s)$ 是 $X(t)$ 的自相关函数,则以下三个命题相互等价:

(1) $R_X(t, s)$ 在 $(t, t)(\forall t \in \mathbb{R})$ 上连续;

(2) $X(t)$ 在 $\mathbb{R}$ 上均方连续;

(3) $R_X(t, s)$ 在 $\mathbb{R} \times \mathbb{R}$ 上连续。

证明   首先证明 "(1) → (2)"

$\forall t_0 \in \mathbb{R}$，如果有 $R_X(t,s)$ 在 (t_0, t_0) 连续，则当 $t \to t_0$，$s \to t_0$ 时

$$E|X(t) - X(t_0)|^2 = R_X(t,t) + R_X(t_0,t_0) - R_X(t,t_0) - R_X(t_0,t)$$
$$\longrightarrow 2R_X(t_0,t_0) - 2R_X(t_0,t_0) = 0$$

由 t_0 的任意性，$X(t)$ 在 $\mathbb{R}$ 上均方连续。

其次证明 "(2) → (3)"

由 $X(t) \xrightarrow{m.s} X(t_0)$，$X(s) \xrightarrow{m.s} X(s_0)$ 和均方极限的性质 (定理 2.5) 可得当 $t \to t_0, s \to s_0$ 时

$$R_X(t,s) = E(X(t)\overline{X(s)}) \longrightarrow E(X(t_0)\overline{X(s_0)}) = R_X(t_0,s_0)$$

由 t_0, s_0 的任意性，有 $R_X(t,s)$ 在全平面上都是连续的。

"(3) → (1)" 是显然的。   ■

当随机过程 $X(t)$ 具有宽平稳性的时候，它的自相关函数 $R_X(\tau)$ 仅依赖于时间差 $\tau = t - s$，所以 $R_X(\tau)$ 在零点的性态就决定了过程的均方连续性。

定理 2.9   设 $R_X(\tau)$ 是宽平稳过程 $X(t)$ 的自相关函数，则以下命题相互等价：

(1) $R_X(\tau)$ 在 $\tau = 0$ 点连续；

(2) $X(t)$ 在 $\mathbb{R}$ 上均方连续；

(3) $R_X(\tau)$ 在 $\mathbb{R}$ 上连续。

定理的证明本质上和定理 2.8 相同，下面讨论两个典型过程的均方连续性。

例 2.8 (Brown 运动)   对于参数为 σ^2 的 Brown 运动 $W(t)$，根据 Brown 运动的定义有

$$E|W(t) - W(s)|^2 = \sigma^2|t - s|$$

显然是均方连续的。从另外一个角度出发，由 Brown 运动是独立增量过程，不妨设 $s < t$，则

$$R_W(t,s) = E(W(t)W(s)) = E((W(t) - W(s) + W(s))W(s))$$
$$= E(W^2(s)) = \sigma^2 s$$

同理当 $t < s$ 时有

$$R_W(t,s) = \sigma^2 t$$

即

$$R_W(t,s) = \sigma^2 \min(t,s)$$

由自相关函数的连续性，也可以得到同样的结论。   ■

例 2.9 (Poisson 过程)   对于参数为 λ 的标准 Poisson 过程 $N(t)$，根据 Poisson 过程的定义，有

$$E|N(t) - N(s)|^2 = \lambda(t - s) + (\lambda(t - s))^2$$

可知 $N(t)$ 是均方连续的。由于 Poisson 过程是独立增量过程，$N(t)$ 的自相关函数为

$$R_N(t,s) = \lambda^2 ts + \lambda \min(t,s)$$ ∎

自相关函数的连续性进一步证实了 $N(t)$ 的均方连续性。值得注意的是，Poisson 过程的样本轨道明显不连续。

2.4.3 均方导数

和均方连续类似，如果使用样本轨道的可导性来定义随机过程是否可导，要求有些过严，不易进行运算。所以研究基于均方极限的均方导数。

定义 2.17 随机过程 $X(t)$ 和 $Y(t)$ 如果满足

$$\frac{X(t+h)-X(t)}{h} \xrightarrow{m.s} Y(t), \quad \text{当 } t \in \mathbb{R},\ t+h \in \mathbb{R},\ h \to 0 \tag{2-19}$$

则称 $X(t)$ 在点 t 上均方可导，并称 $Y(t)$ 是 $X(t)$ 在均方意义下的导数，通常记作 $X'(t)$，或者 $\dfrac{\mathrm{d}X(t)}{\mathrm{d}t}$，$\dot{X}(t)$。

一般情况下 $X(t)$ 的具体导数值是未知的，往往不能直接使用定义来判断可否求导。而自相关函数的性态可以给出其均方可导性的信息。

定义 2.18 (二阶广义导数) 如果极限

$$\lim_{h \to 0, k \to 0} \frac{f(s+h,t+k) - f(s+h,t) - f(s,t+k) + f(s,t)}{hk}$$

存在，就称二元函数 $f(s,t)$ 在 (s,t) 处二次广义可微，该极限称为 $f(s,t)$ 在 (s,t) 处的二阶广义导数。

从而可知，如果 $f(s,t)$ 在 (s,t) 处存在一阶偏导数，且二阶偏导数存在且连续，那么 $f(s,t)$ 就在 (s,t) 处二次广义可微。利用二次广义可微的概念，可以给出均方可导的充要条件。

定理 2.10 (均方可导的充要条件) 随机过程 $X(t)$ 在 $t = t_0 \in \mathbb{R}$ 具有均方导数的充要条件是其自相关函数 $R_X(s,t)$ 在 (t_0,t_0) 处二次广义可微。

证明 由 Loeve 准则，在 $t = t_0$ 存在均方导数等价于下列极限存在

$$\lim_{t \to t_0, s \to t_0} E\left(\left(\frac{X(t)-X(t_0)}{t-t_0} \right) \overline{\left(\frac{X(s)-X(t_0)}{s-t_0} \right)} \right)$$

即下列极限存在

$$\lim_{t \to t_0, s \to t_0} \frac{R_X(t,s) - R_X(t,t_0) - R_X(t_0,s) + R_X(t_0,t_0)}{(t-t_0)(s-t_0)}$$

这恰恰是 $R_X(s,t)$ 在 (t_0,t_0) 处二次广义可微的定义。 ∎

如果 $\dfrac{\partial^2 R_X(t,s)}{\partial t \partial s}$ 在 $(t,t), \forall t \in \mathbb{R}$ 存在且连续，则不难看出

$$\begin{aligned}
E(X'(t)\overline{X(s)}) &= E\left(\frac{\mathrm{d}X(t)}{\mathrm{d}t} \overline{X(s)} \right) \\
&= \frac{\partial}{\partial t} E(X(t)\overline{X(s)}) = \frac{\partial}{\partial t} R_X(t,s)
\end{aligned} \tag{2-20}$$

$$E(X(t)\overline{X'(s)}) = E\left(X(t)\overline{\frac{\mathrm{d}X(s)}{\mathrm{d}s}}\right)$$

$$= \frac{\partial}{\partial s}E(X(t)\overline{X(s)}) = \frac{\partial}{\partial s}R_X(t,s) \tag{2-21}$$

$$E(X'(t)\overline{X'(s)}) = E\left(\frac{\mathrm{d}X(t)}{\mathrm{d}t}\overline{\frac{\mathrm{d}X(s)}{\mathrm{d}s}}\right)$$

$$= \frac{\partial^2}{\partial t\partial s}E(X(t)\overline{X(s)}) = \frac{\partial^2}{\partial t\partial s}R_X(t,s) \tag{2-22}$$

使用这些公式可以计算出随机过程及其均方导数间的互相关函数和随机过程均方导数的自相关函数。如果过程满足宽平稳条件，即 $R_X(t,s) = R_X(t-s) = R_X(\tau), \tau = t-s$，则上述结果可以进一步简化。

$$E(X'(t)\overline{X'(s)}) = \frac{\partial^2}{\partial t\partial s}R_X(t,s) = -\frac{\mathrm{d}^2}{\mathrm{d}\tau^2}R_X(\tau) = -R_X''(\tau) \tag{2-23}$$

随机过程的高阶均方导数可以递归地进行定义。设 $Y(t) = X^{(n-1)}(t)$ 是 $X(t)$ 的 $n-1$ 阶均方导数，如果 $Y(t)$ 均方可导，则 $X(t)$ 的 n 阶均方导数就定义成 $Y(t)$ 的均方导数。相应可得

$$E(X^{(m)}(t)\overline{X^{(n)}(s)}) = E\left(\frac{\mathrm{d}^{(m)}X(t)}{\mathrm{d}t^m}\overline{\frac{\mathrm{d}^{(n)}X(s)}{\mathrm{d}s^n}}\right)$$

$$= \frac{\partial^{m+n}}{\partial t^m\partial s^n}E(X(t)\overline{X(s)})$$

$$= \frac{\partial^{m+n}}{\partial t^m\partial s^n}R_X(t,s) \tag{2-24}$$

如果宽平稳随机过程的各高阶均方导数存在，则可以定义随机过程在均方意义下的幂级数展开，这是均方随机分析的重要工具之一。

定理 2.11　设 $X(t)$ 为宽平稳随机过程，且其自相关函数 $R_X(\tau)$ 是解析的，即有幂级数展开

$$R_X(\tau) = \sum_{k=0}^{\infty} R_X^{(k)}(0)\frac{\tau^k}{k!} \tag{2-25}$$

则 $X(t)$ 也有均方意义下的幂级数展开

$$X(t+\tau) = \sum_{k=0}^{\infty} X^{(k)}(t)\frac{\tau^k}{k!} \tag{2-26}$$

这里 $X^{(k)}(t)$ 是 $X(t)$ 的 k 阶均方导数。

证明　注意两个事实。首先，$\forall m \in \mathbb{N}$，

$$E\left(\left(X(t+\tau) - \sum_{k=0}^{\infty}X^{(k)}(t)\frac{\tau^k}{k!}\right)\overline{X^{(m)}(t)}\right)$$

$$= (-1)^m R_X^{(m)}(\tau) - \sum_{k=0}^{\infty}(-1)^m R_X^{(k+m)}(0)\frac{\tau^k}{k!} = 0$$

上式中的第二个等式是由自相关函数 $R_X(\tau)$ 的解析性得到的, 因其各阶导函数均有收敛的幂级数展开。

其次, 将自相关函数 $R_X(\tau + \lambda)$ 在 τ 展开

$$R_X(\tau + \lambda) = \sum_{k=1}^{\infty} R_X^{(k)}(\tau) \frac{\lambda^k}{k!}$$

令 $\lambda = -\tau$ 得到

$$R_X(0) = \sum_{k=1}^{\infty} R_X^{(k)}(\tau) \frac{(-\tau)^k}{k!}$$

即有

$$E\left(\overline{\left(X(t+\tau) - \sum_{k=0}^{\infty} X^{(k)}(t)\frac{\tau^k}{k!}\right)\overline{X(t+\tau)}}\right)$$

$$=R_X(0) - \sum_{k=0}^{\infty}(-1)^k R_X^{(k)}(\tau)\frac{\tau^k}{k!} = 0$$

基于上述两点, 可得

$$E\left|X(t+\tau) - \sum_{k=0}^{\infty} X^{(k)}(t)\frac{\tau^k}{k!}\right|^2$$

$$=E\left(\left(X(t+\tau) - \sum_{k=0}^{\infty} X^{(k)}(t)\frac{\tau^k}{k!}\right)\overline{X(t+\tau)}\right)$$

$$-E\left((X(t+\tau) - \sum_{k=0}^{\infty} X^{(k)}(t)\frac{\tau^k}{k!})\overline{\left(\sum_{n=0}^{\infty} X^{(n)}(t)\frac{\tau^n}{n!}\right)}\right)$$

$$=0 + \sum_{n=0}^{\infty} E\left(\left(X(t+\tau) - \sum_{k=0}^{\infty} X^{(k)}(t)\frac{\tau^k}{k!}\right)\overline{X^{(n)}(t)}\right)\frac{\tau^n}{n!} = 0$$

这说明, $X(t)$ 在均方意义下有收敛的幂级数展开。   ∎

依照定义, Brown 运动和 Poisson 过程都不是均方可导的随机过程。但是, 如果引入广义函数和广义可导, 参数为 1 的标准 Brown 运动 $B(t)$ 的自相关函数为

$$R_B B'(t,s) = \min(t,s)$$

从而其广义均方导数 $B'(t)$ 的自相关函数为

$$R_{B'}B'(t,s) = \frac{\partial^2}{\partial t \partial s} R_B(t,s) = \frac{\partial^2}{\partial t \partial s} \min(t,s)$$

$$= \frac{\partial^2}{\partial t \partial s}\left(\frac{s+t-|s-t|}{2}\right) = \delta(t-s)$$

这里用到了下列事实, 在广义导数的意义下

$$\frac{\mathrm{d}}{\mathrm{d}t}|t| = \mathrm{sgn}(t), \quad \frac{\mathrm{d}}{\mathrm{d}t}\mathrm{sgn}(t) = 2\delta(t)$$

其中的 sgn(t) 是"符号函数", 其定义为

$$\mathrm{sgn}(t) = \left\{ \begin{array}{ll} 1, & t \geqslant 0 \\ -1, & t < 0 \end{array} \right.$$

可以看到, Brown 运动不是宽平稳过程, 可是其均方导数却是宽平稳的。不仅如此, 其均方导数的自相关函数还是冲激函数。也就是说, Brown 运动的均方导数过程就是我们常说的"白噪声"。对于 Poisson 过程也有类似的结果。由例 2.9 得到

$$R_{N'N'}(t, s) = \frac{\partial^2}{\partial t \partial s} R_N(t, s) = \lambda^2 + \lambda \delta(t - s)$$

这些典型过程性质和它们的均方导数性质之间的关系是非常有趣的。

2.4.4　均方积分

随机过程的样本轨道往往呈现出不规则的特性 (例如 Brown 运动的样本轨道就是处处连续, 但是处处不可微的, 见 3.6 节), 所以直接用样本轨道定义积分困难比较大。因而采用均方极限来定义随机积分, 这样可以在一定程度上降低积分定义对样本轨道的依赖。

定义 2.19　设 $X(t)$ 为定义在 $[a, b]$ 区间上的二阶矩随机过程, $[a, b]$ 有分划 $a = t_0 \leqslant v_1 \leqslant t_1 \leqslant v_2 \leqslant t_2 \leqslant \cdots \leqslant t_{n-1} \leqslant v_n \leqslant t_n = b$, $h(t)$ 为任意的确定性连续函数, 如果 Riemann 和 $\sum\limits_{k=0}^{n} X(v_k) h(v_k)(t_k - t_{k-1})$ 在 $n \to \infty, \max(t_k - t_{k-1}) \to 0$ 时均方收敛, 则称 $X(t)$ 均方可积, 并将积分记为

$$\int_a^b X(t) h(t) \mathrm{d}t$$

如果随机过程的样本轨道在普通 Riemann 积分的意义下可积, 而同时该随机过程又均方可积, 那么两种情况下的积分是否一致? 这个问题对于积分的应用非常重要。实际上这是随机序列几乎处处收敛所得到的极限与均方极限之间的关系问题, 有如下命题。

命题 2.1　随机变量序列如果几乎处处收敛到某一极限, 同时存在均方极限, 则两个极限以概率 1 相等[3]。

所以今后将不区分由样本轨道直接得到的积分与均方积分。

随机过程 $X(t)$ 是否为均方连续和是否均方可导是由过程的自相关函数 $R_X(s, t)$ 的性质所决定的, 均方积分也是如此。

定理 2.12　随机过程 $X(t)h(t)$ 均方可积的充要条件是

$$\int_a^b \int_a^b R_X(t, s) h(t) h(s) \mathrm{d}t \mathrm{d}s \qquad (2\text{-}27)$$

存在。

证明　由 Loeve 准则, 均方可积的条件等价于任取两个分划 $a = t_0 \leqslant v_1^1 \leqslant t_1^1 \leqslant v_2^1 \leqslant t_2^1 \leqslant \cdots \leqslant t_{n-1}^1 \leqslant v_n^1 \leqslant t_n^1 = b$ 以及 $a = t_0 \leqslant v_1^2 \leqslant t_1^2 \leqslant v_2^2 \leqslant t_2^2 \leqslant \cdots \leqslant t_{m-1}^2 \leqslant v_m^2 \leqslant t_m^2 = b$, 构成两个 Riemann 和

$$\sum_{k=0}^{n} X(v_k^1) h(v_k^1)(t_k^1 - t_{k-1}^1), \quad \sum_{i=0}^{m} X(v_i^2) h(v_i^2)(t_i^2 - t_{i-1}^2)$$

并且当 $m \to \infty$, $n \to \infty$, $\max(t_k^1 - t_{k-1}^1) \to 0$, $\max(t_i^2 - t_{i-1}^2) \to 0$ 时

$$E\left(\sum_{k=0}^n X(v_k^1)h(v_k^1)(t_k^1 - t_{k-1}^1)\right)\overline{\left(\sum_{i=0}^m X(v_i^2)h(v_i^2)(t_i^2 - t_{i-1}^2)\right)}$$

收敛。也就是说

$$\sum_{k=0}^n \sum_{m=0}^n R_X(v_k^1, v_i^2)h(v_k^1)h(v_i^2)(t_k^1 - t_{k-1}^1)(t_i^2 - t_{i-1}^2)$$

收敛。由二元函数积分的定义可以知道，这就是

$$\int_a^b \int_a^b R_X(t,s)h(t)h(s)\mathrm{dtds}$$

存在。 ∎

$[a, b]$ 上的均方积分可以推广到 $(-\infty, \infty)$ 上，只要均方极限存在，就可以参照微积分中的广义积分定义作如下规定

$$\int_{-\infty}^{\infty} X(t)h(t)\mathrm{d}t = \mathop{\mathrm{l.i.m}}_{\substack{a \to \infty \\ b \to \infty}} \int_{-a}^b X(t)h(t)\mathrm{d}t \tag{2-28}$$

均方积分是 Riemann 和的均方极限，所以它的许多性质都可以由 Riemann 和的性质导出。考虑 Riemann 和的均值，有

$$E\left(\sum_{k=0}^n X(v_k)h(v_k)(t_k - t_{k-1})\right) = \sum_{k=0}^n E(X(v_k))h(v_k)(t_k - t_{k-1})$$

因而均方积分的均值为

$$E\left(\int_a^b X(t)h(t)\mathrm{d}t\right) = \int_a^b E(X(t))h(t)\mathrm{d}t$$

进而考虑均方积分的二阶矩性质，有

$$E\left(\int_a^b X(t)h(t)\mathrm{d}t\right)\overline{\left(\int_a^b Y(s)g(s)\mathrm{d}s\right)} = \int_a^b \int_a^b E\left(X(t)\overline{Y(s)}\right)h(t)g(s)\mathrm{dtds}$$

结合均值的性质，则下面的结果也是显然的。即

$$\mathrm{Cov}\left(\int_a^b X(t)h(t)\mathrm{d}t\right)\overline{\left(\int_a^b Y(s)g(s)\mathrm{d}s\right)} = \int_a^b \int_a^b C_{XY}(t,s)h(t)g(s)\mathrm{dtds}$$

Riemann 和对于求和项的线性性质保证了均方积分对于被积函数同样是线性的。

$$\int_a^b (\alpha X(t)h(t) + \beta Y(t)g(t))\mathrm{d}t = \alpha \int_a^b X(t)h(t)\mathrm{d}t + \beta \int_a^b Y(t)g(t)\mathrm{d}t$$

利用 Riemann 和，还可以得到均方积分的其他性质，例如

$$\left(E|\int_a^b X(t)\mathrm{d}t|^2\right)^{\frac{1}{2}} \leqslant \int_a^b \left(E|X(t)|^2\right)^{\frac{1}{2}}\mathrm{d}t$$

事实上，考虑到均方积分为 Riemann 和的均方极限，并结合三角不等式，有

$$\left(E|\int_a^b X(t)\mathrm{d}t|^2\right)^{\frac{1}{2}} = \left(E|\mathop{\mathrm{l.i.m}}_{n\to\infty}\sum_{k=0}^n X(t_k)\Delta t_k|^2\right)^{\frac{1}{2}}$$

$$= \lim_{n\to\infty}\left(E|\sum_{k=0}^n X(t_k)\Delta t_k|^2\right)^{\frac{1}{2}}$$

$$\leqslant \lim_{n\to\infty}\sum_{k=0}^n (E|X(t_k)|^2)^{\frac{1}{2}}\Delta t_k \qquad \text{(三角不等式)}$$

$$= \int_a^b (E|X(t)|^2)^{\frac{1}{2}}\mathrm{d}t$$

这个结果也可以写成

$$\left\|\int_a^b X(t)\mathrm{d}t\right\| \leqslant \int_a^b \|X(t)\|\mathrm{d}t \tag{2-29}$$

利用式 (2-29)，可以得到均方积分和均方导数之间存在的简单对应关系——Newton-Leibnitz 公式。在微分与积分互为逆运算这一点上，均方微积分和普通确定性的微积分是类似的。

定理 2.13 (Newton-Leibnitz 公式)　设 $X(t)$ 为 $[a,b]$ 区间上均方连续的随机过程，令 $Y(t)$ 为其均方积分，即

$$Y(t) = \int_a^t X(s)\mathrm{d}s$$

则 $Y(t)$ 在 $[a,b]$ 上均方可导，且 $Y'(t) = X(t)$。

证明　直接使用定义来验证 $Y(t)$ 的均方可导性并得到其均方导数。

$$\left\|\frac{Y(t+h)-Y(t)}{h} - X(t)\right\| = \left\|\frac{1}{h}\int_t^{t+h} X(s)\mathrm{d}s - X(t)\right\|$$

$$= \left\|\frac{1}{h}\int_t^{t+h} (X(s)-X(t))\mathrm{d}s\right\|$$

$$\leqslant \frac{1}{h}\int_t^{t+h} \|X(t)-X(s)\|\mathrm{d}s \qquad \text{(利用式 (2-29))}$$

$$\leqslant \max_{|s-t|<h} \|X(t)-X(s)\| \to 0, \quad (h\to 0) \quad \text{(均方连续性)} \qquad \blacksquare$$

下面利用两个例子来说明有关均方积分的计算。

例 2.10 (Brown 运动的均方积分)　设有参数 $\sigma^2 = 1$ 的标准 Brown 运动 $W(t), t \geqslant 0$，其均方积分为 $X(t)$，即

$$X(t) = \int_0^t W(u)\mathrm{d}u$$

求 $X(t)$ 的均值和自相关函数。

首先计算 $X(t)$ 的均值

$$E(X(t)) = \int_0^t E(W(s))\mathrm{d}s = 0$$

其次计算自相关函数 $R_X(t,s)$。由均方积分的性质可得

$$
\begin{aligned}
R_X(t,s) &= E\left(\int_0^t W(u)\mathrm{d}u\right)\left(\int_0^s W(v)\mathrm{d}v\right) \\
&= \int_0^t \int_0^s E(W(u)W(v))\mathrm{d}v\mathrm{d}u \\
&= \int_0^t \int_0^s \min(u,v)\mathrm{d}v\mathrm{d}u
\end{aligned}
$$

不失一般性，设 $s \geqslant t$，先对积分限较大的自变量进行积分比较方便。即

$$
\begin{aligned}
R_X(t,s) &= \int_0^t \int_0^u v\mathrm{d}v\mathrm{d}u + \int_0^t \int_u^s u\mathrm{d}v\mathrm{d}u \\
&= \frac{1}{2}\int_0^t u^2\mathrm{d}u + \int_0^t u(s-u)\mathrm{d}u \\
&= \frac{t^2 s}{2} - \frac{t^3}{6}
\end{aligned}
$$

考虑到 s,t 的对称性，可得

$$
R_X(s,t) = \frac{s\, t\min(s,t)}{2} - \frac{(\min(s,t))^3}{6}
$$

例 2.11 (简单的随机微分方程) 令 $Y(t)$ 是二阶矩过程，其均值函数是 $\mu_Y(t)$，自相关函数是 $R_Y(t,s)$，二阶矩过程 $X(t)$ 满足线性微分方程

$$
\begin{cases}
\dfrac{\mathrm{d}}{\mathrm{d}t}X(t) + X(t) = Y(t) \\
X(0) = X_0, \quad X_0\text{是确定性常数}
\end{cases}
$$

求 $X(t)$ 的均值和自协方差函数。

由微分方程的知识有

$$
\begin{aligned}
X(t) &= X(0)\mathrm{e}^{-t} + \int_0^t \mathrm{e}^{-(t-u)}Y(u)\mathrm{d}u \\
&= X_0\mathrm{e}^{-t} + \mathrm{e}^{-t}\int_0^t \mathrm{e}^u Y(u)\mathrm{d}u
\end{aligned}
$$

均值 $\mu_X(t) = E(X(t))$ 可以从上式直接计算，

$$
\begin{aligned}
\mu_X(t) &= E\left(X(0)\mathrm{e}^{-t} + \int_0^t \mathrm{e}^{-(t-u)}Y(u)\mathrm{d}u\right) \\
&= X_0\mathrm{e}^{-t} + \int_0^t \mathrm{e}^{-(t-u)}\mu_Y(u)\mathrm{d}u
\end{aligned}
$$

而另一种方法是直接从微分方程出发，在方程等号两边取均值得到

$$
\begin{cases}
\dfrac{\mathrm{d}}{\mathrm{d}t}\mu_X(t) + \mu_X(t) = \mu_Y(t) \\
\mu_X(0) = X_0
\end{cases}
\tag{2-30}
$$

解此均值函数满足的方程得

$$\mu_X(t) = X_0 e^{-t} + \int_0^t e^{-(t-u)}\mu_Y(u)\mathrm{d}u \tag{2-31}$$

不难看出，有两种方法可以求得随机微分方程解的数字特征。其一是首先求出方程解的解析表达式，然后计算数字特征。其二是首先直接在微分方程上操作，得到数字特征所满足的确定性微分方程，然后通过方程求解来达到目的。两种方法的优劣需要根据具体应用作具体分析。

下面计算方程解的自协方差函数。首先使用第一种方法

$$C_X(t,s) = \mathrm{Cov}\left(X(0)e^{-t} + \int_0^t e^{-(t-u)}Y(u)\mathrm{d}u, X(0)e^{-s} + \int_0^s e^{-(s-v)}Y(v)\mathrm{d}v\right)$$

$$= \int_0^t \int_0^s e^{-(t-u)}e^{-(s-v)}C_Y(u,v)\mathrm{d}u\mathrm{d}v$$

然后尝试第二种方法。由均方导数的性质，有

$$\frac{\partial}{\partial t}C_X(t,s) = \mathrm{Cov}\left(\frac{\mathrm{d}}{\mathrm{d}t}X(t), X(s)\right) = \mathrm{Cov}(-X(t)+Y(t), X(s))$$

$$\frac{\partial}{\partial s}C_{YX}(t,s) = \mathrm{Cov}\left(Y(t), \frac{\mathrm{d}}{\mathrm{d}s}X(s)\right) = \mathrm{Cov}(Y(t), -X(s)+Y(s))$$

从而有方程组

$$\frac{\partial}{\partial t}C_X(t,s) = -C_X(t,s) + C_{YX}(t,s) \tag{2-32}$$

$$\frac{\partial}{\partial s}C_{YX}(t,s) = -C_{YX}(t,s) + C_Y(t,s) \tag{2-33}$$

这是一个偏微分方程组，可是每个方程都只涉及单个变量的导数，考虑到初值 $C_{YX}(t,0) = 0$，由式 (2-33) 解得

$$C_{YX}(t,s) = \int_0^s e^{-(s-v)}C_Y(t,v)\mathrm{d}v$$

将其代入式 (2-32)，得到

$$C_X(t,s) = \int_0^t \int_0^s e^{-(t-u)}e^{-(s-v)}C_Y(u,v)\mathrm{d}v\mathrm{d}u \qquad\blacksquare$$

与第一种方法得到的结果是完全一致的。

2.5　遍历理论简介

确切地说，随机过程 $X(t)$ 是二元函数 $X(t,\omega)$，样本空间中的元素 ω 和时间 t 都是其自变量。当计算过程的均值时，可以从两个角度出发。其一是"时间平均"，也称为"样本均值"，此时 ω 固定，取一条样本轨道进行平均

$$\langle X(t)\rangle = \frac{1}{T}\int_{-\frac{T}{2}}^{\frac{T}{2}} X(t)\mathrm{d}t \tag{2-34}$$

其二是"集平均"，也就是概率论中的期望，此时 t 固定

$$E(X(t)) = \int_{\Omega} X(t,\omega)\mathrm{d}P(\omega) = \int_{-\infty}^{\infty} x\mathrm{d}F(x)$$

这两种平均之间有何联系在理论上还是在实际应用中都是一个非常重要的问题，它是"遍历理论"的研究内容之一。

"时间平均"和"集平均"是否可能相同呢？严格地讲，是否可能以概率 1 相等呢？从例 2.6 中可以看到，随机序列 $\{X_n\}$ 的"时间平均"(当求和的项数趋于无穷大) 和"集平均"是相同的；而随机序列 $\{Y_n\}$ 则不然。可见"时间平均"和"集平均"是否相等需要一定的条件。首先，注意到"时间平均"不依赖于时间变量 t，是一个随机变量；而"集平均"一般情况下是 t 的函数。为了消除时间 t 的影响，设 $X(t)$ 为宽平稳过程，则 $E(X(t))$ 为不依赖于时间 t 的常数 m_X，从而得到如下定义。

定义 2.20 (均值遍历) 如果宽平稳随机过程 $X(t)$ 满足

$$\mathop{\mathrm{l.i.m}}_{T\to\infty}\frac{1}{T}\int_{-\frac{T}{2}}^{\frac{T}{2}} X(t)\mathrm{d}t = E(X(t)) = m_X \tag{2-35}$$

则称该过程是均值遍历的。

如果随机过程具有均值遍历性，那么通过样本轨道所获得的样本均值在渐近意义下和过程的集平均值等同。

如下定理可以判定随机过程是否具有均值遍历性。

定理 2.14 (均值遍历判据 I) 实宽平稳随机过程 $X(t)$ 具有均值遍历性的充要条件是

$$\lim_{T\to\infty}\frac{1}{T}\int_{-T}^{T}\left(1-\frac{|\tau|}{T}\right)C_X(\tau)\mathrm{d}\tau = 0 \tag{2-36}$$

其中 $C_X(\tau)$ 是 $X(t)$ 的协方差函数。

证明 由式 (2-34) 有

$$E(\langle X(t)\rangle) = \frac{1}{T}\int_{-\frac{T}{2}}^{\frac{T}{2}} E(X(t))\mathrm{d}t = m_X$$

所以，均值遍历性等价于

$$\lim_{T\to\infty}\mathrm{Var}\langle X(t)\rangle = \lim_{T\to\infty} E\left|\frac{1}{T}\int_{-\frac{T}{2}}^{\frac{T}{2}} X(t)\mathrm{d}t - m_X\right|^2 = 0$$

其中 $m_X = E(X(t))$。由于

$$E\left|\frac{1}{T}\int_{-\frac{T}{2}}^{\frac{T}{2}} X(t)\mathrm{d}t - m_X\right|^2 = \frac{1}{T^2}\int_{-\frac{T}{2}}^{\frac{T}{2}}\int_{-\frac{T}{2}}^{\frac{T}{2}} C_X(t-s)\mathrm{d}t\mathrm{d}s$$

利用积分换元 $\tau = t-s$，$u = t+s$(参见例 2.5)，得到

$$\int_{-\frac{T}{2}}^{\frac{T}{2}}\int_{-\frac{T}{2}}^{\frac{T}{2}} C_X(t-s)\mathrm{d}t\mathrm{d}s = \int_{-T}^{T}(T-|\tau|)C_X(\tau)\mathrm{d}\tau$$

所以

$$\lim_{T \to \infty} E \left| \frac{1}{T} \int_{-\frac{T}{2}}^{\frac{T}{2}} X(t)\mathrm{d}t - m_X \right|^2$$

$$= \lim_{T \to \infty} \frac{1}{T^2} \int_{-T}^{T} (T - |\tau|) C_X(\tau)\mathrm{d}\tau$$

$$= \lim_{T \to \infty} \frac{1}{T} \int_{-T}^{T} \left(1 - \frac{|\tau|}{T} \right) C_X(\tau)\mathrm{d}\tau$$

充分性和必要性都得到了证明。   ■

上述定理可以作如下推广，以使之更方便地使用。

定理 2.15 (均值遍历判据 II)   实宽平稳随机过程 $X(t)$ 具有均值遍历性的充要条件是

$$\lim_{T \to \infty} \frac{1}{T} \int_{-T}^{T} C_X(\tau)\mathrm{d}\tau = 0 \tag{2-37}$$

其中 $C_X(\tau)$ 是 $X(t)$ 的协方差函数。

证明   首先利用定理 2.14 来证明判据 II 的充分性。$\forall \epsilon$, $\exists T_0$ 使得 $T > T_0$ 时

$$\frac{1}{T} \int_{-T}^{T} C_X(\tau)\mathrm{d}\tau < \epsilon$$

固定 T_0, 如果 $T > T_0$, 则有

$$\frac{1}{T} \int_{-T}^{T} \left(1 - \frac{|\tau|}{T} \right) C_X(\tau)\mathrm{d}\tau = \frac{1}{T} \int_{-T_0}^{T_0} \left(1 - \frac{|\tau|}{T} \right) C_X(\tau)\mathrm{d}\tau + \frac{2}{T} \int_{T_0}^{T} \left(1 - \frac{|\tau|}{T} \right) C_X(\tau)\mathrm{d}\tau$$

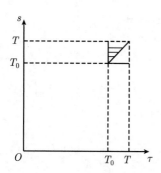

图 2-3 交换积分次序示意图

其中

$$\frac{2}{T} \int_{T_0}^{T} \left(1 - \frac{|\tau|}{T} \right) C_X(\tau)\mathrm{d}\tau$$

$$= \frac{2}{T^2} \int_{T_0}^{T} (T - \tau) C_X(\tau)\mathrm{d}\tau$$

$$= \frac{2}{T^2} \int_{T_0}^{T} \int_{\tau}^{T} \mathrm{d}s\, C_X(\tau)\mathrm{d}\tau$$

$$= \frac{2}{T^2} \int_{T_0}^{T} \int_{T_0}^{s} C_X(\tau)\mathrm{d}\tau \mathrm{d}s \leqslant \frac{2\epsilon}{T^2} \int_{T_0}^{T} s\mathrm{d}s$$

交换积分次序示意如图 2-3 所示。

由图 2-3 所示可得

$$\frac{1}{T} \int_{-T}^{T} \left(1 - \frac{|\tau|}{T} \right) C_X(\tau)\mathrm{d}\tau$$

$$\leqslant \frac{1}{T} \int_{-T_0}^{T_0} \left(1 - \frac{|\tau|}{T} \right) C_X(\tau)\mathrm{d}\tau + \frac{2\epsilon}{T^2} \int_{T_0}^{T} s\mathrm{d}s$$

$$\leqslant \frac{C}{T} + \frac{\epsilon}{T^2} (T^2 - T_0^2)$$

令 $T \to \infty$, 得到

$$0 \leqslant \frac{1}{T}\int_{-T}^{T}\left(1-\frac{|\tau|}{T}\right)C_X(\tau)\mathrm{d}\tau \leqslant 2\epsilon$$

充分性证明完成。

现在考虑必要性。注意到

$$\frac{1}{T}\int_{-T}^{T}C_X(\tau)\mathrm{d}\tau = 2\mathrm{Cov}\left(\frac{1}{2T}\int_{-T}^{T}X(t)\mathrm{d}t, X(0)\right)$$

由 Cauchy 不等式

$$\left|\mathrm{Cov}\left(\frac{1}{2T}\int_{-T}^{T}X(t)\mathrm{d}t, X(0)\right)\right|^2 \leqslant E\left\{\left|\frac{1}{2T}\int_{-T}^{T}X(t)\mathrm{d}t - m_X\right|^2\right\}\mathrm{Var}(X(0))$$

所以如果 $X(t)$ 具有均值遍历性，则当 $T\to\infty$ 时

$$\left|\frac{1}{T}\int_{-T}^{T}C_X(\tau)\mathrm{d}\tau\right|^2 \leqslant E\left\{\left|\frac{1}{2T}\int_{-T}^{T}X(t)\mathrm{d}t - m_X\right|^2\right\}\mathrm{Var}(X(0))\to 0$$

必要性证明完成。 ∎

推论 2.1 对于宽平稳随机过程 $X(t)$，如果 $C_X(0)<\infty$，且当 $\tau\to\infty$ 时有 $C_X(\tau)\to 0$，则 $X(t)$ 为均值遍历过程。

证明 任意给定 ϵ，必能找到常数 A，使得当 $|\tau|>A$ 时有 $|C_X(\tau)|<\epsilon$，于是当 $\tau>A$ 时

$$\frac{1}{T}\int_{-T}^{T}\left(1-\frac{|\tau|}{T}\right)C_X(\tau)\mathrm{d}\tau < \frac{1}{T}\int_{-A}^{A}|C_X(\tau)|\mathrm{d}\tau + \frac{2}{T}\int_{A<|\tau|<T}|C_X(\tau)|\mathrm{d}\tau$$

由于 $|C_X(\tau)|\leqslant C_X(0)$，所以

$$\frac{1}{T}\int_{-T}^{T}\left(1-\frac{|\tau|}{T}\right)C_X(\tau)\mathrm{d}\tau < \frac{2A}{T}C_X(0) + 2\epsilon$$

由 ϵ 的任意性，得到

$$\frac{1}{T}\int_{-T}^{T}\left(1-\frac{|\tau|}{T}\right)C_X(\tau)\mathrm{d}\tau \leqslant \frac{2A}{T}C_X(0)$$

令 $T\to\infty$，有

$$\frac{1}{T}\int_{-T}^{T}\left(1-\frac{|\tau|}{T}\right)C_X(\tau)\mathrm{d}\tau \longrightarrow 0$$

所以 $X(t)$ 具有均值遍历性。 ∎

例 2.12 如果宽平稳随机过程 $X(t)$ 满足 $C_X(\tau)=\sigma^2\exp(-\alpha|\tau|)$，则当 $\tau\to\infty$ 时，$C_X(\tau)\to 0$，由推论 2.1 得知，$X(t)$ 为均值遍历过程。

事实上，通过定理 2.14 和直接计算也可以验证 $X(t)$ 的均值遍历性。

$$\frac{1}{T}\int_{-T}^{T}\left(1-\frac{|\tau|}{T}\right)C_X(\tau)\mathrm{d}\tau = \frac{1}{T}\int_{-T}^{T}\left(1-\frac{|\tau|}{T}\right)\sigma^2\exp(-\alpha|\tau|)\mathrm{d}\tau$$

$$=\frac{2\sigma^2}{T}\int_0^T\left(1-\frac{\tau}{T}\right)\exp(-\alpha\tau)\mathrm{d}\tau = \frac{2\sigma^2}{\alpha T}\left(1-\frac{1-\exp(-\alpha T)}{\alpha T}\right)$$

令 $T \to \infty$，得到

$$\frac{1}{T} \int_{-T}^{T} \left(1 - \frac{|\tau|}{T}\right) C_X(\tau) \mathrm{d}\tau \longrightarrow 0$$

由定理 2.14 可知 $X(t)$ 的均值遍历性。∎

2.6   Karhunan-Loeve 展开

本节给出著名的 Karhunan-Loeve 展开作为对基于二阶矩过程的随机分析的总结。Karhunan-Loeve 展开就是把随机过程用性质简单的基函数通过线性组合进行表示。现在先从线性函数空间以及基函数的一般概念出发。

如所周知，对于区间 $[a,b]$ 上的确定性实值平方可积函数 f，可以定义 L^2 范数

$$\|f\|_{L^2} = \left(\int_a^b f^2(t)\mathrm{d}t\right)^{\frac{1}{2}} \tag{2-38}$$

所有 L^2 范数有限的函数所构成的线性空间，记作 $L^2[a,b]$。在该空间上进一步定义内积

$$\langle f,g\rangle = \int_a^b f(t)g(t)\mathrm{d}t \tag{2-39}$$

这样 $L^2[a,b]$ 就成为了内积空间。不难看出 L^2 范数是上述内积诱导出的范数，满足 $\|f\|_{L^2} = \sqrt{\langle f,f\rangle}$。

在 $L^2[a,b]$ 上引入几何描述有助于直观的理解。如果 $\langle f,g\rangle = 0$，则称 $f,g \in L^2[a,b]$ 为正交。由线性空间的理论，$L^2[a,b]$ 中一定存在一组线性无关的函数，将其正交归一化后，就得到 $L^2[a,b]$ 的一组标准正交基函数 (orthonormal basis functions)

$$\phi_1, \phi_2, \phi_3, \cdots, \phi_n, \cdots \qquad 其中 \quad \langle \phi_i, \phi_j\rangle = \delta_{ij}$$

这样的标准正交基如果满足

$$f(t) = \sum_{n=1}^{\infty} \langle f, \phi_n\rangle \phi_n(t)$$

且对任意的 $f \in L^2[a,b]$ 都成立，那么就称该组基是完备 (complete) 的。利用完备的标准正交基就可以对 $L^2[a,b]$ 中的函数进行线性表示，这种表示是在 L^2 范数下成立的，即

$$\lim_{N\to\infty} \int_a^b \left(f(t) - \sum_{n=1}^N \langle f, \phi_n\rangle \phi_n(t)\right)^2 \mathrm{d}t = 0$$

或者

$$\lim_{N\to\infty} \left\|f(t) - \sum_{n=1}^N \langle f, \phi_n\rangle \phi_n(t)\right\|_{L^2} = 0$$

上述线性表示的实质是给出了函数 f 在标准正交基下的"坐标"。这样在基函数确定的前提下，函数 f 和线性表示的系数存在对应关系

$$f \leftrightarrow (\langle f, \phi_1\rangle, \langle f, \phi_2\rangle, \cdots)$$

这种离散与连续之间的对应关系通常可以看作是信号处理中的"采样"操作的一种数学描述。

如果将 $[0,T]$ 上的标准正交基取为

$$\phi_1(t) = \frac{1}{\sqrt{T}}, \; \phi_2(t) = \sqrt{\frac{2}{T}} \cos \frac{2\pi t}{T}, \phi_3(t) = \sqrt{\frac{2}{T}} \sin \frac{2\pi t}{T}, \cdots$$

$$\phi_{2k}(t) = \sqrt{\frac{2}{T}} \cos \frac{2\pi kt}{T}, \phi_{2k+1}(t) = \sqrt{\frac{2}{T}} \sin \frac{2\pi kt}{T}, \quad k \in \mathbb{N}$$

或者在复数域中将标准正交基取为

$$\phi_k(t) = \frac{1}{T} \exp\left(j \frac{2\pi kt}{T}\right) \tag{2-40}$$

就得到了 Fourier 展开 (三角级数展开), 这种展开的基函数直接对应着振荡现象的频率和周期, 物理意义非常明确, 在确定性信号处理当中有广泛的应用。

如果照搬确定性信号分析的方法, 使用 Fourier 展开对二阶矩随机过程 $X(t)$ 进行分析, 就会遇到新的问题。

如果把 $X(t)$ 展开为

$$X(t) = \sum_{n=1}^{\infty} \langle X, \phi_n \rangle \phi_n(t)$$

由于展开的对象是随机过程, 所以得到的展开系数

$$\langle X, \phi_n \rangle = \int_a^b X(t) \overline{\phi_n(t)} \mathrm{d}t$$

是随机变量。但是基函数本身是确定的, 所以随机过程的随机性就完全体现在展开的系数上。这些系数的统计特性自然十分重要。对于展开系数的均值, 有

$$E(\langle X, \phi_n \rangle) = \int_a^b E(X(t)) \overline{\phi_n(t)} \mathrm{d}t$$

如果 $E(X(t)) = 0$, 则 $E(\langle X, \phi_n \rangle) = 0$。可是对于展开系数的相关特性, 一般不易得到令人满意的结论。

$$E(\langle X, \phi_n \rangle) \overline{(\langle X, \phi_m \rangle)} = E\left(\int_a^b X(t) \overline{\phi_n(t)} \mathrm{d}t\right) \overline{\left(\int_a^b X(s) \overline{\phi_m(s)} \mathrm{d}s\right)}$$

$$= \int_a^b \int_a^b R_X(t,s) \overline{\phi_n(t)} \phi_m(s) \mathrm{d}t \mathrm{d}s$$

可以看出, 如果使用诸如三角函数和复三角函数这样和 $X(t)$ 的自相关结构没有直接关系的函数作为展开的基函数, 那么一般情况下, 展开的系数都无法保证互相关为零。要想使系数的互相关满足为零的要求, 需要从 $X(t)$ 本身入手, "量身订制"专门针对 $X(t)$ 构造基函数, 以达到"双正交"的目的, 即一方面基函数在 $L^2[a,b]$ 上是正交的, 另一方面作为随机变量的展开系数在概率空间上也是正交的。这样就产生了一个有趣且重要的问题, 如何构造基函数, 使之保证上述的"双正交性"呢? Karhunan-Loeve 展开做出了很好的回答。

定理 2.16　令 $X(t)(t \in [a,b])$ 是均方连续的二阶矩随机过程，则存在一组完备的、连续的标准正交基函数 $\phi_n(t)(n \geqslant 1)$ 和与之相应的非负系数 $\lambda_n(n \geqslant 1)$，满足：

(1) $X(t)$ 的自相关函数 $R_X(t,s)$ 有如下展开 (Mercer)：

$$R_X(t,s) = \sum_{n=1}^{\infty} \lambda_n \phi_n(t) \overline{\phi_n(s)} \tag{2-41}$$

其中级数对于 $t,s \in [a,b]$ 一致收敛，即

$$\lim_{N \to \infty} \max_{a \leqslant t,s \leqslant b} |R_X(t,s) - \sum_{n=1}^{N} \lambda_n \phi_n(t)\phi_n(s)| = 0 \tag{2-42}$$

(2) 随机过程 $X(t)$ 在均方意义下有如下展开 (Karhunan-Loeve)

$$X(t) = \sum_{n=1}^{\infty} \langle X, \phi_n \rangle \phi_n(t) \tag{2-43}$$

其中展开系数满足

$$E(\langle X, \phi_m \rangle \overline{\langle X, \phi_n \rangle}) = \lambda_n \delta_{mn} \tag{2-44}$$

证明　(1) 是著名的分析学结果 ——Mercer 定理，其证明参阅文献[18]。在此只对 (2) 给以证明。

设 $\{\lambda_n, n \geqslant 1\}$ 为 $R_X(t,s)$ 的特征值 (eigenvalues) 序列，$\{\phi_n(t), n \geqslant 1\}$ 为相应的特征函数 (eigen function)，即有

$$\int_a^b R_X(t,s)\phi_n(s)\mathrm{d}s = \lambda_n \phi_n(t)$$

可以得到

$$E(X(t)\langle X, \phi_n \rangle) = E\left(X(t) \int_a^b X(s)\phi_n(s)\mathrm{d}s \right)$$
$$= \int_a^b R_X(t,s)\phi_n(s)\mathrm{d}s = \lambda_n \phi_n(t)$$

从而有

$$E(X(t) - \sum_{n=1}^{\infty} \langle X, \phi_n \rangle \phi_n(t))^2 = R_X(t,t) - \sum_{n=1}^{\infty} \lambda_n |\phi_n(t)|^2$$

由 Mercer 定理，等号右边对 $t \in [a,b]$ 一致收敛到 0，这正是要证明的。∎

下面计算两个典型过程的 Karhunan-Loeve 展开。展开的关键在于通过求解随机过程自相关函数的特征方程，以得到自相关函数的特征函数。

例 2.13 (Brown 运动的 Karhunan-Loeve 展开)　考虑 $[0,T]$ 上参数 $\sigma^2 = 1$ 的标准 Brown 运动 $B(t)$，其自相关函数为

$$R_B(t,s) = \min(t,s)$$

其自相关函数的特征方程为

$$\int_0^T \min(t,s)\phi(s)\mathrm{d}s = \lambda\phi(t)$$

从而有

$$\int_0^t s\phi(s)\mathrm{d}s + t\int_t^T \phi(s)\mathrm{d}s = \lambda\phi(t)$$

等式两边对 t 求导，得到

$$\int_t^T \phi(s)\mathrm{d}s = \lambda\phi'(t)$$

再次对 t 求导，得到

$$-\phi(t) = \lambda\phi''(t), \ t\in[0,T] \tag{2-45}$$

于是得到了特征函数满足的二阶线性微分方程，同时也得到了边界条件

$$\phi(0) = 0, \qquad \phi'(T) = 0$$

由式 (2-45) 及边界条件 $\phi(0) = 0$，可得

$$\phi(t) = A\sin\left(\frac{1}{\sqrt{\lambda}}t\right)$$

再由边界条件 $\phi'(T) = 0$ 得到

$$\cos\left(\frac{1}{\sqrt{\lambda}}T\right) = 0$$

换句话说，特征值 λ_n 为

$$\lambda_n = \frac{T^2}{\left(n-\frac{1}{2}\right)^2\pi^2}, \quad n = 1,2,\cdots$$

经归一化后的特征函数为

$$\phi_n(t) = \sqrt{\frac{2}{T}}\sin\left(\left(n-\frac{1}{2}\right)\pi\left(\frac{t}{T}\right)\right)$$

由此可以得到标准 Brown 运动 $B(t)$ 的 Karhunan-Loeve 展开式

$$B(t) = \sqrt{\frac{2}{T}}\sum_{n=1}^{\infty}\frac{T\xi_n}{\left(n-\frac{1}{2}\right)\pi}\sin\left(\left(n-\frac{1}{2}\right)\pi\left(\frac{t}{T}\right)\right) \tag{2-46}$$

其中

$$\xi_n = \frac{1}{\sqrt{\lambda_n}}\int_0^T B(t)\phi_n(t)\mathrm{d}t, \quad n = 1,2,\cdots \tag{2-47}$$

按照 Gauss 过程的性质，$\{\xi_k\}$ 是一组独立的服从 $N(0,1)$ 的 Gauss 随机变量。而且还可以由 Mercer 定理得到其自相关函数的一个展开

$$\min(t,s) = \frac{2}{T} \sum_{n=1}^{\infty} \frac{T^2}{\left(n-\frac{1}{2}\right)^2 \pi^2} \sin\left(\left(n-\frac{1}{2}\right)\pi\left(\frac{t}{T}\right)\right) \sin\left(\left(n-\frac{1}{2}\right)\pi\left(\frac{s}{T}\right)\right) \tag{2-48}$$

■

这个展开从直观上不很显然，而且从纯粹分析的角度也很难以证明。这可以说是随机过程的正交展开式带来的一个有趣的副产品。

例 2.14 (白噪声过程的 Karhunan-Loeve 展开)　严格地讲，白噪声过程并不满足 Karhunan-Loeve 展开所需的均方连续条件 (它并不是一个严格意义下的二阶矩过程)。但是可以仿照使用广义函数 (generalized functions) 处理冲激函数 $\delta(x)$ 的方法，引入广义随机过程 (generalized stochastic processes) 来处理白噪声。事实上，$\delta(x)$ 的定义并不是逐点进行的，而是通过它与一类函数的积分来完成的，即对于在 0 点连续的任意函数都满足

$$\int_{-\infty}^{\infty} f(x)\delta(x)dx = f(0) \tag{2-49}$$

类似地，白噪声过程 $X(t), t \in (-\infty, \infty)$ 可以定义为这样一类随机过程，任取 $f \in L^2(-\infty, \infty)$，均方积分

$$\int_{-\infty}^{\infty} f(t)X(t)\mathrm{d}t \tag{2-50}$$

作为随机变量都存在，且满足

$$E\left(\int_{-\infty}^{\infty} f(t)X(t)\mathrm{d}t\right) = 0, \qquad E\left(\int_{-\infty}^{\infty} f(t)X(t)\mathrm{d}t\right)^2 < \infty \tag{2-51}$$

对于相关性也有特殊规定，即

$$E\left(\int_{-\infty}^{\infty} f(t)X(t)\mathrm{d}t\right)\left(\int_{-\infty}^{\infty} f(s)X(s)\mathrm{d}s\right) = \sigma^2 \int_{-\infty}^{\infty} f^2(t)\mathrm{d}t \tag{2-52}$$

这样从形式上来讲，白噪声过程是宽平稳二阶矩过程，均值为 0，自相关函数为

$$R_X(t,s) = R_X(\tau) = \sigma^2 \delta(\tau) \tag{2-53}$$

考虑白噪声过程在 $(-\infty, \infty)$ 上的 Karhunan-Loeve 展开，其自相关函数的特征方程为

$$\lambda\phi(t) = \int_{\infty}^{\infty} R_X(t,s)\phi(s)\mathrm{d}s = \sigma^2 \int_{\infty}^{\infty} \delta(t-s)\phi(s)\mathrm{d}s = \sigma^2\phi(t)$$

可以看出，所有的特征值都等于 σ^2，且任意一组标准正交基都是特征方程的解。所以，白噪声过程作 Karhunan-Loeve 展开的基函数可以随意选取。　■

习题

1. 设 $X(t)$ 为宽平稳复随机过程，其均值为 m_X，$R_X(\tau)$ 是它的相关函数，证明自相关函数具有如下的性质：$R_X(\tau) = \overline{R_X(-\tau)}$，$|R_X(\tau)| \leqslant R_X(0)$，$R_X(\tau)$ 为非负定函数。

2. 设有两个宽平稳随机过程 $X(t)$ 和 $Y(t)$，令 $Z(t) = X(t) + Y(t)$，试问 $Z(t)$ 是否为宽平稳过程？若要让 $Z(t)$ 成为宽平稳过程，需要什么样的条件？试证明互相关函数的两个性质：$R_{YX}(\tau) = \overline{R_{XY}(-\tau)}$，对

于两个实联合宽平稳随机过程，则有 $R_{YX}(\tau) = R_{XY}(-\tau)$，说明这时互相关函数为非偶函数；$|R_{XY}(\tau)|^2 \leqslant R_X(0)R_Y(0)$，$|R_{YX}(\tau)|^2 \leqslant R_X(0)R_Y(0)$。

3. 设有实宽平稳随机过程 $\xi(t)$，其自相关函数为 $R_\xi(\tau)$，证明

$$P(|\xi(t+\tau) - \xi(t)| \geqslant \epsilon) \leqslant \frac{2}{\epsilon^2}[R_\xi(0) - R_\xi(\tau)]$$

4. 设有随机过程 $\xi(t) = Z\sin(t+\Theta)$，$-\infty < t < \infty$，设 Z 和 Θ 是相互独立的随机变量，Z 均匀分布于 $(-1,1)$ 之间，$P\left(\Theta = \frac{\pi}{4}\right) = P\left(\Theta = -\frac{\pi}{4}\right) = \frac{1}{2}$，试证明 $\xi(t)$ 是宽平稳随机过程，但是不满足严平稳的条件（不满足一阶严平稳条件）。

5. 设 Z 和 Θ 是相互独立的随机变量，Θ 均匀分布于 $[0, 2\pi]$ 间，又设随机过程 $\xi(t) = Z\sin(\omega t+\Theta)$，其中 ω 为正常数，$-\infty < t < \infty$，试利用特征函数证明 $\xi(t)$ 是严平稳随机过程。

6. 设 $f(t)$ 是周期为 T 的周期函数，u 为 $[0,T]$ 内均匀分布的随机变量，设 $X(t) = f(t-u)$，$X(t)$ 构成一随机过程。试证明 $X(t)$ 为宽平稳随机过程求 $X(t)$ 的自相关函数。并用特征函数证明 $X(t)$ 也是严平稳的随机过程。

7. $X(t)$ 是一维对称无限制的随机游动，试求其自相关函数。

8. $N(t)$ 是参数为 λ 的 Poisson 过程，它是独立增量过程但不是正交增量过程。若令 $X(t) = N(t) - E(N(t))$，则 $X(t)$ 是正交增量过程，求 $X(t)$ 的自协方差函数。

9. 定义 $X(t) = \sigma\exp(-\alpha t)W_0(\exp(2\alpha t) - 1)$，其中 $\sigma > 0$，$\alpha > 0$ 均为常数，$W_0(t)$ 为归一化的 Brown 运动，求 $X(t)$ 的均值和自相关函数，称该过程为 Ornstein-Uhlenbeck 过程。

10. 设有相位调制的正弦波过程 $\{\xi(t) = A\cos(\omega t + \pi\eta(t))\}$，其中 $\omega > 0$ 为常数，$\{\eta(t), t \geqslant 0\}$ 为 Poisson 过程。A 为服从两点分布的随机变量，$P(A = 1) = P(A = -1) = \frac{1}{2}$，$A$ 和 $\eta(t)$ 相互独立。试画出其样本轨道并判断样本轨道是否连续。求 $\xi(t)$ 的相关函数，并判断该过程是否均方连续。

11. 设有实宽平稳随机过程 $X(t)$，均方可导，$X'(t)$ 为其均方导函数，试证明在任意给定的 t 上随机变量 $X(t)$ 和 $X'(t)$ 为正交且不相关。

12. 设有正交增量过程 $X(t)$，$X(0) = 0$，且 $E((X(t_2) - X(t_1))^2) = q|t_2 - t_1|$，定义

$$y(t) = \frac{X(t+\epsilon) - X(t)}{\epsilon}$$

则 $y(t)$ 为一宽平稳随机过程，它的相关函数为三角形，面积为 q，底为 2ϵ。若 ϵ 趋于零，则 $R_Y(\tau) = q\delta(\tau)$。

13. 设 $N(t)$ 为标准 Poisson 过程，给定 $\epsilon > 0$，定义过程

$$y(t) = \frac{N(t+\epsilon) - N(t)}{\epsilon}$$

则 $y(t)$ 为实平稳随机过程，求其均值和自相关函数。

定义 $\dfrac{\mathrm{d}N(t)}{\mathrm{d}t} = Z(t) = \lim\limits_{\epsilon \to 0} y(t) = \sum\limits_i \delta(t - t_i)$，$t_i$ 为 Poisson 事件出现时刻。求 $Z(t)$ 的均值和自相关函数。

14. 试证明：

(1) 若随机过程 $X(t)$ 为均方可导，那么 $X(t)$ 必均方连续。

(2) 设 $g(t)$ 为确定性的可微函数，$X(t)$ 为均方可导随机过程，则 $g(t)X(t)$ 为均方可导，且

$$[g(t)X(t)]' = g'(t)X(t) + g(t)X'(t)$$

15. 设有宽平稳随机过程 $\xi(t)$，其自相关函数为

$$R_\xi(\tau) = A\exp(-\alpha|\tau|)(1 + \alpha|\tau|)$$

其中 A, α 为常数, $\alpha > 0$, 求 $\eta(t) = \dfrac{\mathrm{d}\xi(t)}{\mathrm{d}t}$ 的相关函数。

16. 设有宽平稳随机过程 $\xi(t)$, 其自协方差函数为

$$C_\xi(\tau) = A\exp(-\alpha|\tau|)\left(\cos\beta\tau + \frac{\alpha}{\beta}\sin(\beta|\tau|)\right)$$

其中 A, α, β 为常数, 求 $\eta(t) = \dfrac{\mathrm{d}\xi(t)}{\mathrm{d}t}$ 的自协方差函数。

17. 设有宽平稳随机过程 $\xi(t)$, 其自协方差函数为

$$C_\xi(\tau) = \sigma^2\exp(-\alpha^2\tau^2)$$

其中 α, σ 为常数, 求 $\eta(t) = a\dfrac{\mathrm{d}\xi(t)}{\mathrm{d}t}$ 的自协方差函数。

18. 设有一个宽平稳随机过程 $\xi(t)$, 其自相关函数为 $R_\xi(\tau) = A\cos\tau$, 其均值为 0, 试证明 $\xi(t)$ 是无限可导的, 且各阶导函数的自相关函数相同。

19. 若 $R_X(t_2, t_1) = q(t_1)\delta(t_2 - t_1)$

(1) 设 $Y(t) = \displaystyle\int_0^t h(t,\alpha)X(\alpha)\mathrm{d}\alpha$, 令 $I = E(Y^2(t))$, 证明

$$I = \int_0^t h^2(t,\alpha)q(\alpha)\mathrm{d}\alpha$$

(2) 设 $I(t) = E(Y^2(t))$, $E(X(t)) \equiv 0$, 同时 $Y(t)$ 满足方程式

$$\frac{\mathrm{d}Y(t)}{\mathrm{d}t} + \beta(t)Y(t) = X(t)$$

$t = 0$ 时 $Y_0 = Y(0)$ 为随机变量, 与 $X(t)$ 统计独立。证明

$$\frac{\mathrm{d}I}{\mathrm{d}t} + 2\beta(t)I(t) = q(t)$$

20. 设有微分方程式

$$\frac{\mathrm{d}Y(t)}{\mathrm{d}t} + \alpha Y(t) = X(t)$$

其中 α 为常数, $X(t)$ 是零均值白噪声, 即 $E(X(t)) = 0$, $R_X(\tau) = \sigma^2\delta(\tau)$, 如果上述微分方程对所有 $t \in (-\infty, \infty)$ 都成立, 求

$$E(Y(t)), \qquad E(Y^2(t)), \qquad R_Y(\tau)$$

如果上述微分方程仅对 $t \geqslant 0$ 成立, $t < 0$ 时输入为 0, 求

$$E(Y(t)), \qquad E(Y^2(t)), \qquad \text{和 } Y(\tau) \text{ 的自相关函数}$$

21. 若 20 题的输入 $X(t)$ 在 $t = 0$ 时接入, 在 $t = T$ 时断开, 求 $E(Y^2(t))$, 并画出 $E(Y^2(t))$ 和 t 的关系曲线。

22. 短时平均器的输入 $X(t)$ 与输出 $Y(t)$ 满足下列关系,

$$Y(t) = \frac{1}{T}\int_{t-T}^t X(u)\mathrm{d}u$$

如果 $X(t)$ 为宽平稳随机过程，均值为 μ_X，相关函数为 $R_X(\tau)$，证明 $Y(t)$ 也是宽平稳随机过程，并计算其均值和相关函数。如果 $X(t)$ 的协方差函数为

$$C_X(\tau) = \begin{cases} \sigma^2 \left(1 - \dfrac{|\tau|}{\tau_0}\right), & |\tau| \leqslant \tau_0 \\[2mm] 0, & |\tau| \geqslant \tau_0 \end{cases}$$

则输出 $Y(t)$ 的方差为

$$\mathrm{Var}(Y(t)) = \begin{cases} \sigma^2 \left(1 - \dfrac{1}{3}\dfrac{T}{\tau_0}\right), & 0 \leqslant T \leqslant \tau_0 \\[2mm] \sigma^2 \dfrac{\tau_0}{T}\left(1 - \dfrac{1}{3}\dfrac{\tau_0}{T}\right), & \tau_0 < T \end{cases}$$

23. 设有宽平稳随机过程 $\xi(t)$，其相关函数为 $R_\xi(\tau)$，且 $R_\xi(T) = R_\xi(0)$，其中 T 为一个正常数。证明 $\xi(t+T) = \xi(t)$ 以概率 1 成立，且 $R_\xi(t+T) = R_\xi(t)$，即相关函数具有周期性，其周期为 T。

24. 设随机变量 X_0 的概率密度函数为

$$f_0(x) = \begin{cases} 2x, & 0 \leqslant x \leqslant 1 \\ 0, & 其他 \end{cases}$$

设随机序列 $\{X_0, X_1, \cdots, X_n, \cdots\}$，若给定 $X_0, X_1, \cdots, X_n$ 时，X_{n+1} 为均匀分布在 $(1 - X_n, 1)$ 上的随机变量，请说明序列 $\{X_n\}$ 是否满足严平稳条件。

25. 设有滑动平均过程 $X_n = \sum\limits_{k=0}^{\infty} \alpha^k Y_{n-k}$，其中 $\{Y_n, n = 0, \pm 1, \pm 2, \cdots\}$ 为独立同分布随机序列，均值为 0，α 为常数，$|\alpha| < 1$，求 X_n 的均值、自相关函数。序列 $\{X_n\}$ 是否满足宽平稳条件？序列 $\{X_n\}$ 是否具有均值各态历经性？

26. 对于宽平稳随机过程 $X(t)$，自相关函数为 $R_X(\tau)$，如果满足

$$\mathbf{l.i.m}_{T \to \infty} \frac{1}{T} \int_{-\frac{T}{2}}^{\frac{T}{2}} X(t+\tau)\overline{X(t)}\mathrm{d}t = R_X(\tau)$$

则称 $X(t)$ 具有自相关函数遍历性。上式左边为 $X(t)$ 的时间相关函数。证明，宽平稳随机过程 $X(t)$ 具有自相关函数遍历性的充要条件为

$$\lim_{T \to \infty} \frac{1}{T} \int_{-T}^{T} \left(1 - \frac{|\lambda|}{T}\right)(R_{\phi_\tau}(\lambda) - |R_X(\lambda)|^2)\mathrm{d}\lambda$$

其中

$$\phi_\tau(t) = X(t+\tau)\overline{X(t)}$$

$$R_{\phi_\tau}(\lambda) = E(\phi_\tau(t+\lambda)\overline{\phi_\tau(t)}) = E(X(t+\tau+\lambda)X(t)\overline{X(t+\tau)X(t+\lambda)})$$

27. 若 $X(t)$ 是零均值宽平稳实 Gauss 过程，且当 $|\tau| > a$ 时有 $R_X(\tau) = 0$，则该过程具有自相关函数遍历性。

28. 随机过程 $X(t) = A\cos(\omega t + \Theta)$，其中 Θ 服从 $(0, 2\pi)$ 内的均匀分布，A 为与 Θ 独立的随机变量，ω 为确定性常数。

(1) 在 $\omega \neq 0$ 和 $\omega = 0$ 两种情况下，判断 $X(t)$ 是否具有均值遍历性。

(2) 判断 $X(t)$ 是否具有自相关函数遍历性。

(3) 如果随机过程 $Z(t)$ 满足

$$\underset{T \to \infty}{\text{l.i.m}} \frac{1}{T} \int_{-T/2}^{T/2} Z^2(t)\mathrm{d}t = E(Z^2(t))$$

则称 $Z(t)$ 具有功率遍历性。判断 $X(t)$ 是否具有功率遍历性。

29. 如果能够利用随机过程的一条样本轨道来得到该过程的一维分布, 那么就称该过程具有分布函数遍历性, 为研究分布函数的遍历性, 定义

$$I_x(t) = \begin{cases} 1, & X(t) \leqslant x \\ 0, & \text{其他} \end{cases}$$

对于每一个固定的 x, $I_x(t)$ 为事件 $\{X(t) \leqslant x\}$ 的示性函数。很明显, $I_x(t)$ 也是一个随机过程。现用 $I_x(t)$ 来估计 $X(t)$ 的分布函数 $F_{X(t)}(x) = P(X(t) \leqslant x)$。设 $I_x(t)$ 的时间平均为

$$\hat{F}_X(x) = \frac{1}{T} \int_{-T/2}^{T/2} I_x(t)\mathrm{d}t$$

(1) 请画出 $X(t)$ 的样本函数, 用图说明 $\hat{F}_X(x)$ 的意义。

(2) 试证明, 只有当 $X(t)$ 为一阶严平稳时, 有 $E(\hat{F}_X(x)) = F_{X(t)}(x)$。

(3) 若 $X(t)$ 具有二阶严平稳性, 则 $E(I_x(t_1)I_x(t_2)) = F_{X(t_1),X(t_2)}(x,x)$, 其中 $F_{X(t_1),X(t_2)}(x_1,x_2)$ 为 $X(t)$ 的二维分布。

(4) 如果 $X(t)$ 具有二阶严平稳性, 且满足

$$\underset{T \to \infty}{\text{l.i.m}} \frac{1}{T} \int_{-T}^{T} \left(1 - \frac{|\tau|}{T}\right) C_{I_x}(\tau)\mathrm{d}\tau = 0$$

其中 $C_{I_x}(\tau) = E(I_x(t+\tau)I_x(t)) - [E(I_x(t))]^2$。证明 $X(t)$ 具有分布函数遍历性。

30. 如果宽平稳随机过程 $X(t)$ 具有分布函数遍历性, 则其必然具有均值遍历性。

31. 证明, 如果 K-L 积分方程

$$\int_a^b R_X(t,s)\phi_n(s)\mathrm{d}s = \lambda_n \phi_n(t)$$

有两个解 $\phi_1(t)$ 和 $\phi_2(t)$, 其对应的非零特征值分别为 λ_1 和 λ_2, 且 $\lambda_1 \neq \lambda_2$, 证明

$$\int_a^b \phi_1(t)\phi_2(t)\mathrm{d}t = 0$$

即 $\phi_1(t)$ 和 $\phi_2(t)$ 为正交。

32. 设随机过程 $X(t)$ 的均值为 0, 相关函数为 $R_X(\tau) = \cos\omega_0\tau$, 请问该过程的标准正交基函数能否取 Fourier 展开的三角函数? 为什么? 展开的区间有什么限制吗?

33. 观察 Gauss 白噪声污染下的 Gauss 信号 $X(t)$, 在 $[0,T]$ 内 $X(t) = S(t) + W(t)$, 其中 $S(t)$ 为零均值 Gauss 信号, 相关函数为 $R_S(t,s)$, $W(t)$ 为零均值 Gauss 白噪声, $R_W(\tau) = \sigma_W^2\delta(\tau)$, $S(t)$ 和 $W(t)$ 相互正交, 证明: 在 K-L 展开时, $S(t)$ 和 $W(t)$ 具有相同的基函数, 且任何完备的正交基都可以作为 $W(t)$ 的基函数。$X(t)$ 的 K-L 展开为

$$X(t) = \sum_{n=1}^{\infty} \langle X, \phi_n \rangle \phi_n(t) = \sum_{n=1}^{\infty} X_n \phi_n(t)$$

$$= \sum_{n=1}^{\infty} (S_n + W_n)\phi_n(t)$$

其中

$$X_n = \int_0^T X(t)\phi_n(t)\mathrm{d}t, \qquad S_n = \int_0^T S(t)\phi_n(t)\mathrm{d}t, \qquad W_n = \int_0^T W(t)\phi_n(t)\mathrm{d}t$$

而 X_n, S_n 和 W_n 均为 Gauss 随机变量。

34. 考虑函数

$$f(t,s) = 3 + 2\cos\frac{2\pi t}{T}\cos\frac{2\pi s}{T} + \cos\frac{4\pi t}{T}\cos\frac{4\pi s}{T}$$

(1) 证明 $f(t,s)$ 可以成为某随机过程的自相关函数，验证 $f(t,s)$ 具有的非负定特性。

(2) 在 $(0,T)$ 上用 K-L 展开表示 $X(t)$。

第 3 章 Gauss 过 程

Gauss 过程之所以被公认为是最典型的连续参数连续状态随机过程, 有两个重要原因。首先是许多实际问题涉及到大量的、微小的随机因素共同作用后的宏观表现, 概率论的中心极限定理断言在非常宽泛的条件下, 大量微小随机变量叠加后的结果呈现出近似 Gauss 分布的随机起伏特性, 这使得 Gauss 过程成为描述许多随机现象, 特别是背景噪声的标准模型。其次, 由于 Gauss 分布的特点, 使得 Gauss 过程具有许多一般随机过程所不具备的优良特性, 特别是容易进行解析计算这一特点为人们得到闭合的表达式提供了便利, 从而人们在对随机问题进行理论分析时, 往往首先假定需要研究的随机过程具有 Gauss 性。基于如上原因, 本章将针对 Gauss 过程进行讨论。

3.1 Gauss 过程的基本定义

定义 3.1 (Gauss 过程) 设有随机过程 $X(t), t \in T$, 如果 $\forall n$, $\forall t_1, t_2, \cdots, t_n$, 随机向量 $\boldsymbol{X} = (X(t_1), X(t_2), \cdots, X(t_n))^{\mathrm{T}}$ 都服从 n 元 Gauss 分布, 则称 $X(t)$ 为 Gauss 过程。

可以看出, Gauss 随机过程的概念依赖于下面给出的多元 Gauss 分布的定义。

3.1.1 多元 Gauss 分布的定义

设 $\boldsymbol{X} = (X_1, X_2, \cdots, X_n)^{\mathrm{T}}$ 为 n 元实随机向量, 对任意的 $k = 1, 2, \cdots, n$ 满足 $E|X_k|^2 < \infty$, 设

$$\mu_k = E(X_k), \quad b_{ij} = E(X_i - EX_i)(X_j - EX_j), \quad i, j, k = 1, 2, \cdots, n \tag{3-1}$$

由 b_{ij} 构成的对称 $n \times n$ 矩阵 $\boldsymbol{\Sigma}$ 称为 $\{X_k, k = 1, 2, \cdots, n\}$ 的协方差阵

$$\boldsymbol{\Sigma} = \begin{pmatrix} b_{11} & b_{12} & \cdots & b_{1n} \\ b_{21} & b_{22} & \cdots & b_{2n} \\ \vdots & \vdots & & \vdots \\ b_{n1} & b_{n2} & \cdots & b_{nn} \end{pmatrix} = E((\boldsymbol{X} - \boldsymbol{\mu})(\boldsymbol{X} - \boldsymbol{\mu})^{\mathrm{T}})$$

其中

$$\boldsymbol{\mu} = (\mu_1, \mu_2, \cdots, \mu_n)^{\mathrm{T}}$$

任取 $\boldsymbol{z} = (z_1, z_2, \cdots, z_n)^{\mathrm{T}}$ 为确定的 n 维实向量, 不难看出

$$\boldsymbol{z}^{\mathrm{T}} \boldsymbol{\Sigma} \boldsymbol{z} = \sum_{i,j=1}^{n} b_{ij} z_i z_j = E\left(\sum_{i=1}^{n}(X_i - EX_i)z_i\right)^2 \geqslant 0 \tag{3-2}$$

所以 $\boldsymbol{\Sigma}$ 是对称非负定矩阵。这里首先假定 $\boldsymbol{\Sigma}$ 是正定的 (随后再讨论 $\boldsymbol{\Sigma}$ 具有奇异性的情况), 从而 $\boldsymbol{\Sigma}^{-1}$ 也是对称正定矩阵。

定义 3.2 (多元 Gauss 分布) 如果 n 元实随机向量 $\boldsymbol{X}$ 的联合概率密度为

$$f(\boldsymbol{x}) = k \exp\left(-\frac{1}{2}(\boldsymbol{x} - \boldsymbol{\mu})^{\mathrm{T}} \boldsymbol{\Sigma}^{-1}(\boldsymbol{x} - \boldsymbol{\mu})\right) \tag{3-3}$$

其中 $\boldsymbol{x} = (x_1, x_2, \cdots, x_n)^{\mathrm{T}}$，$k$ 为常数，$\boldsymbol{\mu}$ 为 n 元确定向量，$\boldsymbol{\Sigma}$ 为 n 元对称正定矩阵，则称 $\boldsymbol{x}$ 服从 n 元 Gauss 分布。

上面的定义中需要确定常数 k，下面通过求常数 k 以初步熟悉与多元 Gauss 分布密度问题有关的计算方法。由于 $\boldsymbol{\Sigma}^{-1}$ 是对称正定的，所以存在非奇异矩阵 $\boldsymbol{A}$，使得

$$\boldsymbol{\Sigma}^{-1} = \boldsymbol{A}^{\mathrm{T}} \boldsymbol{A}$$

从而有

$$(\boldsymbol{x} - \boldsymbol{\mu})^{\mathrm{T}} \boldsymbol{\Sigma}^{-1}(\boldsymbol{x} - \boldsymbol{\mu}) = (\boldsymbol{x} - \boldsymbol{\mu})^{\mathrm{T}} \boldsymbol{A}^{\mathrm{T}} \boldsymbol{A}(\boldsymbol{x} - \boldsymbol{\mu}) = (\boldsymbol{A}(\boldsymbol{x} - \boldsymbol{\mu}))^{\mathrm{T}} (\boldsymbol{A}(\boldsymbol{x} - \boldsymbol{\mu}))$$

令 $\boldsymbol{y} = \boldsymbol{A}(\boldsymbol{x} - \boldsymbol{\mu})$，做积分换元，则有 $\boldsymbol{x} = \boldsymbol{A}^{-1}\boldsymbol{y} + \boldsymbol{\mu}$，且变换的雅可比行列式为

$$\boldsymbol{J} = \det(\boldsymbol{A}^{-1}) = \sqrt{\det(\boldsymbol{\Sigma})}$$

所以

$$\begin{aligned}
&\int_{-\infty}^{\infty} \cdots \int_{-\infty}^{\infty} f(x_1, x_2, \cdots, x_n) \mathrm{d}x_1 \mathrm{d}x_2 \cdots \mathrm{d}x_n \\
&= k \int_{-\infty}^{\infty} \cdots \int_{-\infty}^{\infty} \exp\left(-\frac{1}{2}(\boldsymbol{x} - \boldsymbol{\mu})^{\mathrm{T}} \boldsymbol{\Sigma}^{-1}(\boldsymbol{x} - \boldsymbol{\mu})\right) \mathrm{d}x_1 \mathrm{d}x_2 \cdots \mathrm{d}x_n \\
&= k \int_{-\infty}^{\infty} \cdots \int_{-\infty}^{\infty} \exp\left(-\frac{1}{2}\boldsymbol{y}^{\mathrm{T}}\boldsymbol{y}\right) \sqrt{\det(\boldsymbol{\Sigma})} \mathrm{d}y_1 \mathrm{d}y_2 \cdots \mathrm{d}y_n \\
&= k \sqrt{\det(\boldsymbol{\Sigma})} \left(\int_{-\infty}^{\infty} \exp\left(-\frac{1}{2}y^2\right) \mathrm{d}y\right)^n = 1
\end{aligned}$$

由于

$$\int_{-\infty}^{\infty} \exp\left(-\frac{1}{2}y^2\right) \mathrm{d}y = \sqrt{2\pi} \tag{3-4}$$

可得

$$k = \frac{1}{\sqrt{\det(\boldsymbol{\Sigma})}(2\pi)^{\frac{n}{2}}}$$

至此可以写出完整的 n 元 Gauss 分布密度的解析表达式

$$f(\boldsymbol{x}) = \frac{1}{\sqrt{\det(\boldsymbol{\Sigma})}(2\pi)^{\frac{n}{2}}} \exp\left(-\frac{1}{2}(\boldsymbol{x} - \boldsymbol{\mu})^{\mathrm{T}} \boldsymbol{\Sigma}^{-1}(\boldsymbol{x} - \boldsymbol{\mu})\right)$$

以后章节用符号 $N(\boldsymbol{\mu}, \boldsymbol{\Sigma})$ 表示均值向量为 $\boldsymbol{\mu}$，协方差矩阵为 $\boldsymbol{\Sigma}$ 的 n 元 Gauss 分布。

3.1.2 多元 Gauss 分布的特征函数

令 $\boldsymbol{\omega} = (\omega_1, \omega_2, \cdots, \omega_n)^{\mathrm{T}}$，则 n 元随机向量 $\boldsymbol{x} = (x_1, x_2, \cdots, x_n)^{\mathrm{T}}$ 的特征函数为

$$\phi_{\boldsymbol{x}}(\boldsymbol{\omega}) = E(\exp(\mathrm{j}\boldsymbol{\omega}^{\mathrm{T}}\boldsymbol{x})) = E(\exp(\mathrm{j}(\omega_1 x_1 + \omega_2 x_2 + \cdots + \omega_n x_n))) \tag{3-5}$$

n 元 Gauss 分布的特征函数对讨论该分布的性质有很大帮助。根据定义

$$\phi_{\boldsymbol{x}}(\boldsymbol{\omega}) = \int_{-\infty}^{\infty} \cdots \int_{-\infty}^{\infty} f(x_1, x_2, \cdots, x_n) \exp(\mathrm{j}(\omega_1 x_1 + \omega_2 x_2 + \cdots + \omega_n x_n)) \mathrm{d}x_1 \mathrm{d}x_2 \cdots \mathrm{d}x_n$$

沿用上述矩阵分解的技巧，令 $\boldsymbol{y} = \boldsymbol{A}(\boldsymbol{x} - \boldsymbol{\mu})$，作积分换元

$$\phi_{\boldsymbol{x}}(\boldsymbol{\omega}) = \frac{\sqrt{\det(\boldsymbol{\Sigma})}}{\sqrt{\det(\boldsymbol{\Sigma})}(2\pi)^{\frac{n}{2}}} \int_{\mathbb{R}^n} \exp\left(\mathrm{j}\boldsymbol{\omega}^{\mathrm{T}}(\boldsymbol{A}^{-1}\boldsymbol{y} + \boldsymbol{\mu}) - \frac{1}{2}\boldsymbol{y}^{\mathrm{T}}\boldsymbol{y}\right) \mathrm{d}\boldsymbol{y}$$

令 $\boldsymbol{u} = (\boldsymbol{A}^{-1})^{\mathrm{T}}\boldsymbol{\omega}$，得到

$$\begin{aligned}
\phi_{\boldsymbol{x}}(\boldsymbol{\omega}) &= \frac{\exp(\mathrm{j}\boldsymbol{\omega}^{\mathrm{T}}\boldsymbol{\mu})}{(2\pi)^{\frac{n}{2}}} \int_{\mathbb{R}^n} \exp\left(-\frac{1}{2}\boldsymbol{u}^{\mathrm{T}}\boldsymbol{u}\right) \exp\left(-\frac{1}{2}(\boldsymbol{y} - \mathrm{j}\boldsymbol{u})^{\mathrm{T}}(\boldsymbol{y} - \mathrm{j}\boldsymbol{u})\right) \mathrm{d}\boldsymbol{y} \\
&= \frac{\exp(\mathrm{j}\boldsymbol{\omega}^{\mathrm{T}}\boldsymbol{\mu})}{(2\pi)^{\frac{n}{2}}} \exp\left(-\frac{1}{2}\boldsymbol{u}^{\mathrm{T}}\boldsymbol{u}\right) \prod_{k=1}^{n} \int_{-\infty}^{\infty} \exp\left(-\frac{1}{2}(y_k - \mathrm{j}u_k)^2\right) \mathrm{d}y_k \\
&= \exp\left(\mathrm{j}\boldsymbol{\omega}^{\mathrm{T}}\boldsymbol{\mu} - \frac{1}{2}\boldsymbol{u}^{\mathrm{T}}\boldsymbol{u}\right) = \exp\left(\mathrm{j}\boldsymbol{\omega}^{\mathrm{T}}\boldsymbol{\mu} - \frac{1}{2}\boldsymbol{\omega}^{\mathrm{T}}\boldsymbol{A}^{-1}(\boldsymbol{A}^{-1})^{\mathrm{T}}\boldsymbol{\omega}\right) \\
&= \exp\left(\mathrm{j}\boldsymbol{\omega}^{\mathrm{T}}\boldsymbol{\mu} - \frac{1}{2}\boldsymbol{\omega}^{\mathrm{T}}\boldsymbol{\Sigma}\boldsymbol{\omega}\right)
\end{aligned}$$

所以，均值向量为 $\boldsymbol{\mu}$，协方差阵为 $\boldsymbol{\Sigma}$ 的 n 元 Gauss 分布的特征函数为

$$\phi_{\boldsymbol{x}}(\boldsymbol{\omega}) = \exp\left(\mathrm{j}\boldsymbol{\omega}^{\mathrm{T}}\boldsymbol{\mu} - \frac{1}{2}\boldsymbol{\omega}^{\mathrm{T}}\boldsymbol{\Sigma}\boldsymbol{\omega}\right) \tag{3-6}$$

3.1.3 协方差阵 $\boldsymbol{\Sigma}$ 不满秩的情况

上面的讨论中都假定了 n 元 Gauss 分布的协方差矩阵 $\boldsymbol{\Sigma}$ 是对称正定的，存在逆矩阵，所以概率密度的表达式很合理。但实际应用中有时会出现 $\boldsymbol{\Sigma}$ 不满秩的情况，称为"退化"的 Gauss 分布，它的协方差矩阵 $\boldsymbol{\Sigma}$ 具有奇异性，不能求逆。不过特征函数的形式却没有任何变化可以表达出来。这种情况下，可以使用"扰动"的方法解决协方差矩阵不满秩的问题。设

$$\boldsymbol{\Sigma}_k = \boldsymbol{\Sigma} + \frac{1}{k}\boldsymbol{I}$$

这里 $\boldsymbol{I}$ 是单位矩阵，k 为正整数，显然 $\boldsymbol{\Sigma}_k$ 是对称正定的。以 $\boldsymbol{\Sigma}_k$ 为协方差阵的 n 元 Gauss 分布的特征函数为

$$\phi_k(\omega_1, \omega_2, \cdots, \omega_n) = \exp\left(\mathrm{j}\boldsymbol{\omega}^{\mathrm{T}}\boldsymbol{\mu} - \frac{1}{2}\boldsymbol{\omega}^{\mathrm{T}}\boldsymbol{\Sigma}_k\boldsymbol{\omega}\right)$$

令 $k \to \infty$ 即得到

$$\phi(\omega_1, \omega_2, \cdots, \omega_n) = \lim_{k \to \infty} \phi_k(\omega_1, \omega_2, \cdots, \omega_n) = \exp\left(\mathrm{j}\boldsymbol{\omega}^{\mathrm{T}}\boldsymbol{\mu} - \frac{1}{2}\boldsymbol{\omega}^{\mathrm{T}}\boldsymbol{\Sigma}\boldsymbol{\omega}\right)$$

由特征函数的性质可知，这正是以对称非负定矩阵 $\boldsymbol{\Sigma}$ 为协方差矩阵的 n 元 Gauss 分布的特征函数。如果 $\boldsymbol{\Sigma}$ 不满秩，呈现出"奇异"性态，这时概率密度函数集中在 $\mathbb{R}^n$ 的某个低维子空间上，n 元概率密度无法写出，但其相应的特征函数仍然可以正常表示出来。

3.2 多元 Gauss 分布的性质

多元 Gauss 分布具有许多其他分布不具备的良好性质，了解这些性质对于研究 Gauss 过程很重要。

3.2.1 边缘分布

如果 $\boldsymbol{X} = (X_1, X_2, \cdots, X_n)^{\mathrm{T}}$ 服从 n 元 Gauss 分布，则 $\boldsymbol{X}$ 的任何一个子向量 $\tilde{\boldsymbol{X}} = (X_{k1}, X_{k2}, \cdots, X_{ki}, \cdots, X_{km})^{\mathrm{T}}(m < n)$ 均服从 m 元 Gauss 分布。换句话说，Gauss 分布的边缘分布仍然是 Gauss 分布。利用特征函数可以验证这个性质。

事实上，$(X_{k1}, X_{k2}, \cdots, X_{ki}, \cdots, X_{km})$ 的特征函数为

$$\phi_{\tilde{\boldsymbol{X}}}(\boldsymbol{\omega}_{(k)}) = \phi_{\tilde{\boldsymbol{X}}}(\omega_{k1}, \omega_{k2}, \cdots, \omega_{km}) = E \exp(\mathrm{j}(\omega_{k1} X_{k1} + \cdots + \omega_{km} X_{km})) = \phi_{\boldsymbol{X}}(\tilde{\boldsymbol{\omega}})$$

其中，$\boldsymbol{\omega}_{(k)} = (\omega_{k1}, \omega_{k2}, \cdots, \omega_{km})^{\mathrm{T}}$，$\phi_{\boldsymbol{X}}(\boldsymbol{\omega})$ 为 $\boldsymbol{X}$ 的特征函数，而

$$\tilde{\boldsymbol{\omega}} = (\cdots, 0, \omega_{k1}, 0, \cdots, 0, \omega_{k2}, 0, \cdots, 0, \omega_{km}, 0, \cdots)^{\mathrm{T}}$$

注意到 $\tilde{\boldsymbol{\omega}}^{\mathrm{T}} = \boldsymbol{\omega}_{(k)}^{\mathrm{T}} \boldsymbol{A}$，其中 $\boldsymbol{A} \in \mathbb{R}^{m \times n}$，元素为

$$A_{pq} = \begin{cases} 1, & p = i, q = k_i \\ 0, & p = i, q \neq k_i \\ 0, & p \neq i \end{cases}$$

由于 $\boldsymbol{X}$ 服从多元 Gauss 分布，其特征函数为 $\phi_{\boldsymbol{X}}(\boldsymbol{\omega})$，当 $\boldsymbol{\omega}$ 取 $\tilde{\boldsymbol{\omega}}$ 时

$$\phi_{\boldsymbol{X}}(\tilde{\boldsymbol{\omega}}) = \exp\left(\mathrm{j}\tilde{\boldsymbol{\omega}}^{\mathrm{T}}\boldsymbol{\mu} - \frac{1}{2}\tilde{\boldsymbol{\omega}}^{\mathrm{T}}\boldsymbol{\Sigma}_{\boldsymbol{X}}\tilde{\boldsymbol{\omega}}\right)$$

进而有

$$\phi_{\tilde{\boldsymbol{X}}}(\boldsymbol{\omega}_{(k)}) = \phi_{\boldsymbol{X}}(\tilde{\boldsymbol{\omega}}) = \phi_{\boldsymbol{X}}(\boldsymbol{\omega}_{(k)}\boldsymbol{A}) = \exp\left(\mathrm{j}\boldsymbol{\omega}_{(k)}^{\mathrm{T}}\boldsymbol{A}\boldsymbol{\mu} - \frac{1}{2}\boldsymbol{\omega}_{(k)}^{\mathrm{T}}\boldsymbol{A}\boldsymbol{\Sigma}_{\boldsymbol{X}}\boldsymbol{A}^{\mathrm{T}}\boldsymbol{\omega}_{(k)}\right)$$

立刻得到 $\tilde{\boldsymbol{X}}$ 服从均值为 $\boldsymbol{A}\boldsymbol{\mu}$，协方差矩阵为 $\boldsymbol{A}\boldsymbol{\Sigma}_{\boldsymbol{X}}\boldsymbol{A}^{\mathrm{T}}$ 的 Gauss 分布。

应当指出，上述命题的逆命题是不成立的，即如果一个随机向量的各个分量都服从一元 Gauss 分布，并不能保证该向量服从多元的联合 Gauss 分布。也就是说，随机向量的边缘分布是 Gauss 分布，并不能说明联合分布就一定是 Gauss 分布。读者可以从习题中找到例子。

3.2.2 独立性

一般情况下，两个随机变量间的独立性和不相关性是两个不同的概念。当二阶矩存在时，由独立性可以得到不相关性，但反过来则不一定成立。对于两个随机向量，也有类似的结论。由于服从联合 Gauss 分布的随机向量的统计特性完全由二阶矩确定，所以在独立性和不相关性的关系上有其特殊性。

定理 3.1 设 $\boldsymbol{X} = \begin{pmatrix} \boldsymbol{X}_1 \\ \boldsymbol{X}_2 \end{pmatrix}$ 是服从 Gauss 分布的随机向量, 均值向量为 $\boldsymbol{\mu} = \begin{pmatrix} \boldsymbol{\mu}_1 \\ \boldsymbol{\mu}_2 \end{pmatrix}$, 协方差矩阵为

$$\boldsymbol{\Sigma_X} = \begin{pmatrix} \boldsymbol{\Sigma}_{11} & \boldsymbol{\Sigma}_{12} \\ \boldsymbol{\Sigma}_{21} & \boldsymbol{\Sigma}_{22} \end{pmatrix}$$

其中 $\boldsymbol{\Sigma}_{11} = E((\boldsymbol{X}_1 - \boldsymbol{\mu}_1)(\boldsymbol{X}_1 - \boldsymbol{\mu}_1)^{\mathrm{T}})$, $\boldsymbol{\Sigma}_{22} = E((\boldsymbol{X}_2 - \boldsymbol{\mu}_2)(\boldsymbol{X}_2 - \boldsymbol{\mu}_2)^{\mathrm{T}})$, $\boldsymbol{\Sigma}_{12} = \boldsymbol{\Sigma}_{21}^{\mathrm{T}} = E((\boldsymbol{X}_1 - \boldsymbol{\mu}_1)(\boldsymbol{X}_2 - \boldsymbol{\mu}_2)^{\mathrm{T}})$, 则 $\boldsymbol{X}_1$ 和 $\boldsymbol{X}_2$ 相互统计独立的充要条件是 $\boldsymbol{\Sigma}_{12} = \boldsymbol{0}$。

证明 必要性是显然的, 如果 $\boldsymbol{X}_1$ 和 $\boldsymbol{X}_2$ 相互统计独立, 则

$$\boldsymbol{\Sigma}_{12} = E((\boldsymbol{X}_1 - \boldsymbol{\mu}_1)(\boldsymbol{X}_2 - \boldsymbol{\mu}_2)^{\mathrm{T}}) = E(\boldsymbol{X}_1 - \boldsymbol{\mu}_1)E(\boldsymbol{X}_2 - \boldsymbol{\mu}_2)^{\mathrm{T}} = 0$$

充分性的证明只需注意到当 $\boldsymbol{\Sigma}_{12} = \boldsymbol{0}$ 时, 协方差矩阵 $\boldsymbol{\Sigma_X}$ 成为分块对角阵

$$\boldsymbol{\Sigma_X} = \begin{pmatrix} \boldsymbol{\Sigma}_{11} & \boldsymbol{0} \\ \boldsymbol{0} & \boldsymbol{\Sigma}_{22} \end{pmatrix}$$

从而服从 Gauss 分布的随机向量 $\boldsymbol{X}$ 的密度可以写为

$$f_{\boldsymbol{X}}(\boldsymbol{x}_1, \boldsymbol{x}_2) = \frac{1}{(2\pi)^{n/2}(\det(\boldsymbol{\Sigma_X}))^{1/2}} \exp\left(-\frac{1}{2}\begin{pmatrix} \boldsymbol{x}_1 - \boldsymbol{\mu}_1 \\ \boldsymbol{x}_2 - \boldsymbol{\mu}_2 \end{pmatrix}^{\mathrm{T}} \begin{pmatrix} \boldsymbol{\Sigma}_{11} & \boldsymbol{0} \\ \boldsymbol{0} & \boldsymbol{\Sigma}_{22} \end{pmatrix}^{-1} \begin{pmatrix} \boldsymbol{x}_1 - \boldsymbol{\mu}_1 \\ \boldsymbol{x}_2 - \boldsymbol{\mu}_2 \end{pmatrix}\right)$$

于是有:

$$\begin{aligned} f_{\boldsymbol{X}}(\boldsymbol{x}_1, \boldsymbol{x}_2) &= \frac{1}{(2\pi)^{n_1/2}\det(\boldsymbol{\Sigma}_{11})^{1/2}} \exp\left(-\frac{1}{2}((\boldsymbol{x}_1 - \boldsymbol{\mu}_1)^{\mathrm{T}}\boldsymbol{\Sigma}_{11}^{-1}(\boldsymbol{x}_1 - \boldsymbol{\mu}_1))\right) \\ &\quad \times \frac{1}{(2\pi)^{n_2/2}\det(\boldsymbol{\Sigma}_{22})^{1/2}} \exp\left(-\frac{1}{2}((\boldsymbol{x}_2 - \boldsymbol{\mu}_2)^{\mathrm{T}}\boldsymbol{\Sigma}_{22}^{-1}(\boldsymbol{x}_2 - \boldsymbol{\mu}_2))\right) \end{aligned}$$

其中 $n = n_1 + n_2$, 所以 $\boldsymbol{X}_1$ 和 $\boldsymbol{X}_2$ 是统计独立的。即若两个随机向量服从联合 Gauss 分布, 且互协方差为 0, 蕴含了它们之间的独立性。∎

由此不难得到如下推论。

推论 3.1 服从 n 元 Gauss 分布的随机变量 $(X_1, X_2, \cdots, X_n)$ 相互统计独立的充分必要条件是各元之间互协方差为 0。

例 3.1 (去相关) 设 $\boldsymbol{X} = \begin{pmatrix} \boldsymbol{X}_1 \\ \boldsymbol{X}_2 \end{pmatrix}$ 是服从 n 元联合 Gauss 分布的随机向量, 设有变换

$$\boldsymbol{Y} = \begin{pmatrix} \boldsymbol{Y}_1 \\ \boldsymbol{Y}_2 \end{pmatrix} = \begin{pmatrix} \boldsymbol{I} & \boldsymbol{A} \\ \boldsymbol{0} & \boldsymbol{I} \end{pmatrix} \begin{pmatrix} \boldsymbol{X}_1 \\ \boldsymbol{X}_2 \end{pmatrix}$$

现需要确定矩阵 $\boldsymbol{A}$, 使得 $\boldsymbol{Y}_1$ 和 $\boldsymbol{Y}_2$ 的互协方差为 0, 即使得 $\boldsymbol{Y}_1$、$\boldsymbol{Y}_2$ 间不相关。由

$$\begin{aligned} \boldsymbol{0} &= E[(\boldsymbol{Y}_1 - E\boldsymbol{Y}_1)(\boldsymbol{Y}_2 - E\boldsymbol{Y}_2)^{\mathrm{T}}] \\ &= E[(\boldsymbol{X}_1 - E\boldsymbol{X}_1)(\boldsymbol{X}_2 - E\boldsymbol{X}_2)^{\mathrm{T}}] + E[\boldsymbol{A}(\boldsymbol{X}_2 - E\boldsymbol{X}_2)(\boldsymbol{X}_2 - E\boldsymbol{X}_2)^{\mathrm{T}}] \\ &= \boldsymbol{\Sigma}_{12} + \boldsymbol{A}\boldsymbol{\Sigma}_{22} \end{aligned}$$

得到

$$A = -\boldsymbol{\Sigma}_{12}\boldsymbol{\Sigma}_{22}^{-1}$$

此时 $\boldsymbol{Y}$ 的协方差矩阵为

$$E((\boldsymbol{Y} - E\boldsymbol{Y})(\boldsymbol{Y} - E\boldsymbol{Y})^{\mathrm{T}}) = E\begin{pmatrix} \boldsymbol{Y}_1 - E\boldsymbol{Y}_1 \\ \boldsymbol{Y}_2 - E\boldsymbol{Y}_2 \end{pmatrix}((\boldsymbol{Y}_1 - E\boldsymbol{Y}_1)^{\mathrm{T}}, (\boldsymbol{Y}_2 - E\boldsymbol{Y}_2)^{\mathrm{T}})$$

$$= \begin{pmatrix} \boldsymbol{\Sigma}_{11} - \boldsymbol{\Sigma}_{12}\boldsymbol{\Sigma}_{22}^{-1}\boldsymbol{\Sigma}_{21} & \mathbf{0} \\ \mathbf{0} & \boldsymbol{\Sigma}_{22} \end{pmatrix} \qquad \blacksquare$$

3.2.3 高阶矩

　　服从多元 Gauss 分布的随机向量的分布函数仅依赖于其一阶矩和二阶矩,所以Gauss 分布的高阶矩可以由其一、二阶矩完全确定。下面可以看到,这种矩之间的关系有十分整齐优美的形式。

　　定理 3.2　若 $\boldsymbol{X} = (X_1, X_2, X_3, X_4)^{\mathrm{T}}$ 服从联合 Gauss 分布,且各分量的均值均为 0,则有

$$E(X_1 X_2 X_3 X_4) = E(X_1 X_2)E(X_3 X_4) + E(X_1 X_3)E(X_2 X_4) + E(X_1 X_4)E(X_2 X_3) \qquad (3\text{-}7)$$

　　证明　证明的关键是如何利用特征函数来计算随机变量的矩,注意到

$$E(X_1^{k_1} X_2^{k_2} \cdots X_n^{k_n}) = \frac{1}{\mathrm{j}^{k_1+k_2+\cdots+k_n}} \left. \frac{\partial^{k_1+k_2+\cdots+k_n}}{\partial \omega_1^{k_1} \partial \omega_2^{k_2} \cdots \partial \omega_n^{k_n}} \phi_{\boldsymbol{X}}(\omega_1, \omega_2, \cdots, \omega_n) \right|_{\omega_1=\omega_2=\cdots=\omega_n=0}$$

由于 $\boldsymbol{X} = (X_1, X_2, X_3, X_4)^{\mathrm{T}}$ 服从联合 Gauss 分布,各分量均值为 0, $\boldsymbol{\Sigma}_{ij} = E(X_i X_j), i, j = 1, \cdots, 4$, $\boldsymbol{X}$ 的特征函数为

$$\phi_{\boldsymbol{X}}(\omega_1, \omega_2, \omega_3, \omega_4) = \exp\left(-\frac{1}{2}\sum_{m=1}^{4}\sum_{n=1}^{4}\boldsymbol{\Sigma}_{mn}\omega_m\omega_n\right) = \exp\left(-\frac{1}{2}\sum_{m=1}^{4}u_m\omega_m\right)$$

其中, $u_m = \boldsymbol{\Sigma}_{m1}\omega_1 + \boldsymbol{\Sigma}_{m2}\omega_2 + \boldsymbol{\Sigma}_{m3}\omega_3 + \boldsymbol{\Sigma}_{m4}\omega_4$, $\quad m = 1, 2, 3, 4$,则有

$$\begin{aligned}
\frac{\partial^4 \phi_{\boldsymbol{X}}(\omega_1, \omega_2, \omega_3, \omega_4)}{\partial \omega_1 \partial \omega_2 \partial \omega_3 \partial \omega_4} =& \boldsymbol{\Sigma}_{12}\boldsymbol{\Sigma}_{34}\phi_{\boldsymbol{X}}(\omega_1, \omega_2, \omega_3, \omega_4) - \boldsymbol{\Sigma}_{12}u_3 u_4 \phi_{\boldsymbol{X}}(\omega_1, \omega_2, \omega_3, \omega_4) \\
&+ \boldsymbol{\Sigma}_{13}\boldsymbol{\Sigma}_{24}\phi_{\boldsymbol{X}}(\omega_1, \omega_2, \omega_3, \omega_4) - \boldsymbol{\Sigma}_{13}u_2 u_4 \phi_{\boldsymbol{X}}(\omega_1, \omega_2, \omega_3, \omega_4) \\
&+ \boldsymbol{\Sigma}_{14}\boldsymbol{\Sigma}_{23}\phi_{\boldsymbol{X}}(\omega_1, \omega_2, \omega_3, \omega_4) - \boldsymbol{\Sigma}_{23}u_1 u_4 \phi_{\boldsymbol{X}}(\omega_1, \omega_2, \omega_3, \omega_4) \\
&- \boldsymbol{\Sigma}_{14}u_2 u_3 \phi_{\boldsymbol{X}}(\omega_1, \omega_2, \omega_3, \omega_4) - \boldsymbol{\Sigma}_{24}u_1 u_3 \phi_{\boldsymbol{X}}(\omega_1, \omega_2, \omega_3, \omega_4) \\
&- \boldsymbol{\Sigma}_{34}u_1 u_2 \phi_{\boldsymbol{X}}(\omega_1, \omega_2, \omega_3, \omega_4) + u_1 u_2 u_3 u_4 \phi_{\boldsymbol{X}}(\omega_1, \omega_2, \omega_3, \omega_4)
\end{aligned}$$

令 $\omega_1 = \cdots = \omega_4 = 0$, $u_1 = \cdots = u_4 = 0$,立刻得到

$$\begin{aligned}
E(X_1 X_2 X_3 X_4) =& (-\mathrm{j})^4(\boldsymbol{\Sigma}_{12}\boldsymbol{\Sigma}_{34} + \boldsymbol{\Sigma}_{13}\boldsymbol{\Sigma}_{24} + \boldsymbol{\Sigma}_{14}\boldsymbol{\Sigma}_{23}) \\
=& E(X_1 X_2)E(X_3 X_4) + E(X_1 X_3)E(X_2 X_4) + E(X_1 X_4)E(X_2 X_3) \qquad \blacksquare
\end{aligned}$$

3.2.4 线性变换

服从联合 Gauss 分布的随机向量在线性变换下仍然保持原有的基本统计结构不变, 仅仅是参数发生相应的变化, 这一特点是多元 Gauss 分布, 乃至于 Gauss 过程最为吸引人的地方。

定理 3.3 设 $\boldsymbol{X} = (X_1, X_2, \cdots, X_n)^{\mathrm{T}}$ 服从 n 元 Gauss 分布 $N(\boldsymbol{\mu}, \boldsymbol{\Sigma})$, $\boldsymbol{C}$ 为任意 $m \times n$ 维的矩阵, 则经线性变换 $\boldsymbol{Y} = \boldsymbol{CX}$ 后得到的随机向量 $\boldsymbol{Y} = (Y_1, Y_2, \cdots, Y_m)^{\mathrm{T}}$ 仍然服从 Gauss 分布, 均值为 $\boldsymbol{C\mu}$, 协方差阵为 $\boldsymbol{C\Sigma C}^{\mathrm{T}}$。

证明 考察 $\boldsymbol{Y}$ 的特征函数, 令 $\boldsymbol{\omega} = (\omega_1, \omega_2, \cdots, \omega_m)^{\mathrm{T}}$, 则

$$
\begin{aligned}
\phi_{\boldsymbol{Y}}(\boldsymbol{\omega}) &= E(\exp(\mathrm{j}\boldsymbol{\omega}^{\mathrm{T}}\boldsymbol{Y})) = E(\exp(\mathrm{j}\boldsymbol{\omega}^{\mathrm{T}}\boldsymbol{CX})) = E(\exp(\mathrm{j}(\boldsymbol{C}^{\mathrm{T}}\boldsymbol{\omega})^{\mathrm{T}}\boldsymbol{X})) \\
&= \exp\left(\mathrm{j}(\boldsymbol{C}^{\mathrm{T}}\boldsymbol{\omega})^{\mathrm{T}}\boldsymbol{\mu} - \frac{1}{2}(\boldsymbol{C}^{\mathrm{T}}\boldsymbol{\omega})^{\mathrm{T}}\boldsymbol{\Sigma}\boldsymbol{C}^{\mathrm{T}}\boldsymbol{\omega} \right) \\
&= \exp\left(\mathrm{j}\boldsymbol{\omega}^{\mathrm{T}}(\boldsymbol{C\mu}) - \frac{1}{2}\boldsymbol{\omega}^{\mathrm{T}}(\boldsymbol{C\Sigma C}^{\mathrm{T}})\boldsymbol{\omega} \right)
\end{aligned}
$$

从而可知 $\boldsymbol{Y}$ 服从均值为 $\boldsymbol{C\mu}$、协方差阵为 $\boldsymbol{C\Sigma C}^{\mathrm{T}}$ 的 m 元联合 Gauss 分布。∎

上述性质称为 Gauss 分布的线性变换不变性。这种不变性还是 Gauss 分布的特征性质 (characterization property), 换句话说, 可以凭借这种不变性来判断一个随机向量是否服从多元联合 Gauss 分布。下面的定理给出了利用这一特征性质判断随机向量是否服从多元 Gauss 分布的方法。

定理 3.4 $\boldsymbol{X} = (X_1, X_2, \cdots, X_n)^{\mathrm{T}}$ 服从 n 元 Gauss 分布的充要条件是: 任取 $\boldsymbol{C} = (c_1, \cdots, c_n)^{\mathrm{T}} \in \mathbb{R}^n$, 线性组合 $\boldsymbol{C}^{\mathrm{T}}\boldsymbol{X} = c_1 X_1 + \cdots + c_n X_n$ 都服从一元的 Gauss 分布。

证明 可以由线性变换不变性直接得到必要性的证明, 所以只需证明充分性。设 $\boldsymbol{Y} = \boldsymbol{C}^{\mathrm{T}}\boldsymbol{X}$, $\boldsymbol{X}$ 的均值向量为 $\boldsymbol{\mu}_{\boldsymbol{X}}$, 协方差阵为 $\boldsymbol{\Sigma}_{\boldsymbol{X}}$, 则 $E(\boldsymbol{Y}) = \boldsymbol{C}^{\mathrm{T}}\boldsymbol{\mu}_{\boldsymbol{X}}$, $\mathrm{Var}(\boldsymbol{Y}) = \boldsymbol{C}^{\mathrm{T}}\boldsymbol{\Sigma}_{\boldsymbol{X}}\boldsymbol{C}$。由于 $\boldsymbol{Y}$ 服从一元 Gauss 分布, 所以其特征函数为

$$
\phi_{\boldsymbol{Y}}(\omega) = E(\exp(\mathrm{j}\omega\boldsymbol{Y})) = E(\exp(\mathrm{j}\omega\boldsymbol{C}^{\mathrm{T}}\boldsymbol{X})) = \exp\left(\mathrm{j}(\boldsymbol{C}^{\mathrm{T}}\boldsymbol{\mu}_{\boldsymbol{X}})\omega - \frac{1}{2}\boldsymbol{C}^{\mathrm{T}}\boldsymbol{\Sigma}_{\boldsymbol{X}}\boldsymbol{C}\omega^2 \right) \tag{3-8}
$$

令 $\omega = 1$, 得

$$
E(\exp(\mathrm{j}\boldsymbol{C}^{\mathrm{T}}\boldsymbol{X})) = \exp\left(\mathrm{j}\boldsymbol{C}^{\mathrm{T}}\boldsymbol{\mu}_{\boldsymbol{X}} - \frac{1}{2}\boldsymbol{C}^{\mathrm{T}}\boldsymbol{\Sigma}_{\boldsymbol{X}}\boldsymbol{C} \right) \tag{3-9}
$$

由向量 $\boldsymbol{C}$ 的任意性, 可知 $\boldsymbol{X}$ 服从 n 元联合 Gauss 分布。∎

例 3.2 (主成分分析 (PCA) 和独立成分分析 (ICA)) 对于一般的二阶矩有限的随机向量, 可以对其进行 "去相关" 的操作。令 $\boldsymbol{X} = (X_1, X_2, \cdots, X_n)^{\mathrm{T}}$, 均值为 0, 相关矩阵为 $\boldsymbol{\Sigma}_{\boldsymbol{X}} = E(\boldsymbol{XX}^{\mathrm{T}})$, 则可以找到方阵 $\boldsymbol{U}$, 使得 $\boldsymbol{X}$ 经 $\boldsymbol{U}^{\mathrm{T}}$ 矩阵变换后所得到的随机向量 $\boldsymbol{Y} = \boldsymbol{U}^{\mathrm{T}}\boldsymbol{X}$ 的各个分量之间没有相关性。即 $E(Y_i Y_j) = \delta_{ij}\lambda_{ij}$, $i, j = 1, \cdots, n$。也就是说, 只需使

$$
\boldsymbol{\Sigma}_{\boldsymbol{Y}} = E(\boldsymbol{YY}^{\mathrm{T}}) = E(\boldsymbol{U}^{\mathrm{T}}\boldsymbol{X}(\boldsymbol{U}^{\mathrm{T}}\boldsymbol{X})^{\mathrm{T}}) = E(\boldsymbol{U}^{\mathrm{T}}\boldsymbol{XX}^{\mathrm{T}}\boldsymbol{U}) = \boldsymbol{U}^{\tau}E(\boldsymbol{XX}^{\mathrm{T}})\boldsymbol{U} = \boldsymbol{U}^{\mathrm{T}}\boldsymbol{\Sigma}_{\boldsymbol{X}}\boldsymbol{U}
$$

成为对角阵。根据线性代数的知识，对于具有对称性的矩阵 $\boldsymbol{\Sigma_X}$ 可以进行"特征分解"，即

$$\boldsymbol{\Sigma_X} = \sum_{k=1}^{n} \lambda_k \boldsymbol{U}_k \boldsymbol{U}_k^{\mathrm{T}} = \boldsymbol{U} \boldsymbol{\Sigma} \boldsymbol{U}^{\mathrm{T}}$$

其中 λ_k 和 $\boldsymbol{U}_k$ 分别是 $\boldsymbol{\Sigma_X}$ 的第 k 个特征值 (计算重数) 和相对应的特征向量。令 $\boldsymbol{U} = (\boldsymbol{U}_1, \boldsymbol{U}_2, \cdots, \boldsymbol{U}_n)$ 即可得到去相关的变换矩阵。统计上称此类操作为"主成分分析 (principal component analysis，PCA)"。 ∎

一般而言，仅仅使用 PCA 还无法完全消除随机向量各分量间的统计依存。正如前面所谈到的，不相关并不是统计独立。在许多应用当中往往需要进一步的复杂计算，才能保证得到的随机向量各个分量之间相互统计独立。和 PCA 相对应，通常称这类计算为独立成分分析 (independent component analysis, ICA)。

多元 Gauss 分布的线性变换不变性使得 ICA 计算可以大大简化：对于 Gauss 随机向量而言，由于"去相关"计算是线性变换，所以变换后的随机向量仍然服从联合 Gauss 分布，从而相关性的消失也意味着各分量间统计独立，所以 PCA 已经起到了 ICA 的作用，无须再做进一步的处理。从这个角度上讲，Gauss 随机向量的 ICA 计算最为简易。

例 3.3 (对 Gauss 过程作线性变换的例子 —— 微分器) 连续时间的 Gauss 过程通过线性系统后输出过程仍然保持 Gauss 性不变。直观上这是非常显然的，但是严格的论证还需要若干步骤来完成。以简单的微分器为例，设 $X(t)$ 为 Gauss 过程，$Y(t) = \dfrac{\mathrm{d}}{\mathrm{d}t} X(t)$，从定义出发考察 $Y(t)$ 是否仍是 Gauss 过程。$\forall n \in \mathbb{N}$, $\forall\, t_1, t_2, \cdots, t_n \in \mathbb{R}$，令 $\boldsymbol{Y} = (Y(t_1), Y(t_2), \cdots, Y(t_n))^{\mathrm{T}}$，则由均方导数定义

$$\boldsymbol{Y} = \mathop{\mathrm{l.i.m}}\limits_{\Delta \to 0} \left(\frac{X(t_1+\Delta)-X(t_1)}{\Delta}, \frac{X(t_2+\Delta)-X(t_2)}{\Delta}, \cdots, \frac{X(t_n+\Delta)-X(t_n)}{\Delta} \right)^{\mathrm{T}}$$

容易看出

$$\begin{pmatrix} \dfrac{X(t_1+\Delta)-X(t_1)}{\Delta} \\ \dfrac{X(t_2+\Delta)-X(t_2)}{\Delta} \\ \vdots \\ \dfrac{X(t_n+\Delta)-X(t_n)}{\Delta} \end{pmatrix} = \begin{pmatrix} \dfrac{1}{\Delta} & -\dfrac{1}{\Delta} & & & \\ & \dfrac{1}{\Delta} & -\dfrac{1}{\Delta} & & \\ & & \ddots & \ddots & \\ & & & \dfrac{1}{\Delta} & -\dfrac{1}{\Delta} \end{pmatrix} \begin{pmatrix} X(t_1+\Delta) \\ X(t_1) \\ \vdots \\ X(t_n+\Delta) \\ X(t_n) \end{pmatrix}$$

从而由 $X(t)$ 是 Gauss 过程，得到

$$\boldsymbol{X}(\Delta) = \left(\frac{X(t_1+\Delta)-X(t_1)}{\Delta}, \frac{X(t_2+\Delta)-X(t_2)}{\Delta}, \cdots, \frac{X(t_n+\Delta)-X(t_n)}{\Delta} \right)^{\mathrm{T}}$$

服从联合 Gauss 分布。

下面说明服从 Gauss 分布的随机向量的均方极限同样也服从 Gauss 分布。利用特征函数来研究。事实上，$\boldsymbol{X}(\Delta)$ 的特征函数为

$$\phi_{\boldsymbol{X}(\Delta)}(\boldsymbol{\omega}) = \exp\left(\mathrm{j}\boldsymbol{\omega}^{\mathrm{T}}\boldsymbol{\mu}(\Delta) - \frac{1}{2}\boldsymbol{\omega}^{\mathrm{T}}\boldsymbol{\Sigma}(\Delta)\boldsymbol{\omega} \right)$$

其中 $\boldsymbol{\mu}(\Delta)$ 和 $\boldsymbol{\Sigma}(\Delta)$ 分别是 $\boldsymbol{X}(\Delta)$ 的均值和协方差矩阵。由均方极限的性质，有

$$\underset{\Delta \to 0}{\text{l.i.m}} \boldsymbol{X}(\Delta) = \boldsymbol{Y} \Rightarrow \boldsymbol{\mu}(\Delta) \to \boldsymbol{\mu}_{\boldsymbol{Y}}, \quad \boldsymbol{\Sigma}(\Delta) \to \boldsymbol{\Sigma}_{\boldsymbol{Y}}, \quad \Delta \to 0$$

其中 $\boldsymbol{\mu}_{\boldsymbol{Y}}$ 和 $\boldsymbol{\Sigma}_{\boldsymbol{Y}}$ 分别是 $\boldsymbol{Y}$ 的均值和协方差矩阵，从而

$$\phi_{\boldsymbol{X}(\Delta)}(\boldsymbol{\omega}) \longrightarrow \exp\left(\mathrm{j}\boldsymbol{\omega}^{\mathrm{T}}\boldsymbol{\mu}_{\boldsymbol{Y}} - \frac{1}{2}\boldsymbol{\omega}^{\mathrm{T}}\boldsymbol{\Sigma}_{\boldsymbol{Y}}\boldsymbol{\omega}\right), \quad \Delta \to 0$$

根据特征函数的性质，这恰为 $\boldsymbol{Y}$ 的特征函数，所以 $\boldsymbol{Y}$ 服从联合 Gauss 分布。也就是说，Gauss 过程通过微分器后得到的仍然是 Gauss 过程。

用几乎相同的论证可以说明，Gauss 过程 $X(t)$ 通过一般线性系统

$$Y(t) = \int h(t,\tau)X(\tau)\mathrm{d}\tau$$

得到的输出 $Y(t)$ 仍然是 Gauss 过程。这种线性系统不变性为 Gauss 过程的许多应用研究提供了方便。∎

3.2.5 条件分布

如果 $\boldsymbol{X} = \begin{pmatrix} \boldsymbol{X}_1 \\ \boldsymbol{X}_2 \end{pmatrix}$ 服从联合 Gauss 分布，那么条件分布 $F(\boldsymbol{X}_1|\boldsymbol{X}_2)$ 以及 $F(\boldsymbol{X}_2|\boldsymbol{X}_1)$ 都是 Gauss 的。使用直接计算就可以完成这一论证。

考虑 $\boldsymbol{X} = \begin{pmatrix} \boldsymbol{X}_1 \\ \boldsymbol{X}_2 \end{pmatrix}$ 的联合概率密度，设 $\boldsymbol{X}$ 的均值向量为 $\boldsymbol{\mu} = \begin{pmatrix} \boldsymbol{\mu}_1 \\ \boldsymbol{\mu}_2 \end{pmatrix}$，协方差矩阵为 $\boldsymbol{\Sigma} = \begin{pmatrix} \boldsymbol{\Sigma}_{11} & \boldsymbol{\Sigma}_{12} \\ \boldsymbol{\Sigma}_{21} & \boldsymbol{\Sigma}_{22} \end{pmatrix}$，则 $\boldsymbol{X}$ 的概率密度为

$$
\begin{aligned}
f_{\boldsymbol{X}_1, \boldsymbol{X}_2}(\boldsymbol{x}_1, \boldsymbol{x}_2) = {} & \frac{1}{(2\pi)^{n/2}(\det(\boldsymbol{\Sigma}_{\boldsymbol{X}}))^{1/2}} \\
& \times \exp\left(-\frac{1}{2}\begin{pmatrix} \boldsymbol{x}_1 - \boldsymbol{\mu}_1 \\ \boldsymbol{x}_2 - \boldsymbol{\mu}_2 \end{pmatrix}^{\mathrm{T}} \begin{pmatrix} \boldsymbol{\Sigma}_{11} & \boldsymbol{\Sigma}_{12} \\ \boldsymbol{\Sigma}_{21} & \boldsymbol{\Sigma}_{22} \end{pmatrix}^{-1} \begin{pmatrix} \boldsymbol{x}_1 - \boldsymbol{\mu}_1 \\ \boldsymbol{x}_2 - \boldsymbol{\mu}_2 \end{pmatrix}\right)
\end{aligned}
$$

使用直接计算可以验证如下关系 (见"去相关"方法)

$$
\begin{pmatrix} \boldsymbol{\Sigma}_{11} & \boldsymbol{\Sigma}_{12} \\ \boldsymbol{\Sigma}_{21} & \boldsymbol{\Sigma}_{22} \end{pmatrix}^{-1} = \begin{pmatrix} \boldsymbol{I} & \boldsymbol{0} \\ -(\boldsymbol{\Sigma}_{12}\boldsymbol{\Sigma}_{22}^{-1})^{\mathrm{T}} & \boldsymbol{I} \end{pmatrix}
$$
$$
\begin{pmatrix} (\boldsymbol{\Sigma}_{11} - \boldsymbol{\Sigma}_{12}\boldsymbol{\Sigma}_{22}^{-1}\boldsymbol{\Sigma}_{21})^{-1} & \boldsymbol{0} \\ \boldsymbol{0} & \boldsymbol{\Sigma}_{22}^{-1} \end{pmatrix} \begin{pmatrix} \boldsymbol{I} & -\boldsymbol{\Sigma}_{12}\boldsymbol{\Sigma}_{22}^{-1} \\ \boldsymbol{0} & \boldsymbol{I} \end{pmatrix}
$$

所以令 $\tilde{\boldsymbol{\mu}}_1 = \boldsymbol{\mu}_1 + \boldsymbol{\Sigma}_{12}\boldsymbol{\Sigma}_{22}^{-1}(\boldsymbol{x}_2 - \boldsymbol{\mu}_2)$，$\tilde{\boldsymbol{\Sigma}}_{11} = \boldsymbol{\Sigma}_{11} - \boldsymbol{\Sigma}_{12}\boldsymbol{\Sigma}_{22}^{-1}\boldsymbol{\Sigma}_{21}$，有

$$
\begin{aligned}
f_{\boldsymbol{X}_1, \boldsymbol{X}_2}(\boldsymbol{x}_1, \boldsymbol{x}_2) = {} & \frac{1}{(2\pi)^{n_1/2}(\det(\tilde{\boldsymbol{\Sigma}}_{11}))^{1/2}} \exp\left(-\frac{1}{2}(\boldsymbol{x}_1 - \tilde{\boldsymbol{\mu}}_1)^{\mathrm{T}}(\tilde{\boldsymbol{\Sigma}}_{11})^{-1}(\boldsymbol{x}_1 - \tilde{\boldsymbol{\mu}}_1)\right) \\
& \frac{1}{(2\pi)^{n_2/2}(\det(\boldsymbol{\Sigma}_{22}))^{1/2}} \exp\left(-\frac{1}{2}(\boldsymbol{x}_2 - \boldsymbol{\mu}_2)^{\mathrm{T}}\boldsymbol{\Sigma}_{22}^{-1}(\boldsymbol{x}_2 - \boldsymbol{\mu}_2)\right)
\end{aligned}
$$

其中 $n_1 + n_2 = n$。从而有

$$
\begin{aligned}
f_{\boldsymbol{X}_1|\boldsymbol{X}_2}(\boldsymbol{x}_1|\boldsymbol{x}_2) &= \frac{f_{\boldsymbol{X}_1,\boldsymbol{X}_2}(\boldsymbol{x}_1,\boldsymbol{x}_2)}{f_{\boldsymbol{X}_2}(\boldsymbol{x}_2)} \\
&= \frac{1}{(2\pi)^{n_1/2}(\det(\tilde{\boldsymbol{\Sigma}}_{11}))^{1/2}} \exp\left(-\frac{1}{2}(\boldsymbol{x}_1-\tilde{\boldsymbol{\mu}}_1)^{\mathrm{T}}(\tilde{\boldsymbol{\Sigma}}_{11})^{-1}(\boldsymbol{x}_1-\tilde{\boldsymbol{\mu}}_1)\right)
\end{aligned}
$$

很明显，已知 $\boldsymbol{X}_2$ 时 $\boldsymbol{X}_1$ 的条件分布是 Gauss 分布，其条件期望为

$$
E(\boldsymbol{X}_1|\boldsymbol{X}_2) = \tilde{\boldsymbol{\mu}}_1 = \boldsymbol{\mu}_1 + \boldsymbol{\Sigma}_{12}\boldsymbol{\Sigma}_{22}^{-1}(\boldsymbol{X}_2-\boldsymbol{\mu}_2) \tag{3-10}
$$

条件协方差阵为

$$
\boldsymbol{\Sigma}_{\boldsymbol{X}_1|\boldsymbol{X}_2} = \tilde{\boldsymbol{\Sigma}}_{11} = \boldsymbol{\Sigma}_{11} - \boldsymbol{\Sigma}_{12}\boldsymbol{\Sigma}_{22}^{-1}\boldsymbol{\Sigma}_{21} \tag{3-11}
$$

有一个有趣的事实值得注意，为简便起见假定 $E(\boldsymbol{X}_1) = E(\boldsymbol{X}_2) = 0$，考虑 $E((\boldsymbol{X}_1 - E(\boldsymbol{X}_1|\boldsymbol{X}_2))(\boldsymbol{X}_1 - E(\boldsymbol{X}_1|\boldsymbol{X}_2))^{\mathrm{T}})$，这是 $\boldsymbol{X}_1 - E(\boldsymbol{X}_1|\boldsymbol{X}_2)$ 的协方差阵

$$
E((\boldsymbol{X}_1 - E(\boldsymbol{X}_1|\boldsymbol{X}_2))(\boldsymbol{X}_1 - E(\boldsymbol{X}_1|\boldsymbol{X}_2))^{\mathrm{T}}) = E\left[(\boldsymbol{X}_1 - \boldsymbol{\Sigma}_{12}\boldsymbol{\Sigma}_{22}^{-1}\boldsymbol{X}_2)(\boldsymbol{X}_1 - \boldsymbol{\Sigma}_{12}\boldsymbol{\Sigma}_{22}^{-1}\boldsymbol{X}_2)^{\mathrm{T}}\right]
$$

展开整理后得到

$$
E((\boldsymbol{X}_1 - E(\boldsymbol{X}_1|\boldsymbol{X}_2))(\boldsymbol{X}_1 - E(\boldsymbol{X}_1|\boldsymbol{X}_2))^{\mathrm{T}}) = \boldsymbol{\Sigma}_{11} - \boldsymbol{\Sigma}_{12}\boldsymbol{\Sigma}_{22}^{-1}\boldsymbol{\Sigma}_{21}
$$

可知 $\boldsymbol{X}_1 - E(\boldsymbol{X}_1|\boldsymbol{X}_2)$ 的方差即是其在给定 $\boldsymbol{X}_2$ 时的条件方差。后面在统计估值的讨论中将可以看到这个结果是十分自然的。该结果会在 3.3 节的讨论中起重要作用。

3.3 Gauss-Markov 性

如果某个随机过程是实 Gauss 过程，同时又具有 Markov 性，则称该过程为Gauss-Markov 过程。这一类过程的自协方差函数会呈现出特定的形态。为简单起见，设过程的均值为 0。

定理 3.5 零均值的实 Gauss 过程 $X(t)$ 同时又是 Markov 过程的充分必要条件是其自协方差函数 $C_{\boldsymbol{X}}(t,s)$ 满足

$$
C_{\boldsymbol{X}}(t_1,t_3) = \frac{C_{\boldsymbol{X}}(t_1,t_2)C_{\boldsymbol{X}}(t_2,t_3)}{C_{\boldsymbol{X}}(t_2,t_2)}, \quad \forall t_1 \leqslant t_2 \leqslant t_3 \tag{3-12}
$$

证明 首先考虑必要性，令 $(X_1, X_2, X_3) = (X(t_1), X(t_2), X(t_3))$，由定义

$$
\begin{aligned}
C_{\boldsymbol{X}}(t_1,t_3) &= \int_{-\infty}^{\infty}\int_{-\infty}^{\infty} x_1 x_3 f_{X_1,X_3}(x_1,x_3)\mathrm{d}x_1\mathrm{d}x_3 \\
&= \int_{-\infty}^{\infty}\int_{-\infty}^{\infty}\int_{-\infty}^{\infty} x_1 x_3 f_{X_1,X_2,X_3}(x_1,x_2,x_3)\mathrm{d}x_2\mathrm{d}x_1\mathrm{d}x_3
\end{aligned}
$$

由 Markov 性，得到

$$
C_{\boldsymbol{X}}(t_1,t_3) = \int_{-\infty}^{\infty}\int_{-\infty}^{\infty}\int_{-\infty}^{\infty} x_1 x_3 f_{X_3|X_2}(x_3|x_2) f_{X_2,X_1}(x_2,x_1)\mathrm{d}x_3\mathrm{d}x_2\mathrm{d}x_1
$$

根据式 (3-10)，有

$$C_{\boldsymbol{X}}(t_1, t_3) = \int_{-\infty}^{\infty} \int_{-\infty}^{\infty} \frac{C_{\boldsymbol{X}}(t_3, t_2)}{C_{\boldsymbol{X}}(t_2, t_2)} x_2 x_1 f_{X_2, X_1}(x_2, x_1) \mathrm{d}x_1 \mathrm{d}x_2$$

从而有

$$C_{\boldsymbol{X}}(t_1, t_3) = \frac{C_{\boldsymbol{X}}(t_1, t_2) C_{\boldsymbol{X}}(t_2, t_3)}{C_{\boldsymbol{X}}(t_2, t_2)}, \quad \forall t_1 \leqslant t_2 \leqslant t_3$$

必要性得到了证明。

考虑充分性，只需要证明 $\forall n$，

$$f_{X_n | X_{n-1}, \cdots, X_1}(x_n | x_{n-1}, \cdots, x_1) = f_{X_n | X_{n-1}}(x_n | x_{n-1})$$

令 $\boldsymbol{Y}_n = (X_n, X_{n-1}, \cdots, X_1)^{\mathrm{T}}$，那么

$$f_{X_n | X_{n-1}, \cdots, X_1}(x_n | x_{n-1}, \cdots, x_1) = \frac{f_{X_n, X_{n-1}, \cdots, X_1}(x_n, x_{n-1}, \cdots, x_1)}{f_{X_{n-1}, \cdots, X_1}(x_{n-1}, \cdots, x_1)} = \frac{f_{\boldsymbol{Y}_n}(\boldsymbol{y}_n)}{f_{\boldsymbol{Y}_{n-1}}(\boldsymbol{y}_{n-1})}$$

有

$$\boldsymbol{\Sigma}_{\boldsymbol{Y}_n} = E(\boldsymbol{Y}_n \boldsymbol{Y}_n^{\mathrm{T}}) = \begin{pmatrix} E(X_n^2) & E(X_n X_{n-1}) & E(X_n \boldsymbol{Y}_{n-2}^{\mathrm{T}}) \\ E(X_n X_{n-1}) & E(X_{n-1}^2) & E(X_{n-1} \boldsymbol{Y}_{n-2}^{\mathrm{T}}) \\ E(X_n \boldsymbol{Y}_{n-2}) & E(X_{n-1} \boldsymbol{Y}_{n-2}) & E(\boldsymbol{Y}_{n-2} \boldsymbol{Y}_{n-2}^{\mathrm{T}}) \end{pmatrix}$$

由式 (3-12)，得到

$$E(X_n Y_{n-2}) = \frac{E(X_n X_{n-1}) E(X_{n-1} Y_{n-2})}{E(X_{n-1}^2)}$$

利用去相关的方法，有

$$\boldsymbol{\Sigma}_{\boldsymbol{Y}_n} = \boldsymbol{A} \begin{pmatrix} \sigma^2 & 0 & 0 \\ 0 & E(X_{n-1}^2) & E(X_{n-1} \boldsymbol{Y}_{n-2}^{\mathrm{T}}) \\ 0 & E(X_{n-1} \boldsymbol{Y}_{n-2}) & E(\boldsymbol{Y}_{n-2} \boldsymbol{Y}_{n-2}^{\mathrm{T}}) \end{pmatrix} \boldsymbol{A}^{\mathrm{T}}$$

其中

$$\boldsymbol{A} = \begin{pmatrix} 1 & \dfrac{E(X_n X_{n-1})}{E(X_{n-1}^2)} & 0 \\ 0 & 1 & 0 \\ 0 & 0 & \mathbf{I} \end{pmatrix}, \quad \sigma^2 = E(X_n^2) - \frac{(E(X_n X_{n-1}))^2}{E(X_{n-1}^2)}$$

因此

$$\exp\left(-\frac{1}{2} \boldsymbol{Y}_n^{\mathrm{T}} \boldsymbol{\Sigma}_{\boldsymbol{Y}_n}^{-1} \boldsymbol{Y}_n\right) = \exp\left(-\frac{1}{2\sigma^2} \left(X_n - \frac{E(X_n X_{n-1})}{E(X_{n-1}^2)} X_{n-1}\right)^2\right) \exp\left(-\frac{1}{2} \boldsymbol{Y}_{n-1}^{\mathrm{T}} \boldsymbol{\Sigma}_{\boldsymbol{Y}_{n-1}}^{-1} \boldsymbol{Y}_{n-1}\right)$$

立刻得到

$$f_{X_n|X_{n-1},\cdots,X_1}(x_n|x_{n-1},\cdots,x_1) = \frac{\exp\left(-\dfrac{1}{2}\boldsymbol{Y}_n^{\mathrm{T}}\boldsymbol{\Sigma}_{\boldsymbol{Y}_n}^{-1}\boldsymbol{Y}_n\right)/((2\pi)^{n/2}\sqrt{\det(\boldsymbol{\Sigma}_{\boldsymbol{Y}_n})})}{\exp\left(-\dfrac{1}{2}\boldsymbol{Y}_{n-1}^{\mathrm{T}}\boldsymbol{\Sigma}_{\boldsymbol{Y}_{n-1}}^{-1}\boldsymbol{Y}_{n-1}\right)/((2\pi)^{(n-1)/2}\sqrt{\det(\boldsymbol{\Sigma}_{\boldsymbol{Y}_{n-1}})})}$$

$$= \frac{1}{\sqrt{2\pi}\sigma}\exp\left(-\frac{1}{2\sigma^2}\left(X_n - \frac{E(X_nX_{n-1})}{E(X_{n-1}^2)}X_{n-1}\right)^2\right)$$

$$= f_{X_n|X_{n-1}}(x_n|x_{n-1})$$

充分性得到证明。 ∎

充分性还可以从另外的角度得到证明。首先陈述一个重要结果,该结果本身也可以作为 Gauss-Markov 过程的判定条件。

定理 3.6 如果 $X(t)$ 是 Gauss 过程,那么它同时又是 Markov 过程的充分必要条件为 $\forall t_1 \leqslant t_2 \leqslant \cdots \leqslant t_n$,且

$$E(X(t_n)|X(t_{n-1}), X(t_{n-2}), \cdots, X(t_1)) = E(X(t_n)|X(t_{n-1})) \tag{3-13}$$

证明 必要性是显然的。证明其充分性的关键在于 Gauss 分布相应的条件分布仍然是 Gauss 分布。事实上,由 Markov 性的定义,只需验证

$$f_{X_n|X_{n-1},\cdots,X_1}(x_n|x_{n-1},\cdots,x_1) = f_{X_n|X_{n-1}}(x_n|x_{n-1}) \tag{3-14}$$

由于 $f_{X_n|X_{n-1},\cdots,X_1}(x_n|x_{n-1},\cdots,x_1)$ 和 $f_{X_n|X_{n-1}}(x_n|x_{n-1})$ 都是 Gauss 概率密度,所以只需证明两者的均值和方差相等就足够了。由定义,两者均值分别为

$$\int_{-\infty}^{\infty} x_n f_{X_n|X_{n-1},\cdots,X_1}(x_n|x_{n-1},\cdots,x_1)\mathrm{d}x_n = E(X_n|X_{n-1},\cdots,X_1)$$

$$\int_{-\infty}^{\infty} x_n f_{X_n|X_{n-1}}(x_n|x_{n-1})\mathrm{d}x_n = E(X_n|X_{n-1})$$

由已知条件式 (3-13) 可知,两条件均值是相等的。于是

$$\mathrm{Var}(X_n|X_{n-1},\cdots,X_1) = E(X_n - E(X_n|X_{n-1},\cdots,X_1))^2$$
$$= E(X_n - E(X_n|X_{n-1}))^2 = \mathrm{Var}(X_n|X_{n-1})$$

方差也相等,因此充分性得到了证明。 ∎

其实,为了证明定理 3.5 的充分性,只要能够利用式 (3-12) 来证明式 (3-13) 成立就可以了。令 $X_k = X(t_k), k = 1, 2, \cdots, n-1$,在 $(X_n, \cdots, X_1)$ 为零均值且服从联合 Gauss 分布的前提下,式 (3-13) 等价于

$$E((X_n - E(X_n|X_{n-1}))X_k) = 0, \quad \forall k = 1, \cdots, n-1$$

(这一内容在第 6 章统计估值中将有更加详细的讨论),这等于说要证明

$$E((X_n - E(X_n|X_{n-1}))X_k) = R_X(t_n, t_k) - \frac{R_X(t_n, t_{n-1})}{R_X(t_{n-1}, t_{n-1})}R_X(t_{n-1}, t_k) = 0$$

上式在式 (3-12) 成立的前提下是显然的,至此完成了定理 3.5 充分性的证明。

例 3.4 (具有独立增量性的 Gauss 过程) 随机过程 $X(t), t \geqslant 0$ 是具有独立增量特性的零均值 Gauss 过程，如果满足 $X(0) = 0$ 则一定是 Markov 过程。

只需检查式 (3-13) 是否成立，由独立增量性，不妨设 $t_j > t_k > 0$，有

$$E(X(t_j)X(t_k)) = E((X(t_j) - X(t_k))X(t_k)) + E(X^2(t_k)) = E(X^2(t_k)), \quad t_k < t_j$$

因此

$$\frac{R_{\boldsymbol{X}}(t_1, t_2)R_{\boldsymbol{X}}(t_2, t_3)}{R_{\boldsymbol{X}}(t_2, t_2)} = E(X^2(t_1)) = R_{\boldsymbol{X}}(t_1, t_3), \quad t_1 \leqslant t_2 \leqslant t_3 \qquad \blacksquare$$

这是一类构造比较简单但用途广泛的 Gauss-Markov 过程，涵盖了包括 Brown 运动在内的许多重要过程。

例 3.5 (自回归表示) 对于离散时间的零均值 Gauss-Markov 过程 $\{X_n\}_{n=1}^{\infty}$ 有一个简洁的自回归表示。考察 X_n 与 X_{n-1} 之间的关系，可以选择唯一的 α_n，使得 $X_n - \alpha_n X_{n-1}$ 与 X_{n-1} 乘积的均值为 0，即

$$E((X_n - \alpha_n X_{n-1})X_{n-1}) = 0 \Rightarrow \alpha_n = \frac{R_{\boldsymbol{X}}(n, n-1)}{R_{\boldsymbol{X}}(n-1, n-1)}$$

也就是说，使得 $X_n - \alpha_n X_{n-1}$ 与 X_{n-1} 相互独立。

由 Gauss-Markov 性质，还可以进一步得到 $\forall k = 1, 2, \cdots, n-1$

$$E((X_n - \alpha_n X_{n-1})X_k) = R_{\boldsymbol{X}}(n, k) - \frac{R_{\boldsymbol{X}}(n, n-1)R_{\boldsymbol{X}}(n-1, k)}{R_{\boldsymbol{X}}(n-1, n-1)} = 0$$

即 $X_n - \alpha_n X_{n-1}$ 与 $X_k, k = 1, \cdots, n-1$ 均独立。令

$$\beta_n^2 = E(X_n - \alpha_n X_{n-1})^2$$

则有

$$X_n = \alpha_n X_{n-1} + \beta_n Z_n \qquad (3\text{-}15)$$

$\blacksquare$

由式 (3-15) 得到的 $\{Z_n\}_{n=1}^{\infty}$ 是 Gauss 过程，各分量彼此独立，且满足 $E(Z_n) = 0$，$\mathrm{Var}(Z_n) = 1$。$\{Z_n\}$ 称为"白噪声"，有时也称其为"新息"(第 6 章将有进一步讨论，从而了解这些名称的由来)。可以看到，每一个离散时间的 Gauss-Markov 过程都有自回归表示式 (3-15)，反之，当 $\{Z_n\}_{n=1}^{\infty}$ 为 Gauss 过程，各分量彼此独立且满足归一化条件时，任何由式 (3-15) 所确定的过程 $\{X_n\}$ 都具有 Gauss-Markov 性。因此，自回归表示式 (3-15) 是离散时间 Gauss-Markov 过程的本质刻画。

例 3.6 (Ornstein-Uhlenbeck 过程) 如果连续时间 Gauss-Markov 过程 $X(t), t \geqslant 0$ 具有宽平稳性，则其自相关函数满足 $\forall t_1 \leqslant t_2 \leqslant t_3$，且

$$R_{\boldsymbol{X}}(t_3 - t_1) = \frac{R_{\boldsymbol{X}}(t_3 - t_2)R_{\boldsymbol{X}}(t_2 - t_1)}{R_{\boldsymbol{X}}(0)}$$

不失一般性，令 $R_{\boldsymbol{X}}(0) = 1$, $t = t_3 - t_2$, $s = t_2 - t_1$，则有 $\forall t, s \geqslant 0$，且

$$R_{\boldsymbol{X}}(t + s) = R_{\boldsymbol{X}}(t)R_{\boldsymbol{X}}(s) \qquad (3\text{-}16)$$

只要限定自相关函数满足一定的正则性条件 (例如连续，甚至有界就足够了)，则满足方程式 (3-16) 的函数形式可以确定为

$$R_{\boldsymbol{X}}(\tau) = \exp(-\alpha\tau), \quad \tau \geqslant 0, \quad \alpha > 0$$

考虑到自相关函数的对称性，有

$$R_{\boldsymbol{X}}(\tau) = \exp(-\alpha|\tau|), \quad \tau \in \mathbb{R}, \quad \alpha > 0$$

称宽平稳的 Gauss-Markov 过程为Ornstein-Uhlenbeck 过程。该过程的自相关函数在非常宽泛的条件下是唯一确定的。

3.4　Gauss 过程通过非线性系统

由于一般非线性系统的解析结构复杂，所以讨论随机过程通过非线性系统后统计性质的变化是有一定困难的。Gauss 过程在其通过线性系统时已经展示了非常优美的统计特性。下面将看到，在通过一些典型的非线性系统时 Gauss 过程同样有十分有趣的表现。

非线性系统种类繁多，只能选择几种在电子技术当中经常遇到的系统作为典型例子加以研究，它们分别是理想限幅器、全波线性检波、半波线性检波以及平方律检波。重点讨论系统输出的一维分布和相关函数。通过这些例子可以体会到处理 Gauss 过程的各种计算技巧。以下如果没有特别说明，都假定所讨论的非线性系统具有无记忆性 (memoryless)，系统的输入 $X(t)$ 是零均值宽平稳 Gauss 过程，$\sigma^2 = R_{\boldsymbol{X}}(0)$，$\rho = R_{\boldsymbol{X}}(t-s)/R_{\boldsymbol{X}}(0)$。

3.4.1　理想限幅器

理想限幅器是一种简单的量化运算，其系统函数如图 3-1 所示。根据图 3-1 有

$$g(x) = \begin{cases} 1, & x \geqslant 0 \\ -1, & x < 0 \end{cases}$$

它的输出 $Y(t)$ 只取 1 和 −1 两个值，服从所谓"两点分布"。

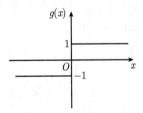

图 3-1　理想限幅器示意图

$$P(Y(t)=1) = P(Y(t)=-1) = P(X(t)\geqslant 0) = P(X(t)<0) = \frac{1}{2}$$

因而理想限幅器输出的数学期望为 0。

$Y(t)$ 的相关函数为

$$R_Y(t,s) = E(Y(t)Y(s)) = P(X(t)X(s)\geqslant 0) - P(X(t)X(s)\leqslant 0)$$

若 $\rho = 0$，则 $X(t)$ 和 $X(s)$ 统计独立，那么情况非常简单，即

$$P(X(t)X(s)\geqslant 0) = P(X(t)\geqslant 0, X(s)\geqslant 0) + P(X(t)<0, X(s)<0) = \frac{1}{2}$$

$$P(X(t)X(s)\leqslant 0) = P(X(t)\geqslant 0, X(s)<0) + P(X(t)<0, X(s)\geqslant 0) = \frac{1}{2}$$

所以 $R_Y(t,s) = 0$。也就是说，输出也是不相关的。可是当 $\rho \neq 0$，$X(t)$ 和 $X(s)$ 之间存在相关性时，问题显得有些复杂，必须计算概率 $P(X(t)X(s) \geqslant 0)$，这个概率恰好是下列积分的两倍。

$$I = \frac{1}{2\pi\sigma_1\sigma_2\sqrt{1-\rho^2}} \int_0^\infty \int_0^\infty$$

$$\exp\left\{-\frac{1}{2(1-\rho^2)}\left[\left(\frac{x_1}{\sigma_1}\right)^2 - 2\rho\left(\frac{x_1}{\sigma_1}\right)\left(\frac{x_2}{\sigma_2}\right) + \left(\frac{x_2}{\sigma_2}\right)^2\right]\right\}\mathrm{d}x_1\mathrm{d}x_2$$

其中 $\sigma_1 = \sigma_2 = R_X(0) \equiv \sigma$，$\rho = R_X(t-s)/R_X(0)$，通过积分换元，设

$$u = \frac{x_1}{\sigma_1\sqrt{2(1-\rho^2)}}$$

$$v = \frac{x_2}{\sigma_2\sqrt{2(1-\rho^2)}}$$

得

$$I = \frac{\sqrt{1-\rho^2}}{\pi} \int_0^\infty \int_0^\infty \exp\{-(u^2 - 2\rho uv + v^2)\}\mathrm{d}u\mathrm{d}v$$

积分 I 的计算不仅对于理想限幅器的分析有意义，而且在后面全波以及半波线性检波的讨论中也起着重要作用。计算的关键是如下换元：

$$u = r\frac{\cos(\alpha/2 + \theta)}{\sin\alpha} \tag{3-17}$$

$$v = r\frac{\cos(\alpha/2 - \theta)}{\sin\alpha} \tag{3-18}$$

其中 $\cos\alpha = \rho$。把积分变量由坐标 (u,v) 换到坐标 (r,θ) 后，原坐标系中直线 $u = v$ 变换后为 $\theta = 0$，$u = 0$ 变换后为 $\theta = (\pi-\alpha)/2$，$v = 0$ 变换后为 $\theta = -(\pi-\alpha)/2$，变换的 Jacobi 行列式为

$$\begin{vmatrix} \dfrac{\partial u}{\partial r} & \dfrac{\partial u}{\partial \theta} \\[2mm] \dfrac{\partial v}{\partial r} & \dfrac{\partial v}{\partial \theta} \end{vmatrix} = \frac{r}{\sin\alpha}$$

且有

$$u^2 + v^2 - 2\rho uv = r^2$$

如图 3-2 所示。

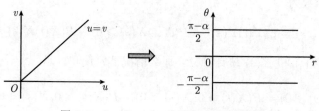

图 3-2 $(u,v) \to (r,\theta)$ 坐标变换示意图

$$I = \frac{\sqrt{1-\rho^2}}{\pi} \frac{1}{\sin\alpha} \int_0^\infty \int_{-\frac{\pi-\alpha}{2}}^{\frac{\pi-\alpha}{2}} r \exp(-r^2) \mathrm{d}r \mathrm{d}\theta$$

从而得到

$$I = \frac{\sqrt{1-\rho^2}}{\pi} \frac{\pi-\alpha}{2\sin\alpha} = \frac{\sqrt{1-\rho^2}}{\pi} \frac{\frac{\pi}{2}+\arcsin\rho}{2\sqrt{1-\rho^2}}$$

$$= \frac{1}{4} + \frac{1}{2\pi}\arcsin\rho$$

所以

$$P(X(t)X(s) \geqslant 0) = \frac{1}{2} + \frac{1}{\pi}\arcsin\rho$$

同理可得

$$P(X(t)X(s) \leqslant 0) = \frac{1}{2} - \frac{1}{\pi}\arcsin\rho$$

于是，理想限幅器输出的相关函数为

$$R_Y(t,s) = \frac{2}{\pi}\arcsin\rho = \frac{2}{\pi}\arcsin\left(\frac{R_X(t-s)}{R_X(0)}\right)$$

从而可知，如果输入具有宽平稳性，理想限幅器的输出也是宽平稳随机过程。

这里希望读者对积分换元的技巧仔细体会。当 $X(t)$ 和 $X(s)$ 不相关时，被积函数的指数上没有交叉项，那么采用极坐标变换 $x_1 = r\cos\theta$，$x_2 = r\sin\theta$ 就可以解决问题，当出现交叉项时，扩展的极坐标变换式 (3-17) 和式 (3-18) 可以有效地简化被积函数。对于这一类坐标变换技巧，读者应注意掌握并灵活应用。

3.4.2　全波线性检波

检波处理是通信、雷达等接收机的重要功能之一。线性检波和平方律检波是最常采用的两种检波运算。一般而言，接收机前端接收到的噪声以及内部产生的热噪声都服从 Gauss 分布。而接收机的检波处理都是非线性的，肯定会破坏噪声的 Gauss 特性。那么 Gauss 噪声通过检波器后统计特性会有什么样的变化，就成为一个非常有价值的问题。

首先考虑线性检波问题。线性检波又分为全波线性检波和半波线性检波两大类。其中全波线性检波的系统函数是

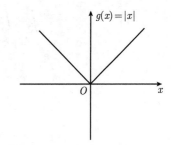

图 3-3　全波线性检波功能示意图

$$y = g(x) = |x| \qquad (3\text{-}19)$$

如图 3-3 所示。

那么根据定义，输出 $Y(t)$ 的一维分布函数为

$$F_Y(y) = P(Y(t) \leqslant y) = P(|X(t)| < y) = \frac{1}{\sqrt{2\pi R_X(0)}} \int_{-y}^{y} \exp\left(-\frac{s^2}{2R_X(0)}\right) \mathrm{d}s, \quad y \geqslant 0$$

所以其一维概率密度为

$$
f_{Y(t)}(y) = \begin{cases} \dfrac{2}{\sqrt{2\pi R_X(0)}} \exp\left(-\dfrac{y^2}{2R_X(0)}\right), & y \geqslant 0 \\ 0, & y < 0 \end{cases}
$$

$Y(t)$ 的数学期望为

$$
E(Y(t)) = \int_{-\infty}^{\infty} |x| f_X(x) \mathrm{d}x = \sqrt{\frac{2}{\pi} R_X(0)}
$$

$Y(t)$ 的相关函数为

$$
R_Y(t,s) = E(Y(t)Y(s)) = E(|X(t)||X(s)|) = I_1 - I_2
$$

其中

$$
I_1 = \left(\int_0^\infty \int_0^\infty + \int_{-\infty}^0 \int_{-\infty}^0 \right) x_1 x_2 f(x_1, x_2) \mathrm{d}x_1 \mathrm{d}x_2
$$

$$
I_2 = \left(\int_0^\infty \int_{-\infty}^0 + \int_{-\infty}^0 \int_0^\infty \right) x_1 x_2 f(x_1, x_2) \mathrm{d}x_1 \mathrm{d}x_2
$$

$$
f(x_1, x_2) = \frac{1}{2\pi\sigma^2\sqrt{1-\rho^2}} \exp\left\{-\frac{1}{2(1-\rho^2)}\left[\left(\frac{x_1}{\sigma}\right)^2 - 2\rho\left(\frac{x_1}{\sigma}\right)\left(\frac{x_2}{\sigma}\right) + \left(\frac{x_2}{\sigma}\right)^2\right]\right\}
$$

仿照 3.4.1 节的方法，通过积分换元，得

$$
I_1 = \frac{2\sigma^2(1-\rho^2)^{\frac{3}{2}}}{\pi} \left(\int_0^\infty \int_0^\infty + \int_{-\infty}^0 \int_{-\infty}^0 \right) uv \exp(-(u^2 - 2\rho uv + v^2)) \mathrm{d}u\mathrm{d}v
$$

$$
I_2 = \frac{2\sigma^2(1-\rho^2)^{\frac{3}{2}}}{\pi} \left(\int_0^\infty \int_{-\infty}^0 + \int_{-\infty}^0 \int_0^\infty \right) uv \exp(-(u^2 - 2\rho uv + v^2)) \mathrm{d}u\mathrm{d}v
$$

采用如下方法计算 I_1 和 I_2。令

$$
I = \int_0^\infty \int_0^\infty uv \exp(-(u^2 - 2\rho uv + v^2)) \mathrm{d}u\mathrm{d}v
$$

$$
J = \int_0^\infty \int_0^\infty \exp(-(u^2 - 2\rho uv + v^2)) \mathrm{d}u\mathrm{d}v
$$

明显有

$$
I = \frac{1}{2}\frac{\mathrm{d}J}{\mathrm{d}\rho} \tag{3-20}
$$

由 3.4.1 节所得到的结果，有

$$
\begin{aligned}
I &= \frac{1}{2}\frac{\mathrm{d}}{\mathrm{d}\rho} \int_0^\infty \int_0^\infty \exp\{-(u^2 - 2\rho uv + v^2)\} \mathrm{d}u\mathrm{d}v \\
&= \frac{1}{2}\frac{\mathrm{d}}{\mathrm{d}\rho} \frac{\pi/2 + \arcsin\rho}{2\sqrt{1-\rho^2}} \\
&= \frac{1}{4(1-\rho^2)}\left(1 + \frac{\rho}{\sqrt{1-\rho^2}}\left(\frac{\pi}{2} + \arcsin\rho\right)\right)
\end{aligned}
$$

所以

$$I_1 = \frac{4\sigma^2(1-\rho^2)^{\frac{3}{2}}}{\pi}I = \frac{\sigma^2}{\pi}\left(\sqrt{1-\rho^2}+\rho\left(\frac{\pi}{2}+\arcsin\rho\right)\right) \tag{3-21}$$

另一方面，$X(t)$ 的自相关函数为

$$E(X(t)X(s)) = I_1 + I_2 = \sigma^2\rho \tag{3-22}$$

由此可以得到

$$\begin{aligned}R_Y(t,s) &= I_1 - I_2 = 2I_1 - \sigma^2\rho\\ &= \frac{2\sigma^2}{\pi}\left(\sqrt{1-\rho^2}+\rho\left(\frac{\pi}{2}+\arcsin\rho\right)\right)-\sigma^2\rho\\ &= \frac{2\sigma^2}{\pi}(\sqrt{1-\rho^2}+\rho\arcsin\rho)\end{aligned}$$

也就是说

$$R_Y(t,s) = \frac{2R_X(0)}{\pi}\left(\sqrt{1-\left(\frac{R_X(t-s)}{R_X(0)}\right)^2}+\frac{R_X(t-s)}{R_X(0)}\arcsin\left(\frac{R_X(t-s)}{R_X(0)}\right)\right) \tag{3-23}$$

即全波线性检波器不改变信号的宽平稳性。

3.4.3　半波线性检波

半波线性检波比全波线性检波简单，无记忆半波线性检波的系统函数为

$$g(x) = \begin{cases} x, & x \geqslant 0\\ 0, & x < 0 \end{cases} \tag{3-24}$$

如图 3-4 所示。

可利用全波线性检波的结果计算半波线性检波输出的相关函数。事实上，采用和全波线性检波相同的假定，得到

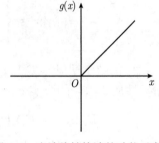

图 3-4　半波线性检波的功能示意图

$$\begin{aligned}R_Y(t,s) &= \frac{2\sigma^2(1-\rho^2)^{\frac{3}{2}}}{\pi}\int_0^\infty\int_0^\infty uv\exp(-(u^2-2\rho uv+v^2))\mathrm{d}u\mathrm{d}v\\ &= \frac{\sigma^2}{2\pi}\left(\sqrt{1-\rho^2}+\rho\left(\frac{\pi}{2}+\arcsin\rho\right)\right)\end{aligned}$$

所以有

$$R_Y(t,s) = \frac{R_X(0)}{2\pi}\left(\sqrt{1-\left(\frac{R_X(t-s)}{R_X(0)}\right)^2}+\frac{R_X(t-s)}{R_X(0)}\left(\frac{\pi}{2}+\arcsin\left(\frac{R_X(t-s)}{R_X(0)}\right)\right)\right) \tag{3-25}$$

半波线性检波器也不改变信号的宽平稳性。

从上面的讨论中可以体会到，尽管 Gauss 过程作为非线性系统的输入时，输出的统计分析比较复杂，但仍然是有章可循的。在涉及输出的相关函数的计算中，二元 Gauss 分布的积

分及其导出量的计算起着重要作用。如果能够熟练运用诸如坐标变换这样的积分技巧，那么分析这一类问题就比较方便。

3.4.4　平方律检波

平方律检波的处理手段和线性检波不同，不需要进行复杂的积分，只需考虑 Gauss 分布的高阶矩性质就可以了。平方律检波器的系统函数为

$$y = g(x) = x^2 \tag{3-26}$$

首先考虑一维分布，有

$$F_{Y(t)}(y) = P(Y(t) \leqslant y) = P(X^2(t) \leqslant y) = \begin{cases} P(-\sqrt{y} \leqslant X(t) \leqslant \sqrt{y}), & y \geqslant 0 \\ 0, & y < 0 \end{cases}$$

由于 $X(t)$ 服从零均值 Gauss 分布，所以

$$F_{Y(t)}(y) = P(X(t) \leqslant \sqrt{y}) - P(X(t) \leqslant -\sqrt{y}) = \mathrm{erf}(\sqrt{y/R_X(0)}) - \mathrm{erf}(-\sqrt{y/R_X(0)})$$

其中 $\mathrm{erf}(x)$ 为 Gauss 分布的分布函数 (有时也称为标准误差函数) 且有

$$\mathrm{erf}(x) = \frac{1}{\sqrt{2\pi}} \int_{-\infty}^{x} \exp\left(-\frac{s^2}{2}\right) \mathrm{d}s$$

求导就得到 $Y(t)$ 的概率密度

$$f_{Y(t)}(y) = \begin{cases} \dfrac{1}{\sqrt{2\pi R_X(0)}} \dfrac{1}{\sqrt{y}} \exp\left(-\dfrac{y}{2R_X(0)}\right), & y \geqslant 0 \\ 0, & y < 0 \end{cases} \tag{3-27}$$

$Y(t)$ 的数学期望为 $E(Y(t)) = \sigma^2 = R_X(0)$，相关函数的计算需要用到 Gauss 随机变量高阶矩性质式 (3-7)。事实上

$$R_Y(t,s) = E(Y(t)Y(s)) = E(X^2(t)X^2(s)) = R_X^2(0) + 2R_X^2(t-s)$$

不难看出，如果平方律检波的输入 $X(t)$ 为宽平稳过程，那么输出 $Y(t)$ 也是宽平稳的。

3.4.5　Price 定理 —— 统一的处理手段

非线性系统的种类非常多。在前面的讨论中，使用了不同的方法处理各异的问题，显得技巧性偏强。这里给出一个具有一般性意义的方法 ——Price 定理。该定理作为 Gauss 过程通过非线性系统求输出自相关函数的统一的处理手段，是非常有效的。

定理 3.7 (Price 定理)　设随机变量 (X,Y) 服从二元 Gauss 分布，$r = E((X-EX)(Y-EY)) = \rho\sigma_1\sigma_2$，$g(x,y)$ 是满足一定正则性条件的二元函数，则有

$$\frac{\partial^n E(g(X,Y))}{\partial r^n} = E\left(\frac{\partial^{2n} g(X,Y)}{\partial X^n \partial Y^n}\right) \tag{3-28}$$

证明　证明 Price 定理的思路不复杂。因 (X,Y) 服从二元 Gauss 分布，其概率密度 $f(x,y)$ 为

$$\frac{1}{2\pi\sigma_1\sigma_2\sqrt{1-\rho^2}}\exp\left\{-\frac{1}{2(1-\rho^2)}\left[\left(\frac{x-\mu_1}{\sigma_1}\right)^2-2\rho\left(\frac{x-\mu_1}{\sigma_1}\right)\left(\frac{y-\mu_2}{\sigma_2}\right)+\left(\frac{y-\mu_2}{\sigma_2}\right)^2\right]\right\}$$

则有

$$E(g(X,Y))=\int_{-\infty}^{\infty}\int_{-\infty}^{\infty}g(x,y)f(x,y)\mathrm{d}x\mathrm{d}y \tag{3-29}$$

由于需要对 ρ 求导，而 ρ 在 $f(x,y)$ 中出现的位置使得求导运算不易处理，所以使用特征函数来进行计算。二元 Gauss 分布的特征函数为

$$\phi(u,v)=\exp(\mathrm{j}(u\mu_1+v\mu_2)-\frac{1}{2}(\sigma_1^2u^2+2\rho\sigma_1\sigma_2uv+\sigma_2^2v^2))$$

可得

$$E(g(X,Y))=\int_{-\infty}^{\infty}\int_{-\infty}^{\infty}g(x,y)\left(\frac{1}{4\pi^2}\int_{-\infty}^{\infty}\int_{-\infty}^{\infty}\phi(u,v)\exp(-\mathrm{j}(ux+vy))\mathrm{d}u\mathrm{d}v\right)\mathrm{d}x\mathrm{d}y$$

对 ρ 连续求导后得到

$$\frac{\partial^n E(g(x.y))}{\partial\rho^n}$$

$$=\int_{-\infty}^{\infty}\int_{-\infty}^{\infty}g(x,y)\left(\frac{1}{4\pi^2}\int_{-\infty}^{\infty}\int_{-\infty}^{\infty}\frac{\partial^n\phi(u,v)}{\partial\rho^n}\exp(-\mathrm{j}(ux+vy))\mathrm{d}u\mathrm{d}v\right)\mathrm{d}x\mathrm{d}y$$

$$=\int_{-\infty}^{\infty}\int_{-\infty}^{\infty}g(x,y)\left(\frac{1}{4\pi^2}\int_{-\infty}^{\infty}\int_{-\infty}^{\infty}(-\sigma_1\sigma_2uv)^n\phi(u,v)\exp(-\mathrm{j}(ux+vy))\mathrm{d}u\mathrm{d}v\right)\mathrm{d}x\mathrm{d}y$$

$$=(\sigma_1\sigma_2)^n\int_{-\infty}^{\infty}\int_{-\infty}^{\infty}g(x,y)\left(\frac{1}{4\pi^2}\int_{-\infty}^{\infty}\int_{-\infty}^{\infty}(-uv)^n\phi(u,v)\exp(-\mathrm{j}(ux+vy))\mathrm{d}u\mathrm{d}v\right)\mathrm{d}x\mathrm{d}y$$

$$=(\sigma_1\sigma_2)^n\int_{-\infty}^{\infty}\int_{-\infty}^{\infty}g(x,y)\frac{\partial^{2n}}{\partial x^n\partial y^n}\left(\frac{1}{4\pi^2}\int_{-\infty}^{\infty}\int_{-\infty}^{\infty}\phi(u,v)\exp(-\mathrm{j}(ux+vy))\mathrm{d}u\mathrm{d}v\right)\mathrm{d}x\mathrm{d}y$$

$$=(\sigma_1\sigma_2)^n\int_{-\infty}^{\infty}\int_{-\infty}^{\infty}g(x,y)\frac{\partial^{2n}}{\partial x^n\partial y^n}f(x,y)\mathrm{d}x\mathrm{d}y$$

若 $g(x,y)$ 满足一定的正则性条件如下，

当 $|x|$, $|y|$ 充分大时，$|g(x,y)|\leqslant\beta\exp(|x|^\alpha+|y|^\alpha)$，$0<\alpha<2$，$\beta>0$

使用分部积分，可以得到

$$\frac{\partial^n E(g(x,y))}{\partial\rho^n}=(\sigma_1\sigma_2)^n\int_{-\infty}^{\infty}\int_{-\infty}^{\infty}\left[\frac{\partial^{2n}}{\partial x^n\partial y^n}g(x,y)\right]f(x,y)\mathrm{d}x\mathrm{d}y$$

$$=(\sigma_1\sigma_2)^nE\left(\frac{\partial^{2n}g(X,Y)}{\partial X^n\partial Y^n}\right)$$

由于有

$$\frac{\partial E(g(x,y))}{\partial\rho}=\frac{\partial E(g(x,y))}{\partial r}\frac{\partial r}{\partial\rho}=\frac{\partial E(g(x,y))}{\partial r}(\sigma_1\sigma_2)$$

立刻可以得到 Price 定理的结论。∎

利用 Price 定理，对前面所提到的几种非线性系统作出统一处理。

例 3.7 (Price 定理的应用)   设非线性系统输入为零均值平稳 Gauss 过程 $X(t)$, 现利用 Price 定理计算各非线性系统输出 $Y(t)$ 的相关函数。使用 Price 定理的关键是根据非线性系统的特性选择相应的 $g(x, y)$, 使得 $E(Y(t)Y(s)) = E(g(X(t), X(s)))$。

(1) 理想限幅器

选取

$$g(x, y) = \text{sgn}(x)\text{sgn}(y), \qquad \frac{\partial^2}{\partial x \partial y} g(x, y) = 4\delta(x)\delta(y)$$

故有

$$E\left(\frac{\partial^2}{\partial x \partial y} g(X(t), X(s)) \right) = \frac{2}{\pi \sqrt{1 - \rho^2} \sigma_1 \sigma_2}$$

根据 Price 定理

$$\frac{\partial E(g(X(t), X(s)))}{\partial \rho} = \frac{2}{\pi \sqrt{1 - \rho^2}}$$

所以

$$R_Y(t, s) = E(g(X(t), X(s))) = \frac{2}{\pi} \int \frac{1}{\sqrt{1 - \rho^2}} \mathrm{d}\rho + C = \frac{2}{\pi} \arcsin \rho + C$$

当 $\rho = 0$, $X(t)$ 和 $X(s)$ 统计独立,

$$E(g(X(t))g(X(s))) = E(\text{sgn}(X(t)))E(\text{sgn}(X(s))) = 0$$

因此 $C = 0$, 故

$$R_Y(t, s) == \frac{2}{\pi} \arcsin \rho = \frac{2}{\pi} \arcsin \left(\frac{R_X(t - s)}{R_X(0)} \right)$$

(2) 全波线性检波

选取

$$g(x, y) = |xy| = |x||y|, \qquad \frac{\partial^2}{\partial x \partial y} g(x, y) = \text{sgn}(x)\text{sgn}(y)$$

有

$$E\left(\frac{\partial^2}{\partial x \partial y} g(X(t), X(s)) \right) = \frac{2}{\pi} \arcsin \rho = \frac{2}{\pi} \arcsin \frac{r}{\sigma_1 \sigma_2}$$

根据 Price 定理

$$\frac{\partial E(g(X(t), X(s)))}{\partial r} = \frac{2}{\pi} \arcsin \frac{r}{\sigma_1 \sigma_2}$$

所以

$$R_Y(t, s) = E(g(X(t), X(s))) = \frac{2}{\pi} \int_0^r \arcsin \frac{r}{\sigma_1 \sigma_2} \mathrm{d}r + C$$

由于 $r = 0$ 时, $X(t), X(s)$ 相互统计独立,

$$C = E(|X(t)||X(s)|)_{r=0} = E(|X(t)|)E(|X(s)|) = \frac{2}{\pi} \sigma_1 \sigma_2$$

有

$$
\begin{aligned}
R_Y(t,s) &= \frac{2}{\pi} \int_0^r \arcsin\left(\frac{r}{\sigma_1 \sigma_2}\right) \mathrm{d}r + \frac{2}{\pi}\sigma_1\sigma_2 \\
&= \frac{2\sigma_1\sigma_2}{\pi}\left(\sqrt{1-\rho^2} + \rho\arcsin\rho\right) \\
&= \frac{2R_X(0)}{\pi}\left(\sqrt{1-\left(\frac{R_X(t-s)}{R_X(0)}\right)^2} + \frac{R_X(t-s)}{R_X(0)}\arcsin\frac{R_X(t-s)}{R_X(0)}\right)
\end{aligned}
$$

(3) 平方律检波

选取

$$
g(x,y) = x^2 y^2, \qquad \frac{\partial^2}{\partial x \partial y} g(x,y) = 4xy
$$

有

$$
E\left(\frac{\partial^2}{\partial x \partial y} g(X(t), X(s))\right) = 4E(X(t)X(s)) = 4r
$$

根据 Price 定理

$$
\frac{\partial E(g(X(t), X(s)))}{\partial r} = 4r
$$

$$
R_Y(t,s) = E(g(X(t), X(s))) = 4\int_0^r r\mathrm{d}r + C
$$

由于 $r=0$ 时，$X(t), X(s)$ 相互统计独立，

$$
C = E(X^2(t)X^2(s))_{r=0} = E(X^2(t))E(X^2(s)) = \sigma_1^2 \sigma_2^2
$$

有

$$
R_Y(t,s) = 4\int_0^r r\mathrm{d}r + \sigma_1^2\sigma_2^2 = 2r^2 + \sigma_1^2\sigma_2^2 = R_X^2(0) + 2R_X^2(t-s) \qquad\blacksquare
$$

Gauss 过程还有一个简单且有用的性质 —— Bussgang 性质，它描述了 Gauss 过程通过非线性系统后输入和输出之间的互相关特性，可以作为 Price 定理的补充。

定理 3.8 (Bussgang 性质) 设 (X, Y) 为零均值二元 Gauss 分布的随机变量，$h(\ )$ 为无记忆非线性函数，则

$$
E(Xh(Y)) = CE(XY) \tag{3-30}
$$

其中 C 是仅依赖于 Y 的常数。

只需要用条件期望以及 Gauss 分布的基本性质即可证明该定理。

$$
E(Xh(Y)) = E(E(Xh(Y)|Y)) = E(h(Y)E(X|Y)) = E\left(h(Y)\frac{E(XY)}{EY^2}Y\right) = CE(XY) \tag{3-31}
$$

这里 $C = E(Yh(Y))/\mathbb{E}Y^2$。

也可以利用 Price 定理，得到另外一个证明方法。令 $g(x,y) = xh(y)$，那么有

$$\frac{\partial E(g(X,Y))}{\partial r} = E\left(\frac{\partial^2 g(X,Y)}{\partial X \partial Y}\right) = E\left(\frac{\mathrm{d}}{\mathrm{d}Y}h(Y)\right)$$

由于当 $E(XY) = 0$ 时，一定有 $E(Xh(Y)) = 0$，上式对 r 积分得到

$$E(Xh(Y)) = E(g(X,Y)) = E\left(\frac{\mathrm{d}}{\mathrm{d}Y}h(Y)\right)E(XY) = CE(XY) \tag{3-32}$$

表面上看，两种证明所得到的常数 C 似乎并不一样，可实际上两者完全相同，请读者自行思考原因。

Bussgang 性质指出：Gauss 过程通过非线性系统，其输入和输出之间的互相关函数和输入的自相关函数仅仅相差一个常数因子。

3.5　窄带 Gauss 过程

本节将介绍 Gauss 分布的两个衍生分布和一类典型的 Gauss 过程 —— 窄带 Gauss 过程。

3.5.1　Rayleigh 分布和 Rician 分布

设 (X,Y) 服从联合 Gauss 分布且相互独立，$E(X) = \mu_1$，$E(Y) = \mu_2$，$\mathrm{Var}(X) = \mathrm{Var}(Y) = \sigma^2$，则 (X,Y) 的联合密度为

$$f_{X,Y}(x,y) = \frac{1}{2\pi\sigma^2}\exp\left(-\frac{1}{2}\left[\left(\frac{x-\mu_1}{\sigma}\right)^2 + \left(\frac{y-\mu_2}{\sigma}\right)^2\right]\right)$$

不失一般性，设 $\mu_1 = p\cos\phi$，$\mu_2 = p\sin\phi$，化简上式得到

$$f_{X,Y}(x,y) = \frac{1}{2\pi\sigma^2}\exp\left(-\frac{1}{2\sigma^2}(x^2+y^2+p^2-2xp\cos\phi-2yp\sin\phi)\right)$$

令 $R = \sqrt{X^2+Y^2}$，使用极坐标变换

$$X = R\cos\Theta, \qquad Y = R\sin\Theta \tag{3-33}$$

立刻得到 (R,Θ) 的联合概率密度为

$$f_{R,\Theta}(r,\theta) = \frac{r}{2\pi\sigma^2}\exp\left(-\frac{1}{2\sigma^2}(r^2+p^2-2rp\cos(\phi-\theta))\right) \tag{3-34}$$

对 θ 积分，得到 R 的概率密度为

$$\begin{aligned}
f_R(r) &= \frac{r}{2\pi\sigma^2}\int_0^{2\pi}\exp\left(-\frac{1}{2\sigma^2}(r^2+p^2-2rp\cos(\phi-\theta))\right)\mathrm{d}\theta \\
&= \frac{r}{\sigma^2}\exp\left(-\frac{r^2+p^2}{2\sigma^2}\right)\frac{1}{2\pi}\int_0^{2\pi}\exp\left(\frac{rp}{\sigma^2}\cos(\phi-\theta)\right)\mathrm{d}\theta \\
&= \frac{r}{\sigma^2}\exp\left(-\frac{r^2+p^2}{2\sigma^2}\right)I_0\left(\frac{rp}{\sigma^2}\right), \qquad r \geqslant 0
\end{aligned} \tag{3-35}$$

这里 $I_0(z)$ 是修正的零阶 Bessel 函数，定义如下

$$I_0(z) = \frac{1}{2\pi} \int_0^{2\pi} \exp(z\cos\theta)\mathrm{d}\theta \tag{3-36}$$

称由式 (3-35) 所表示的 R 的概率密度为 Rician 密度，称 R 服从Rician 分布。

如果 $p = 0$，也就是说 (X, Y) 是零均值 Gauss 变量，那么 (R, Θ) 的联合密度式 (3-34) 变成如下形式：

$$f_{R,\Theta}(r,\theta) = \frac{r}{2\pi\sigma^2}\exp\left(-\frac{r^2}{2\sigma^2}\right), \quad \theta \in [0, 2\pi], r \in [0, \infty) \tag{3-37}$$

式 (3-37) 对 r 积分，积分限为 $(0, \infty)$，得到

$$f_\Theta(\theta) = \frac{1}{2\pi}, \qquad \theta \in [0, 2\pi] \tag{3-38}$$

所以 Θ 服从 $[0, 2\pi]$ 的均匀分布。式 (3-37) 再对 θ 积分，积分限为 $[0, 2\pi]$，得到 R 的概率密度为

$$f_R(r) = \frac{r}{\sigma^2}\exp\left(-\frac{r^2}{2\sigma^2}\right), \quad r \geqslant 0 \tag{3-39}$$

通常称概率密度式 (3-39) 为 Rayleigh 密度，称 R 服从Rayleigh 分布，其分布概率密度如图 3-5 所示。式 (3-37) 可写为

$$f_{R,\Theta}(r,\theta) = f_R(r)f_\Theta(\theta)$$

即 R, Θ 统计独立。

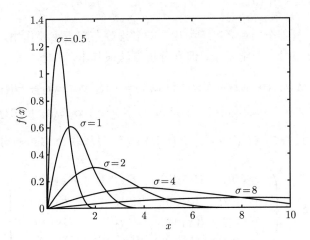

图 3-5　Rayleigh 分布概率密度示意图

Rayleigh 分布和 Rician 分布是 Gauss 分布最常见的两类衍生分布。

3.5.2　零均值窄带 Gauss 过程

零均值窄带 Gauss 过程是通信、雷达等系统的接收机高频端出现的一类过程。这类过程经过接收机的包络检波、相位检波两类操作所产生的包络过程和相位过程是本节的讨论内容，将讨论其概率分布及分布的渐近特性。

设有联合平稳的零均值实宽平稳 Gauss 过程 $X(t)$ 和 $Y(t)$，满足下列条件：

$$R_X(\tau) = R_Y(\tau), R_{XY}(\tau) = -R_{YX}(\tau) \tag{3-40}$$

且 $S_X(\omega) = S_Y(\omega) = 0, |\omega| \geqslant \omega_0$。

这里的 $S_X(\omega)$ 和 $S_Y(\omega)$ 分别是 $X(t)$ 和 $Y(t)$ 的功率谱密度。功率谱密度的定义和性质以及为何需要式 (3-40) 所给定的条件等问题将在第 5 章详细讨论。本节只是在给定条件下研究其包络和相位分布。

构造 Gauss 随机过程 $Z(t)$ 如下

$$\begin{aligned} Z(t) &= X(t)\cos\omega_c t - Y(t)\sin\omega_c t \\ &= V(t)\cos(\omega_c t + \Theta(t)), \quad \omega_c \gg \omega_0 \end{aligned} \tag{3-41}$$

这样的过程 $Z(t)$ 被称为窄带 Gauss 过程，其中 $X(t)$ 和 $Y(t)$ 是基带信号，ω_c 为调制频率，$V(t)$ 和 $\Theta(t)$ 分别是包络过程和相位过程。

$Z(t)$ 常常被用来描述通信或者雷达信号处理中的高频窄带噪声。特别是现代的接收机中往往要进行正交解调，所得到的结果恰好具有式 (3-41) 的形式。检波之后包络过程 $V(t)$ 和相位过程 $\Theta(t)$ 分别为

$$V(t) = \sqrt{X^2(t) + Y^2(t)}, \qquad \Theta(t) = \arctan\frac{Y(t)}{X(t)}, \quad \Theta(t) \in [0, 2\pi]$$

由 3.5.1 节的结果，其一维概率密度分别是

$$f_V(v) = \frac{r}{\sigma^2}\exp\left(-\frac{v^2}{2\sigma^2}\right), \qquad f_\Theta(\theta) = \frac{1}{2\pi}$$

在通信等系统的性能分析中，包络和相位的多维分布起着重要作用。所以本节尝试计算其二维分布。高维分布尽管非常复杂，但其分析方法很基本。考虑

$$Z(t_1) = X(t_1)\cos\omega_c t_1 - Y(t_1)\sin\omega_c t_1 = V(t_1)\cos(\omega_c t_1 + \Theta(t_1))$$
$$Z(t_2) = X(t_2)\cos\omega_c t_2 - Y(t_2)\sin\omega_c t_2 = V(t_2)\cos(\omega_c t_2 + \Theta(t_2))$$

由于 $Z(t)$ 是 Gauss 过程，$(X(t_1), Y(t_1), X(t_2), Y(t_2))$ 服从联合 Gauss 分布。其协方差矩阵为

$$\boldsymbol{\Sigma} = \begin{pmatrix} R_X(0) & R_{XY}(0) & R_X(\tau) & R_{XY}(-\tau) \\ R_{YX}(0) & R_Y(0) & R_{YX}(-\tau) & R_Y(\tau) \\ R_X(\tau) & R_{XY}(\tau) & R_X(0) & R_{XY}(0) \\ R_{YX}(\tau) & R_Y(\tau) & R_{YX}(0) & R_Y(0) \end{pmatrix}$$

这里 $\tau = t_2 - t_1$。由于 $X(t)$ 和 $Y(t)$ 均为宽平稳过程且联合平稳，所以 $R_X(0) = R_Y(0) = \sigma^2$，根据给定的条件，$R_{XY}(0) = 0$ 且 $R_{XY}(\tau) = -R_{YX}(\tau)$，协方差矩阵变为

$$\boldsymbol{\Sigma} = \begin{pmatrix} \sigma^2 & 0 & R_X(\tau) & -R_{XY}(\tau) \\ 0 & \sigma^2 & R_{XY}(\tau) & R_Y(\tau) \\ R_X(\tau) & R_{XY}(\tau) & \sigma^2 & 0 \\ -R_{XY}(\tau) & R_Y(\tau) & 0 & \sigma^2 \end{pmatrix}$$

要写出 $(X(t_1), Y(t_1), X(t_2), Y(t_2))$ 的联合分布, 需要计算 $\det(\boldsymbol{\Sigma})$ 和 $\boldsymbol{\Sigma}^{-1}$。由线性代数知识, $\boldsymbol{\Sigma}^{-1} = \boldsymbol{\Sigma}^* / \det(\boldsymbol{\Sigma})$, 其中 $\boldsymbol{\Sigma}^*$ 为由 $\boldsymbol{\Sigma}$ 的各阶代数余子式构成的伴随矩阵。所以问题的关键是计算矩阵 $\boldsymbol{\Sigma}$ 的行列式和各阶代数余子式。令 $\Sigma_{ij}(\boldsymbol{\Sigma}$ 中 i 行 j 列的元素) 的余子式为 Σ_{ij}^*, $i, j = 1, 2, 3, 4$, 则有

$$\det(\boldsymbol{\Sigma}) = \Sigma_{11}\Sigma_{11}^* - \Sigma_{12}\Sigma_{12}^* + \Sigma_{13}\Sigma_{13}^* - \Sigma_{14}\Sigma_{14}^*$$
$$= [\sigma^4 - (R_X(\tau))^2 - (R_{XY}(\tau))^2]^2$$
$$\Sigma_{11}^* = \Sigma_{22}^* = \Sigma_{33}^* = \Sigma_{44}^* = \sigma^2[\sigma^4 - (R_X(\tau))^2 - (R_{XY}(\tau))^2]$$
$$\Sigma_{12}^* = \Sigma_{21}^* = \Sigma_{34}^* = \Sigma_{43}^* = 0$$
$$\Sigma_{13}^* = \Sigma_{31}^* = \Sigma_{24}^* = \Sigma_{42}^* = -R_X(\tau)(\sigma^4 - (R_X(\tau))^2 - (R_{XY}(\tau))^2)$$
$$\Sigma_{14}^* = \Sigma_{41}^* = -\Sigma_{23}^* = -\Sigma_{32}^* = R_{XY}(\tau)(\sigma^4 - (R_X(\tau))^2 - (R_{XY}(\tau))^2)$$

于是得到

$$\boldsymbol{\Sigma}^{-1} = \frac{1}{\sqrt{\det(\boldsymbol{\Sigma})}} \begin{pmatrix} \sigma^2 & 0 & -R_X(\tau) & R_{XY}(\tau) \\ 0 & \sigma^2 & -R_{XY}(\tau) & -R_X(\tau) \\ -R_X(\tau) & -R_{XY}(\tau) & \sigma^2 & 0 \\ R_{XY}(\tau) & -R_X(\tau) & 0 & \sigma^2 \end{pmatrix} \tag{3-42}$$

所以, $(X(t_1), Y(t_1), X(t_2), Y(t_2))$ 的联合密度为

$$f(x_1, y_1, x_2, y_2) = \frac{1}{4\pi^2\sqrt{\det(\boldsymbol{\Sigma})}} \exp\left(-\frac{1}{2\sqrt{\det(\boldsymbol{\Sigma})}} h(x_1, y_1, x_2, y_2)\right) \tag{3-43}$$

其中

$$h(x_1, y_1, x_2, y_2) = \sigma^2(x_1^2 + x_2^2 + y_1^2 + y_2^2) - 2R_X(\tau)(x_1x_2 + y_1y_2) + 2R_{XY}(\tau)(x_1y_2 - y_1x_2)$$

由于

$$X_1 = X(t_1) = V(t_1)\cos(\Theta(t_1)), \quad X_2 = X(t_2) = V(t_2)\cos(\Theta(t_2))$$
$$Y_1 = Y(t_1) = V(t_1)\sin(\Theta(t_1)), \quad Y_2 = Y(t_2) = V(t_2)\sin(\Theta(t_2))$$

所以换元后得到 $V(t_1), V(t_2), \Theta(t_1), \Theta(t_2)$ 的联合密度为

$$f(v_1, \theta_1, v_2, \theta_2)$$
$$= \begin{cases} \dfrac{1}{4\pi^2\sqrt{\det(\boldsymbol{\Sigma})}} v_1 v_2 \exp\left(-\dfrac{1}{2\sqrt{\det(\boldsymbol{\Sigma})}} h(v_1, \theta_1, v_2, \theta_2)\right), & v_1, v_2 \geqslant 0; \theta_1, \theta_2 \in [0, 2\pi] \\ 0, & \text{其他} \end{cases} \tag{3-44}$$

其中

$$h(v_1, \theta_1, v_2, \theta_2) = \sigma^2(v_1^2 + v_2^2) - 2R_X(\tau)v_1v_2\cos(\theta_2 - \theta_1) - 2R_{XY}(\tau)v_1v_2\sin(\theta_2 - \theta_1) \tag{3-45}$$

上式对 (θ_1, θ_2) 进行积分，可以得到

$$
\begin{aligned}
f(v_1, v_2) &= \int_0^{2\pi} \int_0^{2\pi} f(v_1, \theta_1, v_2, \theta_2) \mathrm{d}\theta_1 \mathrm{d}\theta_2 \\
&= \frac{v_1 v_2}{4\pi^2 \sqrt{\det(\boldsymbol{\Sigma})}} \exp\left(-\frac{\sigma^2(v_1^2 + v_2^2)}{2\sqrt{\det(\boldsymbol{\Sigma})}}\right) \int_0^{2\pi} \int_0^{2\pi} h(\theta_1, \theta_2) \mathrm{d}\theta_1 \mathrm{d}\theta_2
\end{aligned}
$$

其中

$$
h(\theta_1, \theta_2) = \exp\left(\frac{v_1 v_2}{\sqrt{\det(\boldsymbol{\Sigma})}}(R_X(\tau)\cos(\theta_2 - \theta_1) + R_{XY}(\tau)\sin(\theta_2 - \theta_1))\right)
$$

令 $\alpha = \theta_2 - \theta_1$，则

$$
h(\theta_1, \theta_2) = \exp\left(\frac{v_1 v_2}{\sqrt{\det(\boldsymbol{\Sigma})}}[R_X^2(\tau) + R_{XY}^2(\tau)]^{1/2}\cos(\alpha - \phi)\right)
$$

从而有

$$
\begin{aligned}
&\frac{1}{4\pi^2} \int_0^{2\pi} \int_0^{2\pi} h(\theta_1, \theta_2) \mathrm{d}\theta_1 \mathrm{d}\theta_2 \\
&= \frac{1}{4\pi^2} \int_0^{2\pi} \int_{-\theta_1}^{2\pi - \theta_1} \exp\left(\frac{v_1 v_2}{\sqrt{\det(\boldsymbol{\Sigma})}}[R_X^2(\tau) + R_{XY}^2(\tau)]^{1/2}\cos(\alpha - \phi)\right) \mathrm{d}\alpha \mathrm{d}\theta_1 \\
&= \frac{1}{2\pi} \int_0^{2\pi} \mathrm{d}\theta_1 \frac{1}{2\pi} \int_0^{2\pi} \exp\left(\frac{v_1 v_2}{\sqrt{\det(\boldsymbol{\Sigma})}}[R_X^2(\tau) + R_{XY}^2(\tau)]^{1/2}\cos\alpha\right) \mathrm{d}\alpha \\
&= I_0\left(\frac{v_1 v_2}{\sqrt{\det(\boldsymbol{\Sigma})}}[R_X^2(\tau) + R_{XY}^2(\tau)]^{1/2}\right)
\end{aligned}
$$

综合以上结果，得到包络的二维分布为

$$
f(v_1, v_2) = \frac{v_1 v_2}{\sqrt{\det(\boldsymbol{\Sigma})}} \exp\left(-\frac{\sigma^2(v_1^2 + v_2^2)}{2\sqrt{\det(\boldsymbol{\Sigma})}}\right) I_0\left(\frac{v_1 v_2}{\sqrt{\det(\boldsymbol{\Sigma})}}[R_X^2(\tau) + R_{XY}^2(\tau)]^{1/2}\right) \quad v_1 \geqslant 0, v_2 \geqslant 0
$$

$$(3\text{-}46)$$

其他情况下，$f(v_1, v_2) = 0$。这里 $I_0()$ 是修正的零阶 Bessel 函数。值得注意的是，当 $\tau \to \infty$ 时，$Z(t_1)$ 和 $Z(t_2)$ 之间的相关性逐渐消失，两者趋于独立，同时导致 $X(t_1)$、$X(t_2)$ 以及 $Y(t_1)$、$Y(t_2)$ 之间趋于独立。

$$
R_X(\tau) \to 0, \qquad R_{XY}(\tau) \to 0, \quad \tau \to \infty
$$

从而有

$$
f(v_1, v_2) \longrightarrow \frac{v_1 v_2}{\sigma^4} \exp\left(-\frac{1}{2\sigma^2}(v_1^2 + v_2^2)\right) = f(v_1)f(v_2) \tag{3-47}
$$

也就是说，当 $\tau \to \infty$ 时，(V_1, V_2) 也是渐近独立的。

在式 (3-44) 转而对 (v_1, v_2) 积分，可以得到相位 (Θ_1, Θ_2) 的二维联合分布

$$
f(\theta_1, \theta_2) = \int_0^\infty \int_0^\infty f(v_1, \theta_1, v_2, \theta_2) dv_1 dv_2 \tag{3-48}
$$

在式 (3-45) 中令

$$\beta(\theta_1, \theta_2) = \frac{1}{\sigma^2}(R_X(\tau)\cos(\theta_2 - \theta_1) + R_{XY}(\tau)\sin(\theta_2 - \theta_1)) \tag{3-49}$$

则有

$$f(\theta_1, \theta_2) = \frac{1}{4\pi^2\sqrt{\det(\boldsymbol{\Sigma})}}\int_0^\infty\int_0^\infty v_1 v_2 \exp\left(-\frac{\sigma^2}{2\sqrt{\det(\boldsymbol{\Sigma})}}(v_1^2 + v_2^2 - 2\beta v_1 v_2)\right)dv_1 dv_2 \tag{3-50}$$

其中 $0 \leqslant \theta_1, \theta_2 \leqslant 2\pi$。这个积分形式在研究全 (半) 波线性检波输出过程的相关函数时 (见式 (3-20)) 见到过，立刻得到当 $\theta_1, \theta_2 \in [0, 2\pi]$ 时有

$$f(\theta_1, \theta_2) = \frac{\sqrt{\det(\boldsymbol{\Sigma})}}{4\pi^2\sigma^4(1 - \beta^2)}\left[1 + \frac{\beta(\theta_1, \theta_2)}{\sqrt{1 - \beta(\theta_1, \theta_2)^2}}\left(\frac{\pi}{2} + \arcsin(\beta(\theta_1, \theta_2))\right)\right] \tag{3-51}$$

其他情况下，$f(\theta_1, \theta_2) = 0$。

零均值窄带 Gauss 过程的包络和相位的二维联合分布计算不仅可以让我们进一步熟悉 Gauss 分布的计算技巧，还可以让我们了解尽管对于零均值窄带 Gauss 过程，在任意一个确定时刻，它的包络与相位统计独立。可是包络和相位两个随机过程不统计独立，即

$$f(v_1, v_2, \theta_1, \theta_2) \neq f(v_1, v_2)f(\theta_1, \theta_2)$$

3.5.3 均值不为零的情形

如果窄带 Gauss 过程的均值不为零，则问题变得复杂起来。考虑一种简单情况，假设均值不为零的窄带 Gauss 过程 $\xi(t)$ 是由正弦波随机相位过程和零均值窄带 Gauss 过程叠加而成，那么有

$$\xi(t) = p\sin(\omega_c t + \phi) + Z(t) \tag{3-52}$$

这里 p 表示载波幅度，为确定性常数，ϕ 为在 $[0, 2\pi]$ 内均匀分布的随机相位，$Z(t)$ 是零均值窄带 Gauss 过程式 (3-41)。对 ϕ 的任何一个样本，$\xi(t)$ 的均值为 $p\sin(\omega_c t + \phi)$，不为 0。

$$\begin{aligned}
\xi(t) &= p\sin(\omega_c t + \phi) + X(t)\cos\omega_c t - Y(t)\sin\omega_c t \\
&= (X(t) + p\sin\phi)\cos\omega_c t + (-Y(t) + p\cos\phi)\sin\omega_c t \\
&= V(t)\cos(\omega_c t + \Theta(t))
\end{aligned}$$

其表达式和零均值的情况类似，现在研究时刻 t 包络 $V(t)$ 和相位 $\Theta(t)$ 的联合概率密度。事实上

$$V(t)\cos\Theta(t) = X(t) + p\sin\phi, \qquad V(t)\sin\Theta(t) = Y(t) - p\cos\phi \tag{3-53}$$

对于给定的 t，$(X(t), Y(t), \phi)$ 的联合密度为

$$f(x, y, \phi) = \frac{1}{4\pi^2\sigma^2}\exp\left(-\frac{x^2 + y^2}{2\sigma^2}\right), \quad \phi \in [0, 2\pi] \tag{3-54}$$

由此可得 $(V(t), \Theta(t), \phi)$ 的联合密度

$$f(v, \theta, \phi) = \frac{v}{4\pi^2\sigma^2} \exp\left(-\frac{v^2 + p^2 - 2pv\sin(\phi - \theta)}{2\sigma^2}\right), \quad v \geqslant 0, \theta, \phi \in [0, 2\pi] \tag{3-55}$$

对 ϕ 积分, 则当 $v \geqslant 0, \theta \in [0, 2\pi]$ 时有

$$
\begin{aligned}
f(v, \theta) &= \frac{v}{4\pi^2\sigma^2} \int_0^{2\pi} \exp\left(-\frac{v^2 + p^2 - 2pv\sin(\phi - \theta)}{2\sigma^2}\right) \mathrm{d}\phi \\
&= \frac{v}{4\pi^2\sigma^2} \exp\left(-\frac{v^2 + p^2}{2\sigma^2}\right) \int_{-\theta}^{2\pi - \theta} \exp\left(\frac{pv}{\sigma^2}\sin\phi\right) \mathrm{d}\phi \\
&= \frac{v}{4\pi^2\sigma^2} \exp\left(-\frac{v^2 + p^2}{2\sigma^2}\right) \int_0^{2\pi} \exp\left(\frac{pv}{\sigma^2}\sin\phi\right) \mathrm{d}\phi \\
&= \frac{v}{2\pi\sigma^2} \exp\left(-\frac{v^2 + p^2}{2\sigma^2}\right) I_0\left(\frac{pv}{\sigma^2}\right)
\end{aligned}
$$

其他情况下, $f(v, \theta) = 0$。不难看出, 在这种情况下, 任意一个确定时刻的包络和相位仍然是独立的。其中包络服从 Rician 分布, 概率密度如图 3-6 所示。相位则服从 $[0, 2\pi]$ 内的均匀分布。

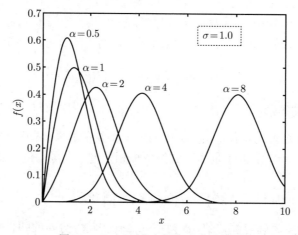

图 3-6 Rician 分布概率密度示意图

如果把正弦波看作接收到的信号, 把零均值窄带 Gauss 过程看作噪声, 讨论在不同信噪比条件下信号与噪声之和的包络分布有什么样的渐近形式是有意义的。此时信号幅度为 p, 功率为 $p^2/2$, 噪声功率为 σ^2, 所以信噪 (功率) 比为 $p^2/(2\sigma^2)$。对变量作归一化, 令 $\nu = \frac{v}{\sigma} = v/\sigma$, $a = p/\sigma$, 则 ν 的概率密度可以写为

$$f(\nu) = v \exp\left(-\frac{\nu^2 + a^2}{2}\right) I_0(a\nu) \tag{3-56}$$

由式 (3-56) 可知, 修正零阶 Bessel 函数 $I_0()$ 的性质对概率密度 $f(\nu)$ 起着关键的作用。

如果 $p \ll \sigma$, 那么 $a \ll 1$, 即信噪比非常小, 那么对 I_0 有 Taylor 展开

$$
\begin{aligned}
I_0(z) &= \frac{1}{2\pi} \int_0^{2\pi} \exp(z\cos\phi)\mathrm{d}\phi = \frac{1}{2\pi} \int_0^{2\pi} \sum_{k=0}^{\infty} \frac{\cos^k\phi}{k!} z^k \mathrm{d}\phi \\
&= \frac{1}{2\pi} \sum_{k=0}^{\infty} \frac{z^k}{k!} \int_0^{2\pi} \cos^k\phi \mathrm{d}\phi = \sum_{k=0}^{\infty} \frac{z^{2k}}{4^k (k!)^2}
\end{aligned}
$$

忽略高阶项，得到 $I_0(x) \approx 1$，此时 ν 的密度近似为

$$f(\nu) \approx v \exp\left(-\frac{\nu^2 + a^2}{2}\right) \approx \nu \exp\left(-\frac{\nu^2}{2}\right)$$

从而得到包络的分布近似为 Rayleigh 分布。这和直观非常吻合。

如果 $p \gg \sigma$，那么 $a \gg 1$，即信噪比很大，那么对 I_0 需要采取另外一种近似方法。令 $t = -\cos\phi$，有

$$I_0(z) = \frac{1}{2\pi} \int_0^{2\pi} \exp(z\cos\phi)\mathrm{d}\phi = \frac{1}{\pi} \int_{-1}^1 \frac{\exp(-zt)}{\sqrt{1-t^2}}\mathrm{d}t \tag{3-57}$$

令 $s = t + 1$，得

$$I_0(z) = \frac{\exp(z)}{\pi} \int_0^2 \frac{\exp(-zs)}{\sqrt{2s - s^2}}\mathrm{d}s \tag{3-58}$$

根据二项式定理，有如下的展开式

$$\frac{1}{\sqrt{2s - s^2}} = (2s - s^2)^{-\frac{1}{2}} = \frac{1}{\sqrt{2s}} \sum_{n=0}^{\infty} \binom{-\frac{1}{2}}{n} \left(-\frac{s}{2}\right)^n \tag{3-59}$$

代入式 (3-58)，得到

$$\begin{aligned}
I_0(z) &= \frac{\exp(z)}{\pi} \int_0^2 \exp(-zs) \frac{1}{\sqrt{2s}} \sum_{n=0}^{\infty} \binom{-\frac{1}{2}}{n} \left(-\frac{s}{2}\right)^n \mathrm{d}s \\
&= \frac{\exp(z)}{\sqrt{2}\pi} \sum_{n=0}^{\infty} \frac{(-1)^n}{2^n} \binom{-\frac{1}{2}}{n} \int_0^2 [\exp(-zs)]s^{n-\frac{1}{2}}\mathrm{d}s \\
&= \frac{1}{\pi} \frac{\exp(z)}{\sqrt{2z}} \sum_{n=0}^{\infty} \frac{(-1)^n}{2^n z^n} \binom{-\frac{1}{2}}{n} \int_0^{2z} [\exp(-s)]s^{n-\frac{1}{2}}\mathrm{d}s
\end{aligned}$$

当 z 充分大时，可近似得出

$$\int_0^{2z} [\exp(-s)]s^{n-\frac{1}{2}}\mathrm{d}s \approx \int_0^{\infty} [\exp(-s)]s^{n-\frac{1}{2}}\mathrm{d}s = \Gamma\left(n + \frac{1}{2}\right) \tag{3-60}$$

另一方面

$$\binom{-\frac{1}{2}}{n} = \frac{\Gamma\left(\frac{1}{2}\right)}{n!\Gamma\left(\frac{1}{2} - n\right)} \tag{3-61}$$

所以有

$$I_0(z) \sim \frac{1}{\pi} \frac{\exp(z)}{\sqrt{2z}} \sum_{n=0}^{\infty} \frac{(-1)^n}{2^n z^n} \frac{\Gamma\left(n + \frac{1}{2}\right)\Gamma\left(\frac{1}{2}\right)}{n!\Gamma\left(\frac{1}{2} - n\right)} \tag{3-62}$$

由于

$$\Gamma(\alpha + 1) = \alpha\Gamma(\alpha), \qquad \Gamma\left(\frac{1}{2}\right) = \sqrt{\pi}$$

所以

$$\Gamma\left(n+\frac{1}{2}\right)\Big/\Gamma\left(-n+\frac{1}{2}\right) = (-1)^n \left(\prod_{k=0}^{n-1}\left(\frac{1}{2}+k\right)\right)^2 \tag{3-63}$$

从而就得到了 I_0 的渐近展开

$$I_0(z) \sim \frac{\exp(z)}{\sqrt{2\pi z}} \left(1 + \sum_{n=1}^{\infty} \frac{1}{2^n n!} \left(\prod_{k=0}^{n-1}\left(k+\frac{1}{2}\right)\right)^2 \frac{1}{z^n}\right) \tag{3-64}$$

忽略高阶项,有

$$I_0(z) \approx \frac{\exp(z)}{\sqrt{2\pi z}} \tag{3-65}$$

代入式 (3-56),可知当 $p \gg \sigma$ 时,ν 的密度的近似表达式为

$$f(\nu) \approx \frac{1}{\sqrt{2\pi}} \sqrt{\frac{\nu}{a}} \exp\left(-\frac{(\nu-a)^2}{2}\right)$$

故在 $a \approx v$ 的区域内

$$f(\nu) \approx \frac{1}{\sqrt{2\pi}} \exp\left(-\frac{(\nu-a)^2}{2}\right)$$

也就是说,归一化包络 ν 的概率密度在信噪比很大的时候近似于 Gauss 分布。

值得一提的是,Rayleigh 分布以及 Rician 分布在无线通信的信道衰落建模中有广泛的应用。电磁波在无线信道中的传播不可避免地受到建筑物遮挡等环境的影响而产生多径反射。对这种影响进行精确严格的数学描述并不容易。人们通常采用一些简明适用的统计模型来刻画信道的起伏变化,并且称这种变化为衰落 (fading)。信道衰落包括幅度 (包络) 衰落和相位衰落两种类型。其中相位衰落只在相参解调和检测当中需要考虑,而幅度衰落无论在相参条件下还是在非相参条件下都需要给予充分重视。所以目前多数关于信道衰落的讨论集中在幅度衰落上,有兴趣的读者可以参阅文献[16]。

3.6 Brown 运 动

对 Brown 运动的研究历史悠久,英国生物学家 Robert Brown 于 1827 年通过显微镜研究花粉在液体中的运动时就意识到,具有随机性和不规则性的运动在自然界中普遍存在。Brown 运动也由此得名。首次从理论上对 Brown 运动进行严格讨论的是法国人 Bachelier,他在 1900 年完成的博士论文被认为是系统研究 Brown 运动的开端。随后 Einstein 和 Smoluchowski 于 1905 年指出,按照流体分子动力学理论,液体中的悬浮颗粒将会在任意短的时间微元内受到来向随机、力度也随机的分子撞击,所以其运动轨迹必将呈现出 Brown 所观察到的形态。Einstein 还利用 Brown 运动来估算阿伏伽德罗常量以及分子的大小。该项工作被认为是 Einstein 在 1905 年所做的最重要的工作之一。该项工作还促使实验物理学家 Perrin 进一步从实验的角度对分子运动论进行验证,从而结束了长期以来关于原子是否存在的争论。

尽管 Brown 运动已经得到了物理学家的广泛认可,但是严格的数学处理却出现得较晚。美国科学家 Wiener 在 20 世纪 30 年代的工作为 Brown 运动的严格处理奠定了基础,他首次

证明了 Brown 运动在数学上的存在性 (也许大家会感到奇怪, 物理现实如此容易观察, Brown 运动的存在性难道不显然吗? 事实上该存在性的证明并不简单, 包括定义适当的样本轨道空间, 且在空间上定义相应的测度等严密步骤). 因而 Brown 运动也称为 Wiener 过程. 法国学者 Levy 对 Brown 运动进行了深刻而广泛的工作, 极大地深化了人们对于 Brown 运动样本轨道结构的理解. Kolmogorov、Ito、Doob、Mckean、Dynkin 等概率学家的工作进一步推动了 Brown 运动相关理论以及应用的发展. Brown 运动在随机过程中的重要性是不言而喻的.

Brown 运动是现实中经常遇到的 Gauss 过程. 它结构独特, 兼具 Gauss 过程、Markov 过程、鞅过程[①] 等多种基本随机模型的特性, 性质非常丰富, 可以从多方面对它进行研究. 正因为这样, 自从 20 世纪 30 年代现代概率论的研究兴起以来, Brown 运动一直受到概率论学者的高度重视, 大家从不同的角度对它进行了卓有成效的研究, 取得了大量深刻的结果. 可以毫不夸张地说, 直到今天, 对 Brown 运动的相关研究仍然是随机过程, 特别是随机分析研究的一个中心议题[8]. 尽管人们对它的认识已经十分透彻和深入, 但是仍然有许多知识宝藏等待发掘, Brown 运动仍有很强的学术生命力. 详细地讨论 Brown 运动需要大量篇幅和多方面的准备知识, 这里就不深入展开了. 本节仅仅提及一两点 Brown 运动的最基本的特性, 目的在于对它有一点粗浅的了解.

首先给出 Brown 运动的定义. Brown 运动的定义方式很多, 这里提到的是比较常见的一种.

定义 3.3 (Brown 运动) 实值随机过程 $\{B(t), t \in \mathbb{R}_+\}$ 如果满足如下三个条件: (1) $B(t)$ 具有平稳增量和独立增量性, 且 $B(0) = 0$; (2) $B(t)$ 的每一条样本轨道都是连续的; (3) $\forall t, B(t)$ 服从 Gauss 分布; 均值为 0, 方差为 t, 则称它为标准 Brown 运动.

设 $B(t)$ 为归一化的 Brown 运动, 由于它为 Gauss 过程, 所以其一维密度为

$$f_t(x) = \frac{1}{\sqrt{2\pi t}} \exp\left(-\frac{x^2}{2t}\right) \tag{3-66}$$

根据独立增量性质, 当 $s < t$ 时, $B(s)$、$B(t) - B(s)$ 相互独立, 同时有 $B(t) = B(t) - B(s) + B(s)$, 所以 $B(t) - B(s)$ 服从均值为 0, 方差为 $t - s$ 的 Gauss 分布. 更进一步, $0 = t_0 \leqslant t_1 \leqslant \cdots \leqslant t_n, B(t_1), B(t_2) - B(t_1), \cdots, B(t_n) - B(t_{n-1})$ 也相互独立, 其联合分布为

$$f(y_1, \cdots, y_n) = \frac{1}{\sqrt{(2\pi)^n \prod\limits_{k=1}^{n}(t_k - t_{k-1})}} \exp\left(-\frac{1}{2}\sum_{k=1}^{n}\frac{y_k^2}{t_k - t_{k-1}}\right)$$

由此可以得到 $B(t_1), B(t_2), \cdots, B(t_n)$ 的联合分布

$$f_{t_1, \cdots, t_n}(x_1, \cdots, x_n) = \frac{1}{\sqrt{(2\pi)^n \prod\limits_{k=1}^{n}(t_k - t_{k-1})}} \exp\left(-\frac{1}{2}\sum_{k=1}^{n}\frac{(x_k - x_{k-1})^2}{t_k - t_{k-1}}\right) \tag{3-67}$$

---

① 对任意 $n \geqslant 0$, 如果满足 $E|X_n| < \infty$, 且 $E(X_{n+1}|X_n, X_{n-1}, \cdots, X_1, X_0) = X_n$, 则称过程 $\{X_n, n \geqslant 0\}$ 为鞅 (martingale). 限于篇幅, 本书未对鞅过程进行讨论.

Brown 运动具有所谓的"二次变差"性质，由

$$E|B(t) - B(s)|^2 = t - s$$

而"二次变差"性质是上述简单事实的推广。考虑 $[0,t]$ 的分划 $0 = t_0 < t_1 < \cdots < t_n = t$，可以证明，当 $n \to \infty$，分划长度满足

$$\max_i (t_i - t_{i-1}) \to 0$$

时，则在均方意义下

$$E \sum_{k=1}^{n} (B(t_k) - B(t_{k-1}))^2 \to t, \qquad n \to \infty \tag{3-68}$$

这个结果有一个很有意义的推论：

$$E \sum_{k=1}^{n} |B(t_k) - B(t_{k-1})| \to \infty, \qquad n \to \infty \tag{3-69}$$

这说明，在任意短的时间 t 内，$B(t)$ 的变差是无穷大。这不但从一个角度说明 Brown 运动的样本轨道有多么不规则，而且还表明无法在通常的意义下来定义积分

$$I(B) = \int_0^T f(t) \mathrm{d}B(t) \tag{3-70}$$

由于 Brown 运动样本轨道局部性质的特殊性 (可以证明，Brown 运动样本轨道是处处不可微的，具有分形特性的奇异曲线)，必须有专门的理论来研究其微分 $\mathrm{d}B(t)$ 和积分式 (3-70)，这些构成了随机过程的重要分支 —— 随机分析 (stochastic calculus) 中的重要内容。

Brown 运动的另外一个有趣特性是所谓"反射原理"，利用它可以研究首次命中时间 T_x 以及极值的统计特性。令

$$M_t = \max_{s \in [0,t]} B(s), \qquad T_x = \inf(t : t \geqslant 0, B(t) = x) \tag{3-71}$$

那么很明显，$P(M_t \geqslant x) = P(T_x \leqslant t)$。所以极值 M_t 和首次命中时间 T_x 间有紧密关联。定义"反射过程" $\hat{B}(t)$ 如下

$$\hat{B}(t) = \begin{cases} B(t), & t \leqslant T_x \\ 2x - B(t), & t > T_x \end{cases} \tag{3-72}$$

可以证明，$\hat{B}(t)$ 也是 Brown 运动，和 $B(t)$ 具有完全相同的统计性质[8]。所以 $\forall x, y$

$$P(M_t \geqslant x, B(t) \leqslant x - y) = P(\hat{B}(t) \geqslant x + y) \tag{3-73}$$

所以有

$$P(M_t \geqslant x, B(t) \leqslant x - y) = P(B(t) \geqslant x + y) \tag{3-74}$$

令 $y = 0$，得到

$$P(M_t \geqslant x, B(t) \leqslant x) = P(B(t) \geqslant x) \tag{3-75}$$

而另一方面, 有

$$P(M_t \geqslant x, B(t) > x) = P(B(t) > x) = P(B(t) \geqslant x) \tag{3-76}$$

把式 (3-75) 和式 (3-76) 加起来, 有

$$P(M_t \geqslant x) = 2P(B(t) \geqslant x) \tag{3-77}$$

换句话说, $M(t)$ 和 $|B(t)|$ 具有相同的分布。所以

$$
\begin{aligned}
P(M_t \geqslant x) &= P(T_x \leqslant t) \\
&= P(|B(t)| \geqslant x) \\
&= P(\sqrt{t}|B(1)| \geqslant x) = P\left(|B(1)| \geqslant \frac{x}{\sqrt{t}}\right) \\
&= 2\frac{1}{\sqrt{2\pi}} \int_{\frac{x}{\sqrt{t}}}^{\infty} \exp\left(-\frac{s^2}{2}\right) \mathrm{d}s
\end{aligned}
$$

从而得到了首次命中时间 T_x 的密度

$$f_{T_x}(t) = \frac{x}{\sqrt{2\pi}t^{3/2}} \exp\left(-\frac{x^2}{2t}\right), \quad t > 0 \tag{3-78}$$

可以验证, $P(T_x < \infty) = 1$, 且 $E(T_x) = \infty$。也就是说, Brown 运动以概率 1 迟早命中 x, 但是所用的平均时间却是无穷大。

　　Brown 运动还可以看作是对称随机游动的极限过程。考虑随机游动 $S_n = X_1 + X_2 + \cdots + X_n$, 其中 X_k 是彼此独立且同分布的随机变量, 且 $E(X_k) = 0$, $E(X_k^2) = 1$, 著名的中心极限定理指出, 在依分布收敛的意义下:

$$\frac{S_n}{\sqrt{n}} \to N(0, 1), \quad n \to \infty \tag{3-79}$$

换句话说, 如果把随机游动的结果看作随机变量, 那么其极限分布是 Gauss 分布。但是随机游动本身是一种随机过程, 中心极限定理所给出的极限分布仅是该随机过程的一维分布。从随机过程的角度看, 仅了解一维分布当然是不够的。问题很自然地出现了, 随机游动的极限过程是什么? 和 Gauss 过程有什么关联? 著名的概率学者 Doob 在 1949 年把上述问题作为猜想提出来, 猜测随机游动的极限过程就是 Brown 运动。1951 年, 美国数学家 Donsker 提出并证明了 Donsker 不变原理[2], 使这个问题得到了解决。

　　定理 3.9 (Donsker 不变原理)　设 X_k 为独立同分布随机变量, 服从 $P(X_k = 1) = P(X_k = -1) = 0.5, k = 1, 2, \cdots, m$, $E(X_k) = 0, E(X_k^2) = 1$, 对固定的 f 定义随机过程 $S_n(t)$ 如下:

$$S_n(t) = \sum_{k \leqslant \lfloor nt \rfloor} X_k + (nt - \lfloor nt \rfloor) X_{\lfloor nt \rfloor + 1} \tag{3-80}$$

其中 $\lfloor x \rfloor$ 表示不大于 x 的最大整数, 则依分布收敛的意义下有

$$\frac{S_n(t)}{\sqrt{n}} \xrightarrow{d} B(t), \quad t \geqslant 0, \quad n \to \infty \tag{3-81}$$

这里的 $B(t)$ 是 Brown 运动, 而且收敛对于任意有限维分布均成立。

　　事实上, Donsker 给出的结果要比这里叙述的形式强得多。它不仅是中心极限定理的有力推广, 而且还给出了对 Brown 运动进行数值模拟的有效途径。

习题

1. 设有 n 维 Gauss 分布随机向量 $\boldsymbol{X}^{\mathrm{T}} = (X_1, \cdots, X_n)$，其均值满足 $E(X_i) = i$，各分量间协方差满足

$$\sigma_{ij} = n - |i - j|, \quad i, j = 1, 2, \cdots, n$$

令 $\xi = X_1 + \cdots + X_n$，求 ξ 的特征函数。

2. 请完成如下问题：

(1) 设 X 和 Y 是相互统计独立的 Gauss 随机变量，均服从 $N(0, \sigma^2)$，设 $Z = |X - Y|$，求 $E(Z)$ 和 $E(Z^2)$。

(2) 设 $\{X_k, k = 1, \cdots, 2n\}$ 为独立同分布的 Gauss 随机变量，均服从 $N(0, \sigma^2)$，设

$$Z = \frac{\sqrt{\pi}}{2n} \sum_{k=1}^{n} |X_{2k} - X_{2k-1}|$$

求 $E(Z)$ 和 $E(Z^2)$。

3. 设零均值 Gauss 分布随机向量 $\boldsymbol{X} = (X_1, X_2, X_3)^{\mathrm{T}}$，协方差阵为

$$\boldsymbol{\Sigma} = \begin{pmatrix} \sigma^2 & \sigma_{12} & \sigma_{13} \\ \sigma_{21} & \sigma^2 & \sigma_{23} \\ \sigma_{31} & \sigma_{32} & \sigma^2 \end{pmatrix}$$

求 $E(X_1 X_2 X_3)$，$E(X_1^2 X_2^2 X_3^2)$ 和 $E((X_1^2 - \sigma^2)(X_2^2 - \sigma^2)(X_3^2 - \sigma^2))$。

4. 设 (X_1, X_2) 是统计独立的 Gauss 随机变量，均服从 $N(0, 1)$，令

$$(Y_1, Y_2) = \begin{cases} (X_1, |X_2|), & X_1 \geqslant 0 \\ (X_1, -|X_2|), & X_1 < 0 \end{cases}$$

证明 Y_1 和 Y_2 都服从一维 Gauss 分布，但是 (Y_1, Y_2) 不服从二元联合 Gauss 分布。

5. 设有实随机向量 $\boldsymbol{X} = (X_1, \cdots, X_n)^{\mathrm{T}}$，其相关矩阵 $\boldsymbol{R}$ 可逆，求 $E(\boldsymbol{X}^{\mathrm{T}} \boldsymbol{R}^{-1} \boldsymbol{X})$；如果进一步假定 $\boldsymbol{X}$ 服从联合 Gauss 分布，均值为 0，试求 $\boldsymbol{X}^{\mathrm{T}} \boldsymbol{R}^{-1} \boldsymbol{X}$ 的特征函数。

6. 设三维 Gauss 分布随机向量 $\boldsymbol{X} = (X_1, X_2, X_3)^{\mathrm{T}}$，均值为 0，协方差阵为

$$\boldsymbol{\Sigma} = \begin{pmatrix} \dfrac{5}{3} & -\dfrac{1}{3} & -\dfrac{2}{3} \\ -\dfrac{1}{3} & \dfrac{8}{3} & \dfrac{1}{3} \\ -\dfrac{2}{3} & \dfrac{1}{3} & \dfrac{5}{3} \end{pmatrix}$$

试求矩阵 $\boldsymbol{A}$，使得对 $\boldsymbol{X}$ 作线性变换 $\boldsymbol{Y} = \boldsymbol{A}\boldsymbol{X}$ 后，$\boldsymbol{Y}$ 的各个分量统计独立。

7. 设三维 Gauss 分布随机向量 $\boldsymbol{X} = (X_1, X_2, X_3)^{\mathrm{T}}$，均值为 0，协方差阵为

$$\boldsymbol{\Sigma} = \begin{pmatrix} 4 & 2 & 2 \\ 2 & 1 & 1 \\ 2 & 1 & 1 \end{pmatrix}$$

问 $\boldsymbol{X}$ 的三个分量间是否有线性相关性？如果有，求出线性相关的表达式及其退化形式的概率密度。

8. 设 $X(t)$ 为零均值宽平稳实 Gauss 过程，相关函数为 $R_X(\tau)$，通过非线性系统后得到 $Y(t)$，

$$Y(t) = A \exp(\alpha X(t))$$

求 $Y(t)$ 的均值和相关函数。

9. 设 $\boldsymbol{\Sigma}_1$ 和 $\boldsymbol{\Sigma}_2$ 均为正定协方差矩阵，定义 $\boldsymbol{\Sigma} = a_1\boldsymbol{\Sigma}_1 + a_2\boldsymbol{\Sigma}_2$，其中 a_1 和 a_2 为常数。设 $\boldsymbol{A}$ 为变换矩阵，使得

$$\boldsymbol{A}^{\mathrm{T}}\boldsymbol{\Sigma}\boldsymbol{A} = \boldsymbol{I}$$
$$\boldsymbol{A}^{\mathrm{T}}\boldsymbol{\Sigma}_1\boldsymbol{A} = \boldsymbol{\Gamma}^{(1)} = \mathrm{diag}(\lambda_1^{(1)}, \cdots, \lambda_n^{(1)})$$

证明：$\boldsymbol{A}$ 矩阵同样可以使 $\boldsymbol{\Sigma}_2$ 对角化，且对角化矩阵为 $\boldsymbol{\Gamma}^{(2)} = \mathrm{diag}(\lambda_1^{(2)}, \cdots, \lambda_n^{(2)})$，满足

$$\lambda_i^{(2)} = \frac{1}{a_2}(1 - a_1\lambda_i^{(1)})$$

即 $\boldsymbol{\Sigma}_1$ 和 $\boldsymbol{\Sigma}_2$ 具有同样的特征向量，且特征值具有相反的序。

10. 设有平稳零均值实 Gauss 过程通过无记忆的全波线性检波器，求其输出过程的二维概率密度，输出是否满足严平稳条件？

11. 设有平稳零均值实 Gauss 过程通过无记忆的半波线性检波器，求其输出过程的二维概率密度，输出是否满足严平稳条件？

12. 设有平稳零均值实 Gauss 过程通过无记忆的平方律检波器，求其输出过程的二维概率密度，输出是否满足严平稳条件？

13. 设有一无记忆非线性系统，其输入输出关系如图 3-7 所示。设输入为宽平稳零均值 Gauss 过程，相关函数为 $R_X(\tau)$，试计算系统输入和输出的互相关函数。如果令 $a \to 0$，该非线性系统将退化为理想限幅器时，请直接计算理想限幅器的输入输出互相关函数，并把两个计算结果进行比较。

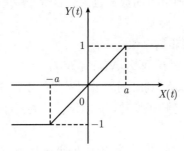

图 3-7　半波线性检波器的功能示意图

14. 设 $X(t)$ 为零均值宽平稳均方可导 Gauss 过程，$Y(t) = X^2(t)$，证明 $Y(t)$ 均方可导，且其均方导数为 $2X(t)X'(t)$。

15. 设 $X(t)$ 为零均值宽平稳均方可导 Gauss 过程，相关函数为 $R_X(\tau)$。

(1) 求 $X(t)$ 与 $X'(t)$ 的联合概率密度。

(2) 求 $(X(t_1), X(t_2), X'(t_1), X'(t_2))$ 的联合概率密度。

16. 给定一个参数为 a 的 Wiener 过程 $W(t)$，现构造如下过程

$$X(t) = W(t^2), \qquad Y(t) = W^2(t), \qquad Z(t) = |W(t)|$$

计算它们的相关函数。

第 4 章　Poisson 过程

与 Gauss 过程类似，Poisson 过程是最基本也是最重要的一类连续参数随机过程。不过和 Gauss 过程不同的是，Poisson 过程的状态是离散的。在实际应用中，Poisson 过程反映了人们对于"等待"和"计数"等行为中所蕴含随机性的基本勾画。尽管它是最典型的 Markov 过程，完全可以将其作为 Markov 过程的具体例子，用研究 Markov 过程的一般方法来研究 Poisson 过程。但是 Poisson 过程自身内涵丰富，处理手段多样且独特，所以采取单独的篇幅进行讨论。本章的讨论可以为了解 Markov 过程的一般特性作一些准备。

4.1　Poisson 过程的定义

在给出 Poisson 过程的定义之前，先讨论几个与之相关的重要概念。

定义 4.1 (计数过程)　如果随机过程 $N(t), t \geqslant 0$ 表示时间段 $[0,t]$ 内发生的某种事件的总数，则称随机过程 $N(t)$ 为计数过程 (counting processes)。

比方说，在 $[0,t]$ 之内到达某商店的顾客人数，在 $[0,t]$ 之内到达某公交汽车站的车辆数目，在 $[0,t]$ 之内到达某网络交换节点的数据包的数目等，都是计数过程的典型例子。从定义出发，计数过程 $N(t)$ 满足：

(1) $N(t) \in \mathbb{Z}_+$，即 $N(t)$ 取非负整数；

(2) 两时刻 s,t 如果满足 $s < t$，那么 $N(s) \leqslant N(t)$；

(3) $N(t) - N(s)$ 表示从时刻 s 到时刻 t 之间发生的事件次数。

一般情况下，$N(t) - N(s)$ 是随机变量。它的统计特性对于计数过程 $N(t)$ 有决定性的意义。

定义 4.2 (Poisson 过程)　计数过程 $N(t)$ 如果满足下述条件：(1) $N(0) = 0$；(2) $N(t)$ 是独立增量过程；(3) $N(t)$ 是平稳增量过程；(4) $\dfrac{P(N(t+\Delta t) - N(t) \geqslant 2)}{P(N(t+\Delta t) - N(t) = 1)} \to 0, \quad \Delta t \to 0$，则称其为Poisson 过程，

下面将利用上述定义导出 Poisson 过程 $N(t)$ 的概率分布。定义中所提到的四个条件在推导过程中起着关键的作用。而且在后续的讨论中还将看到，如果放松对上述某个条件的要求，会得到 Poisson 过程在不同条件下的拓广。

4.2　$N(t)$ 概率分布的计算

为使推导过程更简洁，且和以后章节中对 Markov 过程的研究方法保持一致，采用母函数这一有力工具，这样可以避免使用微分方程组。令 $N(t)$ 的母函数为 $G(z,t)$。由母函数的定义

$$G(z,t) = E(z^{N(t)}) = \sum_{k=0}^{\infty} z^k P(N(t) = k) \tag{4-1}$$

下面分三步进行计算。

第一步：为得到 $G(z,t)$ 的解析表达式，首先计算 $G(z,t)$ 关于时间 t 的差分，以导出 $G(z,t)$ 所满足的微分方程。

$$G(z,t+\Delta t) - G(z,t) = E(z^{N(t+\Delta t)}) - E(z^{N(t)})$$
$$= E(z^{N(t)}(z^{N(t+\Delta t)-N(t)} - 1))$$

利用 $N(t)$ 的独立增量特性以及 $N(0)=0$，得

$$E(z^{N(t)}(z^{N(t+\Delta t)-N(t)} - 1)) = E(z^{N(t)})E(z^{N(t+\Delta t)-N(t)} - 1) \tag{4-2}$$

利用 $N(t)$ 的平稳增量性，$N(t+\Delta t)-N(t)$ 和 $N(\Delta t)$ 具有完全相同的概率分布，所以

$$E(z^{N(t)})E(z^{N(t+\Delta t)-N(t)} - 1) = E(z^{N(t)})E(z^{N(\Delta t)} - 1) \tag{4-3}$$

即

$$G(z,t+\Delta t) - G(z,t) = G(z,t)(G(z,\Delta t) - 1) \tag{4-4}$$

问题的关键在于计算 $G(z,\Delta t) = E(z^{N(\Delta t)})$，按照期望的定义，有

$$G(z,\Delta t) = \sum_{k=0}^{\infty} z^k P(N(\Delta t)=k)$$
$$= P(N(\Delta t)=0) + zP(N(\Delta t)=1) + \sum_{k \geqslant 2} z^k P(N(\Delta t)=k)$$

第二步：首先处理 $P(N(\Delta t)=0)$。令 $P_0(s) = P(N(s)=0)$，则 $\forall t,s \geqslant 0$，

$$P_0(t+s) = P(N(t+s)=0) = P(N(s)=0, N(t+s)-N(s)=0)$$
$$= P(N(s)=0)P(N(t+s)-N(s)=0) \quad \text{(独立增量)}$$
$$= P(N(s)=0)P(N(t)=0) \quad \text{(平稳增量)}$$
$$= P_0(s)P_0(t)$$

由分析中的熟知结果，并考虑到 $P_0(0)=1$，上述函数方程的有界解 $P_0(t)$ 一定有如下形式

$$P(N(t)=0) = P_0(t) = \exp(-\lambda t) \tag{4-5}$$

其中 $\lambda \geqslant 0$ 为确定性参数。从而

$$P(N(\Delta t)=0) = \exp(-\lambda \Delta t) = 1 - \lambda \Delta t + o(\Delta t)$$

即

$$\frac{P(N(\Delta t)=0)-1}{\Delta t} = -\lambda + \frac{o(\Delta t)}{\Delta t} \tag{4-6}$$

另一方面，有

$$1 = P(N(\Delta t)=0) + P(N(\Delta t)=1) + P(N(\Delta t) \geqslant 2)$$

即

$$\frac{1 - P(N(\Delta t) = 0)}{\Delta t} = \frac{P(N(\Delta t) = 1)}{\Delta t} \left(1 + \frac{P(N(\Delta t) \geqslant 2)}{P(N(\Delta t) = 1)} \right) \tag{4-7}$$

令 $\Delta t \to 0$ 并利用定义中的条件 (4)，有

$$\frac{P(N(\Delta t) = 1)}{\Delta t} \to \lambda \tag{4-8}$$

第三步：开始考虑 $G(z, t)$ 所满足的微分方程。由式 (4-3) 得

$$\frac{G(z, t + \Delta t) - G(z, t)}{\Delta t} = G(z, t) \frac{G(z, \Delta t) - 1}{\Delta t}$$

$$= G(z, t) \left(\frac{P(N(\Delta t) = 0) - 1}{\Delta t} + z \frac{P(N(\Delta t) = 1)}{\Delta t} \left(1 + \sum_{k \geqslant 2} z^{k-1} \frac{P(N(\Delta t) = k)}{P(N(\Delta t) = 1)} \right) \right) \tag{4-9}$$

考虑到母函数作为 z 的幂级数，其收敛域为 $|z| \leqslant 1$，所以当 $\Delta t \to 0$ 时，有

$$\left| \sum_{k \geqslant 2} z^{k-1} \frac{P(N(\Delta t) = k)}{P(N(\Delta t) = 1)} \right| \leqslant \sum_{k \geqslant 2} \frac{P(N(\Delta t) = k)}{P(N(\Delta t) = 1)} = \frac{P(N(\Delta t) \geqslant 2)}{P(N(\Delta t) = 1)} \to 0 \tag{4-10}$$

把式 (4-5)、式 (4-8) 和式 (4-10) 代入式 (4-9)，得

$$\frac{\mathrm{d}}{\mathrm{d}t} G(z, t) = \lim_{\Delta t \to 0} \frac{G(z, t + \Delta t) - G(z, t)}{\Delta t} = G(z, t) \lambda(z - 1) \tag{4-11}$$

且由 $N(0) = 0$，$P(N(0) = 0) = 1$，得到初值 $G(z, 0) = 1$。该微分方程的解为

$$G(z, t) = \exp(\lambda t(z - 1)) = \exp(-\lambda t) \sum_{k=0}^{\infty} \frac{(\lambda t)^k}{k!} z^k \tag{4-12}$$

从而有

$$P(N(t) = k) = \frac{(\lambda t)^k}{k!} \exp(-\lambda t) \tag{4-13}$$

这恰好是 Poisson 分布的表达式。

Poisson 过程的一维分布是 Poisson 分布，这一事实还可以从二项分布逼近的角度得到验证。把区间 $[0, t]$ 划分为 n 个相等的部分，设 n 非常大，每一个小区间的长度都如此之小，以至于在每一个小区间内发生两次或者两次以上事件的概率都是 $o(1/n)$。因此 $N(t)$ 正好是有一次事件发生的区间的个数。该个数服从参数为 $p = \lambda t/n + o(1/n)$ 的二项分布

$$P(N(t) = k) = \binom{n}{k} p^k (1 - p)^{n-k} \tag{4-14}$$

于是有

$$P(N(t) = k) = \frac{n!}{k!(n-k)!} p^k (1 - p)^{n-k}$$

$$= \frac{n(n-1) \cdots (n-k+1)}{k!} \left(\frac{\lambda t}{n} + o\left(\frac{1}{n} \right) \right)^k \left(1 - \frac{\lambda t}{n} + o\left(\frac{1}{n} \right) \right)^{-k} \left(1 - \frac{\lambda t}{n} + o\left(\frac{1}{n} \right) \right)^n$$

$$\to \frac{(\lambda t)^k}{k!} \exp(-\lambda t), \qquad n \to \infty$$

该结果与前面通过母函数得到的完全一致。在上述分析中，当 $n \to \infty$ 时，$p \to 0$，也就是说，二项分布逐渐接近 Poisson 分布时，尽管总的事件发生次数的期望保持不变，但是单个事件的发生概率在变小。这也从一个侧面说明了 Poisson 过程中的事件是一种"稀有事件"(rare events)，或者说是"小概率事件"。对此类"稀有"随机事件的分析是随机过程的一项重要研究内容。

4.3 Poisson 过程的基本性质

4.3.1 非宽平稳性

Poisson 过程 $N(t)$ 是最重要的一类计数过程，其均值为 $E(N(t)) = \lambda t$，方差为 $\mathrm{Var}(N(t)) = \lambda t$，自相关函数为

$$
\begin{aligned}
R_N(t,s) &= E(N(t)N(s)) \\
&= E(N(s)(N(t) - N(s) + N(s))) \\
&= E(N(s) - N(0))E(N(t) - N(s)) + E(N^2(s)) \\
&= \lambda^2 s(t-s) + \lambda s + \lambda^2 s^2 \\
&= \lambda^2 st + \lambda s, \quad \forall t > s
\end{aligned}
$$

同理，当 $t < s$ 时有

$$
R_N(t,s) = \lambda^2 st + \lambda t
$$

故

$$
R_N(t,s) = \lambda^2 st + \lambda \min(s,t)
$$

可以看出，Poisson 过程不具有宽平稳性。

4.3.2 事件间隔与等待时间

计数过程关心的是在给定时间段内事件发生的次数。换一个角度看，也就是关心事件之间间隔的分布规律。直观上讲，事件发生的次数和事件间的间隔有很强的对应性。如果知道其中的一个，会有助于对另外一个的研究。事实上，如果令 S_n 为第 n 次事件发生的时刻，那么

$$
P(N(t) \leqslant n) = P(S_n \geqslant t) \tag{4-15}
$$

考虑 Poisson 过程中从 $t = 0$ 开始到首个事件出现的间隔 T，设其概率分布为 $F_T(t)$，则有

$$
P(T > t) = 1 - F_T(t) = P(N(t) = 0) = \begin{cases} \exp(-\lambda t), & t \geqslant 0, \\ 1 & t < 0 \end{cases} \tag{4-16}
$$

立刻得到 T 的概率密度为

$$
f_T(t) = \frac{\mathrm{d}}{\mathrm{d}t} F_T(t) = \begin{cases} \lambda \exp(-\lambda t), & t \geqslant 0 \\ 0, & t < 0 \end{cases} \tag{4-17}
$$

所以 Poisson 过程的首个事件出现时间服从参数为 λ 的指数分布。

指数分布具有"无记忆"特性，换句话说，服从指数分布的随机变量 X 满足如下关系

$$
P(X > x+y \mid X > x) = \frac{\exp(-\lambda(x+y))}{\exp(-\lambda x)} = \exp(-\lambda y) = P(X > y), \qquad x, y \geqslant 0 \tag{4-18}
$$

事实上，指数分布是唯一满足无记忆特性的连续分布。设连续随机变量 X 的分布具有无记忆性

$$P(X > x + y | X > x) = \frac{P(X > x + y)}{P(X > x)} = P(X > y)$$

即

$$\Rightarrow P(X > x + y) = P(X > x)P(X > y)$$

根据分析中的知识，可得到

$$P(X > x) = 1 - F_X(x) = \exp(-\lambda x)$$

或者

$$F_X(x) = 1 - \exp(-\lambda x)$$

所以 X 服从指数分布。

注：指数分布的无记忆性是 Poisson 过程之所以能够成为 Markov 过程的重要原因，也是研究排队理论的重要基础。唯一具有无记忆性的离散分布是几何分布。

由 Poisson 过程的独立增量性和平稳增量性，可证 Poisson 过程的各个事件间隔相互独立，且服从相同的分布 (指数分布)。下面并不严格的计算也证实了这一点。对于第一次事件与第二次事件之间的间隔 T_2，有下列关系：

$$\begin{aligned}
P(T_2 > t | T_1 = s) &= P(N(t+s) - N(s) = 0 | T_1 = s) \\
&= P(N(t+s) - N(s) = 0) \quad \text{（独立增量）} \\
&= P(N(t) = 0) \quad \text{（平稳增量）} \\
&= \exp(-\lambda t)
\end{aligned}$$

所以 T_2 和 T_1 独立，且 T_2 服从参数为 λ 的指数分布。类似的计算可以递推地进行下去。应当指出，这样的推理并不严格，严格的证明比较繁琐，这里不再讨论，但是以下的结论是正确的。

定理 4.1　Poisson 过程的事件间隔是独立同分布的随机变量，都服从参数为 λ 的指数分布。

利用这个定理，可以得到"等待时间"的概率分布，也就是从时刻 0 开始到达第 n 次事件所需时间 S_n 的概率分布

$$S_n = T_1 + T_2 + \cdots + T_n \tag{4-19}$$

由于 $\{T_k, k = 1, 2, \cdots\}$ 具有独立同指数分布，利用特征函数得

$$\phi_{T_k}(\omega) = \frac{\lambda}{\lambda - j\omega}$$

$$\phi_{S_n}(\omega) = (\phi_{T_k}(\omega))^n = \left(\frac{\lambda}{\lambda - j\omega}\right)^n$$

从而得到 S_n 的概率密度函数为

$$f_{S_n}(t) = \begin{cases} \lambda(\exp(-\lambda t))\dfrac{(\lambda t)^{n-1}}{(n-1)!}, & t \geqslant 0 \\ 0, & t < 0 \end{cases} \tag{4-20}$$

通常称该密度为 Γ 分布。当然，也可以从更为概率化的角度出发来导出式 (4-20)，当 $t \geqslant 0$ 时

$$F_{S_n}(t) = P(S_n \leqslant t) = P(N(t) \geqslant n) = \sum_{k=n}^{\infty} \frac{(\lambda t)^k}{k!} \exp(-\lambda t)$$

而 $t < 0$ 时，$F_{S_n}(t) = 0$。对上式求导，同样得到 S_n 的概率密度函数为 Γ 函数。

4.3.3 事件到达时刻的条件分布

进一步考虑时间段 $[0, t]$ 内发生事件次数为已知的条件下，事件到达时刻 $\{S_k, k = 1, 2, \cdots\}$ 的联合概率密度。这个结果对过滤 Poisson 过程的讨论十分重要。

先考虑已知 $[0, t]$ 内发生一次事件的条件下，该事件发生时刻 S_1 的概率分布 $F_{S_1|N(t)=1}(s)$ 为

$$
\begin{aligned}
F_{S_1|N(t)=1}(s) &= P(S_1 < s | N(t) = 1) = P(N(s) = 1, N(t) - N(s) = 0 | N(t) = 1) \\
&= \frac{P(N(s) = 1) P(N(t-s) = 0)}{P(N(t) = 1)} \\
&= \frac{\lambda s \exp(-\lambda s) \exp(-\lambda(t-s))}{\lambda t \exp(-\lambda t)} \\
&= \frac{s}{t}, \quad 0 \leqslant s < t
\end{aligned}
$$

所以已知 $[0, t]$ 内发生一次事件的条件下，事件发生时刻 S_1 的概率密度为

$$
f_{S_1|N(t)=1}(s) = \frac{\mathrm{d}}{\mathrm{d}s} F_{S_1|N(t)=1}(s) = \begin{cases} 1/t, & 0 \leqslant s < t \\ 0, & \text{其他} \end{cases}
$$

即在已知 $[0, t]$ 内发生且只发生一次事件的前提下，事件发生时刻在 $[0, t]$ 内服从均匀分布。

很自然地往下联想，如果事件发生次数 n 超过一次，那么 n 个事件发生时刻的联合分布是否和均匀分布仍然有紧密联系呢？事实的确如此。如果在 $[0, t]$ 内有 n 次事件发生，事件发生时刻为 $(S_1, S_2, \cdots, S_n)$，设 $0 \leqslant t_1 < t_2 < \cdots < t_n \leqslant t$，且取 h_k 充分小，使得 $t_k + h_k < t_{k+1}$，则有

$$
\begin{aligned}
&P(t_1 \leqslant S_1 \leqslant t_1 + h_1, \cdots, t_n \leqslant S_n \leqslant t_n + h_n | N(t) = n) \\
&= \frac{P(t_1 \leqslant S_1 \leqslant t_1 + h_1, \cdots, t_n \leqslant S_n \leqslant t_n + h_n, N(t) = n)}{P(N(t) = n)}
\end{aligned}
$$

利用独立增量性和平稳增量性，得到

$$
\begin{aligned}
&P(t_1 \leqslant S_1 \leqslant t_1 + h_1, \cdots, t_n \leqslant S_n \leqslant t_n + h_n | N(t) = n) \\
&= \frac{P(N(h_1) = 1, N(h_2) = 1, \cdots, N(h_n) = 1, N(t - (h_1 + h_2 + \cdots + h_n)) = 0)}{P(N(t) = n)} \\
&= \frac{P(N(h_1) = 1) P(N(h_2) = 1) \cdots P(N(h_n) = 1) P(N(t - (h_1 + h_2 + \cdots + h_n)) = 0)}{P(N(t) = n)} \\
&= \frac{\lambda h_1 \exp(-\lambda h_1) \cdots \lambda h_n \exp(-\lambda h_n) \exp(-\lambda(t - (h_1 + h_2 + \cdots + h_n)))}{((\lambda t)^n / n!) \exp(-\lambda t)} \\
&= \frac{n!}{t^n} h_1 h_2 \cdots h_n
\end{aligned}
$$

根据概率密度的定义，令 $h_k \to 0, k = 1, 2, \cdots, n$，得

$$f_{S_1,\cdots,S_n|N(t)=n}(t_1, t_2, \cdots, t_n | N(t) = n) = \begin{cases} n!/t^n, & 0 \leqslant t_1 < t_2 < \cdots < t_n \leqslant t \\ 0, & \text{其他} \end{cases} \tag{4-21}$$

这个和 n 维独立同均匀分布有密切联系的概率密度在概率论中有特定的含义，称为 n 个独立的均匀分布随机变量构成的顺序统计量。它是由 n 个独立的同均匀分布随机变量按照大小排序形成的。但需要在概念上把多个随机变量的顺序统计量与不排顺序的随机变量本身严格区分开。

4.4　顺序统计量简介

顺序统计量是概率统计中的一项重要内容，在许多分支领域都有应用。为了加深理解，现对它进行简要介绍，如果需要进一步深入，请参阅文献 [1]。

定义 4.3 (顺序统计量)　设 $X_1, X_2, \cdots, X_n$ 是 n 个随机变量，定义随机变量 $Y_1, Y_2, \cdots, Y_n$ 如下：

$$Y_1 = \min(X_1, X_2, \cdots, X_n) \tag{4-22}$$

$$Y_n = \max(X_1, X_2, \cdots, X_n) \tag{4-23}$$

如果 $1 < k < n$，则

$$Y_k = \min(\{X_1, X_2, \cdots, X_n\} \backslash \{Y_1, \cdots, Y_{k-1}\}) \tag{4-24}$$

其中 $A \backslash B$ 表示集合间的减法运算。换句话说，Y_k 是 $X_1, X_2, \cdots, X_n$ 中的第 k 个最小值。则称 $Y_1, Y_2, \cdots, Y_n$ 为相应于 $X_1, X_2, \cdots, X_n$ 的顺序统计量。

通常假设 $X_1, X_2, \cdots, X_n$ 为独立同分布的随机变量。设 X_k 的概率分布为 $F_X(x)$，计算 $Y_1, Y_2, \cdots, Y_n$ 的联合概率分布和联合概率密度。

首先考虑顺序统计量的一维概率分布，对于 Y_n，有

$$\begin{aligned} F_{Y_n}(x) &= P(Y_n \leqslant x) = P(\max(X_1, X_2, \cdots, X_n) \leqslant x) \\ &= P(X_1 \leqslant x, \cdots, X_n \leqslant x) \\ &= P(X_1 \leqslant x) \cdots P(X_n \leqslant x) \\ &= (P(X_1 \leqslant x))^n = (F_X(x))^n \end{aligned}$$

因此 Y_n 的概率密度为

$$f_{Y_n}(x) = \frac{\mathrm{d}}{\mathrm{d}x} F_{Y_n}(x) = n(F_X(x))^{n-1} f_X(x) \tag{4-25}$$

其中 $f_X(x)$ 是 X_k 的概率密度。

对于另外一个极端 Y_1，有

$$\begin{aligned} F_{Y_1}(x) &= 1 - P(Y_1 > x) = 1 - P(\min(X_1, X_2, \cdots, X_n) > x) \\ &= 1 - P(X_1 > x, \cdots, X_n > x) \\ &= 1 - P(X_1 > x) \cdots P(X_n > x) \\ &= 1 - (P(X_1 > x))^n = 1 - (1 - F_X(x))^n \end{aligned}$$

因此 Y_1 的概率密度为

$$f_{Y_1}(x) = \frac{\mathrm{d}}{\mathrm{d}x}F_{Y_1}(x) = n(1-F_X(x))^{n-1}f_X(x) \tag{4-26}$$

当 $1 < k < n$ 时，设 $x < Y_k \leqslant x+h$，并且 h 充分小，使得 n 个随机变量 $X_1, X_2, \cdots, X_n$ 中只有一个落在 $(x, x+h]$ 上，其余 $n-1$ 个落在 $(x, x+h]$ 外，其中 $k-1$ 个落在 $(-\infty, x]$ 内，$n-k$ 个落在 $(x+h, \infty)$ 内，故

$$P(x < Y_k \leqslant x+h) = \binom{n}{k-1}\binom{n-k+1}{1}(F_X(x))^{k-1}(F_X(x+h)-F_X(x))(1-F_X(x+h))^{n-k}$$

由概率密度的定义，得到 Y_k 的概率密度为

$$f_{Y_k}(x) = \lim_{h\to 0}\frac{F_{Y_k}(x+h)-F_{Y_k}(x)}{h} = \lim_{h\to 0}\frac{P(x < Y_k \leqslant x+h)}{h}$$
$$= \binom{n}{k-1}\binom{n-k+1}{1}(F_X(x))^{k-1}f_X(x)(1-F_X(x))^{n-k} \tag{4-27}$$

下面研究二维分布，利用"微元概率"方法来讨论 (Y_k, Y_m) 的联合概率分布。设 $1 \leqslant k < m \leqslant n$，$h, r$ 都充分小，使得 n 个随机变量 $X_1, X_2, \cdots, X_n$ 中有一个落在 $(y_k, y_k+h]$ 上，有一个落在 $(y_m, y_m+r]$ 上，剩下有 $k-1$ 个落在 $[-\infty, y_k]$ 上，$m-k-1$ 个落在 $(y_k+h, y_m]$ 上，$n-m$ 个落在 $(y_m+r, \infty]$ 上，从而

$$P(y_k < Y_k \leqslant y_k+h, y_m < Y_m \leqslant y_m+r)$$
$$= \binom{n}{k-1}\binom{n-k+1}{1}\binom{n-k}{m-k-1}\binom{n-m+1}{1}$$
$$\times (F_X(y_k))^{k-1}(F_X(y_k+h)-F_X(y_k))(F_X(y_m)-F_X(y_k+h))^{m-k-1}$$
$$\times (F_X(y_m+r)-F_X(y_m))(1-F_X(y_m+r))^{n-m}$$

从而得到 Y_k, Y_m 的联合概率密度为

$$f_{Y_k,Y_m}(y_k, y_m) = \lim_{h,r\to 0}\frac{P(y_k < Y_k \leqslant y_k+h, y_m < Y_m \leqslant y_m+r)}{hr}$$
$$= \frac{n!}{(k-1)!(m-k-1)!(n-m)!}f_X(y_k)f_X(y_m)$$
$$\times (F_X(y_k))^{k-1}(F_X(y_m)-F_X(y_k))^{m-k-1}(1-F_X(y_m))^{n-m}, \quad y_k < y_m \tag{4-28}$$

其他情况下，$f_{Y_k,Y_m}(y_k, y_m) = 0$。作为特例，$(Y_1, Y_n)$ 的联合概率密度为

$$f_{Y_1,Y_n}(y_1, y_n) = \begin{cases} n(n-1)(F_X(y_n)-F_X(y_1))^{n-2}f_X(y_1)f_X(y_n), & y_1 < y_n \\ 0, & y_1 \geqslant y_n \end{cases} \tag{4-29}$$

最后考虑 n 维情况，同理可得到 $Y_1, Y_2, \cdots, Y_n$ 的联合密度为

$$f_{Y_1,Y_2,\cdots,Y_n}(y_1, \cdots, y_n) = \begin{cases} n!f_X(y_1)f_X(y_2)\cdots f_X(y_n), & y_1 < \cdots < y_n \\ 0, & \text{其他} \end{cases} \tag{4-30}$$

请读者注意该概率密度与 $X_1, X_2, \cdots, X_n$ 的联合概率密度 $f_X(x_1)f_X(x_2)\cdots f_X(x_n)$ 之间的区别和联系。在研究顺序统计量的联合概率密度时, 变量域的表示是重要一环, 不能忽略。

例 4.1 (等待时间的和)   设乘客按照参数为 λ 的 Poisson 过程来到公交车站, 公交车于时刻 t 发出, 那么在 $[0,t]$ 时间段内到达的乘客等待时间的总和的期望应该如何计算呢?

对于某一个乘客而言, 假设其到达时间为 t_k, 那么他的等待时间就是 $t - t_k$, 所以乘客总的等待时间为

$$S(t) = \sum_{k=0}^{N(t)} (t - t_k)$$

使用条件期望来处理平均等待

$$E(S(t)) = E(E(S(t)|N(t) = n))$$

对于某一个乘客而言, 其到达时刻 t_k 是 $[0,t]$ 内均匀分布的随机变量。但在车站上, 乘客是依照先后到达的次序排队, 所以在 $N(t) = n$ 的条件下, $t_1, t_2, \cdots, t_n$ 形成了独立均匀分布的顺序统计量。不过就他们的和 $t_1 + \cdots + t_n$ 而言, 可以把他们看作顺序统计量, 也可把他们看作不排顺序的 n 个独立的 $[0,t]$ 内均匀分布的随机变量 (即把他们恢复到排序前的情况, n 个独立的同均匀分布随机变量), 所以

$$E(S(t)|N(t) = n) = nt - E\left(\sum_{k=0}^{n} t_k\right) = nt - \frac{nt}{2} = \frac{nt}{2}$$

从而有

$$E(S(t)) = E\left(\frac{N(t)t}{2}\right) = \frac{t}{2}E(N(t)) = \frac{\lambda t^2}{2} \qquad \blacksquare$$

4.5   Poisson 过程的各种拓广

Poisson 过程是最基本, 同时也是最简单的计数过程。为了深入讨论计数当中的各种复杂现象, 人们提出了 Poisson 过程的各种拓广形式。对这些拓广形式的讨论, 不仅有利于更深刻地认识和掌握 Poisson 过程, 而且还能提高相关的分析能力和技巧。

Poisson 过程的定义中有三个基本条件, 包括增量独立、增量平稳以及在时间微元中发生事件的概率描述。在 Poisson 过程一维分布的推导中已经看到了这些条件的作用。换一个角度想, 如果我们重复 4.2 节的基本思路, 在推导过程中把这些条件的要求分别放松, 则得到的将不再是标准的 Poisson 过程, 而是 Poisson 过程的某种拓广。

4.5.1   非齐次 Poisson 过程

我们首先对定义 4.2 中平稳增量的要求给以放松, 其他条件保持不变。沿用 4.2 节的符号, 有

$$G(z, t + \Delta t) - G(z, t) = E(z^{N(t)})E(z^{N(t+\Delta t)-N(t)} - 1) \qquad (4\text{-}31)$$

由于缺少了平稳增量假设, 所以式 (4-3) 不再成立, 为此引入如下更一般的条件, 把式 (4-6) 改为

$$\lim_{\Delta t \to 0} \frac{1 - P(N(t + \Delta t) - N(t) = 0)}{\Delta t} = \lambda(t) \qquad (4\text{-}32)$$

其中 $\lambda(t)$ 是一个关于 t 的函数。用其取代 4.2 节中的 λ, 可得和式 (4-7) 类似的关系式

$$\frac{1 - P(N(t+\Delta t) - N(t) = 0)}{\Delta t} = \frac{P(N(t+\Delta t) - N(t) = 1)}{\Delta t}\left(1 + \frac{P(N(t+\Delta t) - N(t) \geqslant 2)}{P(N(t+\Delta t) - N(t) = 1)}\right)$$

不难看出，4.2 节中的推导只需稍加修改即有微分方程

$$\frac{\mathrm{d}}{\mathrm{d}t}G(z,t) = G(z,t)\lambda(t)(z - 1) \tag{4-33}$$

从而得到

$$P(N(t) = k) = \frac{\left(\displaystyle\int_0^t \lambda(x)\mathrm{d}x\right)^k}{k!}\exp\left(-\int_0^t \lambda(x)\mathrm{d}x\right) \tag{4-34}$$

同样可得出

$$P(N(t) - N(s) = k) = \frac{\left(\displaystyle\int_s^t \lambda(x)\mathrm{d}x\right)^k}{k!}\exp\left(-\int_s^t \lambda(x)dx\right) \tag{4-35}$$

比较式 (4-13)、式 (4-34) 和式 (4-35) 可以体会"非齐次"的含义。在标准 Poisson 过程中，$[0,t]$ 内到达事件的平均次数为 $E(N(t)) = \lambda t$，如果定义 t 时刻的事件到达的 [瞬时] 强度 $I_N(t)$ 为

$$I_N(t) = \lim_{\Delta t \to 0}\frac{E(N(t+\Delta t)) - E(N(t))}{\Delta t} \tag{4-36}$$

那么对于标准 Poisson 过程，该强度是常数 λ。而对于非齐次 Poisson 过程，该强度恰为 $\lambda(t)$。也就是说，非齐次 Poisson 过程的事件到达强度随时间不断变化，"非齐次"的含义即在于此。如果 $\lambda(t) \equiv \lambda$，那么非齐次 Poisson 过程就退化成了标准 Poisson 过程。

例 4.2 (数值纪录) 设 $\{X_n, n \in N\}$ 是一独立同分布的非负随机变量序列。定义其风险率函数 $\lambda(t)$ 如下

$$\lambda(t) = \frac{f(t)}{1 - F(t)} \tag{4-37}$$

这里 $f(t)$ 和 $F(t)$ 分别是 X_k 的概率密度和分布函数。$X_0 \equiv 0$。定义随机过程 $N(t)$ 如下

$$N(t) = \#\{n : X_n > \max(X_{n-1}, \cdots, X_0), X_n \leqslant t\} \tag{4-38}$$

这里 $\#A$ 表示集合 A 中的元素个数。如果把 $N(t)$ 中的 t 看作时间，那么 $N(t)$ 是一个非齐次 Poisson 过程。事实上，由于 X_k 彼此独立，所以 $N(t)$ 具有独立增量性。很明显 $N(0) = 0$，于是只需要检查一个时间微元内 $N(t)$ 的状态。

$$P(N(t+\Delta t) - N(t) = 1) = \sum_{n=1}^{\infty}P(X_n \in (t, t+\Delta t], X_n > \max(X_{n-1}, \cdots, X_1)) \tag{4-39}$$

假定 Δt 充分小，在 $X_n, \cdots, X_0$ 中只有 X_n 在 $(t, t+\Delta t]$ 上，因此

$$P(X_n \in (t, t+\Delta t], X_n > \max(X_{n-1}, \cdots, X_1))$$
$$= P(X_n \in (t, t+\Delta t], X_{n-1} \leqslant t, \cdots, X_1 \leqslant t)$$
$$= P(X_n \in (t, t+\Delta t])P(X_{n-1} \leqslant t, \cdots, X_1 \leqslant t)$$
$$= (f(t)\Delta t + o(\Delta t))(F(t))^{n-1}$$

所以

$$P(N(t + \Delta t) - N(t) = 1) = (f(t)\Delta t + o(\Delta t)) \sum_{n=1}^{\infty} (F(x))^{n-1}$$

$$= \frac{f(t)\Delta t + o(\Delta t)}{1 - F(t)}$$

$$= \lambda(t)\Delta t + o(\Delta t)$$

另一方面，可以证明

$$P(N(t + \Delta t) - N(t) \geqslant 2) = o(\Delta t)$$

所以 $N(t)$ 是非齐次的 Poisson 过程，强度为 $\lambda(t)$。

这里所提到的风险率函数在可靠性研究中有重要作用。假定某种器件的寿命为随机变量，其概率分布和密度函数分别为 $F(t)$ 和 $f(t)$，那么风险率微元 $\lambda(t)\Delta t + o(\Delta t)$ 表示该器件在 $[0, t]$ 时间段内未失效的条件下，将会在 $[t, t + \Delta t]$ 内失效的概率。由此可以说明"风险"一词的含义。从而可知，与指数分布相应的风险率是常数。而且在所有非负连续随机变量的分布函数中，唯有指数分布相应的风险率为常数。事实上，由

$$\frac{\mathrm{d}}{\mathrm{d}t} F(t) = \lambda(1 - F(t)), \qquad F(0) = 0 \tag{4-40}$$

直接解得

$$F(t) = 1 - \exp(-\lambda t) \tag{4-41}$$

式 (4-41) 正好是指数分布的分布函数。联系前面提到的指数分布的无记忆性，并通过本例的讨论，可以看到指数分布的特性。

4.5.2 复合 Poisson 过程

在定义 4.2 中对时间微元内出现事件次数的要求给以放松。仍记拓广后的过程为 $N(t)$，但是不再规定 $P(N(t + \Delta t) - N(t) \geqslant 2) = o(\Delta t)$，而是允许在 Δt 时间段内发生两次或者两次以上事件的概率比较大。设

$$P(N(t + \Delta t) - N(t) = k | N(t + \Delta t) - N(t) \geqslant 1) \to p_k, \qquad \Delta t \to 0 \tag{4-42}$$

这样就无法由式 (4-7) 得到式 (4-8)。不过可以利用新的条件式 (4-42) 得到

$$\lim_{\Delta t \to 0} \frac{G(z, \Delta t) - 1}{\Delta t} = \lim_{\Delta t \to 0} \frac{P(N(\Delta t) = 0) - 1}{\Delta t} + \lim_{\Delta t \to 0} \frac{P(N(\Delta t) \geqslant 1)}{\Delta t} \sum_{k=1}^{\infty} \frac{P(N(\Delta t) = k)}{P(N(\Delta t) \geqslant 1)} z^k$$

由已有的结果式 (4-5) 和式 (4-42)，得到

$$\lim_{\Delta t \to 0} \frac{P(N(\Delta t) \geqslant 1)}{\Delta t} = \lim_{\Delta t \to 0} \frac{1 - P(N(\Delta t) = 0)}{\Delta t} = \lambda$$

$$\lim_{\Delta t \to 0} \frac{P(N(\Delta t) = k)}{P(N(\Delta t) \geqslant 1)} = \lim_{\Delta t \to 0} P(N(t + \Delta t) - N(t) = k | N(t + \Delta t) - N(t) \geqslant 1) = p_k$$

所以有

$$\lim_{\Delta t \to 0} \frac{G(z, \Delta t) - 1}{\Delta t} = \lambda(P(z) - 1)$$

其中 $P(z)$ 定义为

$$P(z) = p_1 z + p_2 z^2 + \cdots = \sum_{k=1}^{\infty} p_k z^k$$

于是得到微分方程

$$\frac{\mathrm{d}}{\mathrm{d}t} G(z,t) = G(z,t)\lambda(P(z) - 1)$$

其解为

$$G(z,t) = \exp(\lambda t(P(z) - 1)) \tag{4-43}$$

这表明 $G(z,t)$ 是由标准 Poisson 过程 $N(t)$ 的母函数 $\exp(\lambda t(z-1))$ 和 $\{p_k\}$ 的母函数 $P(z)$ 所构成的复合函数,所以称 Poisson 过程的此类拓广为复合 Poisson 过程。

将式 (4-43) 按 z 展开成幂级数所得到 z^k 的系数就是 $P(N(t) = k)$,但它很难写成一般的表达式。下面给出几个例子

$$P(N(t) = 0) = \exp(-\lambda t)$$
$$P(N(t) = 1) = \lambda t p_1 \exp(-\lambda t)$$
$$P(N(t) = 2) = \left(\lambda t p_2 + \frac{(\lambda t p_1)^2}{2}\right) \exp(-\lambda t)$$
$$\vdots$$

可以看到,如果假定 $p_k = 0$, $k \geqslant 2$,那么 $P(z) = z$,就又回到了标准 Poisson 过程。由于对于时间微元内发生多次事件的概率不能再忽略,所以复合 Poisson 过程的一维分布所包含的内容比标准 Poisson 过程更丰富。

从上面的计算中还不容易理解"复合"一词的含义。现从另外一个角度考虑 Poisson 过程中放宽条件 (4) 的拓广。标准 Poisson 过程中每次事件发生时我们只记"1",换句话说,事件发生次数和我们所计的数目是相同的。如果允许每次事件发生时所计的数目有变化,那么 Poisson 过程就得到了拓广。在实际中这一类拓广很常见。比如网络交换节点上到达的数据包的数目在很多情况下可以假定遵循标准 Poisson 过程。而如果考虑到达数据的字节数目,由于每一个数据包所包含的字节数往往各不相同,甚至是随机的,所以用下面定义的 Poisson 过程拓广来描述。

设 $N(t)$ 为标准 Poisson 过程,$\{Y_k, k \in \mathbb{N}\}$ 为独立同分布的随机变量,假定 $\{Y_k\}$ 不限于只取正值,并且和 $N(t)$ 独立,$Y_0 = 0$,定义随机过程 $Y(t)$ 如下:

$$Y(t) = Y_0 + Y_1 + \cdots + Y_{N(t)} = \sum_{k=1}^{N(t)} Y_k \tag{4-44}$$

此时分析工具必须有所改变,原因是母函数只适用于非负的整数值随机变量。改为采用特征函数进行计算。为说明问题,特征函数的符号采用 $\phi_{Y(t)}(\mathrm{j}\omega)$,则

$$\begin{aligned}
\phi_{Y(t)}(\mathrm{j}\omega) &= E(\exp(\mathrm{j}\omega Y(t))) = E\left(\exp\left(\mathrm{j}\omega \sum_{k=1}^{N(t)} Y_k\right)\right) \\
&= E\left(E\left(\exp\left(\mathrm{j}\omega \sum_{k=1}^{n} Y_k\right) \middle| N(t) = n\right)\right) \\
&= E((E\exp(\mathrm{j}\omega Y_1))^{N(t)}) = E((\phi_{Y_1}(\mathrm{j}\omega))^{N(t)})
\end{aligned}$$

所以有

$$\phi_{Y(t)}(\mathrm{j}\omega) = G_{N(t)}(\phi_{Y_1}(\mathrm{j}\omega)) = \exp(\lambda t(\phi_{Y_1}(\omega) - 1)) \tag{4-45}$$

很明显，$Y(t)$ 的特征函数是由 Y_k 的特征函数 $\phi_{Y_1}(\mathrm{j}\omega)$ 与 $N(t)$ 的母函数构成的复合函数。而对于式 (4-43)，$G(z,t)$ 也是 $P(z)$ 和标准 Poisson 过程的母函数复合的结果。所以这里定义的 $Y(t)$ 和本小节前面定义的 $N(t)$ 尽管定义的思路不同，可实际上是同一类过程，通常称为复合 Poisson 过程。

换一个角度，如果去除普通计数过程的约束，允许

$$P[(N(t + \Delta t) - N(t)) < 0] > 0$$

也就是说，事件次数不仅可以增加，还能够减少。仍通过计算特征函数来研究 $N(t)$，$\forall k \in \mathbb{Z}, k \neq 0$，设

$$P(N(t + \Delta t) - N(t) = k | N(t + \Delta t) - N(t) \neq 0) \to p_k, \qquad \Delta t \to 0 \tag{4-46}$$

则有

$$\lim_{\Delta t \to 0} \frac{\phi(\omega, \Delta t) - 1}{\Delta t} = \lim_{\Delta t \to 0} \frac{P(N(\Delta t) = 0) - 1}{\Delta t}$$
$$+ \lim_{\Delta t \to 0} \frac{P(N(\Delta t) \neq 0)}{\Delta t} \sum_{k=-\infty, k \neq 0}^{\infty} \frac{P(N(\Delta t) = k)}{P(N(\Delta t) \neq 0)} \exp(\mathrm{j}\omega k)$$

也就是说

$$\lim_{\Delta t \to 0} \frac{\phi(\omega, \Delta t) - 1}{\Delta t} = \lambda(P(\mathrm{j}\omega) - 1) \tag{4-47}$$

这里的 $P(\omega)$ 定义为

$$P(\omega) = \left(\sum_{k=1}^{\infty} + \sum_{k=-\infty}^{-1} \right) p_k \exp(\mathrm{j}\omega k) \tag{4-48}$$

由此得到微分方程并求解得

$$\phi(\omega, t) = \exp(\lambda t(P(\omega) - 1)) \tag{4-49}$$

例 4.3 (Poisson 过程的和与差) 两个独立的 Poisson 过程的和仍然是 Poisson 过程。事实上，设 $N_1(t)$ 和 $N_2(t)$ 是两个独立的 Poisson 过程，参数分别是 λ_1 和 λ_2，则 $N_1(t) + N_2(t)$ 的母函数为

$$G_{N_1(t)+N_2(t)}(z,t) = E(z^{N_1(t)+N_2(t)}) = E(z^{N_1(t)})E(z^{N_2(t)})$$
$$= G_{N_1}(z,t)G_{N_2}(z,t)$$
$$= \exp((\lambda_1 + \lambda_2)t(z - 1))$$

所以 $N_1(t) + N_2(t)$ 是参数为 $\lambda_1 + \lambda_2$ 的 Poisson 过程。类似的结论可以拓广到 n 个独立的 Poisson 过程的和：如果 $N_1(t), \cdots, N_n(t)$ 是 n 个独立的 Poisson 过程，参数分别为 $\lambda_1, \cdots, \lambda_n$，那么 $N_1(t) + \cdots + N_n(t)$ 仍然是 Poisson 过程，参数为 $\lambda_1 + \cdots + \lambda_n$。

考虑两个独立 Poisson 过程的差 $X(t) = N_1(t) - N_2(t)$。可以肯定，$X(t)$ 不是 Poisson 过程，因为 $P(X(t) < 0) > 0$，这与 Poisson 过程的非负性明显矛盾。计算 $X(t)$ 的特征函数可以知道：

$$\phi_{N_1(t)-N_2(t)}(j\omega) = E(\exp(j\omega(N_1(t) - N_2(t)))) = E(\exp(j\omega N_1(t)))E(\exp(-j\omega N_2(t)))$$
$$= \phi_{N_1(t)}(j\omega)\phi_{N_2(t)}(-j\omega)$$
$$= \exp(\lambda_1 t(\exp(j\omega) - 1) + \lambda_2 t(\exp(-j\omega) - 1))$$
$$= \exp((\lambda_1 + \lambda_2)t(P(j\omega) - 1))$$

这里

$$P(j\omega) = \frac{\lambda_1}{\lambda_1 + \lambda_2}\exp(j\omega) + \frac{\lambda_2}{\lambda_1 + \lambda_2}\exp(-j\omega)$$

所以 $X(t)$ 是复合 Poisson 过程, 其中的 Poisson 过程参数为 $\lambda_1 + \lambda_2$, 随机变量 Y_k 服从两点分布:

$$P(Y_k = 1) = \frac{\lambda_1}{\lambda_1 + \lambda_2}, \quad P(Y_k = -1) = \frac{\lambda_2}{\lambda_1 + \lambda_2}$$

复合 Poisson 过程还用于处理如下一类问题。设标准 Poisson 过程中的事件可以分为不同性质、互不相容的若干类, 每一类的出现数目服从一定的概率, 那么就各类事件而言会构成若干个计数过程。这些过程服从什么样的统计规律呢? 通过下面的例子可以理解这一类问题。

例 4.4 (事件的分类) $[0,t]$ 内进入商店的顾客人数服从 Poisson 过程, 顾客有男女之分。如果每次进入商店的顾客中, 男顾客出现的概率为 p, 女顾客出现的概率为 q, $p+q=1$, 那么对于进入商店的男顾客人数 $N_m(t)$ 有

$$N_m(t) = \sum_{k=0}^{N(t)} Y_k \tag{4-50}$$

其中, Y_k 为取值 $0,1$ 独立同分布的随机变量, 不妨设男顾客出现时 Y_k 取 1, 即

Y_k	0	1
P_{Y_k}	q	p

根据式 (4-45) 得到

$$\phi_{N_m(t)}(\exp(j\omega), t) = \exp(\lambda t(\phi_Y(\exp(j\omega)) - 1))$$
$$= \exp(\lambda t(p\exp(j\omega) + q - 1))$$
$$= \exp(\lambda p t(\exp(j\omega) - 1))$$

可以看到, 进入商店的男顾客人数 $N_m(t)$ 服从参数为 λp 的 Poisson 过程。同理, 进入商店的女顾客人数服从参数为 λq 的 Poisson 过程。类似的结论可以拓广到 n 种分类的情况。

4.5.3 随机参数 Poisson 过程

最后研究如何放宽定义 4.2 中对独立增量的要求。独立增量这个假设在 Poisson 过程中起着举足轻重的作用, 放宽对这一个条件的要求后所得到的新过程和标准 Poisson 过程相比有较大的差异。放宽独立增量性的方式很多, 现考虑参数 λ 的随机化。令 Λ 为非负的连续随机变量, 分布函数为 $G(\lambda)$, $N(t)$ 为标准 Poisson 过程, Λ 和 $N(t)$ 独立, 定义过程 $Y(t)$ 为

$$Y(t) = N(\Lambda t) \tag{4-51}$$

在 $\Lambda = \lambda$ 的条件下, $Y(t)$ 就变成标准的 Poisson 过程。所以有时也称过程 $Y(t)$ 为条件 Poisson 过程。

当需要处理多个随机对象的时候，条件期望往往是有效工具，现仍然从计算 $Y(t)$ 的母函数入手，即

$$
\begin{aligned}
G_Y(z,t) &= E(z^{Y(t)}) = E(z^{N(\Lambda t)}) \\
&= E(E(z^{N(\Lambda t)}|\Lambda)) \\
&= E(\exp(\Lambda t(z-1))) \\
&= \int_0^\infty \exp(\lambda t(z-1))\mathrm{d}G(\lambda)
\end{aligned}
$$

同理

$$
G_{Y(t+s)-Y(s)}(z,t) = E(z^{Y(t+s)-Y(s)}) = E(z^{N(\Lambda(t+s))-N(\Lambda s)}) = \int_0^\infty \exp(\lambda t(z-1))\mathrm{d}G(\lambda)
$$

上式中对 z 展开成幂级数，得到

$$
P(Y(t+s) - Y(s) = n) = \int_0^\infty \exp(-\lambda t)\frac{(\lambda t)^n}{n!}\mathrm{d}G(\lambda) \tag{4-52}
$$

下面说明随机参数 Poisson 过程不是独立增量过程。为此只需要说明

$$
P(Y(s) = m, Y(t+s) - Y(s) = n) \neq P(Y(s) = m)P(Y(t+s) - Y(s) = n)
$$

事实上

$$
\begin{aligned}
&P(Y(s) = m, Y(t+s) - Y(s) = n) \\
&= \int_0^\infty \exp(-\lambda s)\frac{(\lambda s)^m}{m!}\exp(\lambda t)\frac{(\lambda t)^n}{n!}\mathrm{d}G(\lambda) \\
&\neq \int_0^\infty \exp(-\lambda s)\frac{(\lambda s)^m}{m!}\mathrm{d}G(\lambda) \int_0^\infty \exp(-\lambda t)\frac{(\lambda t)^n}{n!}\mathrm{d}G(\lambda) \\
&= P(Y(s) = m)P(Y(t+s) - Y(s) = n)
\end{aligned}
$$

所以随机参数 Poisson 过程 $Y(t)$ 不具有独立增量性。不过需要指出的是，$Y(t)$ 仍然具有平稳增量性 (见式 (4-52))。

概率统计中使用 Bayesian 统计方法进行推断，已知 t 时所得计数为 n 的条件下，Λ 的后验分布为

$$
\begin{aligned}
P(\Lambda < x|Y(t) = n) &= \frac{P(\Lambda < x, Y(t) = n)}{P(Y(t) = n)} \\
&= \frac{\displaystyle\int_0^x P(Y(t) = n|\Lambda = \lambda)\mathrm{d}G(\lambda)}{P(Y(t) = n)} \\
&= \frac{\displaystyle\int_0^x \exp(-\lambda t)(\lambda t)^n\mathrm{d}G(\lambda)}{\displaystyle\int_0^\infty \exp(-\lambda t)(\lambda t)^n\mathrm{d}G(\lambda)}
\end{aligned}
$$

如果 Λ 的概率密度为 $g(\lambda)$，那么其后验概率密度为

$$
g(\lambda|Y(t) = n) = \frac{\exp(-\lambda t)(\lambda t)^n g(\lambda)}{\displaystyle\int_0^\infty \exp(-\lambda t)(\lambda t)^n g(\lambda)\mathrm{d}\lambda} \tag{4-53}
$$

例 4.5 (下雨时间的推断) 某地区每年的下雨次数服从 Poisson 过程, 为了简化问题, 假定下雨的持续时间可以忽略。由于一些未知因素的影响, 该地区下雨次数所服从的 Poisson 过程的强度年年不同。假定该强度是一个随机变量 Λ。希望能够通过对今年到时刻 t 以前下雨次数的统计, 对今年的下雨强度作出统计推断, 同时利用该结果预测何时再次下雨。

设今年到时刻 s 为止已经下了 n 场雨, 式 (4-53) 给出了强度的后验概率密度。如果从时刻 s 开始, 到下一次下雨的间隔为 $T(s)$, 那么后验概率 $P(T(s) \leqslant x|Y(s) = n)$ 为

$$P(T(s) \leqslant x|Y(s) = n) = \frac{\displaystyle\int_0^\infty (1 - \exp(-\lambda x)) \exp(-\lambda s)(\lambda s)^n \mathrm{d}G(\lambda)}{\displaystyle\int_0^\infty \exp(-\lambda s)(\lambda s)^n \mathrm{d}G(\lambda)}$$

■

4.5.4 过滤 Poisson 过程

放宽独立增量性条件的另外一种方法是让每一次事件发生以后, 产生一种随时间变化的影响, 而不像标准 Poisson 过程那样事件发生对过程的影响仅限于在事件发生时刻后使事件数目加 1。现对这种拓广作如下描述。设 $N(t)$ 是标准 Poisson 过程

$$Y(t) = \sum_{k=1}^{N(t)} h(t, \tau_k, A_k), \quad \tau_k < t, \forall k \tag{4-54}$$

其中 τ_k 为第 k 次事件发生时刻, $h(t, \tau_k, A_k)$ 表示第 k 次事件在 t 时刻所产生的影响, $\{A_k\}$ 为独立同分布随机变量, 表示该事件所产生的影响带有一定的随机性, $\{A_k\}$ 和 $\{\tau_k\}$ 独立。要注意, 和复合 Poisson 过程不同, $h(t, \tau_k, A_k)$ 是关于时间的函数。当事件发生以后, 在不同的时刻 t, $h(t, \tau_k, A_k)$ 对过程取值的贡献是不一样的。如果 $h(t, \tau_k, A_k) \equiv A_k$, 那么就回到了复合 Poisson 过程。所以这里的拓广比复合 Poisson 过程更进了一步。

考虑一列服从标准 Poisson 过程的冲击脉冲串经过一个随机响应的线性滤波器, 滤波器的冲激响应为 $h(t, \tau_k, A_k)$, 那么其输出恰好为式 (4-54), 所以通常称该过程为过滤 Poisson 过程。

下面研究过滤 Poisson 过程的统计特性, 使用的工具仍是特征函数。

$$\phi_{Y(t)}(\omega) = E(\exp(\mathrm{j}\omega Y(t))) = E\left(\exp\left(\mathrm{j}\omega \sum_{k=1}^{N(t)} h(t, \tau_k, A_k)\right)\right) \tag{4-55}$$

设

$$\beta(t, \tau_k) = E_{A_k}(\exp(\mathrm{j}\omega h(t, \tau_k, A_k)))|N(t) = n, \tau_1, \cdots, \tau_n)$$

则有

$$\phi_{Y(t)}(\omega) = E_{\tau_1, \cdots, \tau_n, N(t)}\left(E_{A_k}\left(\exp\left(\mathrm{j}\omega \sum_{k=1}^{n} h(t, \tau_k, A_k)\right)|N(t) = n, \tau_1, \cdots, \tau_n\right)\right)$$

$$= E_{N(t)}\left(E_{\tau_1, \cdots, \tau_n}\left(E_{A_k}\left(\exp(\mathrm{j}\omega \sum_{k=1}^{n} h(t, \tau_k, A_k))|N(t) = n, \tau_1, \cdots, \tau_n\right)\right)\right)$$

由于 $\tau_1, \cdots, \tau_n$ 为由 n 个独立同均匀分布随机变量所构成的顺序统计量, 所以由式 (4-21), 得到

$$E_{\tau_1,\cdots,\tau_n}\left(E_{A_k}\left(\exp(\mathrm{j}\omega\sum_{k=1}^{n} h(t,\tau_k,A_k))|N(t)=n,\tau_1,\cdots,\tau_n\right)\right)$$

$$=\int_0^t\int_0^{\tau_n}\cdots\int_0^{\tau_2}\left(E_{A_k}\left(\exp(\mathrm{j}\omega\sum_{k=1}^{n} h(t,\tau_k,A_k))|N(t)=n,\tau_1,\cdots,\tau_n\right)\right)\frac{n!}{t^n}\mathrm{d}\tau_1\mathrm{d}\tau_2\cdots\mathrm{d}\tau_n$$

$$=\frac{1}{t^n}\int_0^t\int_0^t\cdots\int_0^t\prod_{k=1}^{n}B(t,\tau_k)\mathrm{d}\tau_1\mathrm{d}\tau_2\cdots\mathrm{d}\tau_n$$

$$=\frac{1}{t^n}\left(\int_0^t B(t,\tau)\mathrm{d}\tau\right)^n$$

$$=\left(\frac{1}{t}\int_0^t B(t,\tau)\mathrm{d}\tau\right)^n$$

所以有

$$\phi_{Y(t)}(\omega)=E\left(\left(\frac{1}{t}\int_0^t B(t,\tau)\mathrm{d}\tau\right)^{N(t)}\right)$$

$$=\sum_{n=0}^{\infty}\left(\frac{1}{t}\int_0^t B(t,\tau)\mathrm{d}\tau\right)^n\frac{(\lambda t)^n}{n!}\exp(-\lambda t)$$

$$=\exp(-\lambda t)\sum_{n=0}^{\infty}\frac{(\lambda\int_0^t B(t,\tau)\mathrm{d}\tau)^n}{n!}$$

进而

$$\phi_{Y(t)}(\omega)=\exp\left(\lambda\int_0^t (B(t,\tau)-1)\mathrm{d}\tau\right)$$

$$=\exp\left(\lambda\int_0^t E_A(\exp(\mathrm{j}\omega h(t,\tau,A))-1\mathrm{d}\tau\right) \tag{4-56}$$

使用类似的方法，可以得到 $(Y(t_1),Y(t_2))$ 的二维特征函数。设 $t_1<t_2$，则有

$$\phi_{Y(t_1),Y(t_2)}(\omega_1,\omega_2)=E(\exp(\mathrm{j}(\omega_1 Y(t_1)+\omega_2 Y(t_2))))$$

$$=E\left(\exp\left(\mathrm{j}\left(\omega_1\sum_{k=1}^{N(t_1)} h(t_1,\tau_k,A)+\omega_2\sum_{k=1}^{N(t_2)} h(t_2,\tau_k,A)\right)\right)\right)$$

$$=E\left(\exp\left(\mathrm{j}\left(\sum_{k=1}^{N(t_2)}(\omega_1 h(t_1,\tau_k,A)+\omega_2 h(t_2,\tau_k,A))\right)\right)\right)$$

这里规定 $h(t,\tau,A)=0,t<\tau$，即滤波器是因果的。为了简化书写，令 $\widetilde{H}(\tau_k,A)=\omega_1 h(t_1,\tau_k,A)+\omega_2 h(t_2,\tau_k,A)$，进而得到

$$\phi_{Y(t_1),Y(t_2)}(\omega_1,\omega_2)=E\left(\exp\left(\mathrm{j}\left(\sum_{k=1}^{N(t_2)}(\widetilde{H}(\tau_k,A))\right)\right)\right) \tag{4-57}$$

按照获得式 (4-56) 的方法，得到

$$\phi_{Y(t_1),Y(t_2)}(\omega_1,\omega_2)=\exp\left(\lambda\int_0^{t_2}(E_A(\exp(\mathrm{j}\widetilde{H}(\tau_k,A)))-1)\mathrm{d}\tau_k\right)$$

$$=\exp\left(\lambda\int_0^{t_2}(E_A(\exp(\mathrm{j}(\omega_1 h(t_1,\tau_k,A)+\omega_2 h(t_2,\tau_k,A))))-1)\mathrm{d}\tau_k\right)$$

许多情况下，滤波器冲激响应的波形不具有随机性，即 $h(t, \tau, A_k) = h(t, \tau)$。则 $Y(t)$ 的特征函数可以简化为

$$\phi_{Y(t)}(\omega) = \exp\left(\lambda \int_0^t \left(\exp\left(\mathrm{j}\omega h(t, \tau)\right) - 1\right)\mathrm{d}\tau\right) \tag{4-58}$$

$$\phi_{Y(t_1), Y(t_2)}(\omega_1, \omega_2) = \exp\left(\lambda \int_0^{\max(t_1, t_2)} (\exp(\mathrm{j}(\omega_1 h(t_1, \tau) + \omega_2 h(t_2, \tau))) - 1)\mathrm{d}\tau\right) \tag{4-59}$$

利用特征函数可以计算出 $Y(t)$ 的均值、方差以及协方差函数

$$m_Y(t) = E(Y(t)) = \lambda \int_0^t h(t, \tau)\mathrm{d}\tau \tag{4-60}$$

$$\mathrm{Var}(Y(t)) = E(Y^2(t)) - (E(Y(t)))^2 = \lambda \int_0^t h^2(t, \tau)\mathrm{d}\tau \tag{4-61}$$

$$C_Y(t, s) = E((Y(t) - E(Y(t)))(Y(s) - E(Y(s))))$$
$$= \lambda \int_0^{\min(t, s)} h(t, \tau)h(s, \tau)\mathrm{d}\tau \tag{4-62}$$

有时也称式 (4-60)、式 (4-61) 和式 (4-62) 为 Campbell 定理。

例 4.6 (散弹噪声分析) 电真空以及半导体器件中的噪声有很大一部分来源于"散弹效应"。单个电子在器件内渡越时会在电路内引起微小的窄脉冲电流，设该电流波形为 $i(t)$。而阴极发射的电子数目服从 Poisson 分布，大量电子的运动在电路中的总电流强度可以用过滤 Poisson 过程进行近似

$$Y(t) = \sum_{k=0}^{N(t)} i(t - \tau_k) \tag{4-63}$$

其中

$$i(t) = \begin{cases} \dfrac{2q}{\tau_a^2}t, & t \in [0, \tau_a] \\ 0, & \text{其他} \end{cases} \tag{4-64}$$

q 为电子所携带电荷量，τ_a 为电子在器件内的渡越时间。由式 (4-60)，设 $t > \tau_a$，得

$$m_Y(t) = \lambda \int_0^t i(t - \tau)\mathrm{d}\tau = \lambda q \tag{4-65}$$

如果设 $t, s > \tau_a$，由式 (4-62) 可知，$Y(t)$ 的协方差函数为

$$C_Y(t, s) = \lambda \int_0^{\min(t, s)} i(t - \tau)i(s - \tau)\mathrm{d}\tau \tag{4-66}$$

整理后得到

$$C_Y(t, s) = \begin{cases} \lambda\dfrac{4q^2}{\tau_a^4}\left(\dfrac{1}{2}\tau_a(\tau_a - (t - s))^2 - \dfrac{1}{6}(\tau_a - (t - s))^3\right), & |t - s| \leqslant \tau_a \\ 0, & |t - s| > \tau_a \end{cases} \tag{4-67}$$

所以散弹效应所引起的噪声电流是宽平稳的随机过程。　■

例 4.7 (发射强度很大时的 Gauss 近似) 过滤 Poisson 过程的性质不仅受到滤波器冲激响应 h 的影响，和标准 Poisson 过程 $N(t)$ 的强度 λ 也有很大关系。现需要研究当 $\lambda \to \infty$ 时，过滤 Poisson 过程 $Y(t)$ 的渐近形态。为此首先把 $Y(t)$ 归一化。设 $m_Y(t) = E(Y(t))$，$\sigma_Y(t) = \sqrt{\mathrm{Var}(Y(t))}$，令

$$\eta(t) = \frac{Y(t) - m_Y(t)}{\sigma_Y(t)} \tag{4-68}$$

则 $E(\eta(t)) = 0$，$\mathrm{Var}(\eta(t)) = 1$。$\eta(t)$ 的特征函数满足

$$\phi_{\eta(t)}(\omega) = \exp\left(-\mathrm{j}\frac{\omega}{\sigma_Y(t)}m_Y(t)\right)\phi_{Y(t)}\left(\frac{\omega}{\sigma_Y(t)}\right) \tag{4-69}$$

取对数以后得到

$$\begin{aligned}
\lg(\phi_{\eta(t)}(\omega)) &= -\mathrm{j}\frac{\omega}{\sigma_Y(t)}m_Y(t) + \lg\left(\phi_{Y(t)}\left(\frac{\omega}{\sigma_Y(t)}\right)\right) \\
&= -\mathrm{j}\frac{\omega}{\sigma_Y(t)}m_Y(t) + \lambda\int_0^t \left(\exp\left(\mathrm{j}\frac{\omega}{\sigma_Y(t)}h(t,\tau)\right) - 1\right)\mathrm{d}\tau \\
&= -\mathrm{j}\frac{\omega}{\sigma_Y(t)}m_Y(t) + \mathrm{j}\frac{\omega}{\sigma_Y(t)}\lambda\int_0^t h(t,\tau)\mathrm{d}\tau \\
&\quad - \frac{\omega^2}{2\sigma_Y^2(t)}\lambda\int_0^t h^2(t,\tau)\mathrm{d}\tau + o\left(\frac{1}{\sqrt{\lambda}}\right) \\
&= -\frac{\omega^2}{2} + o\left(\frac{1}{\sqrt{\lambda}}\right)
\end{aligned}$$

所以当 $\lambda \to \infty$ 时有

$$\lg(\phi_{\eta(t)}(\omega)) \to -\frac{\omega^2}{2}$$

也就是说

$$\phi_{\eta(t)}(\omega) \to \exp\left(-\frac{\omega^2}{2}\right) \tag{4-70}$$

所以当单位时间内出现的脉冲个数趋于无穷大时，归一化的过滤 Poisson 过程的极限分布为 Gauss 分布。这是中心极限定理的一种形式，也就说明了为什么在电子技术中通常认为器件内噪声服从 Gauss 分布的原因。

4.6 更 新 过 程

Poisson 过程是计数过程，其事件之间的间隔是独立同指数分布的随机变量。由此很自然地延伸到对于更一般的计数过程，如果仍然假定事件间隔为独立同分布的随机变量，但是并不限定是指数分布，那么情况会有什么变化呢？称 Poisson 过程的这类拓广为更新过程 (renewal processes)。更新过程是一类常见的计数过程，内容十分丰富。限于篇幅，这里只进行简单介绍。

定义 4.4 (更新过程) 如果计数过程 $\{N(t), t \geqslant 0\}$ 的事件间隔 $\{T_k, k \in \mathbb{N}\}$ 为独立同分布的随机变量，其概率分布函数和概率密度函数分别为 $F_T(x)$ 和 $f_T(x)$，则称 $N(t)$ 为更新过程。

4.6.1　$N(t)$ 的分布与期望

首先要回答的问题是在有限的时间内是否会有无穷多次事件发生。直观上讲答案是否定的。

设 $S_n = T_1 + \cdots + T_n$，S_n 为第 n 次事件的发生时刻，$\mu = E(T_1)$，由强大数定律可知

$$\frac{S_n}{n} \to \mu, \quad n \to \infty \tag{4-71}$$

由于 $\mu > 0$，所以当 $n \to \infty$ 时，必然有 $S_n \to \infty$。另一方面，由于

$$N(t) = \sup(n : S_n < t) \tag{4-72}$$

对于有限的 t，有

$$P(N(t) = \infty) = P(\sup(n : S_n < t) = \infty) \leqslant P(\liminf_{n \to \infty} S_n \leqslant t) = 0 \tag{4-73}$$

所以从概率上讲，有限时间内不可能发生无穷多次事件。

现求 $N(t)$ 的分布。根据式 (4-15)，得到

$$P(N(t) = n) = P(N(t) \geqslant n) - P(N(t) \geqslant n + 1)$$
$$= P(S_n \leqslant t) - P(S_{n+1} \leqslant t)$$

由于 T_k 独立同分布，所以 S_n 的密度就是 $f_T(x)$ 的 n 次卷积。因而从理论上说，$N(t) = n$ 的概率可以计算出来，尽管可能比较繁琐。

相比之下，$N(t)$ 的期望要容易计算一些。由于 (见图 4-1 所示)

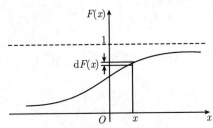

图 4-1　更新过程事件间隔分布示意图

$$E(X) = \int_{-\infty}^{\infty} x \mathrm{d}F(x) = \int_0^{\infty} (1 - F(x)) \mathrm{d}x - \int_{-\infty}^0 F(x) \mathrm{d}x \tag{4-74}$$

可得

$$m_N(t) = E(N(t)) = \sum_{n=1}^{\infty} P(N(t) > n)$$
$$= \sum_{n=1}^{\infty} P(S_n \leqslant t)$$
$$= \sum_{n=1}^{\infty} F_{S_n}(t)$$

在等号两端求导，得到

$$\lambda_N(t) = \frac{\mathrm{d}}{\mathrm{d}t} m_N(t) = \sum_{n=1}^{\infty} f_{S_n}(t) \tag{4-75}$$

称 $\lambda_N(t)$ 为更新强度。为了利用 $f_{S_n}(t)$ 是 $f_T(t)$ 的 $n-1$ 次卷积这一特性，等号两端求 Laplace 变换，即

$$\int_0^{\infty} \lambda_N(t) \exp(-st)\mathrm{d}t = \sum_{n=1}^{\infty} \int_0^{\infty} f_{S_n}(t) \exp(-st)\mathrm{d}t \tag{4-76}$$

令

$$\Lambda(s) = \int_0^{\infty} \lambda_N(t) \exp(-st)\mathrm{d}t, \quad T(s) = \int_0^{\infty} f_T(t) \exp(-st)\mathrm{d}t$$

则有

$$\Lambda(s) = \sum_{n=1}^{\infty} (T(s))^n = \frac{T(s)}{1 - T(s)}$$

也就是说

$$T(s) = \Lambda(s) - \Lambda(s)T(s)$$

等号两边同时做 Laplace 反变换，得到

$$f_T(t) = \lambda_N(t) - \int_0^t \lambda_N(t-\tau)f_T(\tau)\mathrm{d}\tau \tag{4-77}$$

这个方程把事件间隔 T 的概率密度和更新强度联系在一起，称为更新方程。

例 4.8 (特例: Poisson 过程)　如果某个更新过程的更新强度为

$$\lambda_N(t) = \begin{cases} \lambda, & t \geqslant 0 \\ 0, & t < 0 \end{cases} \tag{4-78}$$

可以利用更新方程式 (4-77) 来计算事件间隔的概率分布。由式 (4-77) 得

$$f_T(t) = \frac{\mathrm{d}}{\mathrm{d}t} F_T(t) = \lambda(1 - F(t)) \tag{4-79}$$

立刻得到

$$F(t) = 1 - \exp(-\lambda t) \tag{4-80}$$

■

这恰好说明该分布函数是指数分布。所以更新强度为常数的更新过程就是 Poisson 过程。

4.6.2　$N(t)$ 的变化速率

现已知道随着 t 的增大，$N(t) \to \infty$。$N(t)$ 趋向于无穷大时事件出现的变化速率是人们需要了解的问题。设 μ 是事件间隔的期望。事实上有如下关系：

$$S_{N(t)+1} \geqslant t \geqslant S_{N(t)} \tag{4-81}$$

故

$$\frac{S_{N(t)+1}}{N(t)} \geqslant \frac{t}{N(t)} \geqslant \frac{S_{N(t)}}{N(t)} \tag{4-82}$$

进而有

$$\frac{N(t)+1}{N(t)}\frac{S_{N(t)+1}}{N(t)+1} \geqslant \frac{t}{N(t)} \geqslant \frac{S_{N(t)}}{N(t)} \tag{4-83}$$

等号两端令 $t \to \infty$,并利用强大数定律

$$\frac{S_{N(t)}}{N(t)} \to \mu, \quad t \to \infty \tag{4-84}$$

使用夹逼方法立刻得到

$$\frac{N(t)}{t} \to \frac{1}{\mu} \tag{4-85}$$

从某种程度上讲,得到 $N(t)$ 的变化速率还不能令人满意。许多情况下,人们更关心 $N(t)$ 均值的变化速率,而不是 $N(t)$ 本身的变化情况,毕竟 $N(t)$ 具有随机性,而其均值更容易把握和研究。于是希望知道是否有

$$\frac{m_N(t)}{t} \to \frac{1}{\mu} \tag{4-86}$$

为此计算下面的期望

$$E(S_{N(t)+1}) = E\left(\sum_{k=1}^{N(t)+1} T_k\right) \tag{4-87}$$

这个取平均与在 4.5.2 节复合 Poisson 过程式 (4-45) 的讨论中遇到的情况不同,这里的 $N(t)$ 和 T_k 并不独立,所以条件期望无法直接使用。但是可作如下处理:

$$E\left(\sum_{k=1}^{N(t)+1} T_k\right) = E\left(\sum_{k=1}^{\infty} T_k I_{N(t)+1 \geqslant k}\right) \tag{4-88}$$

这里的 I_A 为集合 A 的示性函数 (indicator)。注意到

$$N(t)+1 \geqslant k \Leftrightarrow S_{k-1} \leqslant t$$

也就是说,式 (4-88) 中事件 $\{N(t)+1 \geqslant k\}$ 和 T_k 独立,所以

$$\begin{aligned} E\left(\sum_{k=1}^{N(t)+1} T_k\right) &= \sum_{k=1}^{\infty} E(T_k I_{N(t)+1 \geqslant k}) = \sum_{k=1}^{\infty} E(T_k) E(I_{N(t)+1 \geqslant k}) \\ &= \mu \sum_{k=1}^{\infty} E(I_{N(t)+1 \geqslant k}) = \mu \sum_{k=0}^{\infty} P(N(t)+1 > k) \\ &= \mu E(N(t)+1) \end{aligned}$$

所以得

$$E\left(\sum_{k=1}^{N(t)+1} T_k\right) = \mu(m_N(t)+1) \tag{4-89}$$

这实质上就是著名的Wald 等式。

利用式 (4-89),立刻得到

$$\begin{aligned} S_{N(t)+1} > t &\Rightarrow \mu(m_N(t)+1) > t \\ &\Rightarrow \liminf_{t \to \infty} \frac{m_N(t)}{t} \geqslant \frac{1}{\mu} \end{aligned} \tag{4-90}$$

另一方面，可以证明

$$\limsup_{t\to\infty}\frac{m_N(t)}{t}\leqslant\frac{1}{\mu} \tag{4-91}$$

事实上，构造新的更新过程 $N^c(t)$，其间隔为随机变量 $\{X_n^c, n=1,2,\cdots\}$：

$$X_n^c=\begin{cases} X_n, & X_n\leqslant C \\ C & X_n\geqslant C \end{cases}$$

于是由于 $S_{N(t)}\leqslant t$，有 $S_{N^c(t)+1}\leqslant t+C$，令 $\mu^c=E(X_n^c)$，进而得到

$$t+C>E(S_{N^c(t)+1})=E\bigg(\sum_{n=1}^{N^c(t)+1}X_n^c\bigg)$$

$$=\mu^c E(N^c(t)+1)>\mu^c E(N(t)+1)$$

$$=\mu^c(m_N(t)+1)$$

于是

$$\frac{m_N(t)}{t}<\frac{1}{\mu^c}+\frac{1}{t}\bigg(\frac{C}{\mu^c}-1\bigg)$$

从而有

$$\limsup_{t\to\infty}\frac{m_N(t)}{t}<\frac{1}{\mu^c}$$

令 $C\to\infty$，由于 $\mu^c\to\mu$，得到式 (4-91)。

把式 (4-90) 和式 (4-91) 结合起来，即得

$$\lim_{t\to\infty}\frac{m_N(t)}{t}=\frac{1}{\mu} \tag{4-92}$$

下面不加证明地引述美国学者 Blackwell 给出的比上述结果更强的结论[19]——Blackwell 定理。如果更新过程 $N(t)$ 事件间隔服从连续分布，那么

$$m_N(t+a)-m_N(t)\to\frac{a}{\mu} \tag{4-93}$$

换句话说，随着时间的流逝，初始状态的影响逐渐消失，更新过程开始进入某种稳态，一段时间内平均更新次数和时间长度成正比关系。

例 4.9 (M/G/1 排队模型)　设有一个服务员的银行柜台，到达的顾客流服从 Poisson 过程，参数为 λ，如果顾客到达时柜台不空，则顾客会立刻离开；如果柜台空闲，则顾客进入银行接受服务。服务时间是服从分布为 G 的随机变量。现求进入银行的顾客的平均速率以及进入银行的顾客占所有到达银行顾客的平均比率。

到达的顾客流服从 Poisson 分布，所以间隔是独立的指数分布。指数分布具有无记忆性，所以两个相邻的进入银行的顾客间的平均间隔为

$$\mu=\mu_G+\frac{1}{\lambda}$$

其中 μ_G 表示服务时间的平均值。根据式 (4-92)，进入银行的顾客的平均速率为

$$\frac{1}{\mu}=\frac{\lambda}{1+\lambda\mu_G}$$

由于顾客的总到达率为 λ，所以进入银行的顾客占到达顾客的比率为

$$\frac{\frac{1}{\mu}}{\lambda} = \frac{1}{1 + \lambda \mu_G}$$

■

习题

1. 设有 Poisson 过程 $N(t)$，两个时刻 s, t 满足 $s < t$，证明

$$P(N(s) = k | N(t) = n) = \binom{n}{k} \left(\frac{s}{t}\right)^k \left(1 - \frac{s}{t}\right)^{n-k}$$

2. 设 $N(t)$ 为 Poisson 过程，参数为 λ，设 T 为第一个事件出现的时间，$N(T/a)$ 为第一个事件后，在 T/a 时间间隔内出现的事件数，a 为正常数。试证明

$$E(TN(T/a)) = \frac{2}{\lambda a}$$
$$E\big((TN(T/a))^2\big) = \frac{6a + 24}{\lambda^2 a^2}$$

3. 在区间 $[0, T]$ 内独立随机地放置 n 个点，设 $t_1, t_2 \subset [0, T]$，t_1, t_2 为两段不交叠的区间，计算同时在 t_1 上出现 k_1 点、在 t_2 上出现 k_2 点的概率。当 $T \to \infty$，$n \to \infty$，且 $n/T = \lambda$ 时，计算同时在 t_1 上出现 k_1 点、在 t_2 上出现 k_2 点的概率。分别在上述两种情形下，考察在 t_1 上出现 k_1 点和在 t_2 上出现 k_2 点这两个事件是否独立。

4. 设有两个相互独立的 Poisson 过程 $X(t)$ 和 $Y(t)$，参数分别为 λ_X 和 λ_Y。计算在 $X(t)$ 的两个相邻事件间隔内，$Y(t)$ 出现 k 个事件的概率。

5. 设有两个相互独立的 Poisson 过程 $X(t)$ 和 $Y(t)$，参数分别为 λ_X 和 λ_Y，设 $T_1^{(X)}$ 和 $T_1^{(Y)}$ 分别为 $X(t)$ 和 $Y(t)$ 第一次事件出现的时间，计算 $P(T_1^{(X)} < T_1^{(Y)})$。

6. 设有两个相互独立的 Poisson 过程 $X(t)$ 和 $Y(t)$，参数分别为 λ_X 和 λ_Y，设 $T_1^{(X)}$ 和 $T_k^{(Y)}$ 分别为 $X(t)$ 第一次事件出现的时刻和 $Y(t)$ 第 k 次事件出现的时刻，计算 $P(T_1^{(X)} > T_k^{(Y)})$。将本题结果和第 4 题比较，两者为什么有差别。

7. 设有两个相互独立的 Poisson 过程 $N_1(t)$ 和 $N_2(t)$，参数分别为 λ_1 和 λ_2，设 $N_1(0) = m$，$N_2(0) = n$，且有 $N > m, n$，计算过程 $N_2(t)$ 到达 N 早于 $N_1(t)$ 到达 N 的概率。

8. 设 $N(t)$ 为参数是 λ 的 Poisson 过程，s_k 表示第 k 个事件出现的时刻，求

$$E\bigg(\sum_{k=1}^{N(t)} \exp(-(t - s_k)^2)\bigg)$$

9. 设 $N(t)$ 为计数过程，相邻两事件的间隔为 $T_1, \cdots, T_n, \cdots$，$\{T_n\}$ 为独立同指数分布的随机变量，设 $S_n = T_1 + \cdots + T_n$ 为第 n 次事件出现的时间，若时刻 t 满足 $S_n < t < S_n + T_{n+1}$，即在 $[0, t]$ 内恰出现 n 次事件，求出现该事件的概率。

10. 设有非齐次 Poisson 过程 $N(t)$，其强度函数为 $\lambda(t)$，$N(0) = 0$，求区间 $[t_1, t_2]$ 内事件出现次数的均值 $E(N(t_2) - N(t_1))$。计算 $N(t)$ 的相关函数。

11. 设有过滤 Poisson 过程 $N(t)$，

$$Y(t) = \sum_{k=1}^{N(t)} h(t - \tau_k)$$

其中 $h(t) = 4U(t) - 3U(t-1) - U(t-2)$, $U(t)$ 为阶跃函数。$N(t)$ 为参数是 $\lambda = 2$ 的标准 Poisson 过程，$\{\tau_k\}$ 为事件出现的时刻。计算 $P(Y(t) > 2)$ 及 $Y(t)$ 的均值。

12. 设有随机参数 Poisson 过程 $Y(t) = N(\Lambda t)$, 其中 $N(t)$ 是参数为 λ 的标准 Poisson 过程，Λ 为非负连续随机变量，分布函数为 $G(\lambda)$, 与 $N(t)$ 独立。

(1) 计算 $Y(t+s) - Y(s)$ 的均值和方差。

(2) 如果 Λ 服从 Gamma 分布，即

$$f_\Lambda(\lambda) = \alpha \exp(-\alpha\lambda)\frac{(\alpha\lambda)^{m-1}}{(m-1)!}, \quad \lambda > 0$$

计算 $P(Y(t) = n)$。

(3) 如果 Λ 服从 Gamma 分布，已知 $Y(t) = n$ 的前提下，求参数 Λ 的条件概率密度。

13. 考虑由离散事件组成的更新过程 $N(t)$, 其中事件间隔 X_n 服从参数为 $(2, \mu)$ 的 Gamma 分布，求 $S_n = X_1 + X_2 + \cdots + X_n$ 的概率分布，计算 $P(N(t) - m)$。

14. 设有 K 个相互统计独立的标准 Poisson 过程 $N_1(t), \cdots, N_K(t)$, 参数分别为 $\lambda_1, \cdots, \lambda_K$, 定义和过程 $N(t) = \sum_{i=1}^K N_i(t)$, 若 Z 为 $N(t)$ 第一个事件出现的时间，J 表示和过程中出现第一个事件的过程序号，即 $\{J = i\}$ 表示和过程 $N(t)$ 中的第一个事件来自过程 $N_i(t)$。证明: J 与 Z 统计独立。

15. 病人随机地来到诊所就诊，到达的病人数目服从参数为 λ 的 Poisson 分布。若病人就诊的持续时间为 a, 在下列两种情况下计算: 第一个病人到达后，第二个病人不需要等待候诊的概率以及第二个病人等待时间的均值。

(1) a 为确定性的常数;

(2) a 服从参数为 μ 的指数分布。

16. 设有时间轴上的平稳点过程 $N(t)$, 其事件发生时刻为 $\{t_i\}$, 事件间隔 $T_i = t_i - t_{i-1}$ 为服从 $(0, A)$ 均匀分布的随机变量。若 t_0 为时间轴上固定点，$t_{N(t)}$ 为 t_0 右边第一个点，请证明 $E(t_{N(t)} - t_0) = A/3$。

17. 设 $N(t)$ 为 Poisson 点过程，现从该过程中每隔一点抽取一点构成一个新的点过程，试问该新点过程还是 Poisson 过程吗？请说明理由。

18. 进入公园的游客数目服从参数为 $\lambda = 2$(平均每分钟 2 个人) 的 Poisson 过程，设每一位游客在公园里停留的时间为独立的随机变量，服从 $(60, 120)$ 间的均匀分布，请计算公园中游客数目的均值和方差。

19. 设有一个建筑结构体承受的冲击数目服从参数为 λ 的 Poisson 过程 $\{N(t), t \geqslant 0\}$, 第 i 次冲击对该结构体造成的损伤是一个随时间变化的函数 $A_i \exp(-\alpha t)$, 其中 $\{A_i\}$ 为独立同分布的随机变量，且与冲击事件的出现时间 $\{\tau_i\}$ 统计独立。设损伤可以线性叠加，求该结构体在 t 时刻的总损伤的均值。

20. 设 $N(t)$ 为非齐次 Poisson 过程，强度为 $\lambda(t)$, 证明其相关函数为

$$R_N(t_1, t_2) = \left[\int_0^{\min(t_1, t_2)} \lambda(t)\mathrm{d}t\right]\left[1 + \int_0^{\max(t_1, t_2)} \lambda(t)\mathrm{d}t\right]$$

21. 设有计数过程 $N(t)$, 其相邻事件的时间间隔为独立同分布随机变量，概率密度为 $f_T(t) = t\exp(-t)$, 求该更新过程的均值 $E(N(t))$。

第5章 相关理论与二阶矩过程 (II)
——Fourier 谱分析

在确定性信号与系统的分析中，Fourier 谱分析方法起着巨大作用的事实已为大家所熟知。现试图将这一有力的工具用于二阶矩随机过程的研究中，期待能在方法和应用两方面都得到相应的推广。

5.1 确定性信号 Fourier 分析回顾

首先对在"微积分"以及"信号与系统"课程中讨论的 Fourier 分析有关内容进行简要回顾。

Fourier 分析的核心思想是把需要研究的复杂函数用性质相对简单的函数进行表示，将着眼点放在简单函数的性质及其相互关系上。所选取的简单函数是复三角函数 $\exp(\mathrm{j}\omega t)$，表示方法采用相对容易处理的线性组合。由于 $\exp(\mathrm{j}\omega t)$ 具有周期性，所以首先对周期函数的表示方法进行讨论。

若 $x(t)$ 为复的周期函数，周期为 T，且 $x(t)$ 满足绝对可积条件，即 $\int_{-\infty}^{\infty}|x(t)|\mathrm{d}t<\infty$，则有如下级数展开

$$x(t)=\sum_{n=-\infty}^{\infty}a_n\exp\left(\mathrm{j}\frac{2\pi n}{T}t\right)$$

系数 a_n 满足

$$a_n=\frac{1}{T}\int_0^T x(t)\exp\left(-\mathrm{j}\frac{2\pi n}{T}t\right)\mathrm{d}t$$

称上述展开为Fourier 级数展开 (或者复三角级数展开)，称其系数 a_n 为 Fourier 系数。

周期函数的 Fourier 展开使用了具有周期性的 $\exp\left(\mathrm{j}\dfrac{2\pi n}{T}t\right)$ 作为基函数是非常自然的。

而对于更具一般性的非周期函数，可以有两个方向来处理基函数固有的周期性与函数的非周期性之间的矛盾。一方面仍然可以对非周期函数在某一个区间上进行 Fourier 展开，但是展开的结果与原函数并不完全相同。事实上，此时仅能得到

$$x(t)=\sum_{n=-\infty}^{\infty}a_n\exp\left(\mathrm{j}\frac{2\pi n}{T}t\right),\quad t\in[0,T]$$

也就是说，仅仅是在展开的区间上，被展开函数 $x(t)$ 与 Fourier 级数展开式之间存在等同关系；而在区间之外，Fourier 级数展开式对展开区间内的被展开函数进行了周期延拓，和被展开的原函数间没有任何关系。显然，这样只在局部有意义的展开对分析问题的帮助比较有限。

另一方面，可以认为非周期函数 $x(t)$ 的周期为无穷大。将 Fourier 级数展开中的求和看作积分和，考虑当周期 $T\to\infty$ 时的极限，从而引出Fourier 变换 (积分)

$$X(\omega) = \int_{-\infty}^{\infty} x(t) \exp(-\mathrm{j}\omega t)\mathrm{d}t$$

这是 Fourier 展开系数的"连续"版本。不难看出,如果函数具有周期性,则其能量集中在由周期所决定的基频及其整数倍频 (谐波) 上,函数频谱是离散的;而当函数的周期性消失后,能量"散布"在频率轴上,不再是集中于若干离散的频点之上,形成连续的频谱。不应当忘记,对于 Fourier 积分的存在性而言,$x(t)$ 的绝对可积性仍然很重要。今后记所有满足绝对可积条件的函数所组成的空间为 $L^1(\mathbb{R})$。

与 Fourier 变换相对应的还有反变换,即利用频域信息反求时域函数

$$\frac{x(t+0) + x(t-0)}{2} = \frac{1}{2\pi} \lim_{\Omega \to \infty} \int_{-\Omega}^{\Omega} X(\omega) \exp(\mathrm{j}\omega t)\mathrm{d}\omega$$

如果 $X(\omega)$ 满足某些正则性条件,则

$$x(t) = \frac{1}{2\pi} \int_{-\infty}^{\infty} X(\omega) \exp(\mathrm{j}\omega t)\mathrm{d}\omega$$

这就是通常所说的 Fourier 反变换,它与 Fourier 变换的形式十分相似。$x(t)$ 和 $X(\omega)$ 则常被称为 Fourier 变换对。

为什么要使用复三角级数 $\exp(\pm \mathrm{j}\omega t)$ 作为 Fourier 变换的基函数,根据是多方面的。简单的数学解析性质和与机械振动及电磁振荡的频率相联系的明确物理含义是选用复三角级数的重要原因。此外,三角函数在通过线性时不变系统时所具有的"不变"特性也使得 Fourier 分析在电工及电子信息领域得到广泛的应用,成为研究信号与线性系统的基本工具。

依照定义,线性系统 (也称为线性滤波器) 是定义域和值域均为函数空间的线性变换。设 $A: L^1(\mathbb{R}) \to L^1(\mathbb{R})$ 为一个线性系统,则有

$$A(\alpha f + \beta g) = \alpha A(f) + \beta A(g), \quad \forall f, g \in L^1(\mathbb{R})$$

其中 α 和 β 为常数。众所周知,上述线性系统 A 和一个有界的二元函数 $h(t,\tau)$ 相联系,有如下表示

$$A(f(t)) = \int_{-\infty}^{\infty} h(t,\tau) f(\tau)\mathrm{d}\tau$$

这里称 $h(t,\tau)$ 为线性系统 A 的冲激响应。进一步定义移位算子 T_a 如下

$$T_a(f(t)) = f(t+a)$$

如果系统 A 和移位算子 T_a 可以交换,即满足

$$T_a \circ A = A \circ T_a \tag{5-1}$$

就称 A 为线性时不变系统,简记为 LTI(linear time invariance)。此时系统的冲激响应将只依赖于两个变元的差,有

$$A(f(t)) = \int_{-\infty}^{\infty} h(t-\tau) f(\tau)\mathrm{d}\tau$$

即系统的输出等于输入与冲激响应的卷积。容易看出,如果复三角函数 $\exp(\mathrm{j}\omega t)$ 通过线性时不变系统,有

$$A(\exp(j\omega t)) = \int_{-\infty}^{\infty} h(t-\tau)\exp(j\omega\tau)d\tau$$

$$= \int_{-\infty}^{\infty} \exp(j\omega(t-\tau))h(\tau)d\tau$$

$$= \exp(j\omega t)\int_{-\infty}^{\infty} \exp(-j\omega\tau)h(\tau)d\tau$$

$$= H(\omega)\exp(j\omega t)$$

也就是说，线性时不变系统仅仅改变复三角函数的幅度和相位，并不改变其频率以及函数形式。

复三角函数在卷积运算下的这种"不变"特性可以直接导出下述重要结论：记函数 f 与 h 的卷积为 $f*h$，记函数 f 的 Fourier 变换为 $\mathcal{F}(f)$，则有

$$\mathcal{F}(f*h) = \mathcal{F}(f)\cdot\mathcal{F}(h) \tag{5-2}$$

这一关系使在频域上研究线性系统非常方便，其根据就在于系统本身的"时不变"性和复三角函数在该系统作用下的"不变"特性。下面将看到，类似特性在宽平稳随机过程中也有所体现，从而 Fourier 分析方法可以很自然地从确定性问题推广到随机问题的研究中。

为便于讨论，引入 Stieltjes 积分。如所熟知，普通的 Riemann 积分是一个极限过程

$$\int_a^b f(x)dx = \lim_{\Delta x\to 0}\sum_{k=1}^{N-1} f(\xi_k)(x_{k+1}-x_k)$$

这里 $a=x_1\leqslant x_2\leqslant\cdots\leqslant x_{N-1}\leqslant x_N=b$，$x_1,\cdots,x_N$ 称为分点，$\xi_k\in[x_i,x_{k+1}]$，$\Delta x=\max_i(x_{k+1}-x_k)$。

对积分中的 dx 略作延伸，就得到

$$\int_a^b f(x)dg(x) = \lim_{\Delta x\to 0}\sum_{k=1}^{N-1} f(\xi_k)(g(x_{k+1})-g(x_k))$$

这里的 $g(x)$ 是单调不减函数。通常称该积分为Stieltjes 积分。很明显，Riemann 积分是 Stieltjes 积分当 $g(x)=x$ 时的特例。

引入 Stieltjes 积分使得用积分表示一些数学对象时更方便。当积分中的 $g(x)$ 存在奇异性时，Stieltjes 积分表示更加简洁有效。以 Fourier 分析为例，可以用 Stieltjes 积分对 Fourier 级数和 Fourier 变换作出统一的表示。令 $\{\omega_k, k\in\mathbb{Z}\}$，$\{\alpha_k, k\in\mathbb{Z}\}$ 分别为实数轴上的离散点列，取

$$G(\omega) = \sum_{n=-\infty}^{k} \alpha_n, \quad \omega\in[\omega_k,\omega_{k+1}) \tag{5-3}$$

在采用广义函数表示的前提下，从式 (5-3) 可以得到

$$dG(\omega) = \sum_{k=-\infty}^{\infty} \alpha_k\delta(\omega-\omega_k)d\omega \tag{5-4}$$

从而有

$$f(t) = \sum_{k=-\infty}^{\infty} \alpha_k\exp(j\omega_k t)$$

$$= \sum_{k=-\infty}^{\infty}\int_{-\infty}^{\infty} \alpha_k\exp(j\omega t)\delta(\omega-\omega_k)d\omega$$

$$= \int_{-\infty}^{\infty} \exp(j\omega t) \sum_{k=-\infty}^{\infty} \alpha_k \delta(\omega - \omega_k) \mathrm{d}\omega$$

$$= \int_{-\infty}^{\infty} \exp(j\omega t) \mathrm{d}G(\omega) \qquad (5\text{-}5)$$

这正是 Fourier 级数的 Stieltjes 积分表示。另一方面，如果 $G(\omega)$ 满足可微性条件，设 $\mathrm{d}G(\omega) = \dfrac{1}{2\pi}F(\omega)\mathrm{d}\omega$，则有

$$f(t) = \frac{1}{2\pi} \int_{-\infty}^{\infty} \exp(j\omega t) F(\omega) \mathrm{d}\omega = \int_{-\infty}^{\infty} \exp(j\omega t) \mathrm{d}G(\omega) \qquad (5\text{-}6)$$

可见 Fourier 变换也可以写成 Stieltjes 积分。用可以兼顾多种情况的 Stieltjes 积分表示将在今后的讨论中起到重要作用。

5.2   相关函数的谱表示

考虑宽平稳随机过程 $X(t)$，其自相关函数为

$$R_X(t-s) = E(X(t)\overline{X(s)})$$

很明显，宽平稳随机过程的自相关函数只依赖于时间差，这一点和线性时不变系统的冲激响应非常类似。这提示采用复三角函数为基函数的 Fourier 谱分析可在宽平稳过程的研究中得到应用。事实上，自相关函数的谱表示不仅可以提供宽平稳随机过程频域方面的信息，而且这种谱表示还是相关函数的特征性质。

定理 5.1 (Bochner-Khinchine)   定义域为 $\mathbb{R}$ 且在零点连续的复值函数 $R(\tau)$ 恰为宽平稳随机过程 $X(t)$ 自相关函数的充分必要条件是 $R(\tau)$ 可以表示为如下形式

$$R(\tau) = \int_{-\infty}^{\infty} \exp(j\omega\tau) \mathrm{d}F(\omega) \qquad (5\text{-}7)$$

其中 $F(\omega)$ 是定义在 $\mathbb{R}$ 上的单调不减有界函数。如果进一步满足条件 $\int_{-\infty}^{\infty} |R(\tau)|\mathrm{d}\tau < \infty$，则 $F(\omega)$ 可导，其导函数满足

$$\frac{1}{2\pi}S(\omega) = \frac{\mathrm{d}F(\omega)}{\mathrm{d}\omega} \geqslant 0 \qquad (5\text{-}8)$$

称 $S(\omega)$ 为随机过程的谱密度 (spectral density functions)。此时，谱密度 $S(\omega)$ 与过程的自相关函数 $R(\tau)$ 互为 Fourier 变换对

$$\begin{cases} S(\omega) = \displaystyle\int_{-\infty}^{\infty} R(\tau) \exp(-j\omega\tau) \mathrm{d}\tau \\[3mm] R(\tau) = \dfrac{1}{2\pi} \displaystyle\int_{-\infty}^{\infty} S(\omega) \exp(j\omega\tau) \mathrm{d}\omega \end{cases} \qquad (5\text{-}9)$$

有时为了形式对称，同时物理意义更加明确，使用频率 $f = \dfrac{\omega}{2\pi}$ 替代角频率 ω，有

$$\begin{cases} S(f) = \displaystyle\int_{-\infty}^{\infty} R(\tau) \exp(-j2\pi f\tau) \mathrm{d}\tau \\[3mm] R(\tau) = \displaystyle\int_{-\infty}^{\infty} S(f) \exp(j2\pi f\tau) \mathrm{d}f \end{cases} \qquad (5\text{-}10)$$

证明 由 2.1 节中指出，二元函数具有非负定性是该函数成为二阶矩过程自相关函数的充分必要条件。因此只需检查式 (5-7) 中 $R(\tau)$ 的非负定性，就可以证明定理的充分性。

$$\sum_{i=1}^{n}\sum_{k=1}^{n}R(t_i-t_k)z_i\bar{z}_k = \sum_{i=1}^{n}\sum_{k=1}^{n}\left(\int_{-\infty}^{\infty}\exp(\mathrm{j}(t_i-t_k)\omega)\mathrm{d}F(\omega)\right)z_i\bar{z}_k$$

$$= \int_{-\infty}^{\infty}\left(\sum_{i=1}^{n}\exp(\mathrm{j}t_i\omega)z_i\overline{\sum_{k=1}^{n}\exp(\mathrm{j}t_k\omega)z_k}\right)\mathrm{d}F(\omega)$$

$$= \int_{-\infty}^{\infty}\left|\sum_{i=1}^{n}\exp(\mathrm{j}t_i\omega)z_i\right|^2\mathrm{d}F(\omega) \geqslant 0$$

为了避免使用深入的泛函分析工具，本节只给出必要性的部分证明，完整的证明可以参看文献 [11]。假定 $R(\tau)$ 满足 $\int_{-\infty}^{\infty}|R(\tau)|\mathrm{d}\tau < \infty$，可以证明它一定有如下的积分表达。

$$R(\tau) = \frac{1}{2\pi}\int_{-\infty}^{\infty}\exp(\mathrm{j}\omega\tau)S(\omega)\mathrm{d}\omega$$

证明的基本想法是构造一个函数族，使得其极限恰为上式中的 $S(\omega)$。事实上，令

$$S_{X_T}(\omega) = \frac{1}{T}\int_0^T\int_0^T R(t-s)\exp(-\mathrm{j}\omega(t-s))\mathrm{d}t\mathrm{d}s$$

而

$$\frac{1}{T}\int_0^T\int_0^T R(t-s)\exp(-\mathrm{j}\omega(t-s))\mathrm{d}t\mathrm{d}s = \frac{1}{T}\mathbb{E}\left|\int_0^T X(t)\exp(-\mathrm{j}\omega t)\mathrm{d}t\right|^2 \geqslant 0$$

使用积分换元 $\tau = t-s$ (如图 5-1 所示)，(t,s) 平面转移到 (τ,s) 平面，得

$$S_{X_T}(\omega) = \frac{1}{T}\left[\int_{-T}^0\int_{-\tau}^T R(\tau)\exp(-\mathrm{j}\omega\tau)\mathrm{d}s\mathrm{d}\tau + \int_0^T\int_0^{T-\tau} R(\tau)\exp(-\mathrm{j}\omega\tau)\mathrm{d}s\mathrm{d}\tau\right]$$

$$= \int_{-T}^T R(\tau)\left(1-\frac{|\tau|}{T}\right)\exp(-\mathrm{j}\omega\tau)\mathrm{d}\tau$$

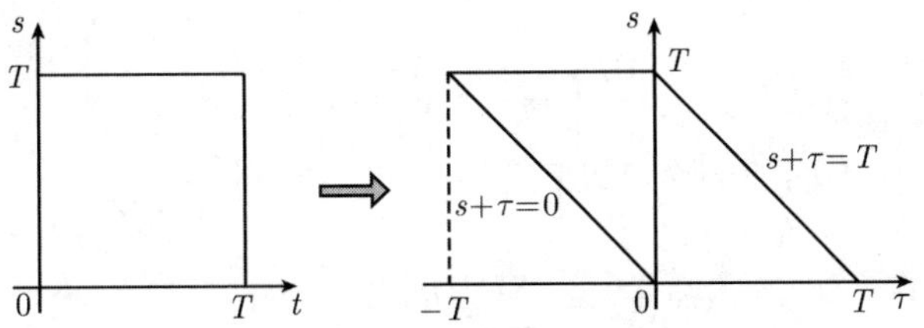

图 5-1 积分换元示意图

由于 $|\tau| \leqslant T$，有

$$\left|R(\tau)\left(1-\frac{|\tau|}{T}\right)\right| \leqslant |R(\tau)| \leqslant R(0)$$

另一方面

$$R(\tau)\left(1-\frac{|\tau|}{T}\right)\exp(-\mathrm{j}\omega\tau) \to R(\tau)\exp(-\mathrm{j}\omega\tau), \quad T \to \infty$$

且根据假定 $\int_{-\infty}^{\infty} |R(\tau)| \mathrm{d}\tau < \infty$，由控制收敛定理[20]，令 $T \to \infty$，得

$$\int_{-T}^{T} R(\tau) \left(1 - \frac{|\tau|}{T}\right) \exp(-\mathrm{j}\omega\tau)\mathrm{d}\tau \to \int_{-\infty}^{\infty} R(\tau) \exp(-\mathrm{j}\omega\tau)\mathrm{d}\tau$$

记

$$S(\omega) = \int_{-\infty}^{\infty} R(\tau) \exp(-\mathrm{j}\omega\tau)\mathrm{d}\tau$$

则有

$$S_{X_T}(\omega) \to S(\omega) \quad T \to \infty$$

由于 $S_{X_T}(\omega) \geqslant 0$ 且 $\dfrac{1}{2\pi} \int_{-\infty}^{\infty} S_{X_T}(\omega)\mathrm{d}\omega = R(0)$(在下面的注记 (2) 中说明)，所以 $S(\omega) \geqslant 0$ 且 $\dfrac{1}{2\pi} \int_{-\infty}^{\infty} S(\omega)\mathrm{d}\omega = R(0)$，取 Fourier 反变换即得到

$$R(\tau) = \frac{1}{2\pi} \int_{-\infty}^{\infty} \exp(\mathrm{j}\omega t) S(\omega)\mathrm{d}\omega \tag{5-11}$$

∎

与Bochner-Khinchine 定理相对应的，有适用于离散时间随机序列的定理。

定理 5.2 (Herglotz)　令 $R(n)$ 是平稳随机序列 $\{X_n\}$ 的自相关函数，则

$$R(n) = \int_{-\pi}^{\pi} \exp(\mathrm{j}\omega n)\mathrm{d}F(\omega) \tag{5-12}$$

其中 $F(\omega)$ 是定义在 $[-\pi, \pi]$ 上的有界单调不减函数。

注意到 Bochner-Khinchine 定理与Herglotz 定理非常类似，区别仅仅在于积分区间由 $[-\infty, \infty]$ 变成了 $[-\pi, \pi]$，这种变化正是由连续时间与离散时间的不同所决定的。于是对于离散宽平稳随机序列有下列变换对

$$f_X(\omega) = \sum_{n=-\infty}^{\infty} R_X[n] \exp(-\mathrm{j}n\omega), \quad -\pi \leqslant \omega \leqslant \pi$$

$$R_X[n] = \frac{1}{2\pi} \int_{-\pi}^{\pi} f_X(\omega) \exp(\mathrm{j}n\omega)\mathrm{d}\omega = \int_{-\pi}^{\pi} \exp(\mathrm{j}n\omega)\mathrm{d}F_X(\omega)$$

其中

$$\frac{\mathrm{d}F_X(\omega)}{\mathrm{d}\omega} = \frac{1}{2\pi} f_X(\omega)$$

如果设 $\exp(\mathrm{j}\omega) = z$，则上面的变换可以看作 z 变换的特例

$$\phi_X(z) = \sum_{n=-\infty}^{\infty} R_X[n] z^{-n}$$

$$R_X[n] = \frac{1}{2\pi\mathrm{j}} \oint \phi_X(z) z^{n-1}\mathrm{d}z$$

Herglotz 定理的证明可以参看文献[10]。

下面就相关函数的谱表示做几点注记：

(1) 在 Bochner-Khinchine 定理中，常假定 $F(-\infty) = 0$，从而有 $F(\infty) = R(0)$，因此，$F(\omega)/R(0)$ 是一个定义在 $\mathbb{R}$ 上的标准的概率分布函数 (Bochner-Khinchine 定理原本

说的就是特征函数与概率分布函数之间的关系),故称 $F(\omega)$ 为谱分布函数 (spectral distribution function)。同理,Herglotz 定理中的 $F(\omega)/R(0)$ 也是定义在 $[-\pi,\pi]$ 上的概率分布函数。

(2) 可以从一个物理意义较为明确的角度重新理解功率谱密度。事实上,如果定义宽平稳随机过程 $X(t)$ 的"截尾"过程为

$$X_T(t) = \begin{cases} X(t) & |t| \leqslant T \\ 0 & |t| > T \end{cases}$$

如图 5-2 所示,那么,

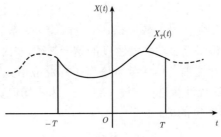

图 5-2 "截尾"过程示意图

$$F_{X_T}(\omega) = \int_{-\infty}^{\infty} X_T(t)\exp(-\mathrm{j}\omega t)\mathrm{d}t = \int_{-T}^{T} X(t)\exp(-\mathrm{j}\omega t)\mathrm{d}t$$

于是

$$\frac{1}{2T}\int_{-T}^{T}|X_T(t)|^2\mathrm{d}t = \frac{1}{2T}\int_{-\infty}^{\infty}|X_T(t)|^2\mathrm{d}t = \frac{1}{4\pi T}\int_{-\infty}^{\infty}|F_{X_T}(\omega)|^2\mathrm{d}\omega$$

因此

$$\lim_{T\to\infty} E\left[\frac{1}{2T}\int_{-T}^{T}|X_T(t)|^2\mathrm{d}t\right] = \frac{1}{2\pi}\int_{-\infty}^{\infty}\lim_{T\to\infty}\left[\frac{1}{2T}E|F_{X_T}(\omega)|^2\right]\mathrm{d}\omega$$

上式左端为 $X_T(t)$ 的平均功率,故定义 $X_T(t)$ 的平均功率谱密度 $S_{X_T}(\omega)$ 为

$$S_{X_T}(\omega) = \frac{1}{2T}E\left|\int_{-T}^{T}X(t)\exp(-\mathrm{j}\omega t)\mathrm{d}t\right|^2 \tag{5-13}$$

而

$$\frac{1}{2T}E\left|\int_{-T}^{T}X(t)\exp(-\mathrm{j}\omega t)\mathrm{d}t\right|^2 = \frac{1}{2T}\int_{-T}^{T}\int_{-T}^{T}R_X(t-s)\exp(-\mathrm{j}\omega(t-s))\mathrm{d}t\mathrm{d}s$$

通过积分换元 $\tau = t - s, u = t + s$,可得

$$\frac{1}{2T}E\left|\int_{-T}^{T}X(t)\exp(-\mathrm{j}\omega t)\mathrm{d}t\right|^2 = \frac{1}{2T}\int_{-T}^{T}\int_{-T}^{T}R_X(t-s)\exp(-\mathrm{j}\omega(t-s))\mathrm{d}t\mathrm{d}s$$
$$= \int_{-2T}^{2T}\left(1 - \frac{|\tau|}{2T}\right)R_X(\tau)\exp(-\mathrm{j}\omega\tau)\mathrm{d}\tau$$

从而

$$S_X(\omega) = \lim_{T \to \infty} S_{X_T}(\omega) = \lim_{T \to \infty} \int_{-2T}^{2T} \left(1 - \frac{|\tau|}{2T}\right) R_X(\tau) \exp(-j\omega\tau) d\tau$$

$$= \int_{-\infty}^{\infty} R_X(\tau) \exp(-j\omega\tau) d\tau \tag{5-14}$$

可以看出，这里所定义的 $S_{X_T}(\omega)$ 和相关函数谱表示中的谱密度完全是一回事。而由 $S_{X_T}(\omega)$ 的定义可知功率谱密度是一个二阶统计量，代表了随机过程的时域样本轨道在频域上的功率分布状况。所以通常在工程领域，人们也将谱密度称为功率谱密度 (power spectral density)。$S_{X_T}(\omega)$ 的定义也为评价古典的功率谱估计方法 —— 周期图法见文献 [13] 提供了基本的理论依据，必须注意，以功率谱密度为核心工具对信号进行的分析并不能全面反映信号的特性。功率谱密度中只包含信号的幅度谱，相位谱的有关信息被完全抛弃了。这必然影响对信号进行全面的研究。为了克服功率谱密度的这一缺陷，人们提出了高阶谱以及高阶统计量的有关概念和方法，并在通信与信号处理中有了广泛应用见文献 [17]。

例 5.1 (周期图谱估计的统计特性)　设 $\{X_k\}_{-\infty}^{\infty}$ 为零均值宽平稳随机序列，用样本均值近似统计均值可以得到谱密度的估计

$$\hat{S}_X(\omega) = \lim_{n \to \infty} \frac{1}{2n+1} \left| \sum_{k=-n}^{n} X_k \exp(-j\omega k) \right|^2 \tag{5-15}$$

进一步对样本数据进行截断，就可以得到周期图 (periodogram) 谱估计

$$\hat{S}_{X,2n+1}(\omega) = \frac{1}{2n+1} \left| \sum_{k=-n}^{n} X_k \exp(-j\omega k) \right|^2 \tag{5-16}$$

周期图谱估计中使用的有限长度样本数据会对谱估计的分辨力以及统计精度造成影响。现从统计角度对它进行研究。对表达式 (5-16) 进行适当简化

$$\hat{S}_{X,n}(\omega) = \frac{1}{n} \sum_{k=1}^{n} X_k \exp(-j\omega k) \sum_{m=1}^{n} \overline{X_m} \exp(j\omega m) = \frac{1}{n} \sum_{k=1}^{n} \sum_{m=1}^{n} X_k \overline{X_m} \exp(-j\omega(k-m))$$

令 $l = k - m$，将坐标 (k,m) 变换为坐标 (l,m)，如图 5-3 所示，有

$$\hat{S}_{X,n}(\omega) = \frac{1}{n} \sum_{m=1}^{n} \sum_{l=1-m}^{n-m} X_{m+l} \overline{X_m} \exp(-j\omega l)$$

$$= \sum_{l=-n+1}^{0} \left(\frac{1}{n} \sum_{m=1-l}^{n} X_{m+l} \overline{X_m} \exp(-j\omega l) \right) + \sum_{l=1}^{n-1} \left(\frac{1}{n} \sum_{m=1}^{n-l} X_{m+l} \overline{X_m} \exp(-j\omega l) \right)$$

$$= \sum_{l=-n+1}^{n-1} \hat{R}_{X,n}(l) \exp(-j\omega l)$$

这里

$$\hat{R}_{X,n}(l) = \frac{1}{n} \sum_{m=1}^{n-l} X_{m+l} \overline{X_m}, \quad l \geqslant 0 \tag{5-17}$$

满足 $\hat{R}_{X,n}(-l) = \overline{\hat{R}_{X,n}(l)}$。

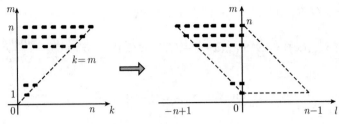

图 5-3 求和换元示意图

首先考虑周期图谱估计的均值

$$E(\hat{S}_{X,n}(\omega)) = \sum_{l=-n+1}^{n-1} E(\hat{R}_{X,n}) \exp(-\mathrm{j}\omega l) = \sum_{l=-n+1}^{n-1} \left(1 - \frac{|l|}{n}\right) R_X(l) \exp(-\mathrm{j}\omega l)$$

由控制收敛定理

$$\lim_{n\to\infty} E(\hat{S}_{X,n}(\omega)) = \lim_{n\to\infty} \sum_{l=-n+1}^{n-1} \left(1 - \frac{|l|}{n}\right) R_X(l) \exp(-\mathrm{j}\omega l) = \sum_{l=-\infty}^{\infty} R_X(l) \exp(-\mathrm{j}\omega l) = S_X(\omega)$$

$$(5\text{-}18)$$

所以周期图是功率谱密度的渐近无偏估计。

然后考虑 $\hat{S}_{X,n}(\omega)$ 的二阶统计特性

$$E(\hat{S}_{X,n}(\omega_1)\hat{S}_{X,n}(\omega_2)) = \frac{1}{n^2} \sum_{k,l,m,i=1}^{n} E(X_k\overline{X_l}X_m\overline{X_i}) \exp(-\mathrm{j}\omega_1(k-l)) \exp(-\mathrm{j}\omega_2(m-i))$$

为了避免繁琐的高阶矩运算仅考虑一个特例, 假设 $\{X_k\}$ 为实的零均值 Gauss 白噪声, 方差为 σ^2, 利用 Gauss 过程高阶矩的性质, 对此特例进行计算。由

$$E(X_1X_2X_3X_4) = E(X_1X_2)E(X_3X_4) + E(X_1X_3)E(X_2X_4) + E(X_1X_4)E(X_2X_3)$$

得到

$$E(\hat{S}_{X,n}(\omega_1)\hat{S}_{X,n}(\omega_2)) = (EX_1^2)^2 + \frac{1}{n^2}\left(\left|\sum_{k=1}^{n} \exp(-\mathrm{j}k(\omega_1+\omega_2))\right|^2\right)(EX_1^2)^2$$
$$+ \frac{1}{n^2}\left(\left|\sum_{k=1}^{n} \exp(-\mathrm{j}k(\omega_1-\omega_2))\right|^2\right)(EX_1^2)^2$$

进而有

$$E(\hat{S}_{X,n}(\omega_1)\hat{S}_{X,n}(\omega_2)) = \sigma^4 + \frac{\sigma^4}{n^2}\left|\frac{\sin\left(\frac{n}{2}(\omega_1+\omega_2)\right)}{\sin\left(\frac{1}{2}(\omega_1+\omega_2)\right)}\right|^2 + \frac{\sigma^4}{n^2}\left|\frac{\sin\left(\frac{n}{2}(\omega_1-\omega_2)\right)}{\sin\left(\frac{1}{2}(\omega_1-\omega_2)\right)}\right|^2$$

令 $\omega_1 = \omega_2 = \omega$, 且设 $\omega \neq 0$, $\omega \neq \pi$, 得到

$$E(\hat{S}_{X,n}(\omega))^2 = 2\sigma^4 + \frac{\sigma^4}{n^2}\left|\frac{\sin n\omega}{\sin \omega}\right|^2$$

对于零均值白噪声, $(E\hat{S}_{X,n}(\omega))^2 = (\sigma^2)^2 = \sigma^4$, 所以

$$\mathrm{Var}(\hat{S}_{X,n}(\omega)) = E(\hat{S}_{X,n}(\omega))^2 - (E\hat{S}_{X,n}(\omega))^2 = \sigma^4 + \frac{\sigma^4}{n^2}\left|\frac{\sin n\omega}{\sin\omega}\right|^2$$

令 $n\to\infty$, 有

$$\lim_{n\to\infty}\mathrm{Var}(\hat{S}_{X,n}(\omega)) = \sigma^4 \neq 0 \tag{5-19}$$

也就是说, 周期图谱估计的方差并不随样本数目 n 的增大而趋于 0。从统计上讲, 这样的估计不满足相合 (consistent) 性质, 这是周期图谱估计的一个重大缺陷。为了克服这一缺陷并提高谱估计的分辨力, 人们提出了参数化的方法, 读者可参看文献 [13]。

(3) 随机过程 $X(t)$ 自相关函数 $R_X(\tau)$ 的绝对可积性

$$\int_{-\infty}^{\infty}|R_X(\tau)|\mathrm{d}\tau < \infty$$

是保证功率谱密度存在的重要条件。如果该条件不成立, 意味着谱分布函数 $F(\omega)$ 存在奇异点, 也就是说功率谱密度中含有 δ 函数分量, 这说明 $X(t)$ 的能量有一部分集中在某些离散的频点上。这样的过程 $X(t)$ 一般被认为具有 "长程相关性" (long-range correlation)。

实际上可以由两个方面理解这种 "长程相关"。从时域上讲, 不满足绝对可积性说明 $R_X(\tau)$ 在无穷远处 "衰减" 的速度有限, 即当 τ 充分大的时候, $R_X(\tau)$ 仍然比较大。这恰好说明了过程 $X(t)$ 中间隔较远的两个时刻所对应的随机变量仍然具有较强的相关性。从频域看, 能量集中在离散的频点上表明过程中有明显的周期分量, 而周期性直接导致不同时刻之间的相关性不会迅速衰减, 这就是 "长程相关"。

例 5.2 (线谱过程)　线谱 (line spectrum) 过程是比较典型的长程相关随机过程, 它的定义如下

$$X(t) = \sum_{i=-\infty}^{\infty}X_i\exp(\mathrm{j}\omega_i t)$$

其中 $\{X_i\}$ 为相互独立的随机变量, 均值为 0, 方差为 σ_i^2。于是

$$R_X(\tau) = \sum_{i=-\infty}^{\infty}\sigma_i^2\exp(\mathrm{j}\omega_i\tau)$$

故

$$S_X(\omega) = \sum_{i=-\infty}^{\infty}\sigma_i^2\delta(\omega-\omega_i)$$

线谱过程的一个常见特例如下。设 A,B 为独立同分布的零均值随机变量, 方差为 σ^2,

$$X(t) = A\cos\omega_0 t + B\sin\omega_0 t$$

则有

$$R_X(\tau) = \sigma^2\cos\omega_0\tau$$

所以谱密度为

$$S_X(\omega) = \pi\sigma^2(\delta(\omega-\omega_0) + \delta(\omega+\omega_0))$$

线谱过程在通信工程以及信号处理中十分常见。

例 5.3 (随机电报信号的功率谱) 例 2.2 中得到的随机电报信号 $X(t)$ 的自相关函数为

$$R_X(\tau) = \exp(-2\lambda|\tau|)$$

得其功率谱为

$$
\begin{aligned}
S_X(\omega) &= \int_{-\infty}^{\infty} R_X(\tau) \exp(-\mathrm{j}\omega\tau)\mathrm{d}\tau \\
&= \int_{-\infty}^{0} \exp(2\lambda\tau) \exp(-\mathrm{j}\omega\tau)\mathrm{d}\tau + \int_{0}^{\infty} \exp(-2\lambda\tau) \exp(-\mathrm{j}\omega\tau)\mathrm{d}\tau \\
&= \frac{1}{2\lambda + \mathrm{j}\omega} + \frac{1}{2\lambda - \mathrm{j}\omega} \\
&= \frac{4\lambda}{4\lambda^2 + \omega^2}
\end{aligned}
\tag{5-20}
$$

表 5-1 给出一些常见的自相关函数 $R_X(\tau)$ 和相应的功率谱密度 $S_X(\omega)$。

表 5-1 常见自相关函数与功率谱密度

自相关函数	功率谱密度
$R_X(\tau) = \sigma^2 \exp(-\alpha|\tau|)$	$S_X(\omega) = \dfrac{2\sigma^2\alpha}{\alpha^2 + \omega^2}$
$R_X(\tau) = \delta(\tau)$	$S_X(\omega) = 1$
$R_X(\tau) = \dfrac{A^2}{2}\cos\omega_0\tau$	$S_X(\omega) = \dfrac{\pi A^2}{2}(\delta(\omega - \omega_0) + \delta(\omega + \omega_0))$
$R_X(\tau) = \left(\dfrac{S_0}{\pi}\right)\dfrac{\sin\omega_0\tau}{\tau}$	$S_X(\omega) = \begin{cases} S_0, & |\omega| \leqslant \omega_0 \\ 0, & |\omega| > \omega_0 \end{cases}$
$R_X(\tau) = \begin{cases} 1 - \dfrac{|\tau|}{T_0}, & |\tau| \leqslant T_0 \\ 0, & |\tau| > T_0 \end{cases}$	$S_X(\omega) = T_0\left(\dfrac{\sin(\omega t_0/2)}{\omega t_0/2}\right)^2$
$R_X(\tau) = \exp(-\alpha|\tau|)\cos\omega_0\tau$	$S_X(\omega) = \dfrac{\alpha}{\alpha^2 + (\omega - \omega_0)^2} + \dfrac{\alpha}{\alpha^2 + (\omega + \omega_0)^2}$
$R_X(\tau) = \sigma^2 \exp(-\alpha\tau^2)$	$S_X(\omega) = \sigma^2\sqrt{\dfrac{\pi}{\alpha}}\exp\left(-\dfrac{\omega^2}{4\alpha}\right)$
$R_X(\tau) = \sigma^2 \exp(-\alpha\tau^2)\cos\beta\tau$	$S_X(\omega) = \dfrac{\sigma^2}{2}\sqrt{\dfrac{\pi}{\alpha}}\left(\exp\left(-\dfrac{(\omega - \beta)^2}{4\alpha}\right) + \exp\left(-\dfrac{(\omega + \beta)^2}{4\alpha}\right)\right)$

例 5.4 (有理谱密度的相关函数) 工程中常见信号的功率谱密度 $S_X(\omega)$ 多数可以表示为如下形式

$$S_X(\omega) = \frac{P(\omega^2)}{Q(\omega^2)} = \frac{a_{2n}\omega^{2n} + \cdots + a_2\omega^2 + a_0}{b_{2m}\omega^{2m} + \cdots + b_2\omega^2 + b_0} \tag{5-21}$$

通常称该类功率谱密度为有理谱密度。通过部分分式分解，可以把有理谱密度化为较为简单的形式，然后使用表 5-1 中的公式求得对应的自相关函数。现通过一个简单的例子来说明。设随机过程 $X(t)$ 的功率谱密度为

$$S_X(\omega) = \frac{\omega^2 + 4}{\omega^4 + 10\omega^2 + 9}$$

从而有

$$S_X(\omega) = \frac{\omega^2 + 4}{(\omega^2 + 9)(\omega^2 + 1)} = \frac{5/8}{\omega^2 + 9} + \frac{3/8}{\omega^2 + 1}$$

利用公式

$$R_X(\tau) = \sigma^2 \exp(-\alpha|\tau|) \leftrightarrow S_X(\omega) = \frac{2\sigma^2\alpha}{\alpha^2 + \omega^2}$$

得到相应的自相关函数为

$$R_X(\tau) = \tfrac{5}{48} \exp(-3|\tau|) + \tfrac{3}{16} \exp(-|\tau|) \qquad \blacksquare$$

5.3   联合平稳随机过程的互相关函数及互功率谱密度

上一节中指出, 随机过程 $X(t)$ 的自相关函数 $R_X(\tau)$ 和其功率谱密度 $S_X(\omega)$ 互为 Fourier 变换对。把这个结果稍加延伸, 考虑两个联合宽平稳的随机过程 $X(t)$ 和 $Y(t)$, 设其互相关函数为 $R_{XY}(\tau)$ 和 $R_{YX}(\tau)$, 定义

$$S_{XY}(\omega) = \int_{-\infty}^{\infty} R_{XY}(\tau) \exp(-\mathrm{j}\omega\tau)\mathrm{d}\tau \qquad (5\text{-}22)$$

$$S_{YX}(\omega) = \int_{-\infty}^{\infty} R_{YX}(\tau) \exp(-\mathrm{j}\omega\tau)\mathrm{d}\tau \qquad (5\text{-}23)$$

称 $S_{XY}(\omega)$ 和 $S_{YX}(\omega)$(也就是 $R_{XY}(\tau)$ 和 $R_{YX}(\tau)$ 的 Fourier 变换) 为过程 $X(t)$ 与 $Y(t)$ 的互功率谱密度 (cross spectral density)。

为什么要定义互功率谱密度函数? 考虑随机过程之和的功率谱密度, 设 $X(t)$ 和 $Y(t)$ 是满足联合平稳条件的宽平稳随机过程, 令 $Z(t) = X(t) + Y(t)$, 则 $Z(t)$ 的自相关函数为

$$R_Z(\tau) = E(Z(t+\tau)\overline{Z(t)}) = R_X(\tau) + R_{XY}(\tau) + R_{YX}(\tau) + R_Y(\tau)$$

可知在研究和过程的功率谱密度时, 会遇到互相关函数的 Fourier 变换, 必须给以适当定义, 从而得到

$$S_Z(\omega) = S_X(\omega) + S_{XY}(\omega) + S_{YX}(\omega) + S_Y(\omega) \qquad (5\text{-}24)$$

从中可以看出引入互谱密度这一概念的必要性。

随机过程的功率谱密度和互功率谱密度有一些很简单的性质, 罗列如下:

命题 5.1 (功率谱密度和互谱密度的性质)   设 $X(t)$ 与 $Y(t)$ 为联合平稳的宽平稳随机过程, $S_X(\omega)$ 为 $X(t)$ 的功率谱密度, $S_Y(\omega)$ 为 $Y(t)$ 的功率谱密度, $S_{XY}(\omega)$ 和 $S_{YX}(\omega)$ 为 $X(t)$ 和 $Y(t)$ 的互功率谱密度, 则有

$$S_X(\omega) \geqslant 0, \quad S_Y(\omega) \geqslant 0 \qquad (5\text{-}25)$$

$$S_{XY}(\omega) = \overline{S_{YX}(\omega)} \qquad (5\text{-}26)$$

如果 $X(t)$ 是实过程, 则 $S_X(\omega)$ 是偶函数, 且有

$$R_X(\tau) = \frac{1}{\pi} \int_0^{\infty} S_X(\omega) \cos\omega\tau \mathrm{d}\omega \qquad (5\text{-}27)$$

$$S_X(\omega) = 2 \int_0^{\infty} R_X(\tau) \cos\omega\tau \mathrm{d}\tau \qquad (5\text{-}28)$$

或者

$$R_X(\tau) = 2\int_0^\infty S_X(f)\cos 2\pi f\tau\mathrm{d}f \tag{5-29}$$

$$S_X(f) = 2\int_0^\infty R_X(\tau)\cos 2\pi f\tau\mathrm{d}\tau \tag{5-30}$$

证明 (1) 式 (5-25) 前面已经证明。

(2) 式 (5-27), 式 (5-28) 的证明。由于 $X(t)$ 为实过程, 有

$$R_X(\tau) = E(X(t+\tau)\overline{X(t)}) = E(X(t+\tau)X(t)) = E(X(t)X(t+\tau)) = R_X(-\tau)$$

所以自相关函数 $R_X(\tau)$ 是偶函数。从而

$$\begin{aligned}
S_X(\omega) &= \int_{-\infty}^\infty R_X(\tau)\exp(-\mathrm{j}\omega\tau)\mathrm{d}\tau \\
&= \int_{-\infty}^\infty R_X(\tau)\cos\omega\tau\mathrm{d}\tau - \mathrm{j}\int_{-\infty}^\infty R_X(\tau)\sin\omega\tau\mathrm{d}\tau \\
&= \int_{-\infty}^\infty R_X(\tau)\cos\omega\tau\mathrm{d}\tau \\
&= 2\int_0^\infty R_X(\tau)\cos\omega\tau\mathrm{d}\tau
\end{aligned}$$

可看出, $S_X(\omega) = S_X(-\omega)$, 因此有

$$\begin{aligned}
R_X(\tau) &= \frac{1}{2\pi}\int_{-\infty}^\infty S_X(\omega)\exp(\mathrm{j}\omega\tau)\mathrm{d}\omega \\
&= \frac{1}{2\pi}\int_{-\infty}^\infty S_X(\omega)\cos\omega\tau\mathrm{d}\omega + \mathrm{j}\int_{-\infty}^\infty S_X(\omega)\sin\omega\tau\mathrm{d}\omega \\
&= \frac{1}{2\pi}\int_{-\infty}^\infty S_X(\omega)\cos\omega\tau\mathrm{d}\omega \\
&= \frac{1}{\pi}\int_0^\infty S_X(\omega)\cos\omega\tau\mathrm{d}\omega
\end{aligned}$$

这两个等式恰好构成了实平稳随机过程的自相关函数以及功率谱密度之间特殊的变换关系。

(3) 式 (5-26) 的证明。由于

$$R_{XY}(\tau) = \overline{R_{YX}(-\tau)}$$

所以

$$\begin{aligned}
S_{XY}(\omega) &= \int_{-\infty}^\infty R_{XY}(\tau)\exp(-\mathrm{j}\omega\tau)\mathrm{d}\tau \\
&= \int_{-\infty}^\infty \overline{R_{YX}(-\tau)}\exp(-\mathrm{j}\omega\tau)\mathrm{d}\tau \\
&= \overline{\int_{-\infty}^\infty R_{YX}(-\tau)\exp(\mathrm{j}\omega\tau)\mathrm{d}\tau} \\
&= \overline{\int_{-\infty}^\infty R_{YX}(\tau)\exp(-\mathrm{j}\omega\tau)\mathrm{d}\tau} \\
&= \overline{S_{YX}(\omega)}
\end{aligned}$$

把 $S_{XY}(\omega) = \overline{S_{YX}(\omega)}$ 代入式 (5-24)，可知两者间的共轭关系保证了和过程 $Z(t)$ 的功率谱密度的实值性质。

5.4   宽平稳过程的谱表示

随机过程自相关函数的谱表示已经被工程界广泛接受。因而很自然地引出了另一个问题：随机过程自身是否有谱表示呢？为什么不能像"信号与系统"课程当中处理确定性信号那样，对随机过程直接进行 Fourier 变换呢？本节将回答这些问题。

前已指出，使 Fourier 变换中的积分收敛，要求待变换的函数满足一定的条件，尽管提出一个简明易用的必要条件并不容易，但却不难给出充分条件，例如绝对可积。问题的关键就在这里，对于普通的宽平稳随机过程 $X(t)$，其样本轨道是否满足 Fourier 积分收敛的条件呢？答案一般来说是否定的。也就是说，对于积分

$$\hat{X}(\omega) = \int_{-\infty}^{\infty} X(t) \exp(-\mathrm{j}\omega t)\mathrm{d}t$$

无论将 $X(t)$ 看作随机过程样本轨道的普通确定性积分，还是将该式看作均方意义下的积分，都需要对过程 $X(t)$ 附加苛刻的条件，才能够保证其收敛。而对于一般的宽平稳随机过程，积分都会在一些频点上发散。如果积分发散，意味着在这些频点上，$|\hat{X}(\omega)| = \infty$，无法进行正常的 Fourier 反变换，也就无法像处理确定性信号那样，得到信号的谱表示式

$$X(t) = \frac{1}{2\pi} \int_{-\infty}^{\infty} \exp(\mathrm{j}\omega t)\hat{X}(\omega)\mathrm{d}\omega$$

为了解决这一问题，先从物理上观察。假定用一系列理想带通滤波器覆盖全频带，各个滤波器的通带相互间不交叠且都足够窄，只允许单一频率的分量通过 (这当然是一种理想化)，则可以让随机过程并行通过这些滤波器，每一个滤波器的输出都是随机幅度的复三角函数。各个滤波器输出之和就是所需要的表示。而在数学上，将使用 Stieltjes 积分来克服积分发散所带来的困难。

定理 5.3 (宽平稳过程的谱表示)   设 $X(t)$ 为零均值均方连续的宽平稳随机过程，其相关函数的谱分布函数为 $F(\omega)$，则存在正交增量过程 $\{Z(\omega), \omega \in \mathbb{R}\}$，满足 $E|Z(\omega_2) - Z(\omega_1)|^2 = F(\omega_2) - F(\omega_1)$， $\omega_2 \geqslant \omega_1$，且有

$$X(t) = \int_{\infty}^{\infty} \exp(\mathrm{j}\omega t)\mathrm{d}Z(\omega) \tag{5-31}$$

谱表示定理有很多种证明方法。最为简明的证明需要用到泛函分析当中关于算子表示的 Stone 定理。这里给出的证明尽管步骤繁琐一些，但是关键思路很明确。很多步骤属于保证严格性的细节，并不具有本质的重要性。

在证明开始之前，首先给出线性代数中的一个概念 —— 线性映射 (linear mapping) 的等距同构 (isometry)。

定义 5.1 (等距同构线性映射)   设 X, Y 定义为有内积 $\langle\ ,\ \rangle_X, \langle\ ,\ \rangle_Y$ 的两个线性空间，$f : X \to Y$ 为线性映射，如果 f 能够保持映射前后内积不变，即

$$\langle u, v \rangle_X = \langle f(u), f(v) \rangle_Y \tag{5-32}$$

于是，对于内积诱导出来的距离，有

$$\|u - v\|_X = \|f(u) - f(v)\|_Y \tag{5-33}$$

也就是映射 f 可以保持映射前后距离不变，则称 f 为等距同构线性映射。

下面用等距同构线性映射证明谱表示定理。

证明 第一步

考虑两个线性空间，$H(X) = \text{span}\{X(t), t \in \mathbb{R}\}$ 是 $X(t)$ 在不同时刻所对应的随机变量张成的线性空间，其上有内积

$$\langle X_1, X_2 \rangle_{H(X)} = E(X_1 \overline{X_2})$$

而 $H(F) = L_2(F)$ 为定义于实轴上的均方可积函数所组成的线性空间，其元素满足 $\int_{-\infty}^{\infty} g(\omega) \times dF(\omega) < \infty$，$g(\omega) \in H(F)$，其中的 $F(\omega)$ 是随机过程 $X(t)$ 的相关函数的谱分布函数，且有内积

$$\langle g_1, g_2 \rangle_{H(F)} = \int_{-\infty}^{\infty} g_1(\omega) \overline{g_2(\omega)} dF(\omega)$$

两个空间的内积各自诱导出线性空间的范数

$$\|X\|_{H(X)}^2 = E(|X|^2)$$

$$\|g\|_{H(F)}^2 = \int_{-\infty}^{\infty} |g(\omega)|^2 dF(\omega)$$

注意到

$$\|X(t)\|_{H(X)}^2 = E(|X(t)|^2) = R_X(0)$$

$$\|\exp(j\omega t)\|_{H(F)}^2 = \int_{-\infty}^{\infty} |\exp(j\omega t)|^2 dF(\omega) = R_X(0)$$

也就是说，不同空间中的两个看似无关联的对象 $X(t)$ 和 $\exp(j\omega t)$ 具有相同的"长度"。不仅如此，还有

$$\langle X(t), X(s) \rangle_{H(X)} = E(X(t)\overline{X(s)}) = R_X(t-s)$$
$$= \int_{-\infty}^{\infty} \exp(j\omega t)\overline{\exp(j\omega s)} dF(\omega)$$
$$= \langle \exp(j\omega t), \exp(j\omega s) \rangle_{H(F)}$$

也就是说，对于 $(X(t), X(s))$ 和 $(\exp(j\omega t), \exp(j\omega s))$ 而言，内积也保持不变。这样就找到了从 $H(X)$ 到线性空间 $\text{span}\{\exp(j\omega t), t \in \mathbb{R}\}$(实际上这是 $H(F)$ 的线性子空间) 的一个等距同构线性映射。不妨记该映射为 I，即

$$I(X(t)) = \exp(j\omega t), \quad X(t) = I^{-1}(\exp(j\omega t))$$

为什么要寻找这个等距同构映射？从谱表示的形式可以看出，其目的是要找到 $Z(\omega)$，使得 $X(t)$ 可以由它进行线性表示。直接寻找 $Z(\omega)$ 是困难的，但可以借助上面的等距关系，

把在 $H(X)$ 中寻找 $Z(\omega)$ 的任务转化为在 $H(F)$ 中寻找具有相应性质的函数，从而完成谱表示的验证过程。

第二步

将上述的等距同构从 $\mathrm{span}\{\exp(\mathrm{j}\omega t)\}$ 延拓到 $H(F)$，希望能证明 $H(F)$ 中的任意一个元素都可以在 $H(X)$ 中找到其对应范数相同的元素。下面用若干步骤来实现这一想法。

首先设 n 为常数，设定 t_n 为常数，$t_1, \cdots, t_m$ 为 $(0, t_n)$ 的分划点，定义

$$Y_{m,1} = a_1 X(t_1) + a_2 X(t_2) + \cdots + a_m X(t_m)$$
$$Y_{m,2} = b_1 X(t_1) + b_2 X(t_2) + \cdots + b_m X(t_m)$$
$$g_{m,1}(\omega) = I(Y_{m,1}) = a_1 \exp(\mathrm{j}\omega t_1) + a_2 \exp(\mathrm{j}\omega t_2) + \cdots + a_m \exp(\mathrm{j}\omega t_m)$$
$$g_{m,2}(\omega) = I(Y_{m,2}) = b_1 \exp(\mathrm{j}\omega t_1) + b_2 \exp(\mathrm{j}\omega t_2) + \cdots + b_m \exp(\mathrm{j}\omega t_m)$$

分别是等距同构元素 $X(t_k), k = 1, \cdots, m$ 和 $\exp(\mathrm{j}\omega t_k), k = 1, \cdots, m$ 的线性组合，可以直接验证

$$\langle Y_{m,1}, Y_{m,2} \rangle_{H(X)} = \langle g_{m,1}, g_{m,2} \rangle_{H(F)}$$

也就是说在线性组合下映射前后的内积保持不变。并且距离在映射前后也保持不变，即

$$\|Y_{m,2} - Y_{m,1}\|_{H(X)} = \|g_{m,2} - g_{m,1}\|_{H(F)}$$

其次，极限行为也不会影响等距同构。当 $m \to \infty$, $\max|t_{k+1} - t_k| \to 0$, $i \in \mathbb{N}$ 时，$Y_{m,i} \to Y_i$, $Y_i \in H(X)$，而 $g_i = I(Y_i)$ 为 $H(F)$ 中的等距同构元素，则由距离保持不变，有

$$\|Y_i - Y_j\|_{H(X)} = \|g_i - g_j\|_{H(F)}$$

由于 $H(F)$ 是完备的，所以存在 $g = I(Y) \in H(F)$，使得当 $m \to \infty$, $\max|t_{k+1} - t_k| \to 0$, $i \in \mathbb{N}$ 时，$g_{m,i} \to g$，且有 $\|Y\|_{H(X)} = \|g\|_{H(F)}$。

第三步

把等距同构 I 从 $H(F)$ 的一个子空间 $\{\exp(\mathrm{j}\omega t)\}$ 扩展到 $H(F)$ 全空间上。为方便起见，仍记之为 I。事实上，由分析中的 Stone-Weierstrass 定理，每一个 $H(F)$ 中的函数都可以被复三角函数组成的多项式无限逼近。所以有如下的重要结论：$\forall u, v \in H(X)$，都有 $I(u), I(v) \in H(F)$，使得

$$\|u\|_{H(X)} = \|I(u)\|_{H(F)}, \quad \|v\|_{H(X)} = \|I(v)\|_{H(F)}$$
$$\|u - v\|_{H(X)} = \|I(u) - I(v)\|_{H(F)}$$

这个映射 I 正是需要的从 $H(X)$ 到 $H(F)$ 的等距同构线性映射。

第四步

现在利用这种等距同构线性映射 I 来找到谱表示中所需要的 $Z(\omega)$。定义 $g_{\omega_0}(\omega) \in H(F)$ 为

$$g_{\omega_0}(\omega) = \begin{cases} 1, & \omega \leqslant \omega_0 \\ 0, & \omega > \omega_0 \end{cases}$$

不难看出

$$\|g_{\omega_0}(\omega)\|_{H(F)}^2 = \int_{-\infty}^{\infty} |g_{\omega_0}(\omega)|^2 \mathrm{d}F(\omega) = \int_{-\infty}^{\omega_0} \mathrm{d}F(\omega)$$

而且对于 $\omega_1 < \omega_2$, 有

$$\|g_{\omega_2} - g_{\omega_1}\|_{H(F)}^2 = F(\omega_2) - F(\omega_1)$$

令 $Z(\omega) = I^{-1}(g_\omega)$, 则对于 $\omega_1 < \omega_2 \leqslant \omega_3 < \omega_4$ 有

$$E(Z(\omega_4) - Z(\omega_3)\overline{(Z(\omega_2) - Z(\omega_1))}) = \int_{-\infty}^{\infty} (g_{\omega_4}(\omega) - g_{\omega_3}(\omega))\overline{(g_{\omega_2}(\omega) - g_{\omega_1}(\omega))}\mathrm{d}F(\omega) = 0$$

也就是说, 如果将 $Z(\omega)$ 看作以 ω 为指标的随机过程, 则该过程是正交增量过程, 并且满足

$$E|Z(\omega_2) - Z(\omega_1)|^2 = F(\omega_2) - F(\omega_1)$$

第五步

为什么上面构造出的 $Z(\omega)$ 恰好满足

$$X(t) = \int_{-\infty}^{\infty} \exp(\mathrm{j}\omega t)\mathrm{d}Z(\omega)$$

该式右端的积分实际上是一个均方极限过程. 设 $-\infty < \cdots < \omega_{-1} < \omega_0 < \omega_1 < \cdots < \infty$, 需要证明的是当 $\Delta\omega = \max|\omega_{k+1} - \omega_k| \to 0$ 时, 其均方极限为 $X(t)$. 令

$$\lim_{\Delta\omega \to 0} \sum_k \exp(\mathrm{j}\omega_k t)(Z(\omega_{k+1}) - Z(\omega_k))$$

$$= \lim_{\Delta\omega \to 0} S_{\Delta\omega}(t)$$

另一方面在普通极限的意义下, 有

$$\exp(\mathrm{j}\omega t) = \lim_{\Delta\omega \to 0} \sum_k \exp(\mathrm{j}\omega_k t)(g_{\omega_{k+1}}(\omega) - g_{\omega_k}(\omega))$$

$$= \lim_{\Delta\omega \to 0} G_{\Delta\omega}^t(\omega)$$

注意到两个事实, 一方面 $Z(\omega_{k+1}) - Z(\omega_k)$ 和 $g_{\omega_{k+1}} - g_{\omega_k}$ 等距同构, 从而 $S_{\Delta\omega}(t)$ 与 $G_{\Delta\omega}^t(\omega)$ 等距同构; 另一方面, $X(t)$ 和 $\exp(\mathrm{j}\omega t)$ 等距同构, 根据等距同构在极限下保持不变的性质, 故有

$$X(t) = \lim_{\Delta\omega \to 0} S_{\Delta\omega}(t) = \int_{-\infty}^{\infty} \exp(\mathrm{j}\omega t)\mathrm{d}Z(\omega) \tag{5-34}$$

■

式 (5-34) 正是需要证明的宽平稳过程的谱表示公式.

有时称式 (5-34) 当中的 $Z(\omega)$ 为谱过程, 它可以被看作宽平稳过程的 "Fourier 变换". 有如下的逆转公式

$$Z(\omega) = \lim_{T \to \infty} \frac{1}{2\pi} \int_{-T}^{T} \frac{\exp(-\mathrm{j}\omega t) - 1}{-\mathrm{j}t} X(t)\mathrm{d}t \tag{5-35}$$

由宽平稳过程自身的谱表示出发, 利用 $Z(\omega)$ 的独立增量性, 就可以得到其相关函数的谱表示.

$$E(X(t)\overline{X(s)}) = E\left(\int_{-\infty}^{\infty} \exp(\mathrm{j}\omega t)\mathrm{d}Z(\omega)\overline{\int_{-\infty}^{\infty} \exp(\mathrm{j}\lambda s)\mathrm{d}Z(\lambda)}\right)$$

$$= E\left(\int_{-\infty}^{\infty}|\int_{-\infty}^{\infty} \exp(\mathrm{j}\omega t)\exp(-\mathrm{j}\lambda s)\mathrm{d}Z(\omega)\overline{\mathrm{d}Z(\lambda)}\right)$$

$$= \int_{-\infty}^{\infty} \exp(j\omega(t-s))E|dZ(\omega)|^2$$

$$= \int_{-\infty}^{\infty} \exp(j\omega(t-s))dF(\omega)$$

由此可以看出，随机过程自身的谱表示比相关函数的谱表示更为本质。

利用谱过程，不仅可以对 $X(t)$ 作出线性表示，还可以对 $H(X)$ 中的任意元素进行线性表示。

推论 5.1 $\forall Y \in H(x)$，都可以找到 $g(\omega) \in H(F)$，使得

$$Y = \int_{-\infty}^{\infty} g(\omega)dF(\omega) \tag{5-36}$$

这个推论请读者自行证明。

考虑谱表示的两种情况。

(1) 如果谱分布函数 $F(\omega)$ 为阶梯函数，设间断点为 $\{\omega_k\}$，跳变高度为 $\{\Delta F_k\}$，那么相应的 $Z(\omega)$ 是阶梯随机函数，间断点仍为 $\{\omega_k\}$，跳变高度 ΔZ_k 满足 $E\|\Delta Z_k\|^2 = \Delta F_k$，有

$$X(t) = \sum_k \Delta Z_k \exp(j\omega_k t) \tag{5-37}$$

相应的自相关函数满足

$$R_X(\tau) = \sum_k \Delta F_k \exp(j\omega_k \tau) \tag{5-38}$$

式 (5-37) 就是随机过程 $X(t)$ 的"离散谱"的谱表示。谱过程 $Z(\omega)$ 表示宽平稳过程 $X(t)$ 在各个频率分量上的幅度以及相位。从谱表示中的积分形式不太容易理解这一点，但对于"离散谱"这一特殊情况，就非常显然了。如果 $X(t)$ 为实过程，设 $\Delta Z_k = \rho_k \exp(j\theta_k)$，则有

$$X(t) = \sum_k \rho_k \cos(\omega_k t + \theta_k) \tag{5-39}$$

(2) 如果谱分布函数可导，设 $F(\omega) = \int_{-\infty}^{w} f(\lambda)d\lambda$，对 $Z(\omega)$ 进行归一化，得到

$$X(t) = \int_{-\infty}^{\infty} \exp(j\omega t)\sqrt{f(\omega)}d\widetilde{Z}(\omega) \tag{5-40}$$

其中，$d\widetilde{Z}(\omega) = \dfrac{dZ(\omega)}{\sqrt{f(\omega)}}$ 满足 $E|d\widetilde{Z}(\omega)|^2 = d\omega$。这时，称式 (5-40) 为"连续谱"的谱表示。

对于实过程，$Z(\omega)$ 应满足一定的对称性条件，还可以得到"单边谱"，令 ΔZ_0 为 $Z(\omega)$ 在 0 点的跳变高度，则

$$X(t) = \int_{-\infty}^{\infty} \exp(j\omega t)dZ(\omega)$$

$$= \int_{0+}^{\infty} \exp(j\omega t)dZ(\omega) + \int_{-\infty}^{0-} \exp(j\omega t)dZ(\omega) + \Delta Z_0$$

$$= \int_{0+}^{\infty} \exp(j\omega t)dZ(\omega) + \int_{0+}^{\infty} \exp(-j\omega t)dZ(-\omega) + \Delta Z_0$$

$$= \int_{0+}^{\infty} \cos \omega t(\mathrm{d}Z(\omega) + \mathrm{d}Z(-\omega)) + \mathrm{j} \int_{0+}^{\infty} \sin \omega t(\mathrm{d}Z(\omega) - \mathrm{d}Z(-\omega)) + \Delta Z_0$$

$X(t)$ 为实过程的充分条件是 ΔZ_0 为实的、$\mathrm{d}Z(\omega) + \mathrm{d}Z(-\omega)$ 为实的，且 $\mathrm{d}Z(\omega) - \mathrm{d}Z(-\omega)$ 为纯虚的。也就是说 $\mathrm{d}Z(\omega) = \overline{\mathrm{d}Z(-\omega)}$。

引入两个新过程 $\{u(\omega), 0 < \omega < \infty\}$ 和 $\{v(\omega), 0 < \omega < \infty\}$，$u(0-) = v(0-) = v(0+) = 0$，$u(0+) = \Delta Z_0$，且有

$$\mathrm{d}u(\omega) = \mathrm{d}Z(\omega) + \mathrm{d}Z(-\omega) = 2\mathrm{Re}(\mathrm{d}Z(\omega))$$
$$\mathrm{d}v(\omega) = \mathrm{j}(\mathrm{d}Z(\omega) - \mathrm{d}Z(-\omega)) = -2\mathrm{Im}(\mathrm{d}Z(\omega))$$

于是，若 $X(t)$ 为实过程，则其谱表示为

$$X(t) = \int_0^{\infty} \cos \omega t \, \mathrm{d}u(\omega) + \int_0^{\infty} \sin \omega t \, \mathrm{d}v(\omega) + u(0^+)$$

其中 $u(\omega)$ 和 $v(\omega)$ 有如下的简单性质 (请读者自行验证)

$$E(\mathrm{d}u(\omega)\mathrm{d}v(\lambda)) = 0, \quad \forall \omega, \lambda \in \mathbb{R}$$
$$E(\mathrm{d}u(\omega)^2) = \begin{cases} 2\mathrm{d}F(\omega), & \omega > 0 \\ \mathrm{d}F(0), & \omega = 0 \end{cases}$$
$$E(\mathrm{d}v(\omega)^2) = \begin{cases} 2\mathrm{d}F(\omega), & \omega > 0 \\ \mathrm{d}F(0), & \omega = 0 \end{cases}$$

这种单边谱表示在今后通信信号的研究中会用到。

对于离散时间随机序列，只要把积分的上下限从 $\pm\infty$ 变为 $\pm\pi$，也有相应的谱表示

$$X(n) = \int_{-\pi}^{\pi} \exp(\mathrm{j}\omega n)\mathrm{d}Z(\omega) \tag{5-41}$$

其中的谱过程 $Z(\omega)$ 有如下表示

$$Z(\omega) = \frac{1}{2\pi}\left\{ \omega X(0) - \sum_{k \neq 0} \frac{\exp(\mathrm{j}\omega k)}{\mathrm{j}k} X(k) \right\} \tag{5-42}$$

例 5.5 (Gauss 过程的谱表示) 出于历史的原因和问题自身的意义，讨论 Gauss 过程的谱表示。首先肯定，Gauss 过程 $X(t)$ 的谱过程 $Z(\omega)$ 也是 Gauss 过程，从谱表示的线性性质看这是显然的。因而过程 $u(\omega)$ 和 $v(\omega)$ 也是 Gauss 过程。由于它们都是正交增量过程，由 Gauss 过程的性质，它们也是独立增量过程。

设 $f(\omega)$ 为过程 $X(t)$ 的功率谱密度，经过适当的归一化可得

$$X(t) = \int_0^{\infty} \sqrt{f(\omega)} \cos \omega t \, \mathrm{d}u(\omega) + \int_0^{\infty} \sqrt{f(\omega)} \sin \omega t \, \mathrm{d}v(\omega) \tag{5-43}$$

用求和对积分作近似，得到

$$X(t) = \sum_k U_k \sqrt{\Delta f(\omega_k)} \cos \omega_k t + \sum_k V_k \sqrt{\Delta f(\omega_k)} \sin \omega_k t$$
$$= \sum_k A_k \sqrt{\Delta f(\omega_k)} \cos(\omega_k t + \phi_k) \tag{5-44}$$

其中，$A_k = \sqrt{U_k^2 + V_k^2}$，$\phi_k = \arctan\left(-\dfrac{V_k}{U_k}\right)$，$U_k$ 和 V_k 是标准的 Gauss 随机变量。由于 $u(\omega)$ 和 $v(\omega)$ 的独立增量性，所以 $\{U_k\}$ 和 $\{V_k\}$ 是彼此独立的。

这种表示方式历史悠久，英国科学家 Rayleigh 爵士于 19 世纪后期首先使用该公式研究热辐射问题；其后著名科学家 Einstein 在 1910 年左右使用该表示探讨了 Brown 运动以及 Gauss 随机现象，这个表示是对 Gauss 过程进行随机模拟的重要理论依据。

5.5   随机过程通过线性系统

在 5.1 节中提到过，线性系统冲激响应的"时不变"特性给从频域入手研究其输入输出间关联提供了便利。5.2 节和 5.4 节又给出了宽平稳随机过程及其自相关函数的频域表示方式。现将这两者结合起来，从频域的角度研究线性时不变系统的输入为宽平稳随机信号时，输出信号的统计特性。

设有冲激响应为 $h(t,s)$ 的线性系统，输入是宽平稳过程 $X(t), t \in \mathbb{R}$，其均值为 $m_X(t)$，自相关函数为 $R_X(\tau)$，研究输出 $Y(t), t \in \mathbb{R}$ 的统计特性，包括均值 $m_Y(t)$，自相关函数 $R_Y(\tau)$。在均方意义下 $Y(t)$ 可以表示为

$$Y(t) = \int_{-\infty}^{\infty} h(t,s)X(s)\mathrm{d}t \tag{5-45}$$

其均方积分存在的充分必要条件为

$$\int_{-\infty}^{\infty}\int_{-\infty}^{\infty} h(t,u)\overline{h(t,v)}R_X(u,v)\mathrm{d}u\mathrm{d}v < \infty \tag{5-46}$$

输出过程 $Y(t)$ 的均值为

$$\begin{aligned}
m_Y(t) = E(Y(t)) &= E\left(\int_{-\infty}^{\infty} h(t,s)X(s)\mathrm{d}s\right) \\
&= \int_{-\infty}^{\infty} h(t,s)E(X(s))\mathrm{d}s \\
&= \int_{-\infty}^{\infty} h(t,s)m_X(s)\mathrm{d}s
\end{aligned} \tag{5-47}$$

所以输出的均值就是以输入的均值作为确定性信号通过该线性系统的响应。

$Y(t)$ 的自相关函数计算分作两步进行，如图 5-4 所示。首先考虑输出信号与输入信号的互相关函数

$$\begin{aligned}
R_{YX}(t,\tau) &= E\left(\int_{-\infty}^{\infty} h(t,s)X(s)\mathrm{d}s\,\overline{X(\tau)}\right) \\
&= \int_{-\infty}^{\infty} h(t,s)R_X(s,\tau)\mathrm{d}s
\end{aligned} \tag{5-48}$$

然后再得到输出的自相关函数

$$\begin{aligned}
R_Y(u,v) &= E(Y(u)\overline{Y(v)}) \\
&= E\left(Y(u)\overline{\int_{-\infty}^{\infty} h(v,\tau)X(\tau)\mathrm{d}\tau}\right) \\
&= \int_{-\infty}^{\infty} \overline{h(v,\tau)}R_{YX}(u,\tau)\mathrm{d}\tau
\end{aligned}$$

$$= \int_{-\infty}^{\infty} \int_{-\infty}^{\infty} \overline{h(v,\tau)} h(u,s) R_X(s,\tau) \mathrm{d}s \mathrm{d}\tau \tag{5-49}$$

如果线性系统是时不变的，即 $h(t,s) = h(t-s)$，则有

$$R_{YX}(t,\tau) = \int_{-\infty}^{\infty} h(t-s) R_X(s,\tau) \mathrm{d}s$$

$$R_Y(u,v) = \int_{-\infty}^{\infty} \int_{-\infty}^{\infty} \overline{h(v-\tau)} h(u-s) R_X(s,\tau) \mathrm{d}s \mathrm{d}\tau$$

图 5-4 中各框图：$X(s) \to h(t,s) \to Y(t)$；$R_X(s,\tau) \to h(t,s) \to R_{YX}(t,\tau)$；$m_X(s) \to h(t,s) \to m_Y(t)$；$R_{YX}(u,\tau) \to \overline{h(v,\tau)} \to R_Y(u,v)$

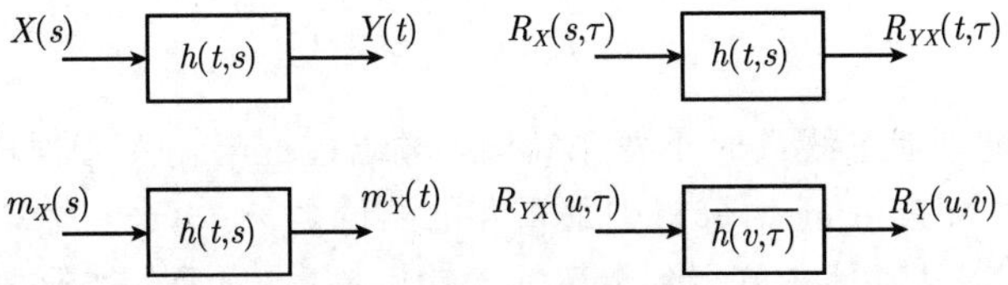

图 5-4　随机过程通过线性系统示意图

由于 $X(t)$ 的宽平稳特性，如图 5-5 所示，$E(X(t)) \equiv m_X$，从而

$$m_Y(t) = m_X \int_{-\infty}^{\infty} h(t-s) \mathrm{d}s = m_X \int_{-\infty}^{\infty} h(\tau) \mathrm{d}\tau = C \text{ (常数)}$$

并且有

$$R_{YX}(t,\tau) = \int_{-\infty}^{\infty} h(t-s) R_X(s-\tau) \mathrm{d}s = \int_{-\infty}^{\infty} h(t-\tau-s') R_X(s') \mathrm{d}s' = R_{YX}(t-\tau)$$

$$R_Y(u,v) = \int_{-\infty}^{\infty} \int_{-\infty}^{\infty} \overline{h(v-\tau)} h(u-s) R_X(s-\tau) \mathrm{d}s \mathrm{d}\tau$$

$$= \int_{-\infty}^{\infty} \int_{-\infty}^{\infty} \overline{h(-\tau')} h(u-v-s'-\tau') R_X(s') \mathrm{d}s' \mathrm{d}\tau' = R_Y(u-v)$$

图 5-5 中各框图：$X(t) \to h(t) \to Y(t)$；$R_X \to h(t) \to R_{YX}=h*R_X$；$m_X(t) \to h(t) \to m_Y(t)$；$R_{YX} \to \overline{h(-t)} \to R_Y=h*\tilde{h}*R_X$

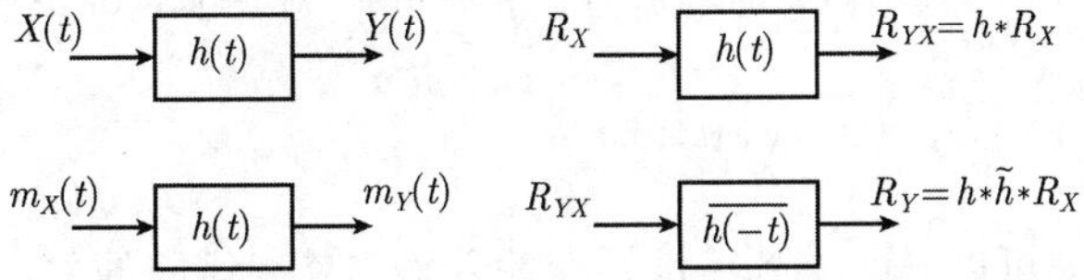

图 5-5　宽平稳随机过程通过线性时不变系统示意图

仔细观察这个公式，尽管输出过程的自相关函数和输入过程的自相关函数与系统冲激响应之间的关系比较复杂，但仍可利用卷积关系进行简化。令

$$\tilde{h}(t) = \overline{h(-t)}$$

则

$$R_Y(u-v) = \tilde{h}*h*R_X(u-v) \tag{5-50}$$

总结上面的结果得

$$m_Y = m_X \int_{-\infty}^{\infty} h(t) \mathrm{d}t, \qquad R_{YX} = h*R_X, \qquad R_Y = h*\tilde{h}*R_X \tag{5-51}$$

对于协方差函数同样有

$$C_{YX} = h * C_X, \qquad C_Y = h * \widetilde{h} * C_X \tag{5-52}$$

由此可知：宽平稳随机过程通过线性时不变系统，输出的均值为常数，输出的自相关函数只依赖于时间差，仍然是宽平稳过程；同时输入输出过程的互相关函数也只依赖于时间差，所以它们是联合平稳的。从而得到

$$S_{YX}(\omega) = H(\omega)S_X(\omega) = \overline{S_{XY}(\omega)}$$
$$S_Y(\omega) = \overline{H(\omega)}H(\omega)S_X(\omega)$$
$$= |H(\omega)|^2 S_X(\omega) \tag{5-53}$$

这就是宽平稳随机过程通过线性时不变系统时，输出过程与输入过程功率谱密度之间的关系。这也是随机过程的 Fourier 谱分析中最重要的结论之一。

应当指出，还可以从其他角度得到上述输入输出关系。如利用"推广的 Parseval 等式"。

命题 5.2　设 $X(t)$ 和 $Y(t)$ 是联合平稳的宽平稳随机过程，其互功率谱密度为 $S_{XY}(\omega)$，$f(t)$ 和 $g(t)$ 是确定性实信号，$F(\omega)$ 和 $G(\omega)$ 分别是它们的 Fourier 变换，则

$$E\left[\left(\int_{-\infty}^{\infty} f(t)X(t)\mathrm{d}t\right)\overline{\left(\int_{-\infty}^{\infty} g(s)Y(s)\mathrm{d}s\right)}\right] = \frac{1}{2\pi}\int_{-\infty}^{\infty} F(-\omega)G(\omega)S_{XY}(\omega)\mathrm{d}\omega \tag{5-54}$$

证明　通过直接计算完成证明

$$E\left[\left(\int_{-\infty}^{\infty} f(t)X(t)\mathrm{d}t\right)\overline{\left(\int_{-\infty}^{\infty} g(s)Y(s)\mathrm{d}s\right)}\right]$$
$$= \int_{-\infty}^{\infty}\int_{-\infty}^{\infty} f(t)g(s)R_{XY}(t-s)\mathrm{d}t\mathrm{d}s$$
$$= \frac{1}{2\pi}\int_{-\infty}^{\infty}\int_{-\infty}^{\infty}\int_{-\infty}^{\infty} f(t)g(s)\exp(\mathrm{j}\omega(t-s))S_{XY}(\omega)\mathrm{d}t\mathrm{d}s\mathrm{d}\omega$$
$$= \frac{1}{2\pi}\int_{-\infty}^{\infty}\left(\int_{-\infty}^{\infty} f(t)\exp(\mathrm{j}\omega t)\mathrm{d}t\right)\left(\int_{-\infty}^{\infty} g(s)\exp(-\mathrm{j}\omega s)\mathrm{d}s\right)S_{XY}(\omega)\mathrm{d}\omega$$
$$= \frac{1}{2\pi}\int_{-\infty}^{\infty} F(-\omega)G(\omega)S_{XY}(\omega)\mathrm{d}\omega$$

由上述等式出发，可以立即得到线性系统输入输出功率谱间的关系

$$R_Y(t,s) = R_Y(t-s) = E(Y(t)\overline{Y(s)})$$
$$= E\left[\left(\int_{-\infty}^{\infty} h(t-\mu)X(\mu)\mathrm{d}\mu\right)\overline{\left(\int_{-\infty}^{\infty} h(s-\nu)X(\nu)d\nu\right)}\right]$$
$$= \frac{1}{2\pi}\int_{-\infty}^{\infty} \exp(\mathrm{j}\omega(t-s))H(-\omega)H(\omega)S_X(\omega)\mathrm{d}\omega$$
$$= \frac{1}{2\pi}\int_{-\infty}^{\infty} \exp(\mathrm{j}\omega(t-s))\overline{H(\omega)}H(\omega)S_X(\omega)\mathrm{d}\omega$$
$$= \frac{1}{2\pi}\int_{-\infty}^{\infty} \exp(\mathrm{j}\omega(t-s))|H(\omega)|^2 S_X(\omega)\mathrm{d}\omega$$

这恰好说明 $S_Y(\omega) = |H(\omega)|^2 S_X(\omega)$。

利用宽平稳过程的谱表示可以得到更加直观的验证。由于

$$X(t) = \int_\infty^\infty \exp(\mathrm{j}\omega t)\mathrm{d}Z_x(\omega)$$

且有

$$Y(t) = \int_\infty^\infty X(t-\tau)h(\tau)\mathrm{d}\tau$$

因而

$$
\begin{aligned}
Y(t) &= \int_{-\infty}^\infty \left(\int_{-\infty}^\infty \exp(\mathrm{j}\omega(t-\tau))\mathrm{d}Z_X(\omega) \right) h(\tau)\mathrm{d}\tau \\
&= \int_{-\infty}^\infty \left(\int_{-\infty}^\infty \exp(-\mathrm{j}\omega\tau)h(\tau)\mathrm{d}\tau \right) \exp(\mathrm{j}\omega t)\mathrm{d}Z_X(\omega) \\
&= \int_{-\infty}^\infty H(\omega)\exp(\mathrm{j}\omega t)\mathrm{d}Z_X(\omega) \\
&= \int_{-\infty}^\infty \exp(\mathrm{j}\omega t)\mathrm{d}Z_Y(\omega)
\end{aligned}
$$

其中 $H(\omega) = \int_{-\infty}^\infty \exp(-\mathrm{j}\omega\tau)h(\tau)\mathrm{d}\tau$ 是系统的传递函数。这样与确定性信号分析的方法与结果相类似,得到了随机信号通过线性系统时,输出输入过程的谱表示("频谱")之间的关联

$$\mathrm{d}Z_Y(\omega) = H(\omega)\mathrm{d}Z_X(\omega) \tag{5-55}$$

当过程的功率谱密度存在时,功率谱密度与过程的谱表示("频谱")之间有非常简明的关系

$$\mathrm{d}F(\omega) = \frac{1}{2\pi}S(\omega)\mathrm{d}\omega = E|\mathrm{d}Z(\omega)|^2 \tag{5-56}$$

由此直接可以得到

$$S_Y(\omega) = |H(\omega)|^2 S_X(\omega) \tag{5-57}$$

从这样一个角度也可以体会功率谱密度与过程的谱表示("频谱")之间的区别和联系。

离散时间宽平稳随机序列输入到线性时不变系统时,可以得到和连续时间情况本质上相同的结论。设输入 $\{X_n : n\in Z\}$ 是离散时间宽平稳随机序列,系统的冲激响应为 $h(k)$,系统的输出为 $\{Y_n : n\in Z\}$,则

$$Y_n = \sum_{k=-\infty}^\infty h(n-k)X_k \tag{5-58}$$

设序列 X_k 的均值为 m_X,自相关函数是 $R_X(k) = E(X_{n+k}\overline{X_n})$,只要把前面连续时间分析中的积分换成求和,可以得到输出序列 Y_n 的均值和相关函数

$$m_Y = m_X \sum_{k=-\infty}^\infty h(k) = C \text{ 常数} \tag{5-59}$$

$$R_{YX} = h * R_X, \quad R_Y = h * \tilde{h} * R_X \tag{5-60}$$

其中 $\tilde{h}(k) = \overline{h(-k)}$。设离散时间系统冲激响应 $h(t)$ 的 z 变换为

$$H(z) = \sum_{k=-\infty}^\infty h(k)z^{-k}$$

同时有 $\widetilde{h}$ 的 z 变换为

$$\widetilde{H}(z) = \sum_{k=-\infty}^{\infty} \widetilde{h}(k)z^{-k} = \sum_{k=-\infty}^{\infty} \overline{h(-k)}z^{-k} = \overline{H(\bar{z}^{-1})}$$

所以输入 X_n 和输出 Y_n 相关函数的 z 变换之间存在关系

$$R_Y(z) = R_X(z)H(z)\overline{H(\bar{z}^{-1})} \tag{5-61}$$

若 $h(k)$ 为实函数，则

$$\widetilde{H}(z) = \sum_{k=-\infty}^{\infty} h(-k)z^{-k} = H\left(\frac{1}{z}\right)$$

$$R_Y(z) = H(z)H\left(\frac{1}{z}\right)R_X(z)$$

令 $z = \exp(\mathrm{j}\omega)$，得到离散时间系统的传递函数为

$$H(\omega) = \sum_{k=-\infty}^{\infty} h(k)\exp(-\mathrm{j}\omega k) \tag{5-62}$$

根据 Herglotz 定理，输入序列的功率谱密度 $S_X(\omega)$ 为

$$S_X(\omega) = \sum_{k=-\infty}^{\infty} R_X(k)\exp(-\mathrm{j}\omega k) \tag{5-63}$$

由式 (5-61)，离散时间系统输出与输入序列的功率谱密度之间同样有关系

$$S_Y(\omega) = |H(\omega)|^2 S_X(\omega) \tag{5-64}$$

下面通过几个例子来熟悉线性系统输出与输入功率谱密度之间的关系。

例 5.6 (实现滑动平均的积分器)   设 $X(t)$ 是实宽平稳随机过程，$T > 0$，$Y(t)$ 为以窗口长度 T 对 $X(t)$ 作滑动平均，即

$$Y(t) = \frac{1}{T}\int_{t-T}^{t} X(s)\mathrm{d}s$$

很明显，$Y(t)$ 是线性时不变系统的输出，该系统输入为 $X(t)$，系统冲激响应为

$$h(t) = \begin{cases} 1/T, & 0 \leqslant t \leqslant T \\ 0, & \text{其他} \end{cases}$$

线性时不变系统输出与输入的自协方差函数之间的关系为 $C_Y = h * \widetilde{h} * C_X$，计算 $h * \widetilde{h}(t)$，得到三角波形

$$h * \widetilde{h}(t) = \begin{cases} \dfrac{1}{T}\left(1 - \dfrac{|t|}{T}\right), & -T \leqslant t \leqslant T \\ 0, & \text{其他} \end{cases}$$

这样可以得到 $Y(t)$ 的方差的表达式

$$\mathrm{Var}(Y(t)) = C_Y(0) = \int_{-\infty}^{\infty} (h * \widetilde{h})(-\tau) C_X(\tau) \mathrm{d}\tau$$

$$= \frac{1}{T} \int_{-T}^{T} \left(1 - \frac{|\tau|}{T}\right) C_X(\tau) \mathrm{d}\tau$$

类似的表达式在均值遍历的讨论中曾见到过。事实上，积分器就是对输入过程作时域平均，其输出的均值与输入的均值相同，所以输出的方差恰为时域平均和集平均之间的均方误差。这里得到的结果就是研究均值遍历时的均方误差。

更进一步，积分器 $h(\tau)$ 的频域传递函数

$$H(\omega) = \int_{-\infty}^{\infty} h(\tau) \exp(-\mathrm{j}\omega\tau) \mathrm{d}\tau$$

$$= \frac{1}{T} \left[\frac{\exp(-\mathrm{j}\omega\tau) - 1}{-\mathrm{j}\omega}\right]$$

从而有

$$S_Y(\omega) = |H(\omega)|^2 S_X(\omega) = \left|\mathrm{sinc}\left(\frac{\omega\tau}{2}\right)\right|^2 S_X(\omega)$$

其中

$$\mathrm{sinc}(x) = \begin{cases} \dfrac{\sin x}{x}, & x \neq 0 \\ 1, & x = 0 \end{cases}$$ ∎

例 5.7 (线性随机微分方程)　　设有线性随机微分方程

$$\frac{\mathrm{d}^2 Y(t)}{\mathrm{d}t^2} + 5\frac{\mathrm{d}Y(t)}{\mathrm{d}t} + 6Y(t) = \frac{\mathrm{d}X(t)}{\mathrm{d}t} + X(t)$$

其中 $X(t)$ 为白噪声过程，均值为 0，自相关函数为 $R_X(\tau) = \sigma^2 \delta(\tau)$，功率谱密度为 σ^2。求输出过程的统计特性。

值得指出的是使用线性常系数微分方程 (差分方程) 描述线性系统是一种常见的方法，且一般假定输入为白噪声，即系统由白噪声驱动。在第 2 章中已经指出，处理这类问题的可行方法有两种，一种是首先求得微分方程的解析解，然后计算均值及自相关函数。尽管方程是线性的，解析解并不易得到，尤其当方程阶数较高的时候，求解过程往往比较复杂，得到解析解以后的计算也较困难。所以一般采用第二种方法，直接从方程本身入手进行统计处理。

在方程两边取均值，得到

$$\frac{\mathrm{d}^2 m_Y(t)}{\mathrm{d}t^2} + 5\frac{\mathrm{d}m_Y(t)}{\mathrm{d}t} + 6m_Y(t) = 0$$

由于 $Y(t)$ 是输入为宽平稳过程时线性时不变系统的输出，所以也是宽平稳的，均值 $m_Y(t) = 0$，即 $Y(t)$ 也是零均值。

计算 $Y(t)$ 的自相关函数可以从功率谱密度入手，把线性微分方程看作线性系统。先求系统的传递函数，将方程两边同时作 Fourier 变换得到

$$(\mathrm{j}\omega)^2 Y(\omega) + 5(\mathrm{j}\omega)Y(\omega) + 6Y(\omega) = (\mathrm{j}\omega)X(\omega) + X(\omega)$$

所以

$$H(\omega) = \frac{Y(\omega)}{X(\omega)} = \frac{(j\omega) + 1}{(j\omega)^2 + 5(j\omega) + 6}$$

根据线性系统输出与输入间功率谱密度的关系

$$\begin{aligned}
S_Y(\omega) = S_X(\omega)|H(\omega)|^2 &= \sigma^2 \left| \frac{(j\omega) + 1}{(j\omega)^2 + 5(j\omega) + 6} \right|^2 \\
&= \sigma^2 \frac{\omega^2 + 1}{\omega^4 + 13\omega^2 + 36} \\
&= \sigma^2 \left(-\frac{3/5}{\omega^2 + 4} + \frac{8/5}{\omega^2 + 9} \right)
\end{aligned}$$

直接利用 Fourier 反变换就可以得到自相关函数

$$R_Y(\tau) = \sigma^2 \left(-\frac{3}{5} \exp(-2|\tau|) + \frac{8}{5} \exp(-3|\tau|) \right)$$

对于用线性微分方程描述的线性时不变系统, 采用功率谱密度方法计算其输出过程的相关函数是一种有效手段。

对于一般的线性微分方程

$$a_n \frac{d^n Y(t)}{dt^n} + \cdots + a_1 \frac{dY(t)}{dt} + a_0 Y(t) = b_m \frac{d^m X(t)}{dt^n} + \cdots + b_1 \frac{dX(t)}{dt} + b_0 X(t)$$

所构成的线性系统, 不难得到其系统传递函数为

$$H(\omega) = \frac{Y(\omega)}{X(\omega)} = \frac{b_m(j\omega)^m + \cdots + b_1(j\omega) + b_0}{a_n(j\omega)^n + \cdots + a_1(j\omega) + a_0}$$

所以输出过程 $Y(t)$ 的功率谱密度为

$$S_Y(\omega) = S_X(\omega)|H(\omega)|^2 = S_X(\omega) \left| \frac{b_m(j\omega)^m + \cdots + b_1(j\omega) + b_0}{a_n(j\omega)^n + \cdots + a_1(j\omega) + a_0} \right|^2$$

如果系统的输入 $X(t)$ 为白噪声, $S_X(\omega) = \sigma^2$, 那么 $Y(t)$ 的功率谱密度为

$$S_Y(\omega) = \sigma^2 \left| \frac{b_m(j\omega)^m + \cdots + b_1(j\omega) + b_0}{a_n(j\omega)^n + \cdots + a_1(j\omega) + a_0} \right|^2 \qquad \blacksquare$$

可见, 对于白噪声激励的由线性微分方程所描述的系统其输出信号具有有理谱密度。由于实际遇到的许多系统都可以由线性微分方程确定, 且激励信号可以用白噪声近似, 所以有理谱密度随机信号模型在工程中被广泛使用。

例 5.8 (线性随机差分方程)   与使用随机微分方程描述连续时间随机过程相对应, 在离散时间随机序列的研究中随机差分方程也起着重要作用。考虑由如下随机差分方程定义的系统

$$a_0 Y(n) + a_1 Y(n-1) + \cdots + a_m Y(n-m) = b_0 X(n) + b_1 X(n-1) + \cdots + b_r X(n-r) \quad (5\text{-}65)$$

该系统的输入为 $X(n)$，输出为 $Y(n)$。仿照处理随机微分方程的方法，首先计算系统的传递函数。在方程式 (5-65) 两边同时做 z 变换，得到

$$a_0 Y(z) + a_1 z^{-1} Y(z) + \cdots + a_m z^{-m} Y(z)$$

$$= b_0 X(z) + b_1 z^{-1} X(z) + \cdots + b_r z^{-r} X(z)$$

从而有

$$H(z) = \frac{Y(z)}{X(z)} = \frac{b_0 + b_1 z^{-1} + \cdots + b_r z^{-r}}{a_0 + a_1 z^{-1} + \cdots + a_m z^{-m}}$$

设输入 $X(n)$ 的功率谱密度为 $S_X(\omega)$，则由式 (5-64)，输出 $Y(n)$ 的功率谱密度为

$$S_Y(\omega) = S_X(\omega) \left| \left[\frac{b_0 + b_1 z^{-1} + \cdots + b_r z^{-r}}{a_0 + a_1 z^{-1} + \cdots + a_m z^{-m}} \right]_{z=\exp(\mathrm{j}\omega)} \right|^2 \qquad \blacksquare$$

例 5.9 (MTI 滤波器)　脉冲雷达信号处理中常常采用动目标显示 (moving target indication, MTI) 滤波器来减轻地面反射杂波对运动目标检测的干扰。MTI 滤波器使用延迟对消技术，一阶延迟对消滤波器的输出 $Y(t)$ 与输入 $X(t)$ 的关系为

$$Y(t) = X(t) - X(t - T)$$

其中 T 为延迟时间，滤波器的频率响应为

$$H(\omega) = 1 - \exp(-\mathrm{j}\omega T)$$

很明显这是一种带通滤波，由于地物相对于雷达而言没有运动，地面反射回波的主要能量集中在零频附近，被滤波器的阻带所抑制；而运动目标回波由于有 Doppler 频率，恰好位于滤波器的通带中，从而使目标的检测比较容易实现。这就是 MTI 的基本原理。

工程中通常使用 n 个一阶延迟对消单元的级联来增加阻带的宽度，克服杂波谱的展宽，改善 MTI 滤波器的性能。

$$Y(t) = X(t) - \binom{n}{1} X(t - T) + \binom{n}{2} X(t - 2T) - \cdots + (-1)^n X(t - nT)$$

此时 MTI 滤波器的频率响应为

$$H(\omega) = 1 - \binom{n}{1} \exp(-\mathrm{j}\omega T) + \binom{n}{2} \exp(-\mathrm{j}2\omega T) - \cdots + (-1)^n \exp(-\mathrm{j}n\omega T)$$

$$= (1 - \exp(-\mathrm{j}\omega T))^n$$

设输入杂波的功率谱密度为 $S_X(\omega)$，那么 MTI 滤波器输出杂波的功率谱密度为

$$S_Y(\omega) = S_X(\omega)|H(\omega)|^2 = S_X(\omega)|1 - \exp(-\mathrm{j}\omega T)|^{2n} = S_X(\omega)(2\sin(\omega T/2))^{2n} \qquad \blacksquare$$

5.6   随机信号的频域表示

确定性信号的频域性态对于深入理解信号的特点以及对信号处理方法的设计有着非常重要的作用。人们往往根据信号在频域上的表现对信号进行各种分类。例如根据信号带宽的不同将其分为窄带信号与宽带信号；根据信号中心频率的不同位置将其分为基带信号与带通信号，等等。不同种类的信号往往需要采用不同的方法进行处理。随机信号的情况与确定性信号非常类似。前面已经讨论了随机信号频域分析的基本理论与方法，现在利用这些结果讨论随机信号的频域表示方法。

5.6.1   基带信号表示

基带信号就是人们常说的带宽受限信号。对于确定性的信号 $x(t)$，其 Fourier 变换为 $X(\omega)$，如果存在 $\Omega_0 \in \mathbb{R}$，满足

$$X(\omega) = 0, \quad \omega \in ((-\infty, -\Omega_0) \cup (\Omega_0, \infty))$$

则称 $x(t)$ 是基带信号。换句话说，基带信号的能量集中在以零频为中心的频带 $(-\Omega_0, \Omega_0)$ 上（以下均采用角频率）。

现把基带信号的概念延伸到随机信号上。设 $X(t)$ 为宽平稳随机过程，$F_X(\omega)$ 为其相应相关函数的谱分布函数，如果

$$F_X(\infty) - F_X(\Omega_0) = F_X(-\Omega_0) - F_X(-\infty) = 0$$

称 $X(t)$ 为基带随机信号。假如该过程存在功率谱密度 $S_X(\omega)$，则有

$$S_X(\omega) = 0, \quad \omega \in ((-\infty, -\Omega_0) \cup (\Omega_0, \infty))$$

由于随机信号的功率谱密度表示其功率在频域上的分布密度，所以与确定性信号相类似，基带随机信号的功率也是集中在以零频为中心宽度有限的频带 $(-\Omega_0, \Omega_0)$ 上。

对于确定性基带信号，Nyquist 采样定理提供了一种重要的信号处理方法：设信号单边带宽为 Ω_0，则信号 $x(t)$ 可以完全被采样率不小于 $2f_0 = \Omega_0/\pi$ 的离散采样所确定，

$$x(t) = \sum_{k=-\infty}^{\infty} x(kT) \frac{\sin(\Omega_0(t-kT))}{\Omega_0(t-kT)}$$

这里 $T = 1/2f_0$ 是采样间隔，称采样频率 $2f_0 = 1/T$ 为 Nyquist 频率。Nyquist 定理表明，如果信号的带宽有限，可以使用熟悉的 sinc 函数对信号进行完全无损的内插，插值的系数恰好是信号的离散采样值。Nyquist 采样定理是对信号进行数字化处理的理论基础。

在现代通信及信号处理的研究中，同样需要对随机信号进行数字化处理，所以有必要把 Nyquist 定理延伸到随机信号的分析中。直观上讲，Nyquist 采样定理的成立依赖于两个因素，其一是带宽有限，其二是离散采样所对应的频域上面的"频谱搬移"，正是由于带宽有限，所以搬移后的频率分量间才可能不相混叠，从而使用简单的矩形窗低通滤波就可以完全恢复采样前的信号。当信号为随机信号时，离散采样的基本思想没有变化，将频谱用所对应的过程谱表示所代替，就可以得到随机基带信号的采样定理。

定理 5.4 (Shannon 采样定理) 设基带随机信号 $X(t)$ 的带宽为 Ω_0，采样周期 $T = \pi/\Omega_0$，则在均方意义下有

$$X(t) = \sum_{k=-\infty}^{\infty} X(kT) \frac{\sin(\Omega_0(t - kT))}{\Omega_0(t - kT)} \tag{5-66}$$

Shannon 采样定理的证明方法有多种，这里从一个比较直观的角度进行论证。

证明 目的是要证明 $N \to \infty$ 时

$$\epsilon_N = E \left| X(t) - \sum_{k=-N}^{N} X(kT) \frac{\sin(\Omega_0(t - kT))}{\Omega_0(t - kT)} \right|^2 \to 0$$

上式平方展开后，得到了很多形如 $E(X(a)\overline{X(b)})$ 的项，而这些项都满足

$$E(X(a)\overline{X(b)}) = R_X(a - b) = \frac{1}{2\pi} \int_{-\infty}^{\infty} \exp(\mathrm{j}\omega a)\overline{\exp(\mathrm{j}\omega b)}S_X(\omega)\mathrm{d}\omega$$

从而有如下的对应

$$\epsilon_N = \frac{1}{2\pi} \int_{-\infty}^{\infty} \left| \exp(\mathrm{j}\omega t) - \sum_{k=-N}^{N} \exp(\mathrm{j}\omega kT) \frac{\sin(\Omega_0(t - kT))}{\Omega_0(t - kT)} \right|^2 S_X(\omega)\mathrm{d}\omega$$

于是问题就变成了当 $N \to \infty$ 时，是否有

$$\exp(\mathrm{j}\omega t) - \sum_{k=-N}^{N} \exp(\mathrm{j}\omega kT) \frac{\sin(\Omega_0(t - kT))}{\Omega_0(t - kT)} \to 0$$

考虑到对于固定的 t，$\{\exp(\mathrm{j}\omega t), \omega \in (-\Omega_0, \Omega_0)\}$ 可以做 Fourier 级数展开，则上述结论是非常显然的。事实上，若对 $\exp(\mathrm{j}\omega t)$ 做展开

$$\exp(\mathrm{j}\omega t) = \sum_{k=-\infty}^{\infty} \alpha_k \phi_k(\omega), \quad \omega \in (-\Omega_0, \Omega_0)$$

展开周期为 $P = 2\Omega_0$，则展开的基函数 $\phi_k(\omega)$ 满足

$$\phi_k(\omega) = \exp\left(\mathrm{j}\omega \frac{2k\pi}{P}\right) = \exp(\mathrm{j}\omega kT)$$

展开的系数 $\{\alpha_k, k \in \mathbb{Z}\}$ 为

$$\alpha_k = \frac{1}{P} \int_{-\frac{P}{2}}^{\frac{P}{2}} \exp(\mathrm{j}\omega t)\overline{\phi_k(\omega)}\mathrm{d}\omega = \frac{T}{2\pi} \int_{-\frac{\pi}{T}}^{\frac{\pi}{T}} \exp(\mathrm{j}\omega t)\exp(-\mathrm{j}\omega kT)\mathrm{d}\omega$$

$$= \frac{T}{2\pi} \int_{-\Omega_0}^{\Omega_0} \exp(\mathrm{j}\omega(t - kT))\mathrm{d}\omega = \frac{\sin(\Omega_0(t - kT))}{\Omega_0(t - kT)} \quad \blacksquare$$

这正是要证明的。

现就基带随机过程的 Shannon 采样定理做几点注记。

（1）使用采样定理的时候需要注意两端频点 $\pm\Omega_0$ 的情况。在上面的证明中这一点容易被忽视。$\exp(j\omega t)$ 的 Fourier 级数只能保证在 $[-\Omega_0+\epsilon, \Omega_0-\epsilon]$ 内对所有的 t 一致收敛，积分号内取极限的控制收敛定理也只有在区间内才有效。在两端的频点上并不能保证采样定理的正确性。特别是，如果谱分布函数在 $\pm\Omega_0$ 存在奇异性 (也就是功率谱密度在这两个频点有 δ 函数分量)，而采样周期 T 恰好又是 π/Ω_0，则当 $N \to \infty$ 时，

$$\epsilon_N = E\left|X(t) - \sum_{k=-N}^{N} X(kT)\frac{\sin(\Omega_0(t-kT))}{\Omega_0(t-kT)}\right|^2 \nrightarrow 0$$

举一个简单例子来说明。考虑过程 $X(t) = \cos(\Omega_0 t + \phi)$，其中 ϕ 是在 $[0, 2\pi]$ 上均匀分布的随机变量，则

$$R_X(t,s) = R_X(t-s) = \frac{1}{2}\cos(\Omega_0(t-s))$$

所以 $X(t)$ 为宽平稳随机过程，其功率谱密度为

$$S_X(\omega) = \frac{1}{4}(\delta(\omega-\Omega_0) + \delta(\omega+\Omega_0))$$

取 $T = \pi/\Omega_0$，假设 Shannon 采样定理成立，则

$$X(t) = \sum_{k=-\infty}^{\infty} X(kT)\frac{\sin(\Omega_0(t-kT))}{\Omega_0(t-kT)}$$
$$= \sum_{k=-\infty}^{\infty} X\left(\frac{k\pi}{\Omega_0}\right)\frac{\sin(\Omega_0(t-k\pi/\Omega_0))}{\Omega_0(t-k\pi/\Omega_0)}$$

必须指出，上面的展开对于 $t = T/2$ 是不成立的。事实上，一方面

$$X\left(\frac{k\pi}{\Omega_0}\right) = (-1)^k X(0)$$

所以 $\forall t$，都有

$$\sum_{k=-\infty}^{\infty} X\left(\frac{k\pi}{\Omega_0}\right)\frac{\sin(\Omega_0(t-k\pi/\Omega_0))}{\Omega_0(t-k\pi/\Omega_0)} = X(0)\left(\sum_{k=-\infty}^{\infty} (-1)^k\frac{\sin(\Omega_0(t-k\pi/\Omega_0))}{\Omega_0(t-k\pi/\Omega_0)}\right)$$

而另一方面，$X(T/2)$ 与 $X(0)$ 是正交的，所以 $X(T/2)$ 无法用 $X(0)$ 表示。换句话说，在 $T/2$ 点上 Shannon 采样定理不成立。这种现象有时也称为"盲相"。

（2）根据 Shannon 采样定理，基带随机过程 $X(t)$ 可以写成其离散采样 $\{X_n = X(nT), n \in \mathbb{Z}\}$ 的线性组合。$X(t)$ 和 $\{X_n = X(nT), n \in \mathbb{Z}\}$ 分别作为连续时间以及离散时间的宽平稳过程，两者各有其谱表示式

$$X(t) = \int_{-\infty}^{\infty} \exp(j\omega t)\mathrm{d}Z_X^c(\omega)$$
$$X_n = \int_{-\pi}^{\pi} \exp(j\omega n)\mathrm{d}Z_X^d(\omega)$$

因此希望了解两个谱过程 $Z_X^c(\omega)$ 和 $Z_X^d(\omega)$ 之间的关系，乃至于相应的功率谱密度 $S_X^c(\omega)$ 和 $S_X^d(\omega)$ 之间的关系。确定性信号的频谱与其离散采样的频谱之间存在简单的所谓"搬移"关

系。随机信号的情况如何呢？

$$X_n = X(nT) = \int_{-\infty}^{\infty} \exp(\mathrm{j}\omega nT) \mathrm{d}Z_X^{\mathrm{c}}(\omega)$$

$$= \int_{-\infty}^{\infty} \exp(\mathrm{j}\omega n) \mathrm{d}Z_X^{\mathrm{c}}\left(\frac{\omega}{T}\right)$$

$$= \sum_{k=-\infty}^{\infty} \int_{(2k-1)\pi}^{(2k+1)\pi} \exp(\mathrm{j}\omega n) \mathrm{d}Z_X^{\mathrm{c}}\left(\frac{\omega}{T}\right)$$

$$= \sum_{k=-\infty}^{\infty} \int_{-\pi}^{\pi} \exp(\mathrm{j}\omega n) \mathrm{d}Z_X^{\mathrm{c}}\left(\frac{\omega - 2k\pi}{T}\right)$$

$$= \int_{-\pi}^{\pi} \exp(\mathrm{j}\omega n) \left(\sum_{k=-\infty}^{\infty} \mathrm{d}Z_X^{\mathrm{c}}\left(\frac{\omega - 2k\pi}{T}\right)\right)$$

$$= \int_{-\pi}^{\pi} \exp(\mathrm{j}\omega n) \mathrm{d}Z_X^{\mathrm{d}}(\omega)$$

由此可以得到

$$\mathrm{d}Z_X^{\mathrm{d}}(\omega) = \sum_{k=-\infty}^{\infty} \mathrm{d}Z_X^{\mathrm{c}}\left(\frac{\omega - 2k\pi}{T}\right) \tag{5-67}$$

这就是连续时间随机信号及其对应的离散采样序列的"频谱搬移"关系。由于

$$\mathrm{d}F(\omega) = |\mathrm{d}Z(\omega)|^2 = \frac{1}{2\pi} S(\omega) \mathrm{d}\omega$$

所以在功率谱密度存在的时候，考虑到 $Z(\omega)$ 是正交增量过程，有

$$S_X^{\mathrm{d}}(\omega) = \frac{1}{T} \sum_{k=-\infty}^{\infty} S_X^{\mathrm{c}}\left(\frac{\omega - 2k\pi}{T}\right) \tag{5-68}$$

这是连续时间随机信号及其离散采样的功率谱密度之间的"搬移"关系。

(3) 如果基带信号 $X(t)$ 的单边带宽超过 Ω_0，但是仍然按照间隔 $T = \pi/\Omega_0$ 进行采样，会有什么后果呢？很明显此时采样展开在频谱上产生了混叠现象 (alias)，采样展开信号与原信号之间存在一定的误差，现计算这一误差。设 $\hat{X}(t)$ 为采样间隔为 T 的采样展开，即

$$\hat{X}(t) = \sum_{k=-\infty}^{\infty} X\left(\frac{k\pi}{\Omega_0}\right) \frac{\sin(\Omega_0(t - k\pi/\Omega_0))}{\Omega_0(t - k\pi/\Omega_0)} = \sum_{k=-\infty}^{\infty} \alpha_k(t) X\left(\frac{k\pi}{\Omega_0}\right)$$

其中

$$\alpha_k(t) = \frac{\sin(\Omega_0(t - k\pi/\Omega_0))}{\Omega_0(t - k\pi/\Omega_0)} \tag{5-69}$$

故有

$$E|X(t)|^2 = R_X(0), \quad E(X(t)\overline{\hat{X}(t)}) = \sum_{k=-\infty}^{\infty} \alpha_k(t) R_X\left(t - \frac{k\pi}{\Omega_0}\right)$$

$$E|\hat{X}(t)|^2 = \sum_{m=-\infty}^{\infty} \sum_{n=-\infty}^{\infty} \alpha_m(t) \alpha_n(t) R_X\left(\frac{(n-m)\pi}{\Omega_0}\right)$$

设采样展开与原信号间的误差为 $\epsilon(t) = X(t) - \hat{X}(t)$，那么

$$E|\epsilon(t)|^2 = E|X(t) - \hat{X}(t)|^2 = E|X(t)|^2 + E|\hat{X}(t)|^2 - 2\mathrm{Re}(E(\overline{X(t)}\hat{X}(t)))$$

由此可以得到

$$
\begin{aligned}
E|\epsilon(t)|^2 &= R_X(0) + \sum_{m=-\infty}^{\infty}\sum_{n=-\infty}^{\infty} \alpha_m(t)\alpha_n(t) R_X\left(\frac{(n-m)\pi}{\Omega_0}\right) - 2\mathrm{Re}\left(\sum_{k=-\infty}^{\infty} \alpha_k(t) R_X\left(t - \frac{k\pi}{\Omega_0}\right)\right) \\
&= \int_{-\infty}^{\infty}\left|1 - \sum_{k=-\infty}^{\infty} \alpha_k(t)\exp\left(\mathrm{j}\omega\left(t - \frac{k\pi}{\Omega_0}\right)\right)\right|^2 \mathrm{d}F(\omega) \\
&= \sum_{n=-\infty}^{\infty}\int_{(2n-1)\Omega_0}^{(2n+1)\Omega_0}\left|1 - \sum_{k=-\infty}^{\infty} \alpha_k(t)\exp\left(\mathrm{j}\omega\left(t - \frac{k\pi}{\Omega_0}\right)\right)\right|^2 \mathrm{d}F(\omega) \\
&= \int_{-\Omega_0}^{\Omega_0}\sum_{n=-\infty}^{\infty}\left|1 - \sum_{k=-\infty}^{\infty} \alpha_k(t)\exp\left(\mathrm{j}(\omega + 2n\Omega_0)\left(t - \frac{k\pi}{\Omega_0}\right)\right)\right|^2 \mathrm{d}F(\omega + 2n\Omega_0) \\
&= \int_{-\Omega_0}^{\Omega_0}\sum_{n=-\infty}^{\infty}\left|1 - \exp(\mathrm{j}2n\Omega_0 t)\right|^2 \mathrm{d}F(\omega + 2n\Omega_0) \\
&= 4\int_{-\Omega_0}^{\Omega_0}\sum_{n=-\infty}^{\infty}\sin^2(n\Omega_0 t)\mathrm{d}F(\omega + 2n\Omega_0)
\end{aligned}
$$

如果 $X(t)$ 的带宽为 Ω_0，则 $E|\epsilon(t)|^2 = 0$，采样展开是没有误差的。

5.6.2 带通信号表示

在通信系统中，为了便于信号的传输，需把基带信号调制到一个比较高的频率上。这就构建了"带通"信号。设 $X(t)$ 为实的宽平稳随机过程，$F_X(\omega)$ 为其相应的谱分布函数，如果存在 $\Omega_\mathrm{c} > \Omega_0 > 0$，满足

$$F(-\Omega_\mathrm{c} - \Omega_0) - F(-\infty) = F(\Omega_\mathrm{c} - \Omega_0) - F(-\Omega_\mathrm{c} + \Omega_0) = F(\infty) - F(\Omega_\mathrm{c} + \Omega_0) = 0$$

则称 $X(t)$ 为带通信号，这里 Ω_c 为中心频率（载频），Ω_0 为单边带宽。一般情况下带通信号的中心频率都远大于 Ω_0。

原则上说，带通信号可以看作"带宽"受限的基带信号进行处理，其基带带宽为 $\Omega_\mathrm{c} + \Omega_0$。但是这样就使得带宽变得非常大，采样和处理都比较困难；而且在通带范围内大部分频带实际上没有被占用，造成了频率资源的极大浪费。所以有必要找到一种简单高效的带通信号的表示和处理方法，而不是将它直接作为基带信号对待。

首先讨论确定性的带通信号。设 $x(t)$ 为能量有限的确定性实信号，$X(\omega)$ 为其 Fourier 变换，如果存在 $\Omega_\mathrm{c} > \Omega_0 > 0$，满足

$$X(\omega) = 0, \quad \omega \in (-\infty, -\Omega_\mathrm{c} - \Omega_0) \cup (-\Omega_\mathrm{c} + \Omega_0, \Omega_\mathrm{c} - \Omega_0) \cup (\Omega_\mathrm{c} + \Omega_0, \infty) \tag{5-70}$$

则称 $x(t)$ 是带通信号。式 (5-70) 给出的条件可以更为简明地表示为

$$X(\omega) = 0, \quad ||\omega| - \Omega_\mathrm{c}| \geqslant \Omega_0$$

　　处理带通信号的基本方法是把中心频率移到零点，也就是通过"解调"操作，将带通信号转化为基带信号后加以处理。但是不能简单地采用将信号 $x(t)$ 与 $\exp(-j\Omega_c t)$ 相乘的方法来实现"解调"，原因在于 $x(t)$ 的频谱包括正频和负频两个部分，乘 $\exp(-j\Omega_c t)$ 确实把正频部分移到了零频附近，但是负频部分却移到了离零频更远的频点上，并没有得到所希望的基带信号。

　　利用 Hilbert 变换进行 90° 移相和移频操作可以实现"解调"，从而获取基带信号。Hilbert 变换是将信号通过一个线性时不变系统，其传递函数为

$$H(\omega) = -j\,\mathrm{sgn}(\omega) \tag{5-71}$$

其中

$$\mathrm{sgn}(\omega) = \begin{cases} 1, & \omega > 0 \\ 0, & \omega = 0 \\ -1, & \omega < 0 \end{cases}$$

设 $x(t)$ 通过 Hilbert 变换后的输出为 $\check{x}(t)$，输出的频谱为 $\check{X}(\omega)$，可以看出 $\overline{H(\omega)} = H(-\omega)$，所以当输入为实信号时，Hilbert 变换的输出也是实信号。而且 $|H(\omega)| = 1$，即 $x(t)$ 和 $\check{x}(t)$ 有相同的幅度谱和能量。

　　考虑复信号 $x(t) + j\check{x}(t)$，设其频谱为 $\hat{X}(\omega)$，则有

$$\hat{X}(\omega) = \begin{cases} 2X(\omega), & \omega > 0 \\ 0, & \omega \leqslant 0 \end{cases}$$

该频谱只有正频分量，所以通过移频操作就可以得到基带信号

$$z(t) = \exp(-j\Omega_c t)(x(t) + j\check{x}(t)) \tag{5-72}$$

并且满足 $x(t) = \mathrm{Re}(z(t)\exp(j\Omega_c t))$。通常称 $z(t)$ 为信号 $x(t)$ 的复包络 (complex envelope)。设 $z(t) = u(t) + jv(t)$，则

$$Z(\omega) = \begin{cases} 2X(\omega + \Omega_c), & |\omega| < \Omega_0 \\ 0, & |\omega| > \Omega_0 \end{cases}$$

从而得到时域的带通表示

$$x(t) = u(t)\cos\Omega_c t - v(t)\sin\Omega_c t \tag{5-73}$$

同时可得

$$\check{x}(t) = u(t)\sin\Omega_c t + v(t)\cos\Omega_c t \tag{5-74}$$

其中 $u(t)$ 称为 $x(t)$ 的同相分量，$v(t)$ 称为 $x(t)$ 的正交分量。这两个分量的确定不仅取决于 $x(t)$，而且还和载频 Ω_c 的选择有关。

　　通过 Hilbert 变换及其相关处理可以把信号的正频分量和负频分量分离开，这一点在随机信号的处理当中仍然成立。现采用和确定性信号几乎完全一致的方法来处理实随机信号。令 $X(t)$ 为实的带通宽平稳随机过程，设其通过 Hilbert 变换得到的输出为 $\check{X}(t)$，可以看出 $\check{X}(t)$ 也是实的。仿照确定性信号情况下的处理方法，定义

$$Z(t) = \exp(-j\Omega_c t)(X(t) + j\check{X}(t)) \tag{5-75}$$

$$U(t) = \mathrm{Re}(Z(t)), \quad V(t) = \mathrm{Im}(Z(t)) \tag{5-76}$$

则有如下结果：

定理 5.5   设 $X(t)$ 为带通宽平稳随机过程，$\Omega_c > \Omega_0 > 0$，其功率谱密度 $S_X(\omega)$ 满足

$$S_X(\omega) = 0, \quad ||\omega| - \Omega_c| \geqslant \Omega_0$$

则 $X(t)$ 和 $\check{X}(t)$ 有如下的表示

$$X(t) = \text{Re}(Z(t)\exp(\mathrm{j}\Omega_c t)) = U(t)\cos\Omega_c t - V(t)\sin\Omega_c t \tag{5-77}$$

$$\check{X}(t) = \text{Im}(Z(t)\exp(\mathrm{j}\Omega_c t)) = U(t)\sin\Omega_c t + V(t)\cos\Omega_c t \tag{5-78}$$

其中 $Z(t) = U(t) + \mathrm{j}V(t)$ 称为 $X(t)$ 的复包络过程，$U(t)$ 和 $V(t)$ 为联合平稳随机过程且满足

$$S_U(\omega) = S_V(\omega) = [S_X(\omega + \Omega_c) + S_X(\omega - \Omega_c)]I_{[-\Omega_0, \Omega_0]}(\omega)$$

$$S_{UV}(\omega) = \mathrm{j}[S_X(\omega - \Omega_c) - S_X(\omega + \Omega_c)]I_{[-\Omega_0, \Omega_0]}(\omega) = -S_{VU}(\omega)$$

通常称表示式 (5-77) 为 Rician 表示。

证明   表示方法本身可以直接从 $Z(t)$ 的定义式 (5-75) 和式 (5-76) 得出。

已知 $X(t)$ 是实宽平稳过程，由 Hilbert 变换的定义知道 $\check{X}(t)$ 也是宽平稳的，且 $X(t)$ 和 $\check{X}(t)$ 联合平稳。根据通过线性系统后随机过程功率谱密度的变化规律有

$$S_{\check{X}X}(\omega) = H(\omega)S_X(\omega), \quad S_{X\check{X}}(\omega) = \overline{H(\omega)}S_X(\omega) = -H(\omega)S_X(\omega)$$

$$S_{\check{X}}(\omega) = |H(\omega)|^2 S_X(\omega) = S_X(\omega)$$

如果将 $X(t)$ 的自相关函数 $R_X(\tau)$ 看作 Hilbert 变换的输入，记其输出为 $\check{R}_X(\tau)$，那么

$$R_{X\check{X}}(\tau) = -\check{R}_X(\tau), \quad R_{\check{X}X}(\tau) = \check{R}_X(\tau) = -R_{X\check{X}}(\tau), \quad R_{\check{X}\check{X}}(\tau) = R_X(\tau)$$

直接计算可得到

$$R_U(t, s) = E((X(t)\cos\Omega_c t + \check{X}(t)\sin\Omega_c t)(X(s)\cos\Omega_c s + \check{X}(s)\sin\Omega_c s)$$

$$= R_X(t - s)\cos(\Omega_c(t - s)) + \check{R}_X(t - s)\sin(\Omega_c(t - s)) = R_U(t - s)$$

所以 $U(t)$ 也是宽平稳过程，通过 Fourier 变换得到其功率谱密度如下

$$S_U(\omega) = \frac{1}{2}[S_X(\omega - \Omega_c) + S_X(\omega + \Omega_c)] +$$

$$\qquad \frac{1}{2}[\text{sgn}(\omega + \Omega_c)S_X(\omega + \Omega_c) - \text{sgn}(\omega - \Omega_c)S_X(\omega - \Omega_c)]$$

$$= \frac{1}{2}(1 + \text{sgn}(\omega + \Omega_c))S_X(\omega + \Omega_c) + \frac{1}{2}(1 - \text{sgn}(\omega - \Omega_c))S_X(\omega - \Omega_c)$$

$$= S_X(\omega + \Omega_c)I_{[-\Omega_c, \infty]}(\omega) + S_X(\omega - \Omega_c)I_{[-\infty, \Omega_c]}(\omega)$$

$$= S_X(\omega + \Omega_c)I_{[-2\Omega_c - \Omega_0, -2\Omega_c + \Omega_0] \cup [-\Omega_0, \Omega_0]}(\omega)I_{[-\Omega_c, \infty]}(\omega) +$$

$$\qquad S_X(\omega - \Omega_c)I_{[2\Omega_c - \Omega_0, 2\Omega_c + \Omega_0] \cup [-\Omega_0, \Omega_0]}(\omega)I_{[-\infty, \Omega_c]}(\omega)$$

$$= [S_X(\omega + \Omega_c) + S_X(\omega - \Omega_c)]I_{[-\Omega_0, \Omega_0]}(\omega)$$

同理可得

$$S_V(\omega) = [S_X(\omega + \Omega_c) + S_X(\omega - \Omega_c)]I_{[-\Omega_0, \Omega_0]}(\omega)$$

$$S_{UV}(\omega) = \mathrm{j}[S_X(\omega - \Omega_c) - S_X(\omega + \Omega_c)]I_{[-\Omega_0, \Omega_0]}(\omega) = -S_{VU}(\omega)$$

于是

$$R_U(\tau) = R_V(\tau), \qquad R_{UV}(\tau) = -R_{VU}(\tau)$$

上式就是第 3 章 3.5.2 节式 (3-40) 所提出的条件 (式 (3-40) 中 $X_{(t)}$、$Y_{(t)}$ 指的就是本节中的 $U_{(t)}$、$V_{(t)}$)。由此可知,只有当 $S_X(\omega)$ 的波形对称于 $\pm\Omega_c$ 时,$S_{UV}(\omega) = 0$,$R_{UV}(\tau) = 0$,$U(t)$ 和 $V(t)$ 不相关。∎

例 5.10 (复包络的最优性) 给定一个实带通宽平稳随机过程 $X(t)$,设与 $X(t)$ 联合平稳的实宽平稳随机过程 $Y(t)$ 满足

$$R_Y(\tau) = R_X(\tau), \quad R_{XY}(\tau) = -R_{YX}(\tau) \tag{5-79}$$

理论上讲,可以任意选取满足式 (5-79) 的 $Y(t)$ 以及载频 Ω 来构造复过程

$$W(t) = \exp(-j\Omega t)(X(t) + jY(t))$$

为什么选用 $\check{X}(t)$ 作为 $Y(t)$ 的表示方法 (即选用式 (5-72)) 被人们普遍接受呢?前面提到过,复包络过程保留了原带通信号 $X(t)$ 的全部频域信息。除此之外还有一点,复包络过程 $Z(t)$ 还在如下意义上具有最优性,即使得

$$E\left|\frac{\mathrm{d}}{\mathrm{d}t}Z(t)\right|^2 = \min E\left|\frac{\mathrm{d}}{\mathrm{d}t}W(t)\right|^2$$

即复包络过程是在所有以 $X(t)$ 为实部的过程 $W(t)\exp(j\Omega t)$ 中最"平滑"的一个过程。下面将对此作证明,同时还将得到载频 Ω 的最优确定方式。

设 $Q(t) = \exp(j\Omega t)W(t) = X(t) + jY(t)$,由于 $\frac{\mathrm{d}}{\mathrm{d}t}W(t)$ 的功率谱密度为

$$\omega^2 S_W(\omega) = \omega^2 S_Q(\omega + \Omega)$$

于是优化的目标函数成为

$$E\left|\frac{\mathrm{d}}{\mathrm{d}t}W(t)\right|^2 = \frac{1}{2\pi}\int_{-\infty}^{\infty}(\omega-\Omega)^2 S_Q(\omega)\mathrm{d}\omega \tag{5-80}$$

需要研究的问题就成为式 (5-80) 的极小化。

式 (5-80) 的极小化分两步进行。首先固定 $S_Q(\omega)$,则 Ω 的最佳取值很显然是 $S_Q(\omega)$ 的重心,即

$$\Omega = \frac{\displaystyle\int_{-\infty}^{\infty}\omega S_Q(\omega)\mathrm{d}\omega}{\displaystyle\int_{-\infty}^{\infty}S_Q(\omega)\mathrm{d}\omega} \tag{5-81}$$

注意到

$$S_Q(\omega) = S_X(\omega) + S_Y(\omega) - jS_{XY}(\omega) + jS_{YX}(\omega) \tag{5-82}$$

由于 $X(t)$ 和 $Y(t)$ 都是实过程,所以

$$S_X(\omega) = S_X(-\omega), \quad S_Y(\omega) = S_Y(-\omega), \quad S_{XY}(\omega) = S_{YX}(-\omega)$$

令 $B_{XY}(\omega) = -jS_{XY}(\omega)$,有

$$\int_{-\infty}^{\infty}\omega S_Q(\omega)\mathrm{d}\omega = -2j\int_{-\infty}^{\infty}\omega S_{XY}(\omega)\mathrm{d}\omega = 2\int_{-\infty}^{\infty}\omega B_{XY}(\omega)\mathrm{d}\omega = 4\int_0^{\infty}\omega B_{XY}(\omega)\mathrm{d}\omega$$

同时又有

$$\int_{-\infty}^{\infty} S_Q(\omega)\mathrm{d}\omega = 2\int_{-\infty}^{\infty} S_X(\omega)\mathrm{d}\omega = 4\int_0^{\infty} S_X(\omega)\mathrm{d}\omega$$

由式 (5-81)，有

$$\Omega = \frac{\displaystyle\int_0^{\infty} \omega B_{XY}(\omega)\mathrm{d}\omega}{\displaystyle\int_0^{\infty} S_X(\omega)\mathrm{d}\omega}$$

将式 (5-82) 代入式 (5-80) 中，得到

$$E\left|\frac{\mathrm{d}}{\mathrm{d}t}W(t)\right|^2 = \frac{1}{2\pi}\int_{-\infty}^{\infty}(\omega^2 - \Omega^2)S_Q(\omega)\mathrm{d}\omega = \frac{1}{\pi}\int_{-\infty}^{\infty}(\omega^2 - \Omega^2)S_X(\omega)\mathrm{d}\omega \tag{5-83}$$

其后是选择 $S_Q(\omega)$(也就是选择 $Y(t)$)，使积分式 (5-83) 最小。由于 $S_X(\omega)$ 已经给定，$S_Q(\omega)$ 对积分的影响集中在 Ω 上。很明显，$|\Omega|$ 越大，积分越小。由于 $S_X(\omega)$ 已经取定，所以极大化 $|\Omega|$ 就变成了选择适当的 $B_{XY}(\omega)$，使如下积分极大化。

$$\left|\int_0^{\infty} \omega B_{XY}(\omega)\mathrm{d}\omega\right|$$

由式 (5-79)，可知 $S_{XY}(\omega)$ 实部为 0，所以 $B_{XY}(\omega)$ 为实数，且满足 $B_{XY}(-\omega) = -B_{XY}(\omega)$。另一方面，由式 (5-82)

$$S_Q(\omega) = 2S_X(\omega) - 2\mathrm{j}S_{XY}(\omega) = 2(S_X(\omega) + B_{XY}(\omega)) \geqslant 0$$

所以

$$|B_{XY}(\omega)| \leqslant S_X(\omega)$$

很明显，令 $B_{XY}(\omega) = S_X(\omega)\mathrm{sgn}(\omega)$ 就可以满足极大化条件，此时 $S_Q(\omega) = 4S_X(\omega)U(\omega)$，这说明复包络恰好是最优解。

遵循类似的思路，还可以把带通信号表示从实带通信号延伸到复带通信号。既然可以利用 Hilbert 变换及其相关方法把信号的正频分量分离出来，就可以利用它分离出负频分量。事实上，令 $Z_1(t) = X(t) + \mathrm{j}\check{X}(t)$，则得到 $X(t)$ 的正频分量

$$S_{Z_1}(\omega) = \begin{cases} 4S_X(\omega), & \omega > 0 \\ 0, & \omega < 0 \end{cases}$$

而如果令 $Z_2(t) = X(t) - \mathrm{j}\check{X}(t)$，就得到了 $X(t)$ 的负频分量

$$S_{Z_2}(\omega) = \begin{cases} 0, & \omega > 0 \\ 4S_X(\omega), & \omega < 0 \end{cases}$$

可以通过移频将 $Z_1(t)$ 和 $Z_2(t)$ 构成两个基带信号

$$\xi(t) = \frac{1}{2}\exp(-\mathrm{j}\Omega t)Z_1(t), \quad \eta(t) = \frac{1}{2}\exp(\mathrm{j}\Omega t)Z_2(t) \tag{5-84}$$

从而复带通信号 $X(t)$ 有如下的带通表示

$$X(t) = \xi(t)\exp(\mathrm{j}\Omega t) + \eta(t)\exp(-\mathrm{j}\Omega t) \tag{5-85}$$

由于 $\xi(t)$ 和 $\eta(t)$ 都是基带过程，所以利用已有的基带信号 Shannon 采样定理，就可以得到"带通信号采样定理"。

定理 5.6 (带通信号采样定理) 设 $X(t)$ 为带通随机信号，中心频率 Ω_{c}，带宽 Ω_0，采样周期 $T \leqslant \pi/\Omega_0$，$\check{X}(t)$ 为 $X(t)$ 的 Hilbert 变换，则在均方意义下有

$$X(t) = \sum_{k=-\infty}^{\infty} (X(kT)\cos(\Omega_{\mathrm{c}}(t-kT)) - \check{X}(kT)\sin(\Omega_{\mathrm{c}}(t-kT)))\frac{\sin(\Omega_0(t-kT))}{\Omega_0(t-kT)} \tag{5-86}$$

证明 由于 $\xi(t)$ 和 $\eta(t)$ 都是带宽为 Ω_0 的基带过程，所以由基带过程的 Shannon 采样定理

$$\xi(t) = \sum_{k=-\infty}^{\infty} \xi(kT)\frac{\sin(\Omega_0(t-kT))}{\Omega_0(t-kT)}$$

$$\eta(t) = \sum_{k=-\infty}^{\infty} \eta(kT)\frac{\sin(\Omega_0(t-kT))}{\Omega_0(t-kT)}$$

代入 $X(t)$ 的带通表示，得到

$$X(t) = \sum_{k=-\infty}^{\infty} (\xi(kT)\exp(\mathrm{j}\Omega_{\mathrm{c}}t) + \eta(kT)\exp(-\mathrm{j}\Omega_{\mathrm{c}}t))\frac{\sin(\Omega_0(t-kT))}{\Omega_0(t-kT)}$$

由于有

$$\xi(kT) = \frac{1}{2}(X(kT) + \mathrm{j}\check{X}(kT))\exp(-\mathrm{j}\Omega_{\mathrm{c}}kT)$$

$$\eta(kT) = \frac{1}{2}(X(kT) - \mathrm{j}\check{X}(kT))\exp(\mathrm{j}\Omega_{\mathrm{c}}kT)$$

所以，要求

$$\xi(kT)\exp(\mathrm{j}\Omega_{\mathrm{c}}t) + \eta(kT)\exp(-\mathrm{j}\Omega_{\mathrm{c}}t)$$
$$= \frac{1}{2}(X(kT) + \mathrm{j}\check{X}(kT))\exp(\mathrm{j}\Omega_{\mathrm{c}}(t-kT)) + \frac{1}{2}(X(kT) - \mathrm{j}\check{X}(kT))\exp(-\mathrm{j}\Omega_{\mathrm{c}}(t-kT))$$
$$= X(kT)\cos(\Omega_{\mathrm{c}}(t-kT)) - \check{X}(kT)\sin(\Omega_{\mathrm{c}}(t-kT))$$

这正是要证明的。

习题

1. 设宽平稳随机过程的自相关函数分别为

$$R_X(\tau) = \exp(-\alpha|\tau|)\cos\omega_0\tau$$
$$R_X(\tau) = \sigma^2\exp(-\alpha\tau^2)$$
$$R_X(\tau) = \sigma^2\exp(-\alpha\tau^2)\cos\beta\tau$$
$$R_X(\tau) = 4\exp(-|\tau|)\cos\pi\tau + \cos 3\pi\tau$$

其中 ω_0, α, β 和 σ 均为常数，$\omega_0 > 0$, $\alpha > 0$, $\beta > 0$，求其相应的功率谱密度。

2. 设宽平稳随机过程的功率谱密度 $S(\omega)$ 分别为

$$S(\omega) = \frac{\omega^2 + 1}{\omega^4 + 5\omega^2 + 6}$$
$$S(\omega) = \frac{1}{\omega^4 + 1}$$

求其相应的自相关函数。

3. 设实平稳随机过程为 $\xi(t)$，相关函数为 $R_\xi(\tau)$，试证明

$$R_\xi(0) - R_\xi(\tau) \geqslant \frac{1}{4^n}(R_\xi(0) - R_\xi(2^n\tau))$$

4. 设随机过程 $\xi(t)$ 满足

$$\xi(t) = \sum_{i=0}^{N(t)} X_i\delta(t - t_i)$$

其中 $N(t)$ 是参数为 λ 的标准 Poisson 过程，t_i 为 Poisson 过程事件发生的时刻，X_i 为相互独立的随机变量，$P(X_i = 1) = P(X_i = -1) = \frac{1}{2}$，$\{X_i\}$ 与 $N(t)$ 相互独立。求该过程的相关函数和功率谱密度。

5. 设随机过程 $\xi(t)$ 满足

$$\xi(t) = \sum_{i=0}^{N(t)} X_i\exp(-k(t - t_i))U(t - t_i)$$

其中 $N(t)$ 是参数为 λ 的标准 Poisson 过程，t_i 为 Poisson 过程事件发生的时刻，X_i 为相互独立的随机变量，$P(X_i = 1) = P(X_i = -1) = \frac{1}{2}$，$N(t)$ 与 $\{X_i\}$ 相互独立。求该过程的相关函数和功率谱密度。设有两个线性系统，传递函数分别为

$$H_1(\omega) = \frac{\omega + \alpha}{\omega + \beta}, \qquad H_2(\omega) = \frac{\omega - \alpha}{\omega + \beta}$$

其中 $\alpha > 0$，$\beta > 0$。如果将随机信号 $\xi(t)$ 分别送入这两个线性系统，计算输出的功率谱密度，绘出两系统的输出波形。

6. 设线性系统的传递函数为

$$H(s) = \frac{1}{s^2 + 2s + 5}$$

其输入 $X(t)$ 为宽平稳随机过程，且 $E(X^2(t)) = 10$，为了获得最大的平均输出功率 $E(Y^2(t))$，$X(t)$ 的功率谱密度 $S_X(\omega)$ 应该如何选取？

7. $X[n]$ 为离散宽平稳随机序列，$R_X[n]$ 为其相关函数。若有 $R_X[1] = R_X[0]$，证明对于所有的整数 m，$R_X[m] = R_X[0]$。

8. 设有

$$X[n] = Y[n] + V[n]$$

其中 $Y[n]$ 为宽平稳随机序列，$R_Y[m] = 2^{-|m|}$，m 为整数。$V[n]$ 为白噪声序列，$R_V[m] = \delta[n]$，$Y[n]$ 和 $V[n]$ 相互统计独立，求 $S_X(\omega)$。

9. 设有离散宽平稳随机序列 $X[n]$，其相关函数的 z 变换为

$$\eta_X(z) = \sum_{m=-\infty}^{\infty} R_X[m]z^{-m} = \frac{5 - 2(z + z^{-1})}{10 - 3(z + z^{-1})}$$

求 $R_X[n]$。

10. 证明 Hilbert 变换的两个性质：

(1)

$$\text{如果 } X(t) = \cos\omega t, \qquad \text{则 } \check{X}(t) = \sin\omega t$$

$$\text{如果 } X(t) = \sin\omega t, \qquad \text{则 } \check{X}(t) = -\cos\omega t$$

(2) 如果 $U(t)$ 为基带信号, 满足当 $\omega \in (-\infty, -\Omega_0) \cup (\Omega_0, \infty)$ 时, $F_U(\omega) = 0$, 证明: 当 $\Omega_c \gg \Omega_0$ 时,

$$\text{如果 } X(t) = U(t)\cos\Omega_c t, \qquad \text{则 } \check{X}(t) = U(t)\sin\Omega_c t$$

$$\text{如果 } X(t) = U(t)\sin\Omega_c t, \qquad \text{则 } \check{X}(t) = -U(t)\cos\Omega_c t$$

11. 若 $X(t)$ 为带通平稳随机过程, $W(t)$ 为 $X(t)$ 的最佳复包络, 证明

$$E(|W'(t)|^2) = -2[R_X''(0) + \Omega_c^2 R_X(0)]$$

其中 Ω_c 为带通信号的载频。

12. 设 $\xi(t) = A\cos(\lambda t + \Theta)$, 其中相角 Θ 为 $(-\pi, \pi)$ 内均匀分布的随机变量, λ 为与 Θ 相互统计独立的随机变量, 概率密度为 $f_\lambda(x)$。A 为确定性常数。证明: $\xi(t)$ 的功率谱密度为

$$S_\xi(\omega) = \frac{A^2\pi}{2}[f_\lambda(\omega) + f_\lambda(-\omega)]$$

13. 设 $\{B(t), t \geqslant 0\}$ 为标准 Brown 运动, 设 $X(t) = B(t+1) - B(t)$, 计算 $X(t)$ 的相关函数和功率谱密度。

14. 考虑一阶 AR 模型

$$Y(n) - aY(n-1) = bX(n)$$

其中 $\{X_n\}$ 为零均值白噪声序列, 方差为 1。求 $Y(n)$ 的相关函数和功率谱密度。

15. 设 $X(t)$ 为宽平稳实随机过程, $R(\tau)$ 为其相关函数, 试证明

$$2\frac{R^2(\tau)}{R(0)} \leqslant [R(0) + R(2\tau)]$$

16. 设有基带随机过程 $X(t)$, 其信号的功率谱密度为 $S_X(\omega)$, 满足 $S_X(\omega) = 0, \quad |\omega| > \omega_C$。$X(t)$ 通过两个传递函数分别为 $H_1(\omega)$ 和 $H_2(\omega)$ 的线性系统, 得到输出 $Y_1(t)$ 和 $Y_2(t)$。如果 $H_1(\omega) = H_2(\omega), |\omega| < \omega_C$, 试证明在均方意义下有 $Y_1(t) = Y_2(t)$。

17. 设有实带宽受限随机信号 $X(t)$ (即功率谱密度满足 $S_X(\omega) = 0, \quad |\omega| > \omega_C$), 自相关函数为 $R_X(\tau)$, 证明

$$R_X(0) - R_X(\tau) \leqslant \frac{\omega_C^2 \tau^2}{2} R_X(0)$$

更进一步, 当 $\tau < \frac{\pi}{\omega}$ 时

$$\frac{2\tau^2}{\pi^2} R_X''(0) \leqslant R_X(0) - R_X(\tau) \leqslant \frac{\tau^2}{2} R_X''(0)$$

第6章 相关理论与二阶矩过程 (III)
——统计估值与预测

第 2、第 5 两章中已经从时域和频域两个角度讨论了二阶矩过程的一些基本问题，现在将利用这些性质来处理随机过程的统计估值与预测，这是一个非常重要的课题。

根据数理统计学的知识，统计估值是利用样本数据形成统计量，然后使用统计量对随机模型中的未知参数进行估计的过程。随机过程的统计估值与一般统计学中所谈到的估值有一定差别。在一般的统计估值中，模型是静态的，因为所得到的样本数据和需要估计的对象之间在时间上始终一致。而在随机过程的统计估值中，模型本身是一个过程，所以是动态的。获取样本数据的时刻和需要估计的对象始终处在不同的时间上，因此为获得好的估计效果，需要充分利用随机过程在不同时刻的相关性。

下面的内容大体分为两个部分，首先介绍随机过程统计估值的一般性理论，包括均方意义下的最优估计，均方意义下的最优线性估计，最优线性估计所能达到的误差界，等等；然后讨论两种最为常见的估计实现方式——Wiener 滤波器和 Kalman 滤波器，并给出以输出信噪比最大为最优准则的匹配滤波器。

6.1 均方意义下的最优估计

设 $\mathcal{X} = \{\Omega, \mathcal{F}, P\}$ 为随机变量所构成的概率空间，而 $\mathcal{X}_S \subseteq \mathcal{X}$ 是 $\mathcal{X}$ 的子空间。$\mathcal{X}_S$ 中所包含的信息是已知的。设 $Y \in \mathcal{X}$ 为信息未知的随机变量，统计估值的目的就是要利用已知的 $\mathcal{X}_S$ 中所包含的信息，对未知的 Y 做出统计推断。根据 $\mathcal{X}_S$ 和 Y 的不同情况，可以归纳出如下几种常见的典型估计问题。

(1) 预测 (prediction)

设 $\mathcal{X} = \{X(t), t \in \mathbb{R}\}$ 为二阶矩随机过程，$\mathcal{X}_S = \{X(u), u \leqslant t\}$，$Y = X(t + \tau)$，即已知随机过程过去和现在的信息，对未来进行估计。此类问题被称为预测问题，有时也称为外插 (extrapolation) 问题。

(2) 内插 (interpolation)

设 $\mathcal{X} = \{X(t), t \in \mathbb{R}\}$ 为二阶矩随机过程，$\mathcal{X}_S = \{X(u), u \in A \cup B, A \in (-\infty, t), B \in (t, \infty)\}$，$Y = X(t)$，即已知随机过程在两端时刻的信息，需要了解中间时刻的未知细节。此类问题称为内插问题。

(3) 滤波 (filtering)

设 $\{X(t), t \in \mathbb{R}\}$ 和 $\{W(t), t \in \mathbb{R}\}$ 均为二阶矩随机过程，$\mathcal{X} \supseteq \{X(t)\} \cup \{W(t)\}$。其中 $X(t)$ 是希望了解的，但是却不能直接观测到它的真实情况；$W(t)$ 作为加性噪声是总在进行的干扰

$$Z(t) = X(t) + W(t)$$

$Z(t)$ 是能够直接观测到的，或者说是受到噪声污染的信号，现需要通过统计手段把感兴趣的信号 $X(t)$ 从 $Z(t)$ 中恢复出来。具体的说就是 $\mathcal{X}_S = \{Z(u), u \leqslant t\}$，而 $Y = X(t)$。这类问题称为滤波问题，有时也称为平滑 (smoothing) 问题。

不难看出，无论哪一种情况，归结起来都是使用一组已知的随机变量去估计另外一个未知的随机变量。进行估计首先要确定判定估计优劣的度量标准，也就是距离，从现在开始一律采用均方距离，以便于利用二阶矩过程的相关函数。

均方意义下的最优估计问题是要找 $\hat{Y}_{\mathrm{opt}} \in \mathcal{X}_S$，使

$$E\|Y - \hat{Y}_{\mathrm{opt}}\|^2 = \min_{\hat{Y}} E\|Y - \hat{Y}\|^2 \tag{6-1}$$

其中 $\hat{Y} \in \mathcal{X}_S$，$\|U\|$ 为随机变量 U 所处空间中的范数。这个问题有明确的答案

$$\hat{Y}_{\mathrm{opt}} = E(Y|\mathcal{X}_S) \tag{6-2}$$

即均方意义下的最优估计就是基于已知信息的条件期望。该结论证明如下，事实上，$\forall \hat{Y} \in \mathcal{X}_S$，由条件期望的基本性质

$$E(Y) = E(E(Y|X)) \quad X, Y \text{ 为随机变量} \tag{6-3}$$

故

$$E\|Y - \hat{Y}\|^2 = E(E(\|Y - \hat{Y}\|^2|\mathcal{X}_S))$$

进而有

$$E(\|Y - \hat{Y}\|^2|\mathcal{X}_S)$$
$$= E(\|Y - E(Y|\mathcal{X}_S) + E(Y|\mathcal{X}_S) - \hat{Y}\|^2|\mathcal{X}_S)$$
$$= E(\|Y - E(Y|\mathcal{X}_S)\|^2|\mathcal{X}_S) + E(\|E(Y|\mathcal{X}_S) - \hat{Y}\|^2|\mathcal{X}_S)$$
$$\quad + E(((Y - E(Y|\mathcal{X}_S))\overline{(E(Y|\mathcal{X}_S) - \hat{Y})})|\mathcal{X}_S) + E(((\overline{Y - E(Y|\mathcal{X}_S)})(E(Y|\mathcal{X}_S) - \hat{Y}))|\mathcal{X}_S)$$
$$= E(\|Y - E(Y|\mathcal{X}_S)\|^2|\mathcal{X}_S) + E(\|E(Y|\mathcal{X}_S) - \hat{Y}\|^2|\mathcal{X}_S)$$
$$\geqslant E(\|Y - E(Y|\mathcal{X}_S)\|^2|\mathcal{X}_S)$$

当 $\hat{Y} = E(Y|\mathcal{X}_S)$ 时，等号成立。其中用到了条件期望的另外一个基本性质

$$E(g(Y)h(X)|X) = h(X)E(g(Y)|X) \tag{6-4}$$

该性质可以导出上述计算中的关键一步

$$E(((Y - E(Y|\mathcal{X}_S))\overline{(E(Y|\mathcal{X}_S) - \hat{Y})})|\mathcal{X}_S)$$
$$= \overline{(E(Y|\mathcal{X}_S) - \hat{Y})}E((Y - E(Y|\mathcal{X}_S))|\mathcal{X}_S)$$
$$= \overline{(E(Y|\mathcal{X}_S) - \hat{Y})}(E(Y|\mathcal{X}_S) - E(Y|\mathcal{X}_S)) = 0$$

同理有

$$E(((\overline{Y - E(Y|\mathcal{X}_S)})(E(Y|\mathcal{X}_S) - \hat{Y}))|\mathcal{X}_S) = 0$$

综合这些结果，可以得到

$$E\|Y - \hat{Y}\|^2$$
$$= E(E(\|Y - \hat{Y}\|^2|\mathcal{X}_S))$$

$$\geqslant E(E(\|Y - E(Y|\mathcal{X}_S)\|^2 | \mathcal{X}_S))$$
$$= E\|Y - E(Y|\mathcal{X}_S)\|^2$$

这正是需要证明的结论：均方意义下的最优估计就是条件期望。

例 6.1 (两个随机变量的情形) 如果 $\mathcal{X}_S$ 中仅仅包含一个随机变量 X_1 的有关信息，现利用它来估计另外一个随机变量 X_2，那么最优估计问题就转化成了寻找一个平方可积的函数 h_{opt}，满足

$$E\|X_2 - h_{\mathrm{opt}}(X_1)\|^2 = \min_{h \in L^2} E\|X_2 - h(X_1)\|^2$$

需要注意的是，这里的 h 并不局限于线性函数，可取的函数类型非常广泛，所以原本这是一个非常困难的优化问题。但借助均方意义下最优估计的结论式 (6-2)，立刻得到

$$\hat{X}_2 = h_{\mathrm{opt}}(X_1) = E(X_2|X_1) \tag{6-5}$$

例 6.2 (Gauss 随机变量) 考虑服从二元 Gaossian 分布的随机变量 (X_1, X_2)，其概率密度为

$$f_{X_1,X_2}(x_1, x_2) = \frac{1}{2\pi\sigma_1\sigma_2\sqrt{1-\rho^2}} \exp\left\{ -\frac{1}{2(1-\rho^2)} \left[\left(\frac{x_1 - \mu_1}{\sigma_1}\right)^2 \right. \right.$$
$$\left. \left. + \left(\frac{x_2 - \mu_2}{\sigma_2}\right)^2 - 2\rho\frac{(x_1 - \mu_1)(x_2 - \mu_2)}{\sigma_1\sigma_2} \right] \right\}$$

当 X_1 已知的时候，求 X_2 在均方意义下的最优估计。

根据式 (6-5)，求解均方意义下的最优估计只需要计算 $E(X_2|X_1)$ 就可以了。最优估计为

$$E(X_2|X_1) = \mu_2 + \frac{\rho\sigma_1}{\sigma_2}(x_1 - \mu_1) \tag{6-6}$$

注意到 Gauss 情形下，均方意义下的最优估计具有线性特性。换句话说，尽管求最优解的时候并不只在线性函数中寻找，但最终的结果仍然是线性函数。均方意义下的最优估计等同于均方意义下的最优线性估计，这是 Gauss 分布的特性。

例 6.3 (多元估计) 考虑已知信息中包含多个随机变量的情况。令 $\{X_k, k = 1, 2, \cdots, n\}$ 是彼此不相关的随机变量序列，$\mathcal{X}_S$ 是 $\{X_k, k = 1, 2, \cdots, n\}$ 构成的概率子空间，需要估计的随机变量是 Y。那么现在的任务就是找到 n 元平方可积函数

$$h_{\mathrm{opt}}(X_1, X_2, \cdots, X_n) \in L^2(\mathbb{R}^n) : \mathbb{R}^n \to \mathbb{R}$$

满足

$$E\|Y - h_{\mathrm{opt}}(X_1, X_2, \cdots, X_n)\|^2 = \min_{h \in L^2(\mathbb{R}^n)} E\|Y - h(X_1, X_2, \cdots, X_n)\|^2$$

根据式 (6-2)，可以得到

$$\hat{Y}_{\mathrm{opt}} = h_{\mathrm{opt}}(X_1, X_2, \cdots, X_n) = E(Y|X_1, X_2, \cdots, X_n) \tag{6-7}$$

6.2 正交性原理和最优线性估计

尽管从理论上条件期望是均方意义下的最优估计。但在实际应用中,条件期望并不容易计算。许多情况下,所知道的并不是概率分布或密度函数,而仅仅是观察到的数据资料。利用观测数据获得条件期望 (最优估计) 在非 Gauss 分布或者未知分布的情况下往往是非常困难的,因此人们需要在计算复杂程度和估计性能之间寻求某种折衷,均方意义下最优线性估计非常自然地成为取代均方意义下最优估计的选择。在讨论最优线性估计之前,首先从几何化的角度叙述最优估计问题,然后充分利用几何工具讨论最优线性估计。

从本质上讲,最优估计问题是在已知信息的集合 $\mathcal{X}_S$ 中寻找与被估计对象 Y 间距最近的元素。这样一种逼近运算有两个关键因素:其一是空间的结构;另一个是采用的距离。这里所讨论的概率空间及其子空间是线性空间,这样可以保证空间中元素经过线性组合后仍然落在该空间当中;所采用的距离是具有二阶特性的均方距离,这是一种由线性空间的内积操作诱导出的距离,事实上,对于两个复值随机变量 X, Y,把它们之间的相关值定义为内积

$$\langle X, Y \rangle = E(X\overline{Y})$$

这样的定义符合内积定义的要求

$\langle X, Y \rangle = E(X\overline{Y}) = \overline{E(Y\overline{X})} = \overline{\langle Y, X \rangle}$ (对称性质)

$\langle \alpha X + \beta Y, Z \rangle = E((\alpha X + \beta Y)\overline{Z}) = \alpha E(X\overline{Z}) + \beta E(Y\overline{Z}) = \alpha\langle X, Z \rangle + \beta\langle Y, Z \rangle$ (线性性质)

$\langle X, X \rangle = E(|X|^2) \geqslant 0, \quad \langle X, X \rangle = 0 \Leftrightarrow X = 0$ (非负定性质)

由此诱导出熟悉的均方距离

$$\mathrm{dist}(X, Y) = \langle X - Y, X - Y \rangle^{\frac{1}{2}} = (E|X - Y|^2)^{\frac{1}{2}}$$

这样就可以把满足 $\langle X, Y \rangle = E(X\overline{Y}) = 0$ 的两个随机变量 X 和 Y 称为"正交",从而用几何化的语言描述概率空间中随机变量间的关系。下面所讨论的"正交性原理"对于均方意义下最优估计的求解非常重要。

定理 6.1 (正交性原理) 设 L 为内积线性空间,$\langle\ ,\ \rangle$ 为其内积,$\|\ \ \|$ 为内积诱导出的距离,L_S 为其子空间,$Y \in L$,则有 $\hat{Y}_{\mathrm{opt}} \in L_S$ 满足

$$\|Y - \hat{Y}_{\mathrm{opt}}\|^2 = \min_{\hat{Y} \in L_S} \|Y - \hat{Y}\|^2$$

的充要条件是

$$\langle Y - \hat{Y}_{\mathrm{opt}}, Z \rangle = 0, \quad \forall Z \in L_S \tag{6-8}$$

通常称最优解 $\hat{Y}_{\mathrm{opt}}$ 为 Y 在子空间 L_S 上的投影。"正交性原理"的证明路线实际上在讨论最优估计时已经形成了。

证明 首先证明充分性,由 $\hat{Y}, \hat{Y}_{\mathrm{opt}} \in L_S$ 可知,$\langle Y - \hat{Y}_{\mathrm{opt}}, \hat{Y}_{\mathrm{opt}} - \hat{Y} \rangle = 0$,所以

$$\begin{aligned}
\|Y - \hat{Y}\|^2 &= \|Y - \hat{Y}_{\mathrm{opt}} + \hat{Y}_{\mathrm{opt}} - \hat{Y}\|^2 \\
&= \|Y - \hat{Y}_{\mathrm{opt}}\|^2 + \|\hat{Y}_{\mathrm{opt}} - \hat{Y}\|^2 + \langle Y - \hat{Y}_{\mathrm{opt}}, \hat{Y}_{\mathrm{opt}} - \hat{Y} \rangle + \langle \hat{Y}_{\mathrm{opt}} - \hat{Y}, Y - \hat{Y}_{\mathrm{opt}} \rangle \\
&= \|Y - \hat{Y}_{\mathrm{opt}}\|^2 + \|\hat{Y}_{\mathrm{opt}} - \hat{Y}\|^2 \\
&\geqslant \|Y - \hat{Y}_{\mathrm{opt}}\|^2
\end{aligned}$$

其次证明必要性，假定存在 $Z_0 \in L_S$，使得 $\langle Y - \hat{Y}_{\text{opt}}, Z_0 \rangle \neq 0$，则 L_S 中的元素

$$\hat{Y}_{\text{opt}} + \frac{\overline{\langle Y - \hat{Y}_{\text{opt}}, Z_0 \rangle}}{\|Z_0\|^2} Z_0$$

与 Y 的距离为

$$\left\| Y - \left(\hat{Y}_{\text{opt}} + \frac{\overline{\langle Y - \hat{Y}_{\text{opt}}, Z_0 \rangle}}{\|Z_0\|^2} Z_0 \right) \right\|$$

$$= \left(\|Y - \hat{Y}_{\text{opt}}\|^2 - \frac{|\langle Y - \hat{Y}_{\text{opt}}, Z_0 \rangle|^2}{\|Z_0\|^2} \right)^{1/2}$$

$$< \|Y - \hat{Y}_{\text{opt}}\|$$

这个距离比 $\hat{Y}_{\text{opt}}$ 离 Y 更近，与题设矛盾！所以"正交性原理"的必要性得到了证明。

如果在概率空间中将上述一般性的"正交性原理"具体化，令 $L = \mathcal{X}$，$L_S = \mathcal{X}_S$，$\langle X, Y \rangle = E(X\overline{Y})$ 且 $\| \quad \| = (E| \quad |^2)^{\frac{1}{2}}$，立刻可以得到以下推论。

推论 6.1   设 $\mathcal{X}$ 为概率空间，$\mathcal{X}_S$ 为其概率子空间，$Y \in \mathcal{X}$ 且 $\hat{Y}_{\text{opt}} \in \mathcal{X}_S$，则

$$E|Y - \hat{Y}_{\text{opt}}|^2 = \min_{\hat{Y} \in \mathcal{X}_S} E|Y - \hat{Y}|^2$$

的充分必要条件是

$$E((Y - \hat{Y}_{\text{opt}})\overline{Z}) = 0, \quad \forall Z \in \mathcal{X}_S \tag{6-9}$$

"正交性原理"提供了直观地从几何角度看待统计估值问题的方法。

下面利用"正交性原理"为"均方意义下的最优估计是条件期望"再给出一个更为简洁的证明。由于 $E(Y|\mathcal{X}_S) \in \mathcal{X}_S$，且对于任意的 $Z \in \mathcal{X}_S$，都有

$$E((Y - E(Y|\mathcal{X}_S))\overline{Z}) = E(Y\overline{Z}) - E(\overline{Z}E(Y|\mathcal{X}_S))$$

$$= E(Y\overline{Z}) - E(E(\overline{Z}Y|\mathcal{X}_S))$$

$$= E(Y\overline{Z}) - E(Y\overline{Z}) = 0$$

推导中用到了条件期望的两条基本性质。

利用正交性原理分析最优线性估计也非常方便。现举例说明，用彼此正交的零均值方差为 1 的随机向量 $\{X_1, X_2, \cdots, X_n\}$ 中各分量所包含的信息来估计 Y，若采用均方意义下的最优估计，则其估计是 $E(Y|X_1, X_2, \cdots, X_n)$。但只有在个别情况下才能比较容易计算出这个条件期望。因此"退而求其次"，考虑均方意义下最优线性估计，即选取 $(a_1, a_2, \cdots, a_n) \in \mathbb{C}$，使得

$$E|Y - (a_1 X_1 + a_2 X_2 + \cdots + a_n X_n)|^2 = \min_{(b_1, b_2, \cdots, b_n) \in \mathbb{C}} E|Y - (b_1 X_1 + b_2 X_2 + \cdots + b_n X_n)|^2$$

换句话说，是要寻找 Y 在 $\{X_1, X_2, \cdots, X_n\}$ 所张成的子空间 $\text{span}\{X_1, X_2, \cdots, X_n\}$ 上的投影。根据"正交性原理"

$$\left\langle Y - \sum_{k=1}^{n} a_k X_k, Z \right\rangle = 0, \quad \forall Z \in \text{span}\{X_1, X_2, \cdots, X_n\}$$

由 $Y - (a_1 X_1 + \cdots + a_n X_n)$ 与 X_k 的正交性以及 $E|X_k|^2 = 1$, 有

$$a_k = \langle Y, X_k \rangle$$

所以有均方意义下最优线性估计 $\hat{Y}_{\mathrm{LO}}$ 为

$$\hat{Y}_{\mathrm{LO}} = \sum_{k=1}^{n} \langle Y, X_k \rangle X_k \tag{6-10}$$

设 $\mathcal{X}_S$ 为 $\{X_1, X_2, \cdots, X_n\}$ 所构成的概率空间, 则 $\hat{Y}_{\mathrm{LO}} \in \mathrm{span}\{X_1, X_2, \cdots, X_n\} \subset \mathcal{X}_S$, 所以

$$E \left| Y - \sum_{k=1}^{n} a_k X_k \right|^2 = E|Y - \hat{Y}_{\mathrm{opt}}|^2 + E \left| \hat{Y}_{\mathrm{opt}} - \sum_{k=1}^{n} a_k X_k \right|^2$$

$$\geqslant E|Y - \hat{Y}_{\mathrm{opt}}|^2$$

可以看出最优线性估计的估计误差的确比最优估计要大, 性能有所下降。但是最优线性估计把一个无穷维空间中的寻优问题转化为了有限维的优化问题 (下面还将看到实质上是一个线性问题)。用性能上的牺牲换取可实现性的大大提高是非常值得的。这一点在工程问题的处理中显得尤为重要。

下面分别在过程为离散时间和连续时间两种情况下对具一般性的最优线性估计进行分析。由此可以看出 "正交性原理" 在处理线性估计问题时的巨大威力。

考虑零均值随机序列 $\boldsymbol{X}^{\mathrm{T}} = \{X_1, X_2, \cdots, X_n\}$, 这里与前面讨论的不同点是各分量间没有正交规范性条件。下面求 Y 在 $\mathrm{span}\{X_1, X_2, \cdots, X_n\}$ 上的投影 $\hat{Y}_{\mathrm{LO}} = \sum_{k=1}^{n} a_k X_k$。由 "正交性原理" 得到

$$\left\langle X_m, Y - \sum_{k=1}^{n} a_k X_k \right\rangle = 0, \quad m = 1, 2, \cdots, n$$

从而有

$$\sum_{k=1}^{n} \langle X_m, X_k \rangle a_k = \langle X_m, Y \rangle, \quad m = 1, 2, \cdots, n \tag{6-11}$$

若令

$$\boldsymbol{a} = (a_1, a_2, \cdots, a_n)^{\mathrm{T}}$$

$\{X_1, X_2, \cdots, X_n\}$ 的自相关矩阵为

$$\boldsymbol{R_X} = \begin{pmatrix} \langle X_1, X_1 \rangle & \langle X_1, X_2 \rangle & \cdots & \langle X_1, X_n \rangle \\ \langle X_2, X_1 \rangle & \langle X_2, X_2 \rangle & \cdots & \langle X_2, X_n \rangle \\ \vdots & \vdots & & \vdots \\ \langle X_n, X_1 \rangle & \langle X_n, X_2 \rangle & \cdots & \langle X_n, X_n \rangle \end{pmatrix}$$

$\boldsymbol{X} = (X_1, X_2, \cdots, X_n)^{\mathrm{T}}$ 和 Y 的互相关为

$$\boldsymbol{r_{XY}} = (\langle X_1, Y \rangle, \langle X_2, Y \rangle, \cdots, \langle X_n, Y \rangle)^{\mathrm{T}}$$

则方程组式 (6-11) 可以简洁的写为

$$R_X a = r_{XY} \tag{6-12}$$

式 (6-12) 是离散时间情况下求解最优线性估计问题的关键性方程，称为 Yule-Walker 方程。从而最优线性估计为

$$\hat{Y}_{\text{LO}} = a^{\text{T}} X, \quad X^{\text{T}} = \{X_1, X_2, \cdots, X_n\}$$
$$a = R_X^{-1} r_{XY}$$

例 6.4 (噪声中直流分量的估计)　考虑如下的简单信号模型，已知

$$X_k = A + N_k, \quad k = 1, 2, \cdots, N$$

其中 A 是待估计的确定性直流分量，N_k 为零均值白噪声，方差为 σ^2。下面利用 $X^{\text{T}} = (X_1, \cdots, X_N)$ 构造 A 的均方意义下最优线性估计。

根据 Yule-Walker 方程求 A 的最优线性估计，首先计算 X 的自相关矩阵，

$$R_X = A^2 e e^{\text{T}} + \sigma^2 I$$

其中 $e = (1, \cdots, 1)^{\text{T}}$，$I$ 为单位阵。使用矩阵求逆公式

$$(D + BCB^{\text{T}})^{-1} = D^{-1} - D^{-1} B (C^{-1} + B^{\text{T}} D^{-1} B)^{-1} B^{\text{T}} D^{-1} \tag{6-13}$$

式中 $D \in \mathbb{R}^{n \times n}$，$C \in \mathbb{R}^{m \times m}$ 为可逆矩阵，$B \in \mathbb{R}^{n \times m}$。

现令

$$D = \sigma^2 I, \quad B = e, \quad C = A^2$$

得

$$R_X^{-1} = (A^2 e e^{\text{T}} + \sigma^2 I)^{-1}$$
$$= \frac{1}{\sigma^2} I - \frac{A^2}{\sigma^2 (\sigma^2 + A^2 N)} e e^{\text{T}}$$

同时

$$r_{XY} = r_{XA} = A^2 e$$

因此最优线性估计的系数 a 为

$$a = R_X^{-1} r_{XY} = \frac{A^2}{\sigma^2 + A^2 N} e$$

当信噪比很大，即 $A^2 >> \sigma^2$ 时，有

$$a \approx \frac{1}{N} e$$

也就是说，最优线性估计约为

$$\hat{A}_{\text{LO}} = \frac{1}{N}(X_1 + \cdots + X_N)$$

可见在信噪比充分大的场合，最优线性估计是常用的样本均值。■

连续时间的处理方法和离散时间非常类似，已知随机过程 $\{X(t), t \in \mathbb{R}\}$ 中包含的信息，估计另外一个随机过程 $\{Y(t), t \in \mathbb{R}\}$。对于任意的 $t \in \mathbb{R}$，令

$$\hat{Y}_O(t) = \int_{-\infty}^{\infty} h(t-u)X(u)\mathrm{d}u$$

为 $Y(t)$ 在 $\{X(t), t \in \mathbb{R}\}$ 上的投影，那么由"正交性原理"有

$$\left\langle Y(t) - \int_{-\infty}^{\infty} h(t-u)X(u)\mathrm{d}u, X(r) \right\rangle = 0, \quad \forall r \in \mathbb{R}$$

进而可以得到

$$\int_{-\infty}^{\infty} h(t-u)R_X(u,r)\mathrm{d}u = R_{YX}(t,r) \quad \forall r \in \mathbb{R} \tag{6-14}$$

其中 $R_X(u,r)$ 与 $R_{YX}(t,r)$ 分别是 $X(t)$ 的自相关函数与 $Y(t)$ 和 $X(t)$ 的互相关函数。称方程式 (6-14) 为 Wiener-Hopf 方程。下面将讨论该方程式的求解问题。

尽管 Yule-Walker 方程是代数方程，而 Wiener-Hopf 方程是积分方程，但是两者都属于线性问题，理论上讲求解并不困难。在实际应用中根据宽平稳过程的结构特征可以得到一些高效的解法。

6.3　随机过程的可预测性和 Wold 分解

最优线性估计给出了估计性能和可实现性之间的一个合适折衷，在工程实践中已经得到广泛的应用。与此同时也会很自然地出现下列问题，最优线性估计究竟会使性能降低多少？这种降低和已知信息以及待估计对象的随机结构之间是什么关系？能否从可估计性和可预测性这两方面对随机过程的特性进行重新认识？换句话说，希望从理论和实践两个方面更深刻地认识最优线性估计，那么理论方面最核心的问题是估计性能的"界"，以及这种"界"与已知信息和待估量间结构关联之间的关系。这种"界"可以揭示估计问题不依赖于具体实现方法的内蕴性质，也就是说，不管采用何种求解手段，只要是线性估计，性能就不会比某一个客观存在的界限更好，而这个界限依赖于已知信息以及被估计量的状态。本节将讨论这些问题。应当指出，连续时间情形与离散时间情形本质上非常类似，但涉及许多和主题关系较少的技术细节。所以为方便，讨论将主要在离散时间情形下进行。

6.3.1　新息过程

首先提出对于今后讨论非常重要的一个概念 —— 新息过程 (innovation processes)。

假定已知信息为离散时间随机过程 $\{X_k, k \in \mathbb{Z}\}$，待估计量为随机变量 Y，则最优线性估计是 Y 在线性子空间 $\text{span}\{X_k, k \in \mathbb{Z}\}$ 上面的投影。在实际应用中，$\{X_k\}$ 的信息往往无法一次同时得到，而是随时间的发展逐步获取。只能观测到当前时刻以及过去时刻的信息，而其后来到的信息根本无从掌握。所以最优线性估计具有"递推"的特点，新的数据随时间发展不断出现，不断地提供新的信息量，估计本身也在利用这些信息进行调整，改善估计效果。应当注意，当观测到新数据后，新数据中所包含的信息并不一定是"全新"的，很可能包含了一些已经知道的信息。假定当前时刻是 n，则过去已经掌握的信息处于子空间

$L_{n-1}^X = \mathrm{span}\{X_k, k \leqslant n-1\}$ 内，利用这些信息所做的最优线性估计是 Y 在子空间 L_{n-1}^X 上的投影。而当 X_n 被观测到后，对 X_n 可以作如下分解

$$X_n = (X_n - X_n|L_{n-1}^X) + X_n|L_{n-1}^X = I_n + X_n|L_{n-1}^X \tag{6-15}$$

这里 $X_n|L_{n-1}^X$ 表示 X_n 在子空间 L_{n-1}^X 上的投影，$I_n = X_n - X_n|L_{n-1}^X$ 表示 X_n 在子空间 L_{n-1}^X 正交补上的投影。很明显，$X_n|L_{n-1}^X$ 是 X_n 所包含的信息中与过去重合的部分；而 I_n 才是"新的"信息。把观测数据中的"新""旧"信息分开后，最优线性估计的递推形式可以自然导出。

事实上，线性空间中的投影操作有一个简单性质，如果 U，V 和 W 分别为子空间，且满足 $W = U \oplus V$，U 与 V 正交；设 Y 为空间中的元素，记 $Y|U$，$Y|V$ 和 $Y|W$ 分别为 Y 在 U，V 和 W 上的投影，那么有

$$Y|W = Y|U + Y|V \tag{6-16}$$

式 (6-16) 说明，"在正交子空间直和上的投影等于分别在各子空间投影之和"。利用式 (6-16)，设 $L_n^X = \mathrm{span}\{X_k, k \leqslant n\}$，那么由式 (6-15) 有

$$L_n^X = L_{n-1}^X + X_n = L_{n-1}^X + X_n|L_{n-1}^X + I_n = L_{n-1}^X \oplus I_n \tag{6-17}$$

并且满足 L_{n-1}^X 与 I_n 正交。所以由式 (6-16) 有

$$Y|L_n^X = Y|L_{n-1}^X + Y|I_n \tag{6-18}$$

式 (6-18) 说明，当获取了新的数据后，新的最优线性估计只需要在已有的最优线性估计的基础上，叠加上单独利用对"新的"信息所作的估计。所以在最优线性估计中，对数据进行分解得到的"新的"信息是重要一环。用这些"新的"信息重新构建代表已知信息的概率子空间，会简化线性估计的构造过程。事实上，由式 (6-17) 可以递推得到

$$\begin{aligned}
L_n^X &= L_{n-1}^X \oplus I_n \\
&= L_{n-2}^X \oplus I_{n-1} \oplus I_n \\
&\vdots \\
&= L_{n-k}^X \oplus I_{n-k+1} \oplus I_{n-k+2} \oplus \cdots \oplus I_{n-1} \oplus I_n
\end{aligned}$$

从而有

$$L_n^X = \mathrm{span}\{X_k, k \leqslant n\} = \bigoplus_{k=-\infty}^{n} I_k \tag{6-19}$$

由此得到的 $\{I_k, k \in \mathbb{Z}\}$ 有两个特点

$$\begin{cases}
\mathrm{span}\{I_k, k \leqslant n\} = \mathrm{span}\{X_k, k \leqslant n\}, & n \in \mathbb{Z} \\
\langle I_k, I_m \rangle = E(I_k \overline{I_m}) = 0, & \forall k, m \in \mathbb{Z}
\end{cases} \tag{6-20}$$

也就是说，$\{I_k, k \in \mathbb{Z}\}$ 是空间 $\mathrm{span}\{X_k, k \in \mathbb{Z}\}$ 的一组正交基。线性代数知识告诉我们，找到空间的正交基对于在空间中作线性分析有很大的帮助。利用 $\{I_k, k \in \mathbb{Z}\}$ 的原理是类似的。通常称 $\{I_k, k \in \mathbb{Z}\}$ 为相应于随机过程 $\{X_k, k \in \mathbb{Z}\}$ 的新息过程。很明显，新息过程 $\{I_k\}$ 经方差归一化后就是白噪声，并且当 $\{X_k\}$ 宽平稳的时候，$\{I_k\}$ 也是宽平稳的，$\{I_k\}$ 和 $\{X_k\}$ 是联合平稳的。

6.3.2 预测的奇异性和正则性

随机过程的预测是利用过去以及现在已知的数据去预测未知的未来。当这种预测限于线性操作的时候，新息理论对预测将有所帮助。对于宽平稳随机过程 $\{X_k, k \in \mathbb{Z}\}$，假定当前时刻为 n，希望对 X_{n+m} 进行线性预测，也就是求 X_{n+m} 在 $L_n^X = \mathrm{span}\{X_k, k \leqslant n\}$ 上的投影。这里存在一个在理论上与实际中都非常重要的问题：

X_{n+m} 究竟有多少信息包含在 $\mathrm{span}\{X_k, k \leqslant n\}$ 中？线性预测究竟有多高的精确度？

回答这一问题的关键是考虑 $\{L_n^X, n \in \mathbb{Z}\}$ 之间的相互关系。根据 L_n^X 的定义以及式 (6-19) 和式 (6-20)，有

$$L_n^X \supseteq L_{n-1}^X \supseteq L_{n-2}^X \supseteq \cdots \supseteq L_{n-k}^X \supseteq \cdots$$

定义

$$\begin{cases} L_{-\infty}^X = \displaystyle\bigcap_{k=-\infty}^{\infty} L_k^X \\ L_{\infty}^X = \displaystyle\bigcup_{k=-\infty}^{\infty} L_k^X \end{cases} \tag{6-21}$$

很明显，$L_n^X \downarrow L_{-\infty}^X$，$L_n^X \uparrow L_{\infty}^X$，并且 $L_{\infty}^X = \mathrm{span}\{X_k, k \in \mathbb{Z}\}$。

$L_{-\infty}^X$ 称为"回溯无穷远的随机性"，或者更形象的，"天生具有的随机性"。根据这个量的取值特征可以得到两种极端情况。

如果 $L_{-\infty}^X = L_{\infty}^X$，称 $\{X_k\}$ 为"纯确定的"(purely deterministic) 或者奇异的 (singular)；如果 $L_{-\infty}^X = \{0\}$，称 $\{X_k\}$ 为"纯随机的"(purely non-deterministic) 或者正则的 (regular)。

直观地讲，如果随机过程是奇异的，那么所有的随机性在回溯无穷远处就已经完全给出了，或者说随机性是"先天"的，随时间的发展并没有新的随机因素加入到过程中。换句话说，奇异过程虽然可称为"纯确定的"，但并不是说没有随机性，而是随机性并不随时间发展而产生变化。可以想象，这样的过程预测起来比较容易，因为只需要对任意长度的一小段时间进行观测，就可以掌握过程的全部统计信息，往下的预测将不会有随机因素的困扰。另一方面，如果过程是正则的，那么所有的随机性全部都是"后天"产生的，随时间的发展，不断会有新的随机信息进入，从而导致过程随机结构的变化。所以正则过程的预测一般都很困难，原因在于始终有随机因素无法从已知信息中获取和推断。

下面从预测误差的角度来进一步讨论这两种极端情况。

设当前时刻为 n，需要预测 X_{n+m}，则最优线性估计为 X_{n+m} 在 $\mathrm{span}\{X_k, k \leqslant n\}$ 上的投影 $X_{n+m}|L_n^X$，令估计误差为

$$\epsilon(m) = \|X_{n+m} - X_{n+m}|L_n^X\| = (E|X_{n+m} - X_{n+m}|L_n^X|^2)^{\frac{1}{2}}$$

利用估计误差可以给出宽平稳过程是否为奇异的判别条件。

命题 6.1 (奇异性的充要条件) 宽平稳随机过程 $\{X_k, k \in \mathbb{Z}\}$ 是奇异的，当且仅当存在 $m_0 \in \mathbb{N}$，满足

$$\epsilon(m_0) = 0$$

证明 根据 $\epsilon(m)$ 的定义可知，当 $m < 0$ 时，$\epsilon(m) = 0$；当 $m_1 < m_2$ 时，$\epsilon(m_1) < \epsilon(m_2)$。

首先证明必要性。如果过程 $\{X_k, k \in \mathbb{Z}\}$ 是奇异的，那么对于任意的 m, n，都有 $X_{n+m} \in L_n^X$，即

$$X_{n+m} = X_{n+m} | L_n^X$$

从而得到

$$\epsilon(m) = 0, \quad \forall m \in \mathbb{Z}$$

其次证明充分性，如果存在 m_0，使得 $\epsilon(m_0) = 0$，则

$$\epsilon(m) = 0, \quad \forall m \leqslant m_0$$

进而有

$$X_{n+m} = X_{n+m} | L_n^X \in L_n^X, \quad \forall n \in \mathbb{Z}, m \leqslant m_0$$

换句话说，对于任意的 $m \leqslant n$，都有

$$X_n \in L_m^X, \quad \text{即 } L_n^X \in L_m^X$$

由此得到

$$L_{-\infty}^X = L_\infty^X$$

过程 $\{X_k\}$ 的奇异性得到了证明。

与之相应的，可以利用估计误差来判别过程是否是正则的。

命题 6.2 (正则性的充要条件)   平稳随机过程 $\{X_k, k \in \mathbb{Z}\}$ 是正则的，当且仅当

$$\epsilon(m) \to R_X(0), \quad m \to \infty$$

证明   从"正交性原理"可得

$$E|X_n|^2 = E|X_n|L_m^X|^2 + E|X_n - X_n|L_m^X|^2 = E|X_n|L_m^X|^2 + \epsilon(n-m), \quad n > m$$

令 $m \to -\infty$，立刻得到

$$R_X(0) = E|X_n|L_{-\infty}^X|^2 + \epsilon(\infty)$$

上式中 $\epsilon(\infty)$ 为 $m \to \infty$ 时 $\epsilon(m)$ 的极限，所以有

$$\epsilon(\infty) = R_X(0) \Longleftrightarrow X_n|L_{-\infty}^X = \{0\}, \forall n \in \mathbb{Z}$$
$$\Longleftrightarrow L_{-\infty}^X = \{0\}$$

这正是需要证明的等价关系。

如果随机过程是奇异的，只要能找到合适的预测方法，预测将会没有误差；而如果过程是正则的，不管使用什么样的方法，预测误差都和过程本身的随机起伏具有可比性，即预测几乎没有给出对未来的更清晰的认识。下面的两个过程分别给出了奇异与正则两种极端情况的具体实例。

例 6.5 (正则过程实例 —— 白噪声)   设有白噪声过程 $\{W_k, k \in \mathbb{Z}\}$，$\langle W_k, W_l \rangle = 0, \forall k$、$l$、$k \neq l$，设 $V \in L_{-\infty}^W$，则 $\forall n, V \in L_n^W$，所以 V 可以表示为

$$V = \sum_{k=0}^{\infty} \alpha_k W_{n-k}$$

现只需要说明 $\forall k \geqslant 0, k \in \mathbb{Z}, \alpha_k = 0$ 就可以了。注意到一方面 $V \in L_{n-1}^W$，即 $V - (V|L_{n-1}^W) = 0$，另一方面，W_n 与 L_{n-1}^W 正交，即 $V - (V|L_{n-1}^W) = \alpha_0 W_n$，所以 $\alpha_0 = 0$。简单递推就可以得到 $V = 0$。即 $L_{-\infty}^W = \{0\}$。

例 6.6 (奇异过程实例 —— 调和过程) 设随机过程 $\{X_n\}$ 为调和过程 (harmonic processes)，即

$$X_n = \sum_{k=1}^m \xi_k \exp(\mathrm{j}2\pi f_k n), \quad n \geqslant 0$$

$$X_n = 0, \quad n < 0$$

其中 ξ_k 为复随机变量，f_k 为常数。

能够证明，可以找到 $c_1, c_2, \cdots, c_m$，使得

$$X_n = \sum_{i=1}^m c_i X_{n-i}$$

这里给定 $X_n \equiv 0, n < 0$。所以 $X_n \in L_{n-1}^X$，进而 $X_{n-1} \in L_{n-2}^X$ 导出 $X_n \in L_{n-2}^X$，以此类推，得到 $X_n \in L_{-\infty}^X$，由 n 的任意性，于是

$$L_{\infty}^X \subseteq L_{-\infty}^X$$

即 $L_{\infty}^X = L_{-\infty}^X$。故调和过程是奇异的。

由此得到的一个简单推论是，正弦波过程

$$X(t) = V \sin(\omega t + \phi)$$

其中 V, ϕ 均为随机变量，是奇异的。

奇异过程和正则过程终究只是事物的两个极端，一个代表完全可以预测，而另一个代表几乎无法预测。大部分宽平稳随机过程的性态介于两者之间，也就是说预测虽然不能说是完全正确，但是确实可以改善对未来的认识。这说明这些过程中既含有奇异的分量，也含有正则的分量。著名的 Wold 分解从理论上对上述分析给出了理论上的说明。

6.3.3 Wold 分解

定理 6.2 (Wold 分解 (Wold decomposition)) 设 $\{X_n, n \in \mathbb{Z}\}$ 为零均值二阶矩随机过程，则 X_n 可以表示为

$$X_n = Y_n + Z_n \tag{6-22}$$

其中 $\{Y_n\}$ 为正则过程而 $\{Z_n\}$ 为奇异过程，并且对于任意的 m, n，Y_m 和 Z_n 正交。

证明 通过构造以证明 Wold 分解，令

$$Z(n) = X(n)|L_{-\infty}^X \tag{6-23}$$

$$Y(n) = X(n) - Z(n) \tag{6-24}$$

首先注意到 $Z(n) \in L_{-\infty}^X$，而 Y_n 与 $L_{-\infty}^X$ 正交，所以对于任意的 m, n，Y_m 和 Z_n 正交。

其次，如果有 $Y \in L_{-\infty}^Y$，则一方面

$$Y \in L_{-\infty}^Y \subseteq L_n^Y \subseteq L_n^X, \quad \forall n \in \mathbb{Z}$$

得到 $Y \in L_{-\infty}^X$。而另一方面 Y 和 $L_{-\infty}^X$ 正交，所以 Y 只能是 0。从而 $L_{-\infty}^Y = \{0\}$。这说明 $\{Y_n\}$ 是正则的。

再次，由于 $X_n = Y_n + Z_n$，且对于任意的 n，Y_n 和 Z_n 正交，有

$$L_n^X \subseteq L_n^Y \oplus L_n^Z, \quad \forall n \in \mathbb{Z}$$

从而有

$$L_{-\infty}^X \subseteq L_n^Y \oplus L_n^Z$$

由于对于任意的 n，L_n^Y 和 $L_{-\infty}^X$ 正交，所以 $L_{-\infty}^X \subseteq L_n^Z$，考虑到 $Z_n \in L_{-\infty}^X$，所以 $L_{-\infty}^X \supseteq L_n^Z$，因而有

$$L_{-\infty}^X = L_n^Z, \quad \forall n \in \mathbb{Z}$$

也就是说

$$L_{-\infty}^Z = \bigcap_{n \in \mathbb{Z}} L_n^Z = \bigcup_{n \in \mathbb{Z}} L_n^Z = L_\infty^Z$$

这说明 $\{Z_n\}$ 是奇异的。至此证明完成。 ■

6.4　可预测性的进一步讨论

对于上节中提出的问题，Wold 分解并没有完全解决，一方面 Wold 分解没有给出可预测性的定量结果，即没有给出预测误差的"界"；另一方面该分解把随机过程分为奇异和正则两个分量，但分解是在最优线性预测的意义下定义的，不适用于一般性的最优估计。此外 Wold 分解仅仅是一种存在性结果，并没有指明求解随机过程结构参数的方法。本节将讨论这几个问题。

首先给出和 Wold 分解类似的关于非线性最优估计的分解形式。

定理 6.3 (Doob-Meyer 分解 (Doob-Meyer decomposition))　设 $\{X_n, n \in \mathbb{Z}_+\}$ 为随机过程，$E|X_n| < \infty$，则 X_n 可以表示为

$$X_n = Y_n + Z_n$$

若令 $\Delta Y_n = Y_{n+1} - Y_n$，$\Delta Z_n = Z_{n+1} - Z_n$，则 $\{Y_n\}$ 和 $\{Z_n\}$ 分别满足

$$E(\Delta Y_n | X_n, X_{n-1}, \cdots, X_0) = \Delta Y_n$$
$$E(\Delta Z_n | X_n, X_{n-1}, \cdots, X_0) = 0 \tag{6-25}$$

也就是说，$\{Y_n\}$ 的增量 ΔY_n 可以被 $\{X_n, X_{n-1}, \cdots, X_0\}$ 精确地预测出来，而 $\{Z_n\}$ 的增量 ΔZ_n 则无法进行预测。

这个似乎更加一般的分解其实可以利用初等的计算来证明。

证明　对于随机过程 $\{X_n, n \in \mathbb{Z}_+\}$，设 $\Delta X_n = X_{n+1} - X_n$，进而设

$$\Delta Y_n = E(\Delta X_n | X_n, X_{n-1}, \cdots, X_0)$$
$$\Delta Z_n = \Delta X_n - \Delta Y_n = \Delta X_n - E(\Delta X_n | X_n, X_{n-1}, \cdots, X_0) \tag{6-26}$$

则 $E(\Delta Y_n | X_n, X_{n-1}, \cdots, X_0) = \Delta Y_n$，而且

$$E(\Delta Z_n | X_n, X_{n-1}, \cdots, X_0)$$
$$= E(\Delta X_n | X_n, X_{n-1}, \cdots, X_0) - E(\Delta Y_n | X_n, X_{n-1}, \cdots, X_0)$$
$$= E(\Delta X_n | X_n, X_{n-1}, \cdots, X_0) - \Delta Y_n = 0$$

将 $\{\Delta Z_n\}$ 和 $\{\Delta Y_n\}$ 叠加起来，就得到

$$X_n = \sum_{k=0}^{n} \Delta Y_k + \sum_{k=0}^{n} \Delta Z_k = Y_n + Z_n \tag{6-27}$$

这正是需要寻找的分解。

对 Wold 分解和 Doob-Meyer 分解进行比较可以发现后者中的 $\{Y_n\}$ 和 $\{Z_n\}$ 与前者中的奇异分量和正则分量存在着某种对应关系。但是在一般情形下，最优预测中的条件期望丧失了最优线性估计中清晰的几何结构，所以不但缺乏简洁的表达方式，而且分解出的两个部分也不再有正交关系。正是由于这些原因，人们往往更加关注线性估计，下面的讨论将围绕最优线性估计展开。

Wold 分解中的奇异部分可以进行精确的线性预测，而正则部分由无法准确预测的随机因素所构成、是产生预测误差的关键，所以有必要对其结构作进一步分析。由随机过程谱分析的知识，离散时间宽平稳二阶矩随机过程 $\{X_n, n \in \mathbb{Z}\}$ 具有如下的谱表示

$$X_n = \int_{-\pi}^{\pi} \exp(j\omega n) dZ_X(\omega)$$

其中谱过程 $\{Z(\omega), \omega \in \mathbb{R}\}$ 具有正交增量性。$\{X_n\}$ 的谱分布函数 $F_X(\omega)$ 满足

$$dF_X(\omega) = E|dZ_X(\omega)|^2$$

谱分布函数中包含了大量的随机过程 $\{X_n\}$ 的内蕴信息。它的光滑性就决定了 $\{X_n\}$ 能否作为白噪声驱动的线性时不变滤波器的输出过程。下面的定理给出了这一规则。

定理 6.4 (滑动平均表示) 设 $\{X_n, n \in \mathbb{Z}\}$ 为离散时间宽平稳随机过程，$F_X(\omega)$ 为其谱分布函数，当且仅当存在 $S(\omega)$，使得

$$F_X(\omega) = \frac{1}{2\pi} \int_{-\infty}^{\omega} S(\lambda) d\lambda, \quad 或者 \quad dF_X(\omega) = \frac{1}{2\pi} S(\omega) d\omega$$

则 $\{X_n\}$ 可作如下表示

$$X_n = \sum_{k=-\infty}^{\infty} h_k U_{n-k}$$

式中 $\{U_k\}$ 为白噪声序列，$\sum_k |h_k|^2 < \infty$。换句话说，如果随机过程的谱分布函数足够光滑（即 $F_X(\omega)$ 可导），则过程就可以用白噪声进行非因果的滑动平均表示。

证明 首先证明必要性，如果 $\{U_k\}$ 是白噪声序列，则 U_k 的谱表示为

$$U_k = \int_{-\pi}^{\pi} \exp(jk\omega) dZ_U(\omega) \tag{6-28}$$

其中 $E|\mathrm{d}Z_U(\omega)|^2 = \mathrm{d}\omega/2\pi$。进而有

$$
\begin{aligned}
X_n &= \sum_{k=-\infty}^{\infty} h_k U_{n-k} \\
&= \sum_{k=-\infty}^{\infty} h_k \int_{-\pi}^{\pi} \exp(\mathrm{j}(n-k)\omega) \mathrm{d}Z_U(\omega) \\
&= \int_{-\pi}^{\pi} \exp(\mathrm{j}n\omega) \left(\sum_{k=-\infty}^{\infty} h_k \exp(-\mathrm{j}k\omega) \right) \mathrm{d}Z_U(\omega) \\
&= \int_{-\pi}^{\pi} \exp(\mathrm{j}n\omega) g(\omega) \mathrm{d}Z_U(\omega) \\
&= \int_{-\pi}^{\pi} \exp(\mathrm{j}n\omega) \mathrm{d}Z_X(\omega)
\end{aligned}
$$

其中 $g(\omega) = \sum\limits_{k=-\infty}^{\infty} h_k \exp(-\mathrm{j}k\omega)$。则 $\{X_n\}$ 的谱分布函数为

$$
\mathrm{d}F_X(\omega) = E|\mathrm{d}Z_X(\omega)|^2 = E|g(\omega)\mathrm{d}Z_U(\omega)|^2 = |g(\omega)|^2 \frac{\mathrm{d}\omega}{2\pi} \tag{6-29}
$$

再证明充分性部分,如果有 $\mathrm{d}F_X(\omega) = \dfrac{1}{2\pi}S(\omega)\mathrm{d}\omega$,那么 $S(\omega) \geqslant 0$,不妨设 $S(\omega) = |g(\omega)|^2$,则有

$$
X_n = \int_{-\pi}^{\pi} \exp(\mathrm{j}n\omega)\mathrm{d}Z_X(\omega) = \int_{-\pi}^{\pi} \exp(\mathrm{j}\omega n)\sqrt{S(\omega)}\mathrm{d}\widetilde{Z}_X(\omega)
$$

其中 $\mathrm{d}\widetilde{Z}_X(\omega) = \mathrm{d}Z_X(\omega)/\sqrt{S(\omega)}$。这实际上是 "白化" 步骤,因为

$$
E|\mathrm{d}\widetilde{Z}_X(\omega)|^2 = \frac{E|\mathrm{d}Z_X(\omega)|^2}{S(\omega)} = \frac{1}{2\pi}\frac{S(\omega)\mathrm{d}\omega}{S(\omega)} = \frac{1}{2\pi}\mathrm{d}\omega \tag{6-30}
$$

下面只需要把 $\sqrt{S(\omega)}$ 在 $[-\pi, \pi]$ 上作 Fourier 展开

$$
\sqrt{S(\omega)} = \sum_{k=-\infty}^{\infty} c_k \exp(-\mathrm{j}\omega k)
$$

立刻可以得到

$$
\begin{aligned}
X_n &= \int_{-\pi}^{\pi} \exp(\mathrm{j}\omega n) \left(\sum_{k=-\infty}^{\infty} c_k \exp(-\mathrm{j}\omega k) \right) \mathrm{d}\widetilde{Z}_X(\omega) \\
&= \sum_{k=-\infty}^{\infty} c_k \int_{-\pi}^{\pi} \exp(\mathrm{j}\omega(n-k)) \mathrm{d}\widetilde{Z}_X(\omega) \\
&= \sum_{k=-\infty}^{\infty} c_k U_{n-k}
\end{aligned}
$$

根据式 (6-30),$\{U_k\}$ 恰好是需要寻找的白噪声序列,$\{c_k\}$ 就是非因果滑动平均的系数 (冲激响应)。

这里的滑动平均表示对于存在功率谱密度的任意随机过程都适用。也就是说,如果不追求滤波器的因果性,那么这类随机过程都可以看作由白噪声激励的滤波器的输出。应当注意

到，滤波器系数的寻找是不适定的，即解并不唯一。采用功率谱密度时损失的相位信息如果不附加条件是不可能恢复的。由于对滤波器没有任何多余要求，所以可以直接取功率谱密度的平方根，并作 Fourier 级数展开。但是如果希望滤波器是具有因果性的，问题就不那么容易了。首先能进行因果性表示的随机过程并不普遍，所以需要对过程本身加限制条件；其次求解具有因果性的滤波器也绝非一个 Fourier 展开那样简单，需要对过程的谱结构进行详细的分析。

定理 6.5 (具有因果性的滑动平均表示) 对于离散时间宽平稳随机过程 $\{X_n\}$，当且仅当 $\{X_n\}$ 是正则时，才能够有如下表示

$$X_n = \sum_{k=0}^{\infty} h_k U_{n-k} \qquad (6\text{-}31)$$

其中 $\{U_k\}$ 为白噪声序列，$\sum_k |h_k|^2 < \infty$。

该定理表明，能够进行因果性表示的充要条件是过程的正则性。同时可知，这里得到的白噪声序列 $\{U_k\}$ 正是过程 $\{X_n\}$ 所对应的新息过程，所以有

$$\text{span}\{X_k, k \leqslant n\} = \text{span}\{U_k, k \leqslant n\}, \quad \forall n \in \mathbb{Z} \qquad (6\text{-}32)$$

如果过程的功率谱密度存在，则可以得到更具解析意义的正则性判别条件。

定理 6.6 (正则过程的解析定义) 离散时间宽平稳随机过程 $\{X_n\}$ 是正则过程的充分必要条件是其功率谱密度 $S(\omega)$ 满足

$$\int_{-\pi}^{\pi} \log S(\omega) \mathrm{d}\omega > -\infty \qquad (6\text{-}33)$$

首先注意到正则过程有因果的滑动平均表示，等价于 $S(\omega)$ 满足

$$S(\omega) = \left| \sum_{k=0}^{\infty} h_k \exp(-\mathrm{j}\omega k) \right|^2 \qquad (6\text{-}34)$$

且需满足

$$\int_{-\pi}^{\pi} \log S(\omega) \mathrm{d}\omega > -\infty$$

这里没有对定理 6.5 和定理 6.6 进行证明，有兴趣的读者可以参看文献 [6]。

下面进一步计算对正则过程进行最优线性预测的误差。由于奇异过程可以精确预测，这个误差实际上也是对一般的二阶矩过程进行最优线性预测的误差。假定 $\{X_n\}$ 为正则过程，已知 $\{X_k, k \leqslant n\}$，则 X_{n+m} 的最优线性估计 $\hat{X}_{n+m}$

$$\hat{X}_{n+m} = \sum_{k=0}^{\infty} d_k X_{n-k}$$

满足

$$E|X_{n+m} - \hat{X}_{n+m}|^2 = \min_{Y \in \text{span}\{X_k, k \leqslant n\}} E|X_{n+m} - Y|^2$$

注意到 $\{X_n\}$ 有因果的滑动平均表示式 (6-31)，所以

$$\text{span}\{X_k, k \leqslant n\} = \text{span}\{U_k, k \leqslant n\}, \quad \forall n \in \mathbb{Z} \qquad (6\text{-}35)$$

也就是说，m 步最优线性预测的误差 σ_m^2 为

$$
\begin{aligned}
\sigma_m^2 &= E|X_{n+m} - (X_{n+m}|\mathrm{span}\{X_k, k \leqslant n\})|^2 \\
&= E|X_{n+m} - (X_{n+m}|\mathrm{span}\{U_k, k \leqslant n\})|^2 \\
&= E|h_0 U_{n+m} + h_1 U_{n+m-1} + \cdots + h_{m-1} U_{n+1}|^2 \\
&= |h_0|^2 + |h_1|^2 + \cdots + |h_{m-1}|^2
\end{aligned}
\tag{6-36}
$$

其中的 h_0 为 $S(\omega)$ 的 Fourier 展开首项，也恰好是一步预测误差 σ_1，具有特殊的意义。从文献 [6] 可知

$$
\sigma_1 = h_0 = \exp\left(\frac{1}{2\pi}\int_{-\pi}^{\pi} \log S(\omega)\mathrm{d}\omega\right)
\tag{6-37}
$$

这里对上述讨论作几点注记。

(1) 预测误差的公式实际上非常直观。如果过程 $\{X_n\}$ 功率谱密度 $S(\omega)$ 在 $[-\pi, \pi]$ 区间的边界处衰减得比较慢，则 $\log S(\omega)$ 就会离 $-\infty$ 比较远，从而根据式 (6-37)，预测误差较大；而另一方面，$S(\omega)$ 衰减得慢意味着过程自相关函数 $R(n)$ 的拖尾比较"纤细"，不同时刻间相关比较微弱，预测也相对困难。反过来，如果功率谱密度在 $[-\pi, \pi]$ 区间的边界处衰减得比较快，那么自相关函数将会有较重的拖尾，较强的相关性自然会给预测带来方便；与此同时，$\log S(\omega)$ 的积分会愈加接近 $-\infty$，蕴含较小的预测误差。

(2) 连续时间的情况和离散时间非常类似，只是在公式的表示上有些差别。事实上，对于连续时间的宽平稳随机过程 $X(t)$，同样可以有奇异性和正则性，也有与离散时间情形相应的 Wold 分解

$$
X(t) = \xi(t) + \eta(t)
\tag{6-38}
$$

其中 $\xi(t)$ 和 $\eta(t)$ 是相互正交的随机过程，$\xi(t)$ 为奇异过程而 $\eta(t)$ 为正则过程。而且 $\eta(t)$ 还有如下表示

$$
\eta(t) = \int_{-\infty}^{\infty} h(t-\tau)\mathrm{d}U(\tau)
\tag{6-39}
$$

其中的 $U(t)$ 为正交增量过程。特别值得注意的是，连续时间情形下随机过程 $X(t)$ 为正则的充要条件和离散时间情形有较大差别，为

$$
\int_{-\infty}^{\infty} \frac{|\log S(\omega)|}{1+\omega^2}\mathrm{d}\omega < \infty
\tag{6-40}
$$

其中 $S(\omega)$ 为 $X(t)$ 的功率谱密度。这个条件也称为 Paley-Wiener 条件[15]。

(3) 可以从另外一个角度导出一步线性预测的误差。首先计算已知信息长度为有限情况下的预测误差。设 $\{X_n\}$ 为实宽平稳随机过程，已知信息为 $\boldsymbol{X} = \{X_{n-1}, X_{n-2}, \cdots, X_{n-p}\}^{\mathrm{T}}$，需要预测 X_n，令 $\boldsymbol{a} = (a_1, a_2, \cdots, a_p)^{\mathrm{T}}$，设最优线性预测为

$$
\hat{X}_n = \sum_{k=1}^{p} a_k X_{n-k} = \boldsymbol{a}^{\mathrm{T}}\boldsymbol{X}
$$

那么由 Yule-Walker 方程式 (6-12)，有

$$
\boldsymbol{a} = \boldsymbol{R}_p^{-1}\boldsymbol{r}_p
\tag{6-41}
$$

这里 $\boldsymbol{R}_p$ 为 $\boldsymbol{X}$ 的 p 阶自相关矩阵，$\boldsymbol{R}_p = E(\boldsymbol{X}\boldsymbol{X}^{\mathrm{T}})$，$\boldsymbol{r}_p = E(\boldsymbol{X}X_n)$，则可得如下结果

$$\sigma_p^2 = E\left|X_n - \sum_{k=1}^p a_k X_{n-k}\right|^2 = \det(\boldsymbol{R}_{p+1})/\det(\boldsymbol{R}_p)$$

该式证明如下，由式 (6-41) 得

$$
\begin{aligned}
\sigma_p^2 &= E\left|X_n - \sum_{k=1}^p a_k X_{n-k}\right|^2 \\
&= E\left(\left(X_n - \sum_{k=1}^p a_k X_{n-k}\right) X_n\right) \\
&= R_X(0) - \sum_{k=1}^p a_k R_X(-k) \\
&= R_X(0) - \boldsymbol{r}_p^{\mathrm{T}}\boldsymbol{a} \\
&= R_X(0) - \boldsymbol{r}_p^{\mathrm{T}}\boldsymbol{R}_p^{-1}\boldsymbol{r}_p
\end{aligned}
$$

直接计算可以验证下列关系

$$
\begin{pmatrix} 1 & -\boldsymbol{r}_p^{\mathrm{T}}\boldsymbol{R}_p^{-1} \\ 0 & I \end{pmatrix} * \begin{pmatrix} R_X(0) & \boldsymbol{r}_p^{\mathrm{T}} \\ \boldsymbol{r}_p & \boldsymbol{R}_p \end{pmatrix} = \begin{pmatrix} R_X(0) - \boldsymbol{r}_p^{\mathrm{T}}\boldsymbol{R}_p^{-1}\boldsymbol{r}_p & 0 \\ \boldsymbol{r}_p & \boldsymbol{R}_p \end{pmatrix}
$$

等号两边同时取行列式，立刻得到

$$\det(\boldsymbol{R}_{p+1}) = \det\begin{pmatrix} R_X(0) & \boldsymbol{r}_p^{\mathrm{T}} \\ \boldsymbol{r}_p & \boldsymbol{R}_p \end{pmatrix} = (R_X(0) - \boldsymbol{r}_p^{\mathrm{T}}\boldsymbol{R}_p\boldsymbol{r}_p)\det(\boldsymbol{R}_p)$$

从而有

$$\sigma_p^2 = R_X(0) - \boldsymbol{r}_p^{\mathrm{T}}\boldsymbol{R}_{p-1}^{-1}\boldsymbol{r}_p = \det(\boldsymbol{R}_{p+1})/\det(\boldsymbol{R}_p) \tag{6-42}$$

从而可知，使用 $\{X_k, k < n\}$ 对 X_n 进行预测的误差是

$$\lim_{p\to\infty}\sigma_p^2 = \exp(\lim_{p\to\infty}\log(\sigma_p^2))$$

由微积分知识

$$A_n \to A, \quad n \to \infty \text{ 蕴含 } \frac{1}{n}\sum_{k=1}^n A_k \to A, \quad n \to \infty$$

于是有

$$\lim_{p\to\infty}\sigma_p^2 = \exp\left(\lim_{p\to\infty}\frac{1}{p}\sum_{k=1}^p \log(\sigma_k^2)\right)$$

代入式 (6-42)，得到

$$\lim_{p\to\infty}\sigma_p^2 = \exp\left(\lim_{p\to\infty}\frac{1}{p}\log(\det(\boldsymbol{R}_p))\right)$$

注意到矩阵 R_p 满足 Toeplitz 性质，有[12]

$$\lim_{p\to\infty}\frac{1}{p}\log(\det(\boldsymbol{R}_p)) = \frac{1}{2\pi}\int_{-\pi}^{\pi}\log(S(\omega))\mathrm{d}\omega$$

这里 $S(\omega)$ 正是 $\{X_k\}$ 的功率谱密度

$$S(\omega) = \sum_{k=-\infty}^{\infty} R_X(k) \exp(-\mathrm{j}k\omega)$$

所以

$$\lim_{p \to \infty} \sigma_p^2 = \exp\left(\frac{1}{2\pi} \int_{-\pi}^{\pi} \log(S(\omega)) \mathrm{d}\omega\right)$$

这和式 (6-37) 完全一致。

6.5　随机过程的谱因式分解

上一节中指出, 对随机过程的线性预测关键在于该过程的正则分量, 而正则分量的本质特性是它可以用具有因果性的白噪声滑动平均进行表示。如果得到了这种表示, 则随机过程的线性预测问题的研究就变得比较简便。所以有必要仔细研究求解正则过程的因果表示的具体步骤。

设 $\{U_n, n \in \mathbb{Z}\}$ 为白噪声过程, 其谱表示为

$$U_n = \int_{-\pi}^{\pi} \exp(\mathrm{j}\omega n) \mathrm{d}Z_U(\omega)$$

其中 $Z_U(\omega)$ 满足 $E|\mathrm{d}Z_U(\omega)|^2 = \mathrm{d}\omega/2\pi$。如果 $\{X_n, n \in \mathbb{Z}\}$ 为正则过程, 则 X_n 可以表示为

$$
\begin{aligned}
X_n &= \sum_{k=0}^{\infty} h_k U_{n-k} \\
&= \sum_{k=0}^{\infty} h_k \int_{-\pi}^{\pi} \exp(\mathrm{j}\omega(n-k)) \mathrm{d}Z_U(\omega) \\
&= \int_{-\pi}^{\pi} \exp(\mathrm{j}\omega n) \left(\sum_{k=0}^{\infty} h_k \exp(-\mathrm{j}\omega k)\right) \mathrm{d}Z_U(\omega) \\
&= \int_{-\pi}^{\pi} \exp(\mathrm{j}\omega n) H(\omega) \mathrm{d}Z_U(\omega) \\
&= \int_{-\pi}^{\pi} \exp(\mathrm{j}\omega n) \mathrm{d}Z_X(\omega)
\end{aligned}
$$

这里 $\{U_n\}$ 实际上就是 $\{X_n\}$ 所对应的新息过程, 而滤波器的传递函数

$$H(\omega) = \sum_{k=0}^{\infty} h_k \exp(-\mathrm{j}\omega k) \tag{6-43}$$

则成为 $\{U_n\}$ 和 $\{X_n\}$ 间联系的纽带。实际应用中已知的是 $\{X_n\}$ 的功率谱密度 $S_X(\omega)$, 而

$$\frac{1}{2\pi} S_X(\omega) \mathrm{d}\omega = E|\mathrm{d}Z_X(\omega)|^2 = E|H(\omega)\mathrm{d}Z_U(\omega)|^2 = \frac{1}{2\pi}|H(\omega)|^2 \mathrm{d}\omega$$

所以需要从 $|H(\omega)|^2$ 中把 $H(\omega)$ 恢复出来, 同时还要保持 $H(\omega)$ 的因果性。由于仅知道 $|H(\omega)|^2$, 这个问题的解并不唯一, 因为功率谱密度中并不包含 $H(\omega)$ 的相位信息, 如给 $H(\omega)$ 级连一个全通滤波器后, 系统输出的功率谱密度不会改变。

命题 6.3 (因果谱因式分解的多样性) 设滤波器 $\hat{H}(\omega)$ 是因果的，且满足

$$|\hat{H}(\omega)|^2 = S_X(\omega) = |H(\omega)|^2$$

则存在因果的传递函数 $\theta(\omega)$，$|\theta(\omega)| = 1$，满足

$$\hat{H}(\omega) = \theta(\omega)H(\omega) \tag{6-44}$$

证明 由于 $\hat{H}(\omega)$ 是因果的，有

$$\hat{H}(\omega) = \sum_{k=0}^{\infty} \hat{h}_k \exp(-\mathrm{j}\omega k)$$

令 $Y_n = \sum_{k=0}^{\infty} \hat{h}_k U_{n-k}$，则

$$Y_n \in \{U_k, k \leqslant n\} = \{X_k, k \leqslant n\}$$

从而存在 $\{\theta_n\}$，使得 $Y_n = \sum_{k=0}^{\infty} \theta_k X_{n-k}$，所以

$$
\begin{aligned}
Y_n = \sum_{k=0}^{\infty} \hat{h}_k U_{n-k} &= \int_{-\pi}^{\pi} \exp(\mathrm{j}\omega n)\hat{H}(\omega)\mathrm{d}Z_U(\omega) \\
&= \sum_{k=0}^{\infty} \theta_k X_{n-k} = \int_{-\pi}^{\pi} \exp(\mathrm{j}\omega n)\theta(\omega)\mathrm{d}Z_X(\omega) \\
&= \int_{-\pi}^{\pi} \exp(\mathrm{j}\omega n)\theta(\omega)H(\omega)\mathrm{d}Z_U(\omega)
\end{aligned}
$$

也就是说，$\hat{H}(\omega) = \theta(\omega)H(\omega)$。这正是需要证明的。∎

如果需要在这些幅度响应相同的因果滤波器中做出选择，还需要附加进一步的条件。最小相位是最为常见的附加条件。如果 $H(\omega)$ 和 $H^{-1}(\omega)$ 都是因果的，就称系统 $H(\omega)$ 是最小相位系统。若最小相位系统的传递函数为 $H(z) = \sum_{k=0}^{\infty} h_k z^{-k}$，则它的所有的极点和零点都在 z 平面上的单位圆内部。可以证明，满足最小相位条件的系统在所有给定幅度响应的系统当中是唯一确定的。不仅如此，最小相位系统的幅度和相位间还存在一个确定的联系 —— 如果知道了幅度，则相位就被完全确定了[14]。不难看出，如果所得到的 $H(\omega)$ 是最小相位的，则不但可以用 $\{U_n\}$ 对 $\{X_n\}$ 进行因果的滑动平均表示，反过来还可以用 $\{X_n\}$ 对 $\{U_n\}$ 进行因果的滑动平均表示。换句话说，$\{U_n\}$ 和 $\{X_n\}$ 间地位是完全对等的，彼此可以相互进行因果的线性表示。

在随机过程的功率谱密度满足一定条件的前提下，通过谱因式分解可以求得最小相位系统。

命题 6.4 (谱因式分解过程) 如果 $\log S(\omega)$ 可以作 Fourier 展开，

$$\log S(\omega) = \sum_{k=-\infty}^{\infty} b_k \exp(-\mathrm{j}\omega k) \tag{6-45}$$

那么满足 $|H(\omega)|^2 = S(\omega)$ 的最小相位因果系统为

$$H(\omega) = \exp\left(\frac{b_0}{2} + \sum_{k=1}^{\infty} b_k \exp(-\mathrm{j}\omega k)\right) \tag{6-46}$$

证明   首先验证 $|H(\omega)|^2 = S(\omega)$，由于 $\log S(\omega)$ 是实的，所以 $b_{-k} = \overline{b_k}$，从而

$$|H(\omega)|^2 = H(\omega)\overline{H(\omega)}$$

$$= \exp\left(\frac{b_0}{2} + \sum_{k=1}^{\infty} b_k \exp(-\mathrm{j}\omega k)\right) * \overline{\exp\left(\frac{b_0}{2} + \sum_{k=1}^{\infty} b_k \exp(-\mathrm{j}\omega k)\right)}$$

$$= \exp\left(b_0 + \sum_{k=1}^{\infty} b_k \exp(-\mathrm{j}\omega k) + \sum_{k=1}^{\infty} b_{-k} \exp(\mathrm{j}\omega k)\right)$$

$$= \exp\left(\sum_{k=-\infty}^{\infty} b_k \exp(-\mathrm{j}\omega k)\right)$$

$$= \exp(\log S(\omega)) = S(\omega)$$

其次考虑到

$$\exp(g(z)) = 1 + g(z) + \frac{g^2(z)}{2!} + \cdots + \frac{g^k(z)}{k!} + \cdots$$

如果 $g(z)$ 的幂级数展开式中只有非负幂次项，很明显 $\exp(g(z))$ 的展开中也只有非负幂次项。换句话说，若 $G(\omega)$ 是因果的，则 $\exp(G(\omega))$ 也是因果的。所以有

$$H(\omega) = \exp\left(\frac{b_0}{2} + \sum_{k=1}^{\infty} b_k \exp(-\mathrm{j}\omega k)\right)$$

满足因果性条件。剩下只需要验证最小相位特性，也就是要求

$$H(z) = \exp\left(\frac{b_0}{2} + \sum_{k=1}^{\infty} b_k z^{-k}\right)$$

所有的零点都在单位圆内。而 $\exp(g(z)) \neq 0$ 直接导出该结论是显然的。 ∎

　　上述由功率谱密度出发求解幅度已知的最小相位因果滤波器的过程通常称为随机过程的谱因式分解 (spectral factorization)。谱因式分解是一种"正交化"步骤，也可以说是一种"白化"，其结果是获得与随机过程 $\{X_n\}$ 相对应的新息过程 $\{U_n\}$。新息过程 $\{U_n\}$ 有两个特点。

$$\mathrm{span}\{X_k, k \leqslant n\} = \mathrm{span}\{U_k, k \leqslant n\}, \quad \forall n \in \mathbb{Z}$$

$$E(U_k\overline{U_m}) = 0, \quad \forall k \neq m$$

$\{U_n\}$ 所张成的子空间与 $\{X_n\}$ 张成的子空间相同，导致使用 $\{X_n\}$ 进行线性预测和使用 $\{U_n\}$ 进行线性预测得到完全一致的结果；而 $\{U_n\}$ 各分量之间的正交性则使采用 $\{U_n\}$ 进行线性预测比直接用 $\{X_n\}$ 要容易许多。

　　一般性的谱因式分解涉及到复杂函数的 Fourier 展开，处理较为困难。但如果随机过程的功率谱密度具有一定的特点，可使谱因式分解过程大大简化。这里讨论一类常见的功率谱

密度形式 —— 有理谱密度 (rational spectral density), 即

$$S(\omega) = S(z)|_{z=\exp(\mathrm{j}\omega)|} = \left| \frac{P(z)}{Q(z)} \right|_{z=\exp(\mathrm{j}\omega)}^{2}$$

其中 $P(z)$ 和 $Q(z)$ 是 z 的多项式。

具有有理谱密度的随机过程在宽平稳过程中占有重要地位。可以证明, 任何分段连续的功率谱密度都可以被阶数足够高的有理谱密度进行有效逼近。不仅如此, 有理谱密度还特别适合于描述由白噪声驱动的线性系统的输出过程, 而这类过程在通信以及信息系统的研究当中有不可替代的作用。例如差分方程定义的离散系统

$$\sum_{k=0}^{N} b_k X_{n-k} = \sum_{l=0}^{M} a_l U_{n-l} \tag{6-47}$$

其中的 $\{U_n\}$ 为均值等于 0, 方差是 σ_U^2 的白噪声过程。系统的传递函数为

$$H(z) = \frac{a_0 + a_1 z^{-1} + \cdots + a_M z^{-M}}{b_0 + b_1 z^{-1} + \cdots + b_N z^{-N}}$$

则 $\{X_n\}$ 的功率谱密度为

$$S_X(\omega) = \sigma_U^2 \left| \frac{a_0 + a_1 \exp(-\mathrm{j}\omega) + \cdots + a_M \exp(-\mathrm{j}\omega M)}{b_0 + b_1 \exp(-\mathrm{j}\omega) + \cdots + b_N \exp(-\mathrm{j}\omega N)} \right|^2$$

$$= \sigma_U^2 \frac{|P(\exp(-\mathrm{j}\omega))|^2}{|Q(\exp(-\mathrm{j}\omega))|^2} = \sigma_U^2 \left| \frac{P(z)}{Q(z)} \right|_{z=\exp(\mathrm{j}\omega)}^{2} \tag{6-48}$$

这恰好是有理谱密度。对有理谱密度而言, 谱因式分解过程无需作 Fourier 变换, 事实上, 不妨设 $\sigma_U = 1$, 将功率谱密度函数映射到 z 平面上得到 $S(z)$。由于 $S(z)$ 在 $\{z \in \mathbb{C} : |z| = 1\}$ 上是实的, 所以如果 z_0 是 $S(z)$ 的零点 (或者极点), 那么 z_0^{-1} 也是 $S(z)$ 的零点 (或者极点), 从而有

$$S(z) = \frac{(z - \alpha_1)(z - \alpha_2) \cdots (z - \alpha_M)(z^{-1} - \alpha_1)(z^{-1} - \alpha_2) \cdots (z^{-1} - \alpha_M)}{(z - \beta_1)(z - \beta_2) \cdots (z - \beta_N)(z^{-1} - \beta_1)(z^{-1} - \beta_2) \cdots (z^{-1} - \beta_N)}$$

$$= \frac{N(z)N(z^{-1})}{D(z)D(z^{-1})}$$

不妨假设 $|\alpha_k| < 1, k = 1, 2, \cdots, M$(如若不然, 用 $\alpha_k^{-1} = \overline{\alpha_k}/|\alpha_k|^2$ 替代 α_k 就可以了), $|\beta_k| < 1, k = 1, 2, \cdots, N$, 则有理分式

$$S^+(z) = \frac{(z - \alpha_1)(z - \alpha_2) \cdots (z - \alpha_M)}{(z - \beta_1)(z - \beta_2) \cdots (z - \beta_N)} = \frac{N(z)}{D(z)}$$

恰好满足所有的零点和极点都在单位圆内, 这正是所需要的最小相位因果滤波器, 谱因式分解就此完成。

连续时间的情况和离散时间非常类似, 用微分方程取代差分方程

$$\sum_{k=0}^{N} b_k \frac{\mathrm{d}^k X(t)}{\mathrm{d}t^k} = \sum_{l=0}^{M} a_l \frac{\mathrm{d}^l U(t)}{\mathrm{d}t^l}$$

式中的 $\{U(t)\}$ 是均值为 0、方差为 σ_U^2 的白噪声过程, 于是 $X(t)$ 的谱密度为

$$S_X(\omega) = \sigma_U^2 \left| \frac{a_0 + a_1(\mathrm{j}\omega) + \cdots + a_M(\mathrm{j}\omega)^M}{b_0 + b_1(\mathrm{j}\omega) + \cdots + b_N(\mathrm{j}\omega)^N} \right|^2 = \sigma_U^2 \frac{P(\omega^2)}{Q(\omega^2)}$$

请注意, 离散情况下研究的是 z 平面上零极点位置分布和单位圆之间的关系。连续时间的情况下 z 平面被 s 域所取代, 而 z 平面上的单位圆也被 s 域上的虚轴所取代, z 平面上单位圆的内外变成了 s 域上的左半平面和右半平面, 得到 s 域的功率谱密度为

$$S_X(s) = \sigma_U^2 \frac{P(-s^2)}{Q(-s^2)}$$

谱分解的 "正" 分量为

$$S_X^+(s) = \frac{(s - \alpha_1)(s - \alpha_2) \cdots (s - \alpha_M)}{(s - \beta_1)(s - \beta_2) \cdots (s - \beta_N)}$$

其中 $\mathrm{Re}(\alpha_k) < 0, k = 1, 2, \cdots, M$, $\mathrm{Re}(\beta_k) < 0, k = 1, 2, \cdots, N$。

例 6.7 (谱因式分解的简单例子 —— 离散时间情形) 设 $Y(n) = X(n) + N(n)$, 其中 $Y(n)$ 为观测信号, $X(n)$ 为有用信号, $N(n)$ 为噪声, 有用信号与噪声独立, 且满足

$$R_X(m) = a^{|m|}, \quad 0 < a < 1, \quad E(N(n)) = 0, \, R_N(m) = N_0 \delta(m)$$

现需要计算 $S_Y(\omega)$ 的谱因式分解。

首先在 z 域内计算

$$S_X(z) = \frac{a - a^{-1}}{(z + z^{-1}) - (a + a^{-1})}, \quad S_N(z) = N_0, \quad S_{NX}(z) = S_{XN}(z) = 0$$

可得

$$S_Y(z) = S_X(z) + S_N(z) = N_0 \frac{(z - b)(z - b^{-1})}{(z - a)(z - a^{-1})}$$

这里 $(a + a^{-1}) + \dfrac{1}{N_0}(a^{-1} - a) = b + b^{-1}$, 由题意 $0 < a < 1$, 不妨设 $0 < b < 1$, 则

$$S_Y^+(z) = \sqrt{N_0} \frac{z - b}{z - a}$$

所以

$$S_Y^+(\exp(\mathrm{j}\omega)) = \sqrt{N_0} \frac{\exp(\mathrm{j}\omega) - b}{\exp(\mathrm{j}\omega) - a}$$

正是需要得到的谱因式分解结果。 ■

例 6.8 (谱因式分解的简单例子 —— 连续时间情形) 设信号模型和离散时间情况类似, $Y(t) = X(t) + N(t)$, 各信号满足

$$R_X(\tau) = \frac{3}{2} \exp(-|\tau|), \quad E(N(t)) = 0, R_N(\tau) = \delta(\tau)$$

且 $X(t)$ 和 $N(t)$ 独立。

对 $Y(t)$ 进行谱因式分解计算, 在 s 域内得到 $Y(t)$ 的功率谱密度

$$S_Y(s) = S_X(s) + S_N(s) = \frac{3}{1 - s^2} + 1 = \frac{s^2 - 4}{s^2 - 1}$$

分解得到

$$S_Y(s) = S_Y^+(s)S_Y^-(s) = \frac{(s-2)(s+2)}{(s-1)(s+1)}$$

从而得到零点和极点都在左半平面的分量。

$$S_Y^+(s) = \frac{2+s}{1+s}$$

代入 $s = \mathrm{j}\omega$，有

$$S_Y^+(\omega) = \frac{2+\mathrm{j}\omega}{1+\mathrm{j}\omega}$$

6.6 线性预测滤波器的具体形式

前面几节已经从理论和方法的原理两个方面对随机过程的线性预测进行了详细的讨论，本节将利用前面的知识研究实际应用中十分常见的两种线性预测滤波器——Wiener 滤波器和 Kalman 滤波器。

6.6.1 Wiener 滤波器

为了叙述方便，首先从连续时间入手，随后再讨论离散时间的情况。Wiener 滤波器是均方意义下的最优线性滤波器。已知信息为宽平稳过程 $Y(t)$，需要估计的是宽平稳过程 $X(t)$，$X(t)$ 和 $Y(t)$ 联合平稳，设最优滤波器的冲激响应为 $h(t)$，则

$$E\left|X(t) - \int_{-\infty}^{\infty} h(t-v)Y(v)\mathrm{d}v\right|^2 = \min_g E\left|X(t) - \int_{-\infty}^{\infty} g(t-v)Y(v)\mathrm{d}v\right|^2$$

在均方距离意义下，正交性原理是处理线性估计最为有效的工具，即要求

$$E\left((X(t) - \int_{-\infty}^{\infty} h(t-v)Y(v)\mathrm{d}v)\overline{Y(u)}\right) = 0, \quad \forall u \in \mathbb{R}$$

由此得到 Wiener-Hopf 方程

$$R_{XY}(t-u) = \int_{-\infty}^{\infty} h(t-v)R_Y(v-u)\mathrm{d}v, \quad \forall u \in \mathbb{R} \tag{6-49}$$

即

$$R_{XY}(\tau) = \int_{-\infty}^{\infty} h(\tau-u)R_Y(u)\mathrm{d}u \tag{6-50}$$

如果不对 $h(t)$ 附加因果性条件，则 Wiener-Hopf 方程可以在频域上得到简单的求解方法。将方程两边作 Fourier 变换，得到

$$S_{XY}(\omega) = H(\omega)S_Y(\omega)$$

从而有

$$H(\omega) = \frac{S_{XY}(\omega)}{S_Y(\omega)} \tag{6-51}$$

估计的误差为

$$E\left|X(t) - \int_{-\infty}^{\infty} h(t-v)Y(v)\mathrm{d}v\right|^2 = \frac{1}{2\pi}\int_{-\infty}^{\infty}\left(S_X(\omega) - \frac{|S_{XY}(\omega)|^2}{S_Y(\omega)}\right)\mathrm{d}\omega \tag{6-52}$$

实际应用中滤波器在物理上的可实现性是一个关键问题，因不可能预先得到"未来"的信息，所以要求 $h(t)$ 满足因果性条件

$$h(t) = 0, \quad t < 0$$

这样，需要把 Wiener-Hopf 方程作一些变化

$$R_{XY}(t-u) = \int_{-\infty}^{t} h(t-v) R_Y(v-u) \mathrm{d}v, \quad \forall u \in \mathbb{R} \tag{6-53}$$

由于积分区域不再是 $(-\infty, \infty)$，直接进行 Fourier 变换不再可行，求解式 (6-53) 需要考虑其他途径。此时需要利用随机过程的谱因式分解。基本思路是首先通过谱因式分解得到相应于 $Y(t)$ 的新息过程 $U(t)$。为什么要首先得到 $Y(t)$ 的新息过程呢？实现满足因果性的 Wiener 滤波之所以困难，在于虽然 $\{X(t)\}$ 在 $\{Y(t), t \in \mathbb{R}\}$ 上的投影可以由 $\{h(t), t \in \mathbb{R}\}$ 来构建，但是 $\{X(t)\}$ 在 $\{Y(r), r < t\}$ 上的投影却不能简单地通过 $\{h(r), r < t\}$ 得到。但如果 $Y(t)$ 是白噪声，那么因为白噪声在不同时刻都彼此正交，上述结论就可以成立。所以通过谱分解把 $Y(t)$ 正交化是求解满足因果性的 Wiener 滤波器的关键。在 s 域上对 $Y(t)$ 进行谱因式分解

$$S_Y(s) = S_Y^+(s) S_Y^-(s)$$

其中 $S_Y^+(s)$ 为最小相位因果滤波器。于是可用以下的逻辑推理构造因果的 Wiener 滤波器

$$\{Y(u), u \in \mathbb{R}\} \longrightarrow \left[\frac{S_{XY}(s)}{S_Y(s)} \right] \longrightarrow X(t) | \{Y(u), u \in \mathbb{R}\}$$

$$\{U(u), u \in \mathbb{R}\} \longrightarrow \left[S_Y^+(s) \right] \longrightarrow \{Y(u), u \in \mathbb{R}\}$$

$$\Downarrow$$

$$\{U(u), u \in \mathbb{R}\} \longrightarrow \left[\frac{S_{XY}(s)}{S_Y^-(s)} \right] \longrightarrow X(t) | \{U(u), u \in \mathbb{R}\}$$

$$\Downarrow$$

$$\{U(u), u < t\} \longrightarrow \left[\left(\frac{S_{XY}(s)}{S_Y^-(s)} \right)_+ \right] \longrightarrow X(t) | \{U(u), u < t\}$$

$$\{Y(u), u < t\} \longrightarrow \left[\frac{1}{S_Y^+(s)} \right] \longrightarrow \{U(u), u < t\}$$

$$\Downarrow$$

$$\{Y(u), u < t\} \longrightarrow \left[\left(\frac{S_{XY}(s)}{S_Y^-(s)} \right)_+ \frac{1}{S_Y^+(s)} \right] \longrightarrow X(t) | \{U(u), u < t\}$$

$$\Downarrow$$

$$\{Y(u), u < t\} \longrightarrow \left[\left(\frac{S_{XY}(s)}{S_Y^-(s)} \right)_+ \frac{1}{S_Y^+(s)} \right] \longrightarrow X(t) | \{Y(u), u < t\}$$

图表中的 $(\ )_+$ 的定义如下

$$(F(s))_+ = \left(\int_{-\infty}^{\infty} f(t) \exp(-st) \mathrm{d}t \right)_+ = \int_0^{\infty} f(t) \exp(-st) \mathrm{d}t \tag{6-54}$$

换句话说，$(F(s))_+$ 是 $F(s)$ 中包含在右半平面上为解析的分量。上面的逻辑推理过程的最后一行给出了因果的 Wiener 滤波器的 s 域表达形式

$$H(s) = \left(\frac{S_{XY}(s)}{S_Y^-(s)} \right)_+ \frac{1}{S_Y^+(s)} \tag{6-55}$$

进而得到频域表达形式

$$H(j\omega) = \left(\frac{S_{XY}(j\omega)}{S_Y^-(j\omega)} \right)_+ \frac{1}{S_Y^+(j\omega)} \tag{6-56}$$

如果 $Y(t)$ 具有有理谱密度，令

$$A(s) = \frac{S_{XY}(s)}{S_Y^-(s)}$$

引出 $A(s)$ 为有理分式，那么 $(A(s))_+$ 的计算将大大简化。事实上，只需对 $A(s)$ 进行部分分式分解

$$A(s) = \frac{P(s)}{Q(s)} = \sum_{k=1}^{N} \frac{A_k}{s - s_k} \tag{6-57}$$

取其中极点在左半平面的部分，得到

$$(A(s))_+ = \sum_{k=1}^{N_1} \frac{A_k}{s - s_k} \quad \mathrm{Re}(s_k) < 0 \tag{6-58}$$

其中 N_1 为实部为负的极点的个数。式 (6-58) 正是 $H(s)$ 表达式中所要求 $A(s)$ 的"正"分量。

例 6.9 (纯预测问题)　设有零均值宽平稳随机过程 $X(t)$，其自相关函数为 $R_X(\tau) = \sigma^2 \exp(-\beta|\tau|)$，利用 $X(t)$ 在 $(-\infty, t)$ 内的观测值对 $X(t + \mathrm{T})$ 进行最优线性预测。

这是没有噪声存在的纯预测问题，所以已知信息 $Y(t) = X(t)$，待预测量 $Z(t) = X(t + \mathrm{T})$，且

$$S_Y(s) = \frac{2\sigma^2 \beta}{\beta^2 - s^2}$$

在 s 域上谱因式分解的结果是

$$S_Y(s) = \frac{\sqrt{2\beta}\sigma}{\beta + s} \frac{\sqrt{2\beta}\sigma}{\beta - s} = S_Y^+(s) S_Y^-(s)$$

立刻得到

$$S_Y^-(s) = \frac{\sqrt{2\beta}\sigma}{\beta - s}$$

所以有

$$\frac{S_{ZY}(s)}{S_Y^-(s)} = \frac{\sqrt{2\beta}\sigma}{s + \beta} \exp(-\beta T)$$

直接代入式 (6-55)，有

$$H(s) = \left(\frac{\sqrt{2\beta}\sigma}{s + \beta} \exp(-\beta T) \right)_+ \frac{s + \beta}{\sqrt{2\beta}\sigma} = \exp(-\beta T)$$

最优线性预测器的冲激响应为

$$h(t) = \mathcal{F}^{-1}(H(j\omega)) = \exp(-\beta T)\delta(t)$$

预测结果为

$$\hat{X}(t+\mathrm{T}) = \int_0^\infty h(u)X(t-u)\mathrm{d}u = X(t)\exp(-\beta T)$$

预测误差为

$$E|X(t+\mathrm{T}) - \hat{X}(t+\mathrm{T})|^2 = R_X(0) - \exp(-\beta T)R_X(\mathrm{T}) = \sigma^2(1 - \exp(-2\beta T)) \qquad \blacksquare$$

离散时间情形下的方法基本类似。区别仅仅在于连续时间情形下求 $S(\omega)$ 的谱因式分解和 "正" 分量时, 考虑 s 域左半平面以及右半平面的极点分布, 而在离散时间情形下则考虑 $S(z)$ 在 z 平面单位圆内和单位圆外的极点分布。

非因果的离散时间 Wiener 滤波器 z 域表示为

$$H(z) = \frac{S_{XY}(z)}{S_Y(z)} \qquad (6\text{-}59)$$

其中

$$S_{XY}(z) = \sum_{k=-\infty}^{\infty} R_{XY}(k)z^{-k}, \quad R_{XY}(k) = E(X(n)\overline{Y(n-k)}) \qquad (6\text{-}60)$$

$$S_Y(z) = \sum_{k=-\infty}^{\infty} R_Y(k)z^{-k}, \quad R_Y(k) = E(Y(n)\overline{Y(n-k)}) \qquad (6\text{-}61)$$

因果的离散时间 Wiener 滤波器频域表示为

$$H(z) = \left(\frac{S_{XY}(z)}{S_Y^-(z)}\right)_+ \frac{1}{S_Y^+(z)} \qquad (6\text{-}62)$$

其中 $S_Y^+(\ )$ 和 $S_Y^-(\ )$ 是 $S_Y(z)$ 谱因式分解的两部分。即

$$S_Y(z) = S_Y^+(z)S_Y^-(z) \qquad (6\text{-}63)$$

$S_Y^+(z)$ 满足因果以及最小相位条件, 式 (6-62) 中的 $(\ )_+$ 含义如下

$$(F(z))_+ = \left(\sum_{k=-\infty}^{\infty} f(k)z^{-k}\right)_+ = \sum_{k=0}^{\infty} f(k)z^{-k} \qquad (6\text{-}64)$$

例 6.10 (因果的离散时间滤波) 设 $Y(n) = X(n) + N(n)$, 其中 $Y(n)$ 为观测信号, $X(n)$ 为有用信号, $N(n)$ 为噪声, 有用信号与噪声独立, 且

$$R_X(m) = a^{|m|}, 0 < a < 1, \quad E(N(n)) = 0, \ R_N(m) = N_0\delta(m)$$

需要利用观测数据 $\{Y(k), 0 \leqslant k \leqslant n\}$ 求 $X(n)$ 的最优线性估计。

$S_Y(z)$ 的谱因式分解为

$$S_Y(z) = S_X(z) + S_N(z) = N_0\frac{(z-b)(z-b^{-1})}{(z-a)(z-a^{-1})} = S_Y^+(z)S_Y^-(z)$$

其中

$$(a+a^{-1}) + \frac{1}{N_0}(a^{-1}-a) = b + b^{-1}$$

由题意 $|a| < 1$，不妨设 $|b| < 1$，则

$$S_Y^+(z) = \sqrt{N_0}\,\frac{z-b}{z-a} \quad S_Y^-(z) = \sqrt{N_0}\,\frac{z-b^{-1}}{z-a^{-1}}$$

且有

$$S_{XY}(z) = S_X(z) = \frac{(a-a^{-1})z}{(z-a)(z-a^{-1})}$$

所以有

$$\begin{aligned}
H(z) &= \left(\frac{S_{XY}(z)}{S_Y^-(z)}\right)_+ \frac{1}{S_Y^+(z)} \\
&= \left(\frac{z(a-a^{-1})}{\sqrt{N_0}(z-a)(z-b^{-1})}\right)_+ \frac{1}{\sqrt{N_0}}\frac{z-a}{z-b} \\
&= (1-ba^{-1})\frac{z}{z-a}\frac{z-a}{z-b} \\
&= \frac{1-ba^{-1}}{1-bz^{-1}} = (1-ba^{-1})(1+bz^{-1}+b^2z^{-2}+\cdots+b^nz^{-n}+\cdots)
\end{aligned}$$

故最优线性估计器的冲激响应 $h(n)$ 为

$$h(n) = \begin{cases} (1-ba^{-1})b^n, & n \geqslant 0 \\ 0, & n < 0 \end{cases} \qquad \blacksquare$$

6.6.2 Kalman 滤波器

虽然 Wiener 滤波器给出了均方意义下线性估计的最优解，但是还存在若干不足。首先 Wiener 滤波器的设计需要利用 ($\{\boldsymbol{Y}(u), u \in \mathbb{Z}\}$ 或者 $\{\boldsymbol{Y}(u), u \leqslant t\}$) 的全体观测数据，这是一种"批处理"方法，运算中有大量冗余，处理效率不如递推方法，不适合于实时以及在线计算。其次 Wiener 滤波对所处理信号的平稳性有较高要求，不仅仅需要有用信号和噪声各自宽平稳，还要求它们联合平稳，如果信号具有较强的非平稳特性，Wiener 滤波将会失效。还应当注意到，Wiener 滤波仅用到了线性系统的传递函数表述，没有涉及线性系统分析中起重要作用的状态方程表述，使得它无法对复杂的随机现象进行有效处理。Kalman 滤波的出现在相当程度上使这些问题得到了解决。本节将从新息的角度介绍 Kalman 滤波的基本原理。

对于 Wiener 滤波，设计滤波器的冲激响应 (从频域上讲就是传递函数) 是其主要任务。而已知信号和待估的信号则分别作为滤波器的输入和输出。Kalman 滤波试图从另一个角度给出问题的处理方法，设已知信号 $\{\boldsymbol{Y}_k, k \in \mathbb{Z}_+\}$ 为系统的观测矢量，未知信号 $\{\boldsymbol{X}_k, k \in \mathbb{Z}_+\}$ 为系统的状态矢量，系统的状态方程和观测方程描述为

$$\begin{cases} \boldsymbol{X}_{k+1} = \boldsymbol{F}_k \boldsymbol{X}_k + \boldsymbol{V}_k \\ \boldsymbol{Y}_k = \boldsymbol{H}_k \boldsymbol{X}_k + \boldsymbol{W}_k \end{cases} \tag{6-65}$$

其中 $\boldsymbol{X}_0$ 为状态初值，$\{\boldsymbol{V}_k, k \in \mathbb{Z}_+\}$ 为状态噪声，$\{\boldsymbol{W}_k, k \in \mathbb{Z}_+\}$ 为观测噪声，它们之间互不相关，且满足

$$E(\boldsymbol{X}_0) = \boldsymbol{C}, \quad E(\boldsymbol{V}_k) = E(\boldsymbol{W}_k) = 0, \quad k \in \mathbb{Z}_+$$

$$\mathrm{Cov}(\boldsymbol{X}_0) = \boldsymbol{P}_0, \quad \mathrm{Cov}(\boldsymbol{V}_k) = \boldsymbol{Q}_k, \quad \mathrm{Cov}(\boldsymbol{W}_k) = \boldsymbol{R}_k$$

其中 C 是已知矢量，P_0, Q_k, R_k, F_k, H_k 都是已知矩阵。

　　Kalman 滤波的任务是根据观测数据 $\{Y_k\}$，利用线性滤波方法去估计无法直接观测的状态量 $\{X_k\}$。和 Wiener 滤波器不同，从一开始 Kalman 滤波就没有去寻找滤波器的冲激响应或者传递函数，而是试图构建一种递推结构。事实上，最优线性估计是待估矢量在已知信息所构成的线性空间上的投影，若设 $\hat{X}_{m|n}$ 为基于 $\{Y_k, 0 \leqslant k \leqslant n\}$ 对 X_m 的最优线性估计，则

$$\hat{X}_{k+1|k} = X_{k+1}|\{Y_k, Y_{k-1}, \cdots, Y_0\} \tag{6-66}$$

递推的关键是找到 $\hat{X}_{k+1|k}$ 和 $\hat{X}_{k|k-1}$ 之间的关系。由观测数据和状态噪声的不相关性可知

$$
\begin{aligned}
\hat{X}_{k+1|k} &= X_{k+1}|\{Y_k, Y_{k-1}, \cdots, Y_0\} \\
&= (F_k X_k + V_k)|\{Y_k, Y_{k-1}, \cdots, Y_0\} \\
&= F_k(X_k|\{Y_k, Y_{k-1}, \cdots, Y_0\}) + V_k|\{Y_k, Y_{k-1}, \cdots, Y_0\} \\
&= F_k \hat{X}_{k|k}
\end{aligned}
$$

所以必须得到 $\hat{X}_{k|k}$ 和 $\hat{X}_{k|k-1}$ 之间的联系。在一般情况下

$$\hat{X}_{k|k} = X_k|\{Y_k, Y_{k-1}, \cdots, Y_0\} \neq X_k|\{Y_{k-1}, \cdots, Y_0\} + X_k|Y_k$$

所以无法直接递推，可是如果 $\mathrm{span}\{Y_{k-1}, \cdots, Y_0\}$ 和 Y_k 正交，那么上述关系中的 "$\neq$" 就会被 "$=$" 所替代。也就是说，观测到 Y_k 后，首先把 Y_k 在 $\mathrm{span}\{Y_{k-1}, \cdots, Y_0\}$ 上作投影，再求与它在 $\mathrm{span}\{Y_{k-1}, \cdots, Y_0\}$ 投影相正交的分量 $\bar{Y}_k$，这个分量满足

$$\bar{Y}_k = Y_k - Y_k|\{Y_{k-1}, \cdots, Y_0\}$$

所以，$\bar{Y}_k$ 就是 Y_k 所对应的新息。于是

$$\hat{X}_{k|k} = X_k|\{Y_k, Y_{k-1}, \cdots, Y_0\} = X_k|\{Y_{k-1}, \cdots, Y_0\} + X_k|\bar{Y}_k = \hat{X}_{k|k-1} + X_k|\bar{Y}_k$$

所以

$$
\begin{aligned}
\hat{X}_{k+1|k} &= F_k \hat{X}_{k|k} = F_k \hat{X}_{k|k-1} + F_k X_k|\bar{Y}_k \\
&= F_k \hat{X}_{k|k-1} + X_{k+1}|\bar{Y}_k \\
&= F_k \hat{X}_{k|k-1} + (X_{k+1} - F_k \hat{X}_{k|k-1})|\bar{Y}_k
\end{aligned}
$$

　　这样构建递推只需要进行两类计算。首先算出 $\bar{Y}_k$，然后得到 $(X_{k+1} - F_k \hat{X}_{k|k-1})|\bar{Y}_k$。其中 $\bar{Y}_k$ 的计算为

$$
\begin{aligned}
\bar{Y}_k &= Y_k - Y_k|\{Y_{k-1}, \cdots, Y_0\} \\
&= Y_k - (H_k X_k + W_k)|\{Y_{k-1}, \cdots, Y_0\} \\
&= Y_k - H_k \hat{X}_{k|k-1}
\end{aligned}
$$

根据正交性原理，对于两个随机向量 X, Y 有

$$X|Y = R_{XY} R_Y^{-1} Y \tag{6-67}$$

利用式 (6-67)，得到

$$(\boldsymbol{X}_{k+1} - \boldsymbol{F}_k \hat{\boldsymbol{X}}_{k|k-1}) | \bar{\boldsymbol{Y}}_k = \boldsymbol{R}_{(\boldsymbol{X}_{k+1} - \boldsymbol{F}_k \hat{\boldsymbol{X}}_{k|k-1}) \bar{\boldsymbol{Y}}_k} \boldsymbol{R}_{\bar{\boldsymbol{Y}}_k}^{-1} \bar{\boldsymbol{Y}}_k$$

所以有

$$
\begin{aligned}
\hat{\boldsymbol{X}}_{k+1|k} &= \boldsymbol{F}_k \hat{\boldsymbol{X}}_{k|k-1} + \boldsymbol{G}_k \bar{\boldsymbol{Y}}_k \\
&= \boldsymbol{F}_k \hat{\boldsymbol{X}}_{k|k-1} + \boldsymbol{G}_k (\boldsymbol{Y}_k - \boldsymbol{H}_k \hat{\boldsymbol{X}}_{k|k-1})
\end{aligned}
\tag{6-68}
$$

其中

$$
\begin{aligned}
\boldsymbol{G}_k &= \boldsymbol{R}_{(\boldsymbol{X}_{k+1} - \boldsymbol{F}_k \hat{\boldsymbol{X}}_{k|k-1}) \bar{\boldsymbol{Y}}_k} \boldsymbol{R}_{\bar{\boldsymbol{Y}}_k}^{-1} \\
&= E((\boldsymbol{X}_{k+1} - \boldsymbol{F}_k \hat{\boldsymbol{X}}_{k|k-1}) \bar{\boldsymbol{Y}}_k^{\mathrm{H}}) (E(\bar{\boldsymbol{Y}}_k \bar{\boldsymbol{Y}}_k^{\mathrm{H}}))^{-1}
\end{aligned}
$$

下面给出 $\boldsymbol{G}_k$ 的递推估计。设

$$\boldsymbol{\Sigma}_{m|n} = E((\boldsymbol{X}_m - \hat{\boldsymbol{X}}_{m|n})(\boldsymbol{X}_m - \hat{\boldsymbol{X}}_{m|n})^{\mathrm{H}})$$

为估计误差的协方差矩阵，于是 $\boldsymbol{G}_k$ 中两个因子分别为

$$
\begin{aligned}
E((\boldsymbol{X}_{k+1} - \boldsymbol{F}_k \hat{\boldsymbol{X}}_{k|k-1}) \bar{\boldsymbol{Y}}_k^{\mathrm{H}}) &= E((\boldsymbol{F}_k (\boldsymbol{X}_k - \hat{\boldsymbol{X}}_{k|k-1}) + \boldsymbol{V}_k)(\boldsymbol{Y}_k - \boldsymbol{H}_k \hat{\boldsymbol{X}}_{k|k-1})^{\mathrm{H}}) \\
&= E((\boldsymbol{F}_k (\boldsymbol{X}_k - \hat{\boldsymbol{X}}_{k|k-1}) + \boldsymbol{V}_k)(\boldsymbol{H}_k (\boldsymbol{X}_k - \hat{\boldsymbol{X}}_{k|k-1}) + \boldsymbol{W}_k)^{\mathrm{H}}) \\
&= \boldsymbol{F}_k E((\boldsymbol{X}_k - \hat{\boldsymbol{X}}_{k|k-1})(\boldsymbol{X}_k - \hat{\boldsymbol{X}}_{k|k-1})^{\mathrm{H}}) \boldsymbol{H}_k^{\mathrm{H}} \\
&= \boldsymbol{F}_k \boldsymbol{\Sigma}_{k|k-1} \boldsymbol{H}_k^{\mathrm{H}}
\end{aligned}
$$

和

$$
\begin{aligned}
E(\bar{\boldsymbol{Y}}_k \bar{\boldsymbol{Y}}_k^{\mathrm{H}}) &= E((\boldsymbol{Y}_k - \boldsymbol{H}_k \hat{\boldsymbol{X}}_{k|k-1})(\boldsymbol{Y}_k - \boldsymbol{H}_k \hat{\boldsymbol{X}}_{k|k-1})^{\mathrm{H}}) \\
&= E((\boldsymbol{H}_k (\boldsymbol{X}_k - \hat{\boldsymbol{X}}_{k|k-1}) + \boldsymbol{W}_k)(\boldsymbol{H}_k (\boldsymbol{X}_k - \hat{\boldsymbol{X}}_{k|k-1}) + \boldsymbol{W}_k)^{\mathrm{H}}) \\
&= \boldsymbol{H}_k E((\boldsymbol{X}_k - \hat{\boldsymbol{X}}_{k|k-1})(\boldsymbol{X}_k - \hat{\boldsymbol{X}}_{k|k-1})^{\mathrm{H}}) \boldsymbol{H}_k^{\mathrm{H}} + E(\boldsymbol{W}_k \boldsymbol{W}_k^{\mathrm{H}}) \\
&= \boldsymbol{H}_k \boldsymbol{\Sigma}_{k|k-1} \boldsymbol{H}_k^{\mathrm{H}} + \boldsymbol{R}_k
\end{aligned}
$$

从而有

$$\boldsymbol{G}_k = \boldsymbol{F}_k \boldsymbol{\Sigma}_{k|k-1} \boldsymbol{H}_k^{\mathrm{H}} (\boldsymbol{H}_k \boldsymbol{\Sigma}_{k|k-1} \boldsymbol{H}_k^{\mathrm{H}} + \boldsymbol{R}_k)^{-1} \tag{6-69}$$

式中唯一的未知量 $\boldsymbol{\Sigma}_{k|k-1}$ 可由下面的递推关系算出

$$
\begin{aligned}
\boldsymbol{\Sigma}_{k+1|k} &= E((\boldsymbol{X}_{k+1} - \hat{\boldsymbol{X}}_{k+1|k})(\boldsymbol{X}_{k+1} - \hat{\boldsymbol{X}}_{k+1|k})^{\mathrm{H}}) \\
&= E((\boldsymbol{X}_{k+1} - \boldsymbol{F}_k \hat{\boldsymbol{X}}_{k|k-1} - \boldsymbol{G}_k \bar{\boldsymbol{Y}}_k)(\boldsymbol{X}_{k+1} - \boldsymbol{F}_k \hat{\boldsymbol{X}}_{k|k-1} - \boldsymbol{G}_k \bar{\boldsymbol{Y}}_k)^{\mathrm{H}}) \\
&= E((\boldsymbol{X}_{k+1} - \boldsymbol{F}_k \hat{\boldsymbol{X}}_{k|k-1})(\boldsymbol{X}_{k+1} - \boldsymbol{F}_k \hat{\boldsymbol{X}}_{k|k-1})^{\mathrm{H}}) - \boldsymbol{G}_k E(\bar{\boldsymbol{Y}}_k (\boldsymbol{X}_{k+1} - \boldsymbol{F}_k \hat{\boldsymbol{X}}_{k|k-1})^{\mathrm{H}}) \\
&\quad - E((\boldsymbol{X}_{k+1} - \boldsymbol{F}_k \hat{\boldsymbol{X}}_{k|k-1}) \bar{\boldsymbol{Y}}_k^{\mathrm{H}}) \boldsymbol{G}_k^{\mathrm{H}} + E((\boldsymbol{G}_k \bar{\boldsymbol{Y}}_k)(\boldsymbol{G}_k \bar{\boldsymbol{Y}}_k)^{\mathrm{H}}) \\
&= \boldsymbol{F}_k \boldsymbol{\Sigma}_{k|k-1} \boldsymbol{F}_k^{\mathrm{H}} + \boldsymbol{Q}_k - \boldsymbol{G}_k \boldsymbol{H}_k \boldsymbol{\Sigma}_{k|k-1} \boldsymbol{F}_k^{\mathrm{H}} - \boldsymbol{F}_k \boldsymbol{\Sigma}_{k|k-1} \boldsymbol{H}_k^{\mathrm{H}} \boldsymbol{G}_k^{\mathrm{H}} \\
&\quad + \boldsymbol{G}_k (\boldsymbol{H}_k \boldsymbol{\Sigma}_{k|k-1} \boldsymbol{H}_k^{\mathrm{H}} + \boldsymbol{R}_k) \boldsymbol{G}_k^{\mathrm{H}}
\end{aligned}
$$

整理后得到

$$\boldsymbol{\Sigma}_{k+1|k} = \boldsymbol{F}_k \boldsymbol{\Sigma}_{k|k-1} \boldsymbol{F}_k^{\mathrm{H}} - \boldsymbol{F}_k \boldsymbol{\Sigma}_{k|k-1} \boldsymbol{H}_k^{\mathrm{H}} (\boldsymbol{H}_k \boldsymbol{\Sigma}_{k|k-1} \boldsymbol{H}_k^{\mathrm{H}} + \boldsymbol{R}_k)^{-1} \boldsymbol{H}_k \boldsymbol{\Sigma}_{k|k-1} \boldsymbol{F}_k^{\mathrm{H}} + \boldsymbol{Q}_k \quad (6\text{-}70)$$

式 (6-68), 式 (6-69) 以及式 (6-70) 共同组成了 Kalman 滤波方程。

应当指出, 尽管 Kalman 滤波方程的导出并不简短, 方程本身也比较冗长, 但是思路却非常清晰。每当观测到新数据时, 其中所含信息有一部分已经包含在旧数据当中, 对滤波器的更新没有价值; 而新数据中所包含的在线性估计意义下旧数据无法提供的信息恰好和旧数据所张成的线性子空间正交, 这正是应当得到的新息。只有新息才会对滤波器的递推更新起到推动作用, 这里再一次见到了新息的作用。在 Wiener 滤波中新息的相互正交性为处理时间上的因果关系带来了方便, 而在 Kalman 滤波中新息的相互正交性则给滤波器的简单递推更新提供了可能。

例 6.11 (噪声中直流分量的估计)   本例采用 Kalman 滤波技术再一次讨论例 6.4 中提出的噪声中直流分量的估计问题。设观测信号为

$$Y_k = A + N_k$$

其中 A 为待估的确定性直流分量, N_k 为白噪声, 其均值为 0, 方差为 σ^2。为了采用 Kalman 滤波方法, 将信号用状态空间模型进行描述, 得到

$$\begin{cases} X_{k+1} = X_k, & X_0 = A \\ Y_k = X_k + N_k, & Y_0 = 0 \end{cases}$$

将上式和式 (6-65) 对比, 得到 $H_k = F_k = 1, Q_k = 0, R_k = \sigma^2$, 将其代入式 (6-68), 式 (6-69) 和式 (6-70), 得

$$\hat{X}_{k+1|k} = \hat{X}_{k|k-1} + G_k(Y_k - \hat{X}_{k|k-1})$$

$$G_k = \frac{\Sigma_{k|k-1}}{\Sigma_{k|k-1} + \sigma^2}$$

$$\Sigma_{k+1|k} = \Sigma_{k|k-1} - \frac{\Sigma_{k|k-1}^2}{\Sigma_{k|k-1} + \sigma^2}$$

因 $Y_0 = 0$, 故设初值 $\hat{X}_{1|0} = 0$, $\Sigma_{1|0} = \sigma^2$, $Y_0 = 0$, 整理后有

$$\hat{X}_{2|1} = \frac{1}{2}Y_1 = \frac{1}{2}(Y_1 + Y_0)$$

$$\hat{X}_{3|2} = \hat{X}_{2|1} + \frac{1}{3}(Y_2 - \hat{X}_{2|1}) = \frac{1}{3}(Y_2 + Y_1 + Y_0)$$

$$\cdots$$

归纳即可得到

$$\hat{X}_{k|k-1} = \frac{1}{k}(Y_{k-1} + \cdots + Y_0)$$ ∎

可见, 常用且直观的样本平均估计方法可以从 Kalman 滤波的角度予以证实。

6.7   匹配滤波器

Wiener 滤波器和 Kalman 滤波器尽管实现方式有所不同, 但都属于均方意义下的最优线性估计, 最优准则是相同的。事实上, 判定线性滤波器最优性的准则并不唯一。本节讨论

的是另外一种最优准则。匹配滤波器以输出信噪比最大作为其最优准则。这种滤波器在雷达信号处理中起着关键作用[24]。

设 $s(t)$ 为确定性信号 (在雷达中一般代表目标回波)，其频谱为 $S_s(\omega)$，$N(t)$ 为背景噪声，功率谱密度为 $S_N(\omega)$。实际观测到的数据 $X(t)$ 为

$$X(t) = s(t) + N(t)$$

需要设计一个以 $X(t)$ 为输入的滤波器，使得在 t_0 时刻输出的信噪比最大。令滤波器的冲激响应为 $h(t)$，传递函数为 $H(\omega)$，则输出的信号和噪声分别是

$$Y_s(t_0) = \int_{-\infty}^{\infty} s(\tau)h(t_0 - \tau)\mathrm{d}\tau$$

$$Y_N(t_0) = \int_{-\infty}^{\infty} N(\tau)h(t_0 - \tau)\mathrm{d}\tau$$

在信号处理中有多种信噪比的定义方法，这里所采用的信噪比定义如下

$$SNR(t_0) = \frac{|Y_s(t_0)|^2}{E(Y_N^2(t_0))} \tag{6-71}$$

其中 $|Y_s(t_0)|^2$ 表示 t_0 时刻输出信号的功率，而 $E(Y_N^2(t_0))$ 表示输出的噪声功率，它是时间 t_0 的函数，于是

$$
\begin{aligned}
SNR(t_0) &= \frac{\left|\displaystyle\int_{-\infty}^{\infty} s(\tau)h(t_0 - \tau)\mathrm{d}\tau\right|^2}{E(Y_N^2(t_0))} \\
&= \frac{\left|\dfrac{1}{2\pi}\displaystyle\int_{\infty}^{\infty} H(\omega)S_s(\omega)\exp(\mathrm{j}\omega t_0)\mathrm{d}\omega\right|^2}{\dfrac{1}{2\pi}\displaystyle\int_{-\infty}^{\infty} |H(\omega)|^2 S_N(\omega)\mathrm{d}\omega} \\
&= \frac{\left|\displaystyle\int_{\infty}^{\infty} H(\omega)S_s(\omega)\exp(\mathrm{j}\omega t_0)\mathrm{d}\omega\right|^2}{2\pi\displaystyle\int_{-\infty}^{\infty} |H(\omega)|^2 S_N(\omega)\mathrm{d}\omega}
\end{aligned}
$$

利用 Cauchy-Schwarz 不等式

$$\left|\int f(\omega)g(\omega)\mathrm{d}\omega\right|^2 \leqslant \int |f(\omega)|^2\mathrm{d}\omega \int |g(\omega)|^2\mathrm{d}\omega \tag{6-72}$$

有

$$
\begin{aligned}
SNR(t_0) &= \frac{\left[\displaystyle\int_{\infty}^{\infty} H(\omega)|S_N(\omega)|^{\frac{1}{2}}\dfrac{S_s(\omega)}{|S_N(\omega)|^{\frac{1}{2}}}\exp(\mathrm{j}\omega t_0)\mathrm{d}\omega\right]^2}{2\pi\displaystyle\int_{-\infty}^{\infty} |H(\omega)|^2 S_N(\omega)\mathrm{d}\omega} \\
&\leqslant \frac{1}{2\pi}\int_{-\infty}^{\infty} \frac{[S_s(\omega)]^2}{S_N(\omega)}\mathrm{d}\omega
\end{aligned}
$$

等号成立的条件是

$$H(\omega) = k \frac{\overline{S_s(\omega)}}{|S_N(\omega)|} \exp(-\mathrm{j}\omega t_0) \tag{6-73}$$

也就是说，当滤波器拥有如式 (6-73) 的频域响应时，输出的信噪比最大，最大信噪比为

$$SNR_{\max}(t_0) = \frac{1}{2\pi} \int_{-\infty}^{\infty} \frac{[S_s(\omega)]^2}{S_N(\omega)} \mathrm{d}\omega \tag{6-74}$$

注意到如果背景噪声为白噪声，即 $S_N(\omega) = N_0$，则匹配滤波器的频域响应为

$$H(\omega) = \frac{k}{N_0} \overline{S_s(\omega)} \exp(-\mathrm{j}\omega t_0) \tag{6-75}$$

如果不计常数因子和相位因子，$H(\omega)$ 与信号频谱 $S_s(\omega)$ 恰好是共轭关系，从物理上看，说明了匹配滤波具有的功能使得信号中的各频谱分量全部都可以通过滤波器，而信号中不包含的频率全都被抑制掉。也就是说，有用的东西一点不漏，无用的东西一点不留，自然输出信噪比就会最大。进一步在时域上有

$$
\begin{aligned}
h(t) &= \frac{k}{N_0} \int_{-\infty}^{\infty} \overline{S_s(\omega)} \exp(-\mathrm{j}\omega t_0) \exp(\mathrm{j}\omega t) \mathrm{d}\omega \\
&= \frac{k}{N_0} \int_{-\infty}^{\infty} S_s(-\omega) \exp(-\mathrm{j}\omega(t_0 - t)) \mathrm{d}\omega \\
&= \frac{k}{N_0} \int_{-\infty}^{\infty} S_s(\omega) \exp(\mathrm{j}\omega(t_0 - t)) \mathrm{d}\omega \\
&= \frac{k}{N_0} s(t_0 - t)
\end{aligned}
$$

所以滤波器的冲激响应是由信号的时域波形经过时延和反向构成的，这是匹配滤波器名称的来由。

习题

1. 设信号 s 是随机变量，均值为 0，方差是 σ_s^2。设观测信号为

$$\eta_i = s + n_i, \qquad i = 1, 2, \cdots, k$$

其中加性噪声 N_i 满足 $E(n_i) = 0$，$E(n_i^2) = \sigma_n^2$，$E(n_i n_j) = E(s n_i) = 0$。现利用 k 个观测值 $\eta_1, \cdots, \eta_k$ 的线性组合来估计 s，设 $\hat{s}$ 为最小均方线性估计

$$\hat{s} = \sum_{i=1}^{k} a_i \eta_i$$

求各 a_i 的值，并求在最优线性估值时的最小均方误差。

2. 设有实平稳随机过程 $\xi(t)$，其相关函数为 $R_\xi(\tau)$，先考虑用 $\xi(t)$，$\xi'(t)$ 和 $\xi''(t)$ 对 $\xi(t + \lambda)$ 进行线性预测，其中 $\lambda > 0$。也就是说，设

$$\hat{\xi}(t + \lambda) = a_1 \xi(t) + a_2 \xi'(t) + a_3 \xi''(t)$$

为了获得均方意义下的最优线性预测，求 a_1, a_2, a_3 的值。若 λ 很小，求 a_1, a_2, a_3 的近似值和最小均方误差。

3. 设有零均值宽平稳随机过程 $s(t)$ 和零均值加性噪声 $n(t)$，$\eta(t) = s(t) + n(t)$。试利用正交性原理和 $(-\infty, \infty)$ 范围内 $\eta(t)$ 的观测值对 $S'(t)$ 进行最优估值。即设计一个滤波器 (不考虑因果性)，冲激响应为 $\hat{h}(t)$，使得

$$\hat{s}'(t) = \int_{-\infty}^{\infty} \hat{h}(t-\alpha)\eta(\alpha)\mathrm{d}\alpha$$

以满足 $E[s'(t) - \hat{s}'(t)]^2$ 最小。请计算该滤波器的传递函数。

4. 设有按照 Poisson 过程出现的脉冲序列，单位时间内出现脉冲的平均次数为 μ，每一个脉冲的极性在 ± 1 间等概分布。每一个脉冲的波形为

$$g(t) = \begin{cases} A\exp(-at), & t \geqslant 0 \\ 0, & t < 0 \end{cases}$$

由这组脉冲序列组成了一个随机过程 $\xi(t)$，

$$\xi(t) = \sum_{i}^{N(t)} Ag(t - \tau_i)$$

现利用 $(-\infty, t)$ 内该过程的观测值来预测 $\xi(t + \lambda)$，为实现均方意义下的最优线性预测，求最优线性预测滤波器及其预测误差。

5. (离散 Kalman 滤波器) 设有离散信号的状态模型

$$s(k+1) = As(k) + Bw(k)$$

其中 $s(1)$ 是 Gauss 随机变量，均值为 m_0，方差为 P_0，A 和 B 均为已知常数。$w(k), k = 1, 2, \cdots$ 是相互统计独立的零均值 Gauss 随机变量，方差为 σ_W^2。观测模型为

$$\eta(k) = s(k) + n(k)$$

$n(k), k = 1, 2, \cdots$ 是相互统计独立的零均值 Gauss 随机变量，方差为 σ_n^2。$n(k)$ 和 $w(l)$ 相互统计独立。

(1) 观测 $\eta(1)$ 以估计 $s(1)$，求

$$f_{s(1)|\eta(1)}(s_1|\eta_1)$$

(2) 证明 $s(1)$ 的最佳估值为

$$\hat{s}(1) = m_0 + \frac{P_1}{\sigma_n^2}(\eta_1 - m_0)$$

其中 P_1 是估计的均方误差，满足

$$P_1^{-1} = P_0^{-1} + \frac{1}{\sigma_n^2}$$

(3) 观测 $\eta(2)$ 后，利用 $\eta(1)$ 和 $\eta(2)$ 两个观测值估计 $s(2)$，证明

$$f_{s(2)|\eta(1),\eta(2)}(s_2|\eta_1,\eta_2) = \frac{f_{\eta(2)|s(2),\eta(1)}(\eta_2|s_2,\eta_1)f_{s(2)|\eta(1)}(s_2|\eta_1)}{f_{\eta(2)|\eta(1)}(\eta_2|\eta_1)}$$

(4) 当给定 $\eta(1)$ 时，$s(2)$ 是 Gauss 随机变量。证明其均值为 $A\hat{s}(1)$，方差为

$$M_2 = A^2 P_1 + B^2 \sigma_n^2$$

(5) 证明

$$\hat{s}(2) = A\hat{s}(1) + \frac{P_2}{\sigma_n^2}(\eta_2 - A\hat{s}(1))$$

其中

$$P_2^{-1} = M_2^{-1} + \frac{1}{\sigma_n^2} \quad \text{且} \quad P_2 = E(s(2) - \hat{s}(2))^2$$

(6) 推广到一般情况, 利用 $\hat{s}(k-1)$ 和 M_k 表示 $\hat{s}(k)$ 和 P_k。

6. 设 ξ_1, ξ_2 为统计独立随机变量, 服从几何分布,

$$P(\xi_i = k) = q^{k-1}p, \quad q = 1 - p, \quad p \in (0,1), \quad i = 1, 2$$

若 $S = \xi_1 + \xi_2$, 计算 $P(S = n)$, $P(\xi_1 = k_1 | S = n)$, 并在已知 $S = n$ 的前提下计算 ξ_1 最小均方误差估计。

7. 设随机变量序列 $\{X(n), n = 0, 1, 2, \cdots\}$ 满足

$$X(n) = -\sum_{k=1}^{n} \binom{k+2}{2} X(n-k) + W(n), \quad n = 1, 2, \cdots$$

$$X(0) = W(0)$$

其中 $W(n), n = 0, 1, 2, \cdots$ 是白 Gauss 噪声序列, 均值为 0, 方差为 1。

(1) 证明 $W(n)$ 是 $X(n)$ 的新息序列。

(2) 证明, 如果设 $W(-3) = W(-2) = W(-1) = 0$, 那么

$$X(n) = W(n) - 3W(n-1) + 3W(n-2) - W(n-3), \quad n = 0, 1, 2, \cdots$$

(3) 用 $X(1), \cdots, X(10)$ 对 $X(12)$ 作最优线性预测, 并计算预测误差。

8. 设 $X(t)$ 为零均值实宽平稳随机过程, 其自相关函数为 $R_X(\tau) = \exp(-\alpha|\tau|)$。$X(t)$ 受到噪声污染, 观测过程为 $Y(t) = X(t) + N(t)$, 其中 $N(t)$ 为与 $X(t)$ 不相关的零均值白噪声。$S_N(w) = N_0$。

(1) 用 $(-\infty, t)$ 内 $Y(t)$ 的观测值对 $X(t)$ 作最优线性估计, 求最优滤波器的冲激响应。

(2) 用 $(-\infty, t)$ 内 $Y(t)$ 的观测值对 $X(t + \lambda)$ 作最优线性预测, 求最优滤波器的冲激响应。

(3) 对上述两种计算进行分析比较。

9. 设 $X(n)$ 为实随机信号, 满足状态方程

$$X(n) = F_{n-1}X(n-1) + V(n)$$

观测方程为 $Y(n) = H_n X(n) + w(n)$。$V(n)$ 和 $W(n)$ 是互不相关的零均值 Gauss 白噪声序列。现使用 $Y(1), \cdots, Y(n)$ 对 $X(n)$ 作最优线性估计, 求 Kalman 滤波器的递推方程以及参数满足的递推方程。

10. 现有随机信号 $X(n)$ 满足

$$X(n) = 0.8X(n-1) + V(n)$$

$V(n)$ 为零均值、方差为 0.36 的 Gauss 白噪声, $X(-1) = 0$, $\alpha, \beta \in (0,1)$。观测方程为

$$Y(n) = X(n) + W(n)$$

$W(n)$ 为零均值、方差为 1 的 Gauss 白噪声, 且与 $V(n)$ 相互独立。

(1) 求 $Y(n)$ 的新息滤波器。

(2) 使用 $\{Y(n), -\infty < n < \infty\}$ 来设计非因果滤波器, 估计 $X(n)$。求滤波器的传递函数、冲激响应以及 $n \to \infty$ 时的估计误差。

(3) 使用 $\{Y(k), -\infty < k < n\}$ 来设计因果滤波器, 估计 $X(n)$。求滤波器的传递函数、冲激响应以及 $n \to \infty$ 时的估计误差。

(4) 求 Kalman 滤波估计及其相关参数满足的递推方程。当 $n \to \infty$ 时，求 Kalman 增益及其估计误差。

11. 设 $V(i)$ 为独立同 Gauss 分布随机序列，均值为 0，方差为 σ_v^2。随机序列 $X(n)$ 满足

$$X(n) = V(1) + \cdots + V(n)$$

$X(n)$ 受到噪声污染后，观测序列 $Y(n)$ 为

$$Y(n) = X(n) + W(n)$$

$W(n)$ 为零均值、方差为 σ_w^2 的 Gauss 白噪声，且与 $v(i)$ 相互独立。求 $X(n)$ 的新息过程，用观测序列 $Y(1), \cdots, Y(n)$ 求解最优估计 $E(X(n)|Y(1), \cdots, Y(n))$ 的递推方程。

第 7 章　离散时间 Markov 链

假定一组随机变量序列 $X_1, X_2, \cdots, X_n$ 彼此独立，这在统计试验中是很常见的。但是从另一角度讲独立完全割裂了序列中随机变量之间的关联，所以如下的拓广是自然的：保留 X_k 和与之最为接近的过去 X_{k-1} 之间的依赖关系。这样做既考虑使运算处理简单，又照顾了各个变量之间的联系，由此引入了 Markov 性质。

7.1　离散时间 Markov 链的定义

Markov 过程的概念是由俄罗斯数学家 Markov 于 20 世纪初引入的。这个概念在现代随机过程领域中占据着非常重要的位置。Markov 性不仅在自然科学以及工程技术领域中广泛存在，而且其明晰的解析性质使得人们对 Markov 过程作了深入的研究并且硕果累累。Markov 链是时间离散、状态也离散的具有 Markov 性的随机过程。之所以称为"链"，是由于该过程的样本轨道在离散状态间跳跃，就好像一条线穿过许多珠子，呈现"链"的形状。

定义 7.1 (离散时间 Markov 链)　设具有可数样本空间 E 的随机序列 $\{X_m\}_{m=0}^{\infty}$ 满足：$\forall k$, $\forall m_1 < \cdots < m_{k+1}$,

$$P(X_{m_{k+1}} = x_{m_{k+1}} | X_{m_k} = x_{m_k}, \cdots, X_{m_1} = x_{m_1}) = P(X_{m_{k+1}} = x_{m_{k+1}} | X_{m_k} = x_{m_k}) \quad (7\text{-}1)$$

则称 $\{X_m\}_{m=0}^{\infty}$ 为离散时间 Markov 链。通常将式 (7-1) 所体现的性质称为 Markov 性。

为了记号简单和讨论方便，往往把状态空间 E 和正整数集合 N 等同起来，直接记 $x_{m_{k+1}}$ 为 n_{k+1}。这样定义的要求就可以简化为

$$P(X_{m_{k+1}} = n_{k+1} | X_{m_k} = n_k, \cdots, X_{m_1} = n_1) = P(X_{m_{k+1}} = n_{k+1} | X_{m_k} = n_k) \quad (7\text{-}2)$$

尽管式 (7-2) 反映了离散时间 Markov 链的本质特性，但是要求过于严格，增大了通过定义验证 Markov 性的难度。在时间上需要有相对比较简单的方法来说明某个随机过程是离散时间 Markov 链。事实上，只需要规定 $\forall k$,

$$P(X_{k+1} = n_{k+1} | X_k = n_k, \cdots, X_1 = n_1) = P(X_{k+1} = n_{k+1} | X_k = n_k) \quad (7\text{-}3)$$

就足够了。可以证明，式 (7-3) 和式 (7-2) 相互等价，完全可以使用式 (7-3) 作为离散时间 Markov 链的定义。

Markov 性还有一种非常重要的描述方式。设随机事件 A, B, C 分别表示"过去"、"现在"和"未来"所发生的单一事件，那么有

$$P(C|BA) = P(C|B) \Leftrightarrow P(CA|B) = P(C|B)P(A|B) \quad (7\text{-}4)$$

直观地讲，Markov 性等价于在已知现在的条件下，过去和未来是独立的。这从一个侧面表明，具有 Markov 性也就意味着如果掌握了现在，那么过去的信息对于推测未来不起作用。

应当注意, Markov 链的定义可以有各种扩展。比如可以让"过去"复杂化。具体地说, 令 A 为样本空间 E 的 $n-1$ 重笛卡儿积的子集, 那么有

$$P(X_{n+1} = j | X_n = i, (X_{n-1}, \cdots, X_0) \in A) = P(X_{n+1} = j | X_n = i) \tag{7-5}$$

式 (7-5) 可证明如下。一方面有

$$P(X_{n+1} = j, (X_{n-1}, \cdots, X_0) \in A | X_n = i)$$
$$= P(X_{n+1} = j | X_n = i, (X_{n-1}, \cdots, X_0) \in A) P((X_{n-1}, \cdots, X_0) \in A | X_n = i) \tag{7-6}$$

另一方面有

$$P(X_{n+1} = j, (X_{n-1}, \cdots, X_0) \in A | X_n = i)$$
$$= \sum_{(X_{n-1}, \cdots, X_0) \in A} P(X_{n+1} = j, X_{n-1}, \cdots, X_0 | X_n = i)$$
$$= \sum_{(X_{n-1}, \cdots, X_0) \in A} P(X_{n+1} = j | X_n = i, X_{n-1}, \cdots, X_0) P(X_{n-1}, \cdots, X_0 | X_n = i)$$
$$= P(X_{n+1} = j | X_n = i) \sum_{(X_{n-1}, \cdots, X_0) \in A} P(X_{n-1}, \cdots, X_0 | X_n = i)$$
$$= P(X_{n+1} = j | X_n = i) P((X_{n-1}, \cdots, X_0) \in A | X_n = i) \tag{7-7}$$

结合式 (7-6) 和式 (7-7) 立刻得到式 (7-5)。

同理可以证明, 不仅"过去"可以复杂化, 而且"未来"也可以复杂化。设 $B \in E$, 有

$$P(X_{n+1} \in B | X_n = i, (X_{n-1}, \cdots, X_0) \in A) = P(X_{n+1} \in B | X_n = i) \tag{7-8}$$

请自行证明。

相比于"过去"和"未来","现在"的地位非常特殊。把"现在"复杂化有可能破坏 Markov 性。一般情况下

$$P(X_{n+1} = j | X_n \in B, X_{n-1} = i_{n-1}, \cdots, X_0 = i_0) \neq P(X_{n+1} = j | X_n \in B)$$

考虑极端的例子, 令 $B = E$, 则显然有

$$P(X_{n+1} = j | X_n \in B, X_{n-1}) = P(X_{n+1} = j | X_{n-1})$$
$$\neq P(X_{n+1} = j | X_n \in B) = P(X_{n+1} = j)$$

考虑离散时间 Markov 链的 n 维联合概率 (分布) $P(X_1 = i_1, X_2 = i_2, \cdots, X_n = i_n)$, 由条件概率定义得到

$$P(X_1 = i_1, X_2 = i_2, \cdots, X_n = i_n)$$
$$= P(X_n = i_n | X_{n-1} = i_{n-1}, \cdots, X_1 = i_1) P(X_{n-1} = i_{n-1}, \cdots, X_1 = i_1)$$
$$= P(X_n = i_n | X_{n-1} = i_{n-1}) P(X_{n-1} = i_{n-1}, \cdots, X_1 = i_1)$$
$$\vdots$$
$$= P(X_n = i_n | X_{n-1} = i_{n-1}) \cdots P(X_2 = i_2 | X_1 = i_1) P(X_1 = i_1) \tag{7-9}$$

从而可知，Markov 链的任意维联合分布都决定于条件概率

$$P_{ij}(k, k+1) = P(X_{k+1} = j | X_k = i) \tag{7-10}$$

称式 (7-10) 为一步转移概率。相应地，还可以定义 n 步转移概率

$$P_{ij}(k, k+n) = P(X_{k+n} = j | X_k = i) \tag{7-11}$$

一般地讲，一步转移概率和转移发生的时刻 k 有关。不过经常会遇到一步转移概率不依赖于时间 k，只依赖于转移的起点状态 i 和终点状态 j，也就是说，

$$P_{ij} = P_{ij}^{(1)}(k) = P(X_{k+1} = j | X_k = i), \quad \forall k \geqslant 0 \tag{7-12}$$

称满足式 (7-12) 的 Markov 链为齐次 Markov 链。可以证明，如果 Markov 链是齐次的，则 n 步转移概率也和转移发生的时刻 k 无关，而只和时间间隔 n 有关，即

$$P_{ij}^{(n)} = P_{ij}(k, k+n) = P(X_{k+n} = j | X_k = i), \quad \forall k \geqslant 0 \tag{7-13}$$

以下如果没有特别说明，都假定所讨论的 Markov 链是齐次的。

直接使用定义来验证某个随机过程是否具有 Markov 性有时并不容易。所以下面给出一大类齐次 Markov 链的表示方法。利用该方法可以大大简化 Markov 性的判断。现通过若干例子来说明该表示方法的有效性。

7.2　Markov 链的迭代表示方法

很大一类齐次的 Markov 链 $\{X_n\}_{n \geqslant 0}$ 可以采用白噪声激励的迭代方程来描述，这不仅很合乎自然规律，而且在工程中十分常见。设 E, F 为可数的状态空间，$\{Z_n\} \subset F$ 是独立同分布的随机变量序列，$X_0 \in E$ 为初始状态，且和 $\{Z_n\}$ 统计独立，$f: E \times F \to E$ 是二元确定性函数，则如下的迭代方程：

$$X_{n+1} = f(X_n, Z_{n+1}) \tag{7-14}$$

定义了一个齐次的 Markov 链。

下面用定义验证方程式 (7-14) 所定义的过程 $\{X_n\}_{n \geqslant 1}$ 的确是 Markov 链。由式 (7-14) 知道，$\forall k \geqslant 1$，存在函数 g_K，使得

$$X_k = g_K(X_0, Z_1, Z_2, \cdots, Z_k) \tag{7-15}$$

也就是说，X_k 可以用 $\{X_0, Z_1, Z_2, \cdots, Z_k\}$ 表示。因而

$$
\begin{aligned}
&P(X_{n+1} = i_{n+1} | X_n = i_n, X_{n-1} = i_{n-1}, \cdots, X_0 = i_0) \\
&= P(f(X_n, Z_{n+1}) = i_{n+1} | X_n = i_n, X_{n-1} = i_{n-1}, \cdots, X_0 = i_0) \\
&= P(f(i_n, Z_{n+1}) = i_{n+1})
\end{aligned}
$$

这是因为事件 $\{X_n = i_n, X_{n-1} = i_{n-1}, \cdots, X_0 = i_0\}$ 可以由 $\{X_0, Z_1, Z_2, \cdots, Z_n\}$ 表示，所以该事件和 Z_{n+1} 统计独立。同理可以证明

$$P(X_{n+1} = i_{n+1}|X_n = i_n) = P(f(i_n, Z_{n+1}) = i_{n+1})$$

所以 $\{X_n\}_{n \geqslant 1}$ 是一个 Markov 链，且由于 $\{Z_n\}$ 是独立同分布随机序列，所以

$$P(X_{n+1} = j|X_n = i) = P(f(i, Z_{n+1}) = j) = P(f(i, Z_{k+1}) = j) = P(X_{k+1} = j|X_k = i) \quad (7\text{-}16)$$

可见一步转移概率不依赖于 k，即该链是齐次的 Markov 链。如果仅要求 $\{Z_n\}$ 独立，不再要求其同分布，则 $\{X_n\}$ 仍为 Markov 链，但是为非齐次的。

上面的条件可以适当放宽，不再要求 $\{Z_n\}$ 统计独立，仅仅要求 $n \geqslant 1$ 时，在给定 X_n 的条件下，Z_{n+1} 和 $\{X_0, Z_1, Z_2, \cdots, Z_n\}$ 统计独立，即

$$P(Z_{n+1} = m_{n+1}|X_n = i_n, Z_{n-1} = m_{n-1}, \cdots, Z_1 = m_1) = P(Z_{n+1} = m_{n+1}|X_n = i_n) \quad (7\text{-}17)$$

同样可以证明 $\{X_n\}_{n \geqslant 1}$ 是 Markov 链，且当 $\{Z_n\}$ 同分布时，该链仍然是齐次的，一步转移概率为

$$P_{ij} = P(f(i, Z) = j|X_0 = i) \quad (7\text{-}18)$$

例 7.1 (一维无限制随机游动)　质点在直线上左右运动，如果某一时刻质点处于 i，下一时刻质点以概率 p 向右运动到 $i+1$，或以概率 q 向左运动到 $i-1$，$p + q = 1$，则质点的位置构成了随机过程 $\{X_n\}$，称该过程为一维无限制随机游动。

设 $X_0 \in \mathbb{Z}$ 为随机变量，Z_n 为服从两点分布的独立同分布随机序列，以概率 p 取 1，以概率 q 取 -1，那么 $\{X_n\}$ 可以由如下的迭代方程表示：

$$X_{n+1} = X_n + Z_{n+1} \quad (7\text{-}19)$$

所以 $\{X_n\}$ 是齐次的 Markov 链，其一步转移概率为

$$P(X_{n+1} = j|X_n = i) = \begin{cases} p, & j = i+1 \\ q, & j = i-1 \\ 0, & |j-i| \neq 1 \end{cases} \quad (7\text{-}20)$$

■

例 7.2 (带有一个反射壁的一维随机游动)　该随机游动所取的状态空间为 $E = \{0, 1, 2, \cdots\}$，和例 7.1 不同，一旦质点进入到 0 状态，下一步它以概率 p 向右运动到达 1 状态，以概率 q 停留在零状态，就好像在 $-\frac{1}{2}$ 处有一堵反射墙，质点从零状态向左移动的时候都会被反射回零状态。仍然记质点在 n 时刻的位置为 X_n，Z_n 为服从两点分布的独立同分布随机序列，那么有如下的迭代方程：

$$X_{n+1} = \max(0, X_n + Z_{n+1}) \quad (7\text{-}21)$$

所以 $\{X_n\}$ 仍然是齐次的 Markov 链，其一步转移概率为

$$P(X_{n+1} = j|X_n = i) = \begin{cases} p, & j = i+1, \quad i \geqslant 0 \\ q, & j = \max(0, i-1), \quad i \geqslant 0 \\ 0, & |j-i| \neq 1 \end{cases} \quad (7\text{-}22)$$

■

例 7.3 (带有两个反射壁的一维随机游动)   在一个反射壁的基础上进一步假定状态空间为 $E = \{0, 1, \cdots, N\}$，$-\frac{1}{2}$ 和 $N + \frac{1}{2}$ 都是反射壁，那么质点位置所满足的迭代方程为

$$X_{n+1} = \max(0, \min(X_n + Z_{n+1}, N)) \tag{7-23}$$

$\{X_n\}$ 的齐次性和 Markov 性都没有任何变化，其一步转移概率为

$$P(X_{n+1} = j | X_n = i) = \begin{cases} p, & j = \min(i+1, N), & 0 \leqslant i \leqslant N \\ q, & j = \max(0, i-1), & 0 \leqslant i \leqslant N \\ 0, & |j - i| \neq 1 \end{cases} \tag{7-24}$$

例 7.4 (带一个吸收壁的一维随机游动)   吸收壁和反射壁的区别在于质点遇到反射壁时会被"弹"回，而遇到吸收壁则会永远停下来。假定状态空间为 $E = \{0, 1, 2, \cdots\}$，且假定 0 状态处有一堵吸收壁，即质点运动到 0 状态就会永远停留在 0 状态，那么 X_n 满足的迭代方程为

$$X_{n+1} = \begin{cases} X_n + Z_{n+1}, & X_n > 0 \\ 0, & X_n = 0 \end{cases} \tag{7-25}$$

所以 $\{X_n\}$ 为齐次的 Markov 链。其一步转移概率为

$$P(X_{n+1} = j | X_n = i) = \begin{cases} p, & j = i+1, i > 0 \\ q, & j = i-1, i > 0 \\ 1, & j = i = 0 \\ 0, & |j - i| \neq 1 \end{cases} \tag{7-26}$$

例 7.5 (带有两个吸收壁的一维随机游动)   在 0 为吸收壁的基础上进一步假定 N 也是吸收壁，状态空间为 $E = \{0, 1, \cdots, N\}$，那么随机游动 X_n 满足迭代方程

$$X_{n+1} = \begin{cases} X_n + Z_{n+1}, & 0 < X_n < N \\ 0, & X_n = 0 \\ N, & X_n = N \end{cases} \tag{7-27}$$

所以 $\{X_n\}$ 为齐次的 Markov 链。其一步转移概率为

$$P(X_{n+1} = j | X_n = i) = \begin{cases} p, & j = i+1, 0 < i < N \\ q, & j = i-1, 0 < i < N \\ 1, & j = i = 0 \text{ 或 } i = j = N \\ 0, & |j - i| \neq 1, 0 < i < N \end{cases} \tag{7-28}$$

例 7.6 (Ehrenfest 模型)   设一个坛子里装有 M 个球，或者是红色球，或者是黑色球。从坛中随机地取出一个球并换入一个颜色与之不同的球，称为一次操作。经过 n 次操作后，以坛中所装的黑球数目作为状态，构成一个随机过程。该过程的状态空间是 $\{0, 1, 2, \cdots, M\}$。

为了说明该模型和分子运动论的联系，把状态空间做一点调整。不妨设总球数 $M = 2N$ 为偶数，把坛中黑球数减去 N 作为状态 X_n，那么状态空间就成了 $\{-N, -(N-1), \cdots, (N-1), N\}$。$X_n$ 的迭代方程为

$$X_{n+1} = X_n + Z_{n+1} \tag{7-29}$$

其中 Z_n 是取值为 ± 1 的随机变量, 且满足

$$P(Z_{n+1}=1|X_n=i)=\frac{N-i}{2N}, \quad P(Z_{n+1}=-1|X_n=i)=\frac{N+i}{2N} \tag{7-30}$$

X_n 的转移概率为

$$P(X_{n+1}=j|X_n=i)=\begin{cases} \dfrac{1}{2}\left(1-\dfrac{i}{N}\right), & j=i+1 \\ \dfrac{1}{2}\left(1+\dfrac{i}{N}\right), & j=i-1 \\ 0, & |j-i|\neq 1 \end{cases} \tag{7-31}$$

称该模型为 Ehrenfest 模型。

设密闭容器中的气体分子的总数目为 $2N$, 容器分为左右两半, 分子在容器内随机游动和改变在容器空间的左右位置。出于简化考虑, 设每个单位时间内只有一个分子发生空间左右位置的变换, 即从左半容器到右半容器或者相反。设经过 n 个单位时间后, 左半容器的分子数目与 N 之差为状态 X_n, 那么气体分子数目的变化规律恰好可以用 Ehrenfest 模型描述。事实上, 设 $X_n=i$, 那么 $i>0$ 说明左半容器的分子数目多于右半容器, 所以左半容器的一个分子跑到右半容器的概率要比相反的情况大。设

$$P_{i,i+1}=P(X(n+1)=i+1|X(n)=i), \quad P_{i,i-1}=P(X(n+1)=i-1|X(n)=i)$$

那么两者的差正比于两半容器分子数目的差。于是

$$\begin{cases} P_{i,i-1}-P_{i,i+1}=\dfrac{i}{N} \\ P_{i,i-1}+P_{i,i+1}=1 \end{cases}$$

立刻得到

$$P_{i,i+1}=\frac{1}{2}\left(1-\frac{i}{N}\right), \quad P_{i,i-1}=\frac{1}{2}\left(1+\frac{i}{N}\right)$$

和式 (7-31) 吻合, 所以 Ehrenfest 模型是研究分子运动统计规律的有效手段。∎

例 7.7 (设备维修问题) 设在第 n 天有 Z_n 台设备工作失效, 全部送到维修站接受维修。$\{Z_n\}$ 是独立同分布的随机变量, 满足 $P(Z_n=k)=a_k, k\in\mathbb{N}$, 维修站每天可以修复一台设备。令 X_n 表示在第 n 天维修站中等待维修的设备数目, 并且假定 Z_n 和维修站的设备数目统计独立, 于是有如下的迭代方程

$$X_{n+1}=(X_n-1)_+ + Z_{n+1}$$

其中的 $(x)_+=\max(x,0)$。所以 X_n 是一个齐次的 Markov 链, 其一步转移概率为

$$P(X_{n+1}=j|X_n=i)=P((i-1)_+ + Z_{n+1}=j)=P(Z_{n+1}=j-(i-1)_+)$$

$$=\begin{cases} a_j, & i=0,1 \\ a_{j-i+1}, & j>(i-1),i>1 \\ a_0, & j=i-1,i>1 \\ 0, & j<(i-1) \end{cases}$$

∎

例 7.8 (离散分支过程) 考虑某一群体，用 ξ_n 表示第 n 代中的个体数目，$X_{n,k}$ 表示第 n 代中第 k 个母体所产生出的下一代的数目，假定对于固定的 n，$\{X_{n,k}\}$ 是独立同分布的随机变量，那么有迭代方程

$$\xi_{n+1} = \sum_{k=1}^{\xi_n} X_{n,k}$$

所以 ξ_n 是 Markov 链。它的一步转移概率为

$$P(\xi_{n+1} = j | \xi_n = i) = P\left(\left(\sum_{k=1}^{i} X_{n,k}\right) = j\right)$$

分析离散分支过程的有效工具是母函数。假定各代之间的繁殖能力没有差异，即 $X_{n,k}$ 不依赖于 n，所以 ξ_n 是齐次 Markov 链，那么令 $\xi = X_1 + \cdots + X_i$，其母函数为

$$G_\xi(z) = E(z^{X_1 + \cdots + X_i}) = (E(z^X))^i = (G_X(z))^i$$

由此可以求得在 $\xi_n = i$ 的条件下 $\xi_{n+1} = j$ 的概率，也就是 $P(\xi_{n+1} = j | \xi_n = i)$。■

应当指出，并不是所有的齐次 Markov 链都很容易用迭代方程来表示。用机器替换的例子来说明。

例 7.9 (机器替换问题) 设各台机器的寿命构成独立同分布的随机变量序列 $\{A_k\}$，且当一台机器失效后，另外一台机器立刻替代并开始工作。如果机器在时刻 $R_1, R_2, \cdots$ 失效，而另外一台机器开始工作，则称 $\{R_k\}$ 为更新序列，如图 7-1 所示。

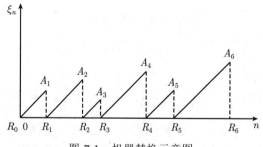

图 7-1 机器替换示意图

令 ξ_n 表示在时刻 n 仍在工作的机器从它开始工作起到时刻 n 已经工作过的时间。称 $\{\xi_n\}$ 为回溯重现时间。可以证明，$\{\xi_n\}$ 是齐次的 Markov 链。事实上，ξ_n 只和时刻 n 时正在工作的机器的寿命有关联，设在时刻 $n+1, n, \cdots, n-j$ 工作的机器是相同的机器，则有

$$P(\xi_{n+1} = i_{n+1} | \xi_n = i_n, \cdots, \xi_1 = i_1) = P(\xi_{n+1} = i_{n+1} | \xi_n = i_n, \cdots, \xi_{n-j} = i_{n-j})$$

这是因为在时刻 $n-j-1, \cdots, 1$ 时工作的机器与时刻 $n+1, \cdots, n-j$ 时正在工作的机器不同，所以 $\{\xi_{n-j-1}, \cdots, \xi_1\}$ 和 ξ_{n+1} 独立。可以看出，$i_{n-j} = 0, \cdots, i_{n+1} = j+1$ 是唯一的可能。而 ξ_n 的分布决定于随机变量 A(机器寿命)，那么

$$P(\xi_m = l) = P(A \geqslant l)$$

所以

$$P(\xi_{n+1} = j+1|\xi_n = j, \cdots, \xi_{n-j} = 0)$$

$$= P(A \geqslant j+1|A \geqslant j, \cdots, A \geqslant 0)$$

$$= P(A \geqslant j+1|A \geqslant j)$$

$$= P(\xi_{n+1} = j+1|\xi_n = j)$$

$\{\xi_n\}$ 的 Markov 性和齐次性得到了证明。 ∎

可以看到，ξ_n 和 ξ_{n+1} 之间的联系依赖于机器寿命 A 这样一个"外部"的随机变量，因此很难用确定性的迭代方程进行表示，一般在这种情况下判断过程是否具有 Markov 性不再采用迭代方程，而是直接分析转移概率。

7.3 Chapman-Kolmogorov 方程

式 (7-9) 表明，Markov 链的 n 维联合分布完全决定于其一步转移概率和初值的概率分布，说明转移概率对于 Markov 链的统计特性起着关键性作用。这一点还可以从如下的 Chapman-Kolmogorov 方程看到。设 Markov 链的状态空间为 E，$i,j,k \in E$，不作齐次性假定，那么当时刻 $r < s < t$，

$$P_{ij}(r,t) = \sum_{k \in E} P_{ik}(r,s)P_{kj}(s,t) \tag{7-32}$$

这是一个非常有用的等式，其本质就是全概率公式，事实上，

$$\begin{aligned} P_{ij}(r,t) &= P(X_t = j|X_r = i)\\ &= \sum_{k \in E} P(X_t = j, X_s = k|X_r = i)\\ &= \sum_{k \in E} P(X_t = j|X_s = k, X_r = i)P(X_s = k|X_r = i)\\ &= \sum_{k \in E} P(X_t = j|X_s = k)P(X_s = k|X_r = i)\\ &= \sum_{k \in E} P_{ik}(r,s)P_{kj}(s,t) \end{aligned}$$

有时简称式 (7-32) 为 C-K 方程。

齐次性使得 C-K 方程具有更加简明的形式

$$P_{ij}^{(n+m)} = \sum_{k \in E} P_{ik}^{(n)} P_{kj}^{(m)} \tag{7-33}$$

该形式可以导出如下递推关系

$$P_{ij}^{(n)} = \sum_{k \in E} P_{ik}^{(n-1)} P_{kj}^{(1)} \tag{7-34}$$

式 (7-34) 可用矩阵表示。

令矩阵 $\boldsymbol{P}^{(n)}$ 的第 (i,j) 元素为 $P_{ij}^{(n)}$，即

$$\boldsymbol{P}^{(n)} = \begin{pmatrix} P_{11}^{(n)} & P_{12}^{(n)} & \cdots & P_{1j}^{(n)} \cdots \\ P_{21}^{(n)} & P_{22}^{(n)} & \cdots & P_{2j}^{(n)} \cdots \\ \vdots & \vdots & & \vdots \\ P_{i1}^{(n)} & P_{i2}^{(n)} & \cdots & P_{ij}^{(n)} \cdots \\ \vdots & \vdots & & \vdots \end{pmatrix} \tag{7-35}$$

称 $\boldsymbol{P}^{(n)}$ 为 n 步转移概率矩阵。这是一种很有特点的矩阵,第 (i,j) 元素 $P_{ij}^{(n)}$ 满足

$$(1) \quad P_{ij}^{(n)} \geqslant 0 \tag{7-36}$$

$$(2) \quad \sum_j P_{ij}^{(n)} = 1, \quad \forall i \tag{7-37}$$

满足式 (7-36) 和式 (7-37) 的矩阵称为随机矩阵。这是 Markov 链所拥有的特性。

令 $\boldsymbol{P} = \boldsymbol{P}^{(1)}$,称 $\boldsymbol{P}$ 为一步转移概率矩阵

$$\boldsymbol{P} = \boldsymbol{P}^{(1)} = \begin{pmatrix} P_{11} & P_{12} & \cdots & P_{1j} \cdots \\ P_{21} & P_{22} & \cdots & P_{2j} \cdots \\ \vdots & \vdots & & \vdots \\ P_{i1} & P_{i2} & \cdots & P_{ij} \cdots \\ \vdots & \vdots & & \vdots \end{pmatrix} \tag{7-38}$$

那么式 (7-34) 可以表示为

$$\boldsymbol{P}^{(n)} = \boldsymbol{P}^{(n-1)} \boldsymbol{P} \tag{7-39}$$

所以

$$\boldsymbol{P}^{(n)} = \boldsymbol{P}^n \tag{7-40}$$

也就是说,n 步转移概率矩阵恰好是一步转移概率矩阵的 n 次幂。这样至少从理论上,得到了计算任意步转移概率的方法。

对于任意的 n,如果知道了 n 步转移概率和 X_0 的初始概率分布 $p^{(0)}$,$p^{(0)} = (p_1^{(0)}, p_2^{(0)}, \cdots)$,就可以求出 X_n 的边缘分布。由全概率公式

$$P(X_n = j) = \sum_{k \in E} P(X_n = j | X_0 = k) P(X_0 = k) = \sum_{k \in E} p_k^{(0)} P_{kj}^{(n)} \tag{7-41}$$

所以,记 $p^{(n)} = (p_1^{(n)}, p_2^{(n)}, \cdots)$ 为 X_n 的概率分布,则

$$p^{(n)} = p^{(0)} \boldsymbol{P}^{(n)} = p^{(0)} \boldsymbol{P}^n \tag{7-42}$$

例 7.10 (两个状态的 Markov 链)　设离散时间 Markov 链的样本空间只有两个状态,这种链在现实生活中十分常见。比如天气预报问题,把晴天和阴雨天作为 $(0,1)$ 两种状态,可以通过构造 Markov 链来研究天气在两种状态之间变换的统计规律。两个状态 Markov 链的一步转移概率为 2×2 的随机矩阵,为

$$\boldsymbol{P} = \begin{pmatrix} 1-\alpha & \alpha \\ \beta & 1-\beta \end{pmatrix} \tag{7-43}$$

其中 $\alpha, \beta \in [0, 1]$。

要得到 n 步转移概率，需要计算 $\boldsymbol{P}^n$。可以利用特征分解把矩阵对角化以简化矩阵乘幂的计算。以矩阵式 (7-43) 为例，设其两个特征值不相同，则可以找到 2×2 的矩阵 $\boldsymbol{Q}$，使得

$$\boldsymbol{P} = \boldsymbol{Q} \begin{pmatrix} \lambda_0 & 0 \\ 0 & \lambda_1 \end{pmatrix} \boldsymbol{Q}^{-1} \tag{7-44}$$

其中 λ_0, λ_1 分别是矩阵 $\boldsymbol{P}$ 的两个特征值，矩阵 $\boldsymbol{Q}$ 的列分别是对应于 λ_0, λ_1 的特征向量。从而有

$$\boldsymbol{P}^n = \boldsymbol{Q} \begin{pmatrix} \lambda_0^n & 0 \\ 0 & \lambda_1^n \end{pmatrix} \boldsymbol{Q}^{-1} \tag{7-45}$$

很明显，只需要具体求出 $\boldsymbol{P}$ 的特征值和特征向量就可以完成 $\boldsymbol{P}^n$ 的计算。$\boldsymbol{P}$ 的特征值是下列特征方程的解

$$\det(\boldsymbol{P} - \lambda \boldsymbol{I}) = 0$$

其中 $\boldsymbol{I}$ 是单位矩阵。于是

$$(1 - \alpha - \lambda)(1 - \beta - \lambda) - \alpha\beta = 0 \tag{7-46}$$

得到的两个解是

$$\lambda_0 = 1, \quad \lambda_1 = 1 - \alpha - \beta \tag{7-47}$$

因 $\alpha > 0$, $\beta > 0$，所以 $\lambda_0 \neq \lambda_1$，进而得到

$$\boldsymbol{Q} = \begin{pmatrix} 1 & \alpha \\ 1 & -\beta \end{pmatrix} \tag{7-48}$$

且有

$$\boldsymbol{Q}^{-1} = \frac{1}{\alpha + \beta} \begin{pmatrix} \beta & \alpha \\ 1 & -1 \end{pmatrix} \tag{7-49}$$

所以

$$\begin{aligned} \boldsymbol{P}^n &= \frac{1}{\alpha + \beta} \begin{pmatrix} 1 & \alpha \\ 1 & -\beta \end{pmatrix} \begin{pmatrix} 1 & 0 \\ 0 & (1 - \alpha - \beta)^n \end{pmatrix} \begin{pmatrix} \beta & \alpha \\ 1 & -1 \end{pmatrix} \\ &= \frac{1}{\alpha + \beta} \begin{pmatrix} \beta & \alpha \\ \beta & \alpha \end{pmatrix} + \frac{(1 - \alpha - \beta)^n}{\alpha + \beta} \begin{pmatrix} \alpha & -\alpha \\ -\beta & \beta \end{pmatrix} \end{aligned} \tag{7-50}$$

注意到如果 $|1 - \alpha - \beta| < 1$，那么当 $n \to \infty$ 时，有

$$\boldsymbol{P}^n \to \frac{1}{\alpha + \beta} \begin{pmatrix} \beta & \alpha \\ \beta & \alpha \end{pmatrix} \tag{7-51}$$

即当时间 n 趋于无穷大时，n 步转移概率存在极限，即

$$\lim_{n \to \infty} P_{00}^{(n)} = \lim_{n \to \infty} P_{10}^{(n)} = \frac{\beta}{\alpha + \beta} \tag{7-52}$$

$$\lim_{n \to \infty} P_{11}^{(n)} = \lim_{n \to \infty} P_{01}^{(n)} = \frac{\alpha}{\alpha + \beta} \tag{7-53}$$

转移概率的极限和初始状态无关,也就是说,随着时间的流逝,历史被逐渐淡忘,这和 Markov 性本质上是吻合的。

另一方面,如果 $|1-\alpha-\beta|=1$,必然有 $\alpha+\beta=2$,即 $\alpha=\beta=1$,此时一步转移概率为

$$\boldsymbol{P}=\begin{pmatrix} 0 & 1 \\ 1 & 0 \end{pmatrix} \tag{7-54}$$

■

这种情况下,链从一个状态必然跳转到另一个状态,随机性消失,过程具有很强的周期性,正是这种周期性导致 n 步转移概率在 $n\to\infty$ 时不存在极限。

后面将在一般情况下讨论离散时间 Markov 链转移概率的极限,这里初步提到的周期性、极限行为与初始状态无关等概念今后将会进一步讨论。

7.4　状态的分类

Markov 链的性质很大程度上决定于其状态的性质,而链中状态的数目往往很大,研究每一个状态的性质比较繁琐。如果能够把 Markov 链中的状态按照一定的方式分成不同的类,同一类中的状态具有相同或者类似的特性,分类对研究是有帮助的。分类的方式有多种,可以从转移概率的简单算术性质出发,也可以从状态的渐近特性入手,本节将按照前者进行讨论。

首先给出几个相互关联的定义。

定义 7.2 (可达)　设 $i,j\in E$ 是 Markov 链中的两个状态,如果 $\exists n>0$,使得

$$P_{ij}^{(n)}>0 \tag{7-55}$$

就称 i 可达 j,记作 $i\to j$。如果 i 不可达 j,即 $\forall n>0,\quad P_{ij}^n=0,$,记为 $i\nrightarrow j$。

i 可达 j 意味着可以在链中找到一条路径,起点是 i,终点是 j。很明显可达具有传递性,设 $i,j,k\in E$,$\exists n,m>0$,使得 $P_{ij}^{(n)}>0,\quad P_{jk}^{(m)}>0$,则

$$P_{ik}^{(n+m)}\geqslant P_{ij}^{(n)}P_{jk}^{(m)}>0 \tag{7-56}$$

即若 $i\to j$,$j\to k$,则 $i\to k$。

定义 7.3 (相通)　设 $i,j\in E$ 是 Markov 链中的两个状态,如果 $\exists n,m>0$ 使得

$$P_{ij}^{(n)}>0,\quad P_{ji}^{(m)}>0 \tag{7-57}$$

就称 i 和 j 相通,记作 $i\leftrightarrow j$。换句话说,如果 i 可达 j,j 又可达 i,那么 i 和 j 就相通。

相通作为两个状态之间的关系,具备对称性 (如果 i 和 j 相通,那么 j 和 i 相通) 和传递性 (如果 i 和 j 相通,j 和 k 相通,那么 i 和 k 就相通),于是可以利用相通对状态分类。相通状态的许多性质相同。所以可把状态的性质扩展到类上面,形成类的性质,为进一步分析提供方便。

定义 7.4 (闭集)　如果任意 $i\in S$,$j\notin S$,有 $i\nrightarrow j$,则称集合 $S\subseteq E$ 为闭集。也就是说,闭集是"进得去、出不来"的集合。如果某个单状态集 $\{i\}$ 是闭集,就称该状态为吸收态,此时 $P_{ii}=1$。

设 $S \subset E$，S 是闭集，那么 S 本身就是一个完整的 Markov 链。换句话说，如果把一步转移矩阵对应于 S 以外各状态的行和列都删去，则剩下的矩阵仍然是随机矩阵，也就是说，$\forall i \in S$，都有 $\sum\limits_{j \in S} P_{ij} = 1$。

利用闭集的概念可以做出如下重要定义。

定义 7.5 (不可约) 设 Markov 链的状态空间为 E，如果子集 $C \subset E$ 满足

$$\{S \subseteq C, S是闭集\}当且仅当\{S = \phi 或者 S = C\} \tag{7-58}$$

则称子集 C 不可约。如果 E 本身不可约，则称该 Markov 链不可约，否则称该链为可约的。

换句话说，不可约的集合没有闭的真子集。

命题 7.1 不可约的集合中的任意两个状态都相通。

证明 设 C 不可约，$\forall i \in C$，令 $A_i = \{j \in C : i \to j\}$，现证明 A_i 是闭集。事实上，如果 $j \in A_i$，$k \notin A_i$，那么有 $i \to j$，$i \nrightarrow k$。然而若 $k \in C$，$j \to k$，则 $i \to k$，两者矛盾，所以 A_i 是闭集。进而由不可约性得到 $A_i = C$。由于 i 是任意的，所以 C 中任意两个状态都相通。∎

前面提到过，相通的状态有相同的性质。不可约链所有状态都相通，所以状态的性质实际上就是"链性质"。这是不可约链的一个特征。

Markov 链的一步转移概率矩阵给出了状态间的转移关系，从而可以分析状态间的相通性以及链是否可约等；也可以从一步转移概率矩阵出发，画出状态转移图，再从图中分析状态的相通性质。

例 7.11 设有三个状态 $\{0, 1, 2\}$ 的 Markov 链，一步转移矩阵为

$$\begin{pmatrix} \frac{1}{2} & \frac{1}{2} & 0 \\ \frac{1}{2} & \frac{1}{4} & \frac{1}{4} \\ 0 & \frac{1}{3} & \frac{2}{3} \end{pmatrix}$$

由于 $P_{01} = \frac{1}{2} > 0$，所以 $0 \to 1$。而 $P_{12} = \frac{1}{4} > 0$，故 $1 \to 2$，导致 $0 \to 1 \to 2$。

$P_{21} = \frac{1}{3} > 0$ 和 $P_{10} = \frac{1}{2} > 0$ 得到 $2 \to 1 \to 0$，所以该链所有状态都相通，是不可约的。∎

本例中的状态转移图如图 7-2 所示，图中圆圈代表状态，圆圈内的数字代表状态的标号，箭头代表进入状态的方向，箭头旁边的数字表示转移概率。由图可知，三个状态都相通，因此链是不可约的。

例 7.12 设有四个状态 $\{0, 1, 2, 3\}$ 的 Markov 链，一步转移矩阵为

$$\begin{pmatrix} \frac{1}{2} & \frac{1}{2} & 0 & 0 \\ \frac{1}{2} & \frac{1}{2} & 0 & 0 \\ \frac{1}{4} & \frac{1}{4} & \frac{1}{4} & \frac{1}{4} \\ 0 & 0 & 0 & 1 \end{pmatrix}$$

本例的状态转移如图 7-3 所示, 状态 3 是吸收态。状态 0, 1 相互可达, 但是两者都无法到达状态 2。所以该链有两个闭集 {3} 和 {0,1}。状态 2 可以到达其他状态, 而无法从其他状态到达状态 2。 ∎

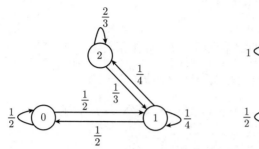
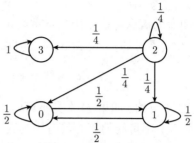

图 7-2　状态转移示意图　　　　图 7-3　状态转移示意图

不可约链的一步转移矩阵具有明显的特征, 即不可能通过初等行列置换得到如下形式:

$$\begin{pmatrix} \boldsymbol{D} & \boldsymbol{B} \\ 0 & \boldsymbol{C} \end{pmatrix} \tag{7-59}$$

其中 $\boldsymbol{C}$ 是方阵。也就是说, 如果链是可约的, 那么一定可以通过初等行列置换把一步转移矩阵变换为式 (7-59) 的形式, 子阵 $\boldsymbol{C}$ 本身就是随机矩阵。

可以进一步证明, 任何一个 Markov 链的转移矩阵通过适当的行列置换都可以化为如下的一般形式:

$$\boldsymbol{P} = \begin{pmatrix} \boldsymbol{P}_1 & 0 & \cdots & 0 & 0 \\ 0 & \boldsymbol{P}_2 & \cdots & 0 & 0 \\ \vdots & \vdots & & \vdots & \vdots \\ 0 & 0 & \cdots & \boldsymbol{P}_m & 0 \\ \boldsymbol{R}_1 & \boldsymbol{R}_2 & \cdots & \boldsymbol{R}_m & \boldsymbol{Q} \end{pmatrix}$$

其中 $\boldsymbol{P}_1, \cdots, \boldsymbol{P}_m$ 分别是不可约的闭子集的转移矩阵, 且相应于 $\boldsymbol{Q}$ 的状态集不存在不可约的闭子集。

下面讨论状态的周期性。这个概念在例 7.10 两个状态的 Markov 链中已遇到过。它能提供另一条状态分类的线索。

定义 7.6 (周期性)　状态 i 的周期 d_i 是集合 $T_i = \{n : P_{ii}^{(n)} > 0\}$ 的最大公约数, 即

$$d_i = \gcd\{n : P_{ii}^{(n)} > 0\} \tag{7-60}$$

如果 $d_1 = 1$, 就称状态 i 为非周期的。如果 $d_i > 1$, 则称状态 i 为周期态。

例 7.13 (两个状态的周期链)　最简单也是最基本的两状态周期链 {0,1} 具有如下形式的一步转移矩阵:

$$\boldsymbol{P} = \begin{pmatrix} 0 & 1 \\ 1 & 0 \end{pmatrix} \tag{7-61}$$

其状态转移如图 7-4 所示, 该链具有周期 2。 ∎

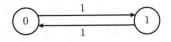

图 7-4　状态转移示意图

需要注意，如果状态 i 具有周期 d_i，并不是说对于任意的正整数 k，都有 $P_{ii}^{(kd_i)} > 0$。当 k 充分大后，这一论断才成立。读者可以参阅文献 [6]。

可以证明，相通的状态具有相同的周期性，即周期性是类性质。设 $i \leftrightarrow j$，i 和 j 的周期分别为 d_i 和 d_j，则 $\exists m, n, k$，使得

$$P_{ii}^{(m+kd_j+n)} > P_{ij}^{(m)} P_{jj}^{(kd_j)} P_{ji}^{(n)} > 0 \Longrightarrow d_i | m + kd_j + n$$

$$P_{ii}^{(m+(k+1)d_j+n)} > P_{ij}^{(m)} P_{jj}^{((k+1)d_j)} P_{ji}^{(n)} > 0 \Longrightarrow d_i | m + (k+1)d_j + n$$

所以 $d_i | d_j$，同理可证 $d_j | d_i$，因此 $d_i = d_j$。

利用周期性，可以对 Markov 链中的状态从周期的角度进行分类。为方便起见，只讨论不可约链的情况，此时各个状态的周期 d 都相同。状态空间为 E，整条链呈现出从一组状态向另外一组状态转移的循环往复的特征。为说明这一点，选取状态 i_0，引入如下子类：

$$C_0 = \{j \in E, P_{i_0 j}^{(n)} > 0, n \equiv 0 (\mathrm{mod}\ d)\}$$

$$C_1 = \{j \in E, P_{i_0 j}^{(n)} > 0, n \equiv 1 (\mathrm{mod}\ d)\}$$

$$\vdots$$

$$C_{d-1} = \{j \in E, P_{i_0 j}^{(n)} > 0, n \equiv d - 1 (\mathrm{mod}\ d)\}$$

很明显

$$E = C_0 \cup C_1 \cup \cdots \cup C_{d-1} \tag{7-62}$$

上面给出的子类的表示方法说明了链的转移很有规律，当 $0 \leqslant k \leqslant d-1$ 时，从子类 C_k 转移到 C_{k+1}，然后从子类 C_{d-1} 回到 C_0。为说明上述分析的正确性，只需验证如果 $i \in C_p$，$P_{ij} > 0$，则 $j \in C_{p+1}$。由于 $P_{i_0 i}^{(a)} > 0$，所以 $a = kd + p$，进而有 $a + 1 = kd + p + 1$，而 $P_{i_0 j}^{(a+1)} \geqslant P_{i_0 i}^{(a)} P_{ij} > 0$，结论是自然的，如图 7-5 所示。

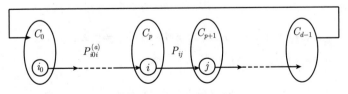

图 7-5　周期性示意图

例 7.14 (不可约周期链的转移矩阵)　上面的结果如果从转移矩阵的角度出发可以看得更清楚。通过适当的行列置换，周期为 d 且不可约的 Markov 链的一步转移矩阵可以写成如下形式

$$\boldsymbol{P} = \begin{pmatrix} 0 & \boldsymbol{A}_{12} & 0 & \cdots & 0 \\ 0 & 0 & \boldsymbol{A}_{23} & \cdots & 0 \\ \vdots & \vdots & \vdots & & \vdots \\ 0 & 0 & 0 & \cdots & \boldsymbol{A}_{d-1,d} \\ \boldsymbol{A}_{d1} & 0 & 0 & \cdots & 0 \end{pmatrix} \tag{7-63}$$

请自行计算 $\boldsymbol{P}^2, \boldsymbol{P}^3, \cdots$，体会其变化规律。 ■

7.5   状态的常返性

原则上说，掌握了一步转移概率就掌握了 Markov 链的几乎全部信息。可是一步转移概率从时间上分析属于"局部"性质，人们更希望了解 Markov 链的"整体"性质，比如样本轨道的运行状况，是否有比较明显的规律可循，从某一个状态出发是否会回到该状态，时间间隔有多长，长时间内返回的频率为何，等等。

另一方面，状态的渐近行为也是分类的重要依据。上一节中所讨论的状态分类主要是根据转移概率的简单算术性质实现的，还不能完全反映状态的本质特性。本节将从状态在链的转移过程当中的总体表现出发进行分类，从中可以理解不同分类方式的区别和联系。

7.5.1   常返性的定义

为讨论上面提出的问题，首先给出"首达时间"和"首达概率"的定义，然后再给出常返态的定义。

定义 7.7 (首达时间)   设 $j \in E$ 为 Markov 链的状态，定义从时刻 $n = 0$ 出发到达状态 j 的首达时间为

$$\tau_j = \inf\{n \geqslant 1 : X_n = j\} \tag{7-64}$$

如果 $\{n \geqslant 1 : X_n = j\}$ 为空集，则定义 $\tau_j = \infty$。

定义 7.8 (首达概率)   设 $i, j \in E$ 为两个状态，则经 n 步从 i 到 j 的首达概率为

$$\begin{aligned} f_{ij}^{(n)} &= P(\tau_j = n | X_0 = i) \\ &= P(X_n = j, X_{n-1} \neq j, \cdots, X_1 \neq j | X_0 = i) \end{aligned}$$

设事件 A_n 为

$$A_n = \{X_n = j, X_{n-1} \neq j, \cdots, X_1 \neq j | X_0 = i\}$$

则

$$A_n \cap A_m = \phi \quad n \neq m \tag{7-65}$$

也就是说，$\{A_n\}$ 是互不相容的事件。由此可知，$\forall i, j$

$$f_{ij} = \sum_{n=1}^{\infty} f_{ij}^{(n)} \leqslant 1 \tag{7-66}$$

称 f_{ij} 为从状态 i 出发迟早到达状态 j 的概率, 式 (7-65) 和式 (7-66) 说明了首达概率不同于一般所说的转移概率的重要特点。从式 (7-66) 知

$$f_{ij} = P(\tau_j < \infty | X_0 = i) = P\left(\bigcup_{k=1}^{\infty} A_k | X_0 = i\right)$$

很明显, $f_{ij}^{(n)} \leqslant P_{ij}^{(n)}$, 且有 $P_{ij}^{(n)} \leqslant f_{ij}$, 所以有

$$0 \leqslant f_{ij}^{(n)} \leqslant P_{ij}^{(n)} \leqslant f_{ij} \leqslant 1$$

利用首达概率, 可以给出常返性的定义。

定义 7.9 (常返性) 如果

$$f_{ii} = \sum_{n=1}^{\infty} f_{ii}^{(n)} = 1 \tag{7-67}$$

则称状态 i 为常返态 (recurrent), 否则, 就称 i 为滑过态 (transient) 或者非常返态 (non-recurrent)。

对于常返态 i, 由式 (7-67) 得到 $P(\tau_i < \infty | X_0 = i) = 1$, 也就是说, 从 i 出发后必定会返回 i。在后面的讨论中还将说明, 这种返回不仅会发生, 而且会无限多次发生。这也正是"常"的直观含义。下面研究常返性的判定问题。

7.5.2 常返性的判据

研究常返性依赖于首达概率 $f_{ij}^{(n)}$。它和 $P_{ij}^{(n)}$ 不同, $f_{ij}^{(n)}$ 的计算并不容易。所以需要找到适当的途径把 $f_{ij}^{(n)}$ 和 $P_{ij}^{(n)}$ 联系起来, 将 (正) 常返的判断转化为相对简单的 n 步转移概率 $P_{ij}^{(n)}$ 的计算。这依赖于如下的重要关系式:

$$P_{ij}^{(n)} = \sum_{k=1}^{n} f_{ij}^{(k)} P_{jj}^{(n-k)} \tag{7-68}$$

证明式 (7-68) 的关键是利用"首次进入法", 即利用式 (7-65) 把样本轨道空间分成不相容的若干个子集, 分别进行处理。

$$\begin{aligned}
P_{ij}^{(n)} &= P(X_n = j | X_0 = i) \\
&= \sum_{k=1}^{n} P(X_n = j, X_k = j, X_{k-1} \neq j, \cdots, X_1 \neq j | X_0 = i) \\
&= \sum_{k=1}^{n} P(X_n = j | X_k = j, X_{k-1} \neq j, \cdots, x_1 \neq j, X_0 = i) P(X_k = j, X_{k-1} \neq j, \cdots, X_1 \neq j | X_0 = i) \\
&= \sum_{k=1}^{n} P(X_n = j | X_k = j) P(X_k = j, X_{k-1} \neq j, \cdots, X_1 \neq j | X_0 = i) \\
&= \sum_{k=1}^{n} f_{ij}^{(k)} P_{jj}^{(n-k)}
\end{aligned}$$

上式中呈现卷积的特点, 故考虑用母函数进行计算。令 $P_{ij}^{(n)}$ 和 $f_{ij}^{(n)}$ 的母函数分别为 $P_{ij}(z)$ 和 $F_{ij}(z)$。

$$P_{ij}(z) = \sum_{n=0}^{\infty} P_{ij}^{(n)} z^n = \delta_{ij} + \sum_{n=1}^{\infty} P_{ij}^{(n)} z^n$$

$$F_{ij}(z) = \sum_{n=1}^{\infty} f_{ij}^{(n)} z^n$$

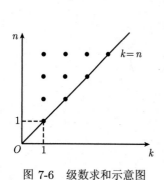

利用式 (7-68)，得到

$$P_{ij}(z) = \delta_{ij} + \sum_{n=1}^{\infty} \sum_{k=1}^{n} f_{ij}^{(k)} P_{jj}^{(n-k)} z^n$$

图 7-6　级数求和示意图

$$= \delta_{ij} + \sum_{n=1}^{\infty} \sum_{k=1}^{n} (f_{ij}^{(k)} z^k)(P_{jj}^{(n-k)} z^{n-k})$$

交换对 n, k 级数求和的先后次序，如图 7-6 所示。

$$P_{ij}(z) = \delta_{ij} + \sum_{k=1}^{\infty} (f_{ij}^{(k)} z^k) \sum_{n=k}^{\infty} (P_{jj}^{(n-k)} z^{n-k})$$

$$= \delta_{ij} + \sum_{k=1}^{\infty} (f_{ij}^{(k)} z^k) \sum_{m=0}^{\infty} (P_{jj}^m z^m)$$

$$= \delta_{ij} + F_{ij}(z) P_{jj}(z)$$

于是

$$P_{ii}(z) = 1 + F_{ii}(z) P_{ii}(z) \tag{7-69}$$

$$P_{ij}(z) = F_{ij}(z) P_{jj}(z), \quad i \neq j \tag{7-70}$$

由式 (7-69) 可得

$$P_{ii}(z) = \frac{1}{1 - F_{ii}(z)} \tag{7-71}$$

使用微积分中的 Abel 定理，令 $z \to 1^-$，则

$$\sum_{n=1}^{\infty} P_{ii}^{(n)} = \frac{1}{1 - f_{ii}} \tag{7-72}$$

f_{ii} 由式 (7-67) 定义。式 (7-72) 给出了重要的常返性判据。

定理 7.1 (常返性判据 I)　状态 i 常返的充分必要条件是

$$\sum_{n=0}^{\infty} P_{ii}^{(n)} = \infty \tag{7-73}$$

该判据有如下推论。

推论 7.1　如果状态 j 非常返，那么 $\forall i$，即

$$P_{ij}^{(n)} \to 0, \quad n \to \infty \tag{7-74}$$

这是因为，当 $j = i$，那么由式 (7-72)，级数 $\sum_{n=0}^{\infty} P_{jj}^{(n)}$ 收敛，所以通项趋于 0；如果 $j \neq i$，则由式 (7-70) 得知

$$\sum_{n=1}^{\infty} P_{ij}^{(n)} = \sum_{n=1}^{\infty} f_{ij}^{(n)} \sum_{n=0}^{\infty} P_{jj}^{(n)} < \infty$$

所以通项 $P_{ij}^{(n)}$ 趋于 0。

例 7.15 (一维无限制随机游动) 研究一维无限制随机游动中各状态的性质。链中质点向右和向左的概率分别为 p 和 $1-p$。该链所有状态都相通，故各状态具有相同的性质。因而只需要讨论 0 状态。经 n 步从 0 状态转移到 0 状态的概率为

$$P_{00}^{(n)} = \begin{cases} \begin{pmatrix} 2k \\ k \end{pmatrix} p^k (1-p)^k, & n = 2k \\ 0, & n = 2k-1 \end{cases}$$

由式 (7-73) 可知，0 状态是否具有常返性决定于下列级数是否收敛，即

$$\sum_{k=1}^{\infty} \begin{pmatrix} 2k \\ k \end{pmatrix} p^k (1-p)^k = \sum_{k=1}^{\infty} \frac{(2k)!}{k!k!} p^k (1-p)^k$$

为分析该级数的收敛性，引入 Stirling 公式

$$n! \sim \sqrt{2\pi n} \left(\frac{n}{e} \right)^n, \quad n \to \infty \tag{7-75}$$

则有

$$\begin{pmatrix} 2k \\ k \end{pmatrix} p^k (1-p)^k \sim \frac{\sqrt{2\pi 2k} \left(\frac{2k}{e} \right)^{2k}}{2\pi k \left(\frac{k}{e} \right)^{2k}} p^k (1-p)^k = \frac{[4p(1-p)]^k}{\sqrt{\pi k}}$$

如果 $p = 1/2$，级数

$$\sum_{k=1}^{\infty} \frac{[4p(1-p)]^k}{\sqrt{\pi k}} \sim \sum_{k=1}^{\infty} \frac{1}{\sqrt{\pi k}}$$

发散，此时 0 状态是常返态。如果 $p \neq 1/2$，$4p(1-p) = a < 1$，级数

$$\sum_{k=1}^{\infty} \frac{[4p(1-p)]^k}{\sqrt{\pi k}} \sim \sum_{k=1}^{\infty} \frac{a^k}{\sqrt{\pi k}}$$

收敛，此时 0 状态是滑过态。

通过以上叙述可知，上面的结论也非常合理。如果 $p \neq 1/2$，那么随机游动不"平衡"，向某一方向运动的可能性比向另一方向运动要大，当然影响是否返回。

例 7.16 (二维无限制"平衡"时的随机游动) 现在讨论二维平面上随机游动的各状态性质，质点的位置是平面上坐标为整数的点，每一个点代表一个状态，每一个状态有上下左右四个相邻状态，质点的每一次转移都以一定的概率转移到四个相邻状态之一。故平面上的随机游动也是不可约的。

根据一维随机游动的结论，只讨论"平衡"的情况，此时向上下左右运动的概率完全相同，均为 $\frac{1}{4}$。由于链不可约，所以仍然只研究 $(0,0)$ 状态，如图 7-7 所示。注意到奇数步不可能返回，所以只考虑经偶数步从 $(0,0)$ 转移到 $(0,0)$ 的概率。

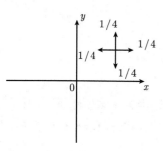

$$P_{00,00}^{(2n)} = \sum_{k=0}^{n} \frac{(2n)!}{k!k!(n-k)!(n-k)!}\left(\frac{1}{4}\right)^{2n}$$

$$= \left(\frac{1}{4}\right)^{2n}\binom{2n}{n}\sum_{k=0}^{n}\binom{n}{k}\binom{n}{n-k}$$

图 7-7   二维随机游动示意图

根据有关组合的恒等式

$$\sum_{k=0}^{n}\binom{n}{k}\binom{n}{n-k}=\binom{2n}{n} \tag{7-76}$$

得到

$$P_{00,00}^{(2n)} = \left(\frac{1}{4}\right)^{2n}\binom{2n}{n}^2$$

使用 Stirling 公式

$$P_{00,00}^{(2n)} \sim \left(\frac{1}{4}\right)^{2n}\left(\frac{4^n}{\sqrt{n\pi}}\right)^2 = \frac{1}{n\pi}$$

所以级数

$$\sum_{n=1}^{\infty} P_{00,00}^{(2n)} \sim \sum_{n=1}^{\infty}\frac{1}{n\pi}$$

为发散级数。得到二维无限制"平衡"时的随机游动是常返的。

请自行证明，三维无限制"平衡"时的随机游动是非常返的。

如果 Markov 链的状态数目有限，则常返性的判断就比较简单。

命题 7.2   有限状态 Markov 链一定存在常返态。

设状态空间 $E = \{1, 2, \cdots, N\}$。采用反证法，如若不然，则所有状态都是滑过态，取定 i, $\forall j$，由式 (7-74) 可得

$$P_{ij}^{(k)} \to 0, \quad k \to \infty$$

因而

$$\sum_{j=1}^{N} P_{ij}^{(k)} \to 0, \quad k \to \infty$$

但依据转移概率矩阵性质，对任意的 k 有

$$\sum_{j=1}^{N} P_{ij}^{(k)} = 1$$

两者矛盾。所以有限状态 Markov 链不可能都是滑过态。

于是立刻得到如下推论：

推论 7.2 对于状态有限不可约的 Markov 链，所有状态都是常返态。

事实上，还可以得到进一步的结果：如果 Markov 链 (并没有要求有限状态) 的滑过态有限，那么链终究会进入常返态。换句话说，从任意一个状态出发，以概率 1 到达某个常返态。请自行验证这一结论。

例 7.17 设有 4 个状态 $\{0,1,2,3\}$ 的 Markov 链，其一步转移矩阵为

$$
\begin{pmatrix}
0 & 0 & \frac{1}{2} & \frac{1}{2} \\
1 & 0 & 0 & 0 \\
0 & 1 & 0 & 0 \\
0 & 1 & 0 & 0
\end{pmatrix}
$$

由图 7-8 所示可以看到，该链各个状态都相通，是不可约链，所以所有状态都是常返的。

如果有限状态的 Markov 链无法满足不可约条件，则链中存在一个或者几个闭的真子集，其中每一个闭真子集都是一个完整的不可约的 Markov 链，所以这些子集中的状态都是常返态。其他状态则需要具体情况具体分析。

例 7.18 设有 5 个状态 $\{0,1,2,3,4\}$ 的 Markov 链，其一步转移矩阵为

$$
\begin{pmatrix}
\frac{1}{2} & \frac{1}{2} & 0 & 0 & 0 \\
\frac{1}{2} & \frac{1}{2} & 0 & 0 & 0 \\
0 & 0 & \frac{1}{2} & \frac{1}{2} & 0 \\
0 & 0 & \frac{1}{2} & \frac{1}{2} & 0 \\
\frac{1}{4} & \frac{1}{4} & 0 & 0 & \frac{1}{2}
\end{pmatrix}
$$

由图 7-9 所示可以看到，$\{0,1\}$ 和 $\{2,3\}$ 是两个闭真子集，子集内状态彼此相通，所以状态 $\{0,1,2,3\}$ 均常返。而状态 4 为非常返。

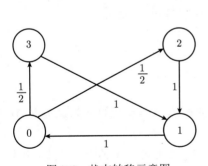

图 7-8 状态转移示意图

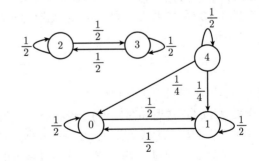

图 7-9 状态转移示意图

7.5.3 常返态的特性

是否具有常返性是 Markov 链最重要的特性之一，常返性从状态返回次数的角度刻画了 Markov 链的样本轨道运行规律。还可以从不同的角度理解"常返"的含义。

设链从状态 i 出发, 经过有限步转移返回 i 状态的概率为 f_{ii}, 不返回 i 的概率为 $1 - f_{ii}$。那么从状态 i 出发, 恰好有 n 次处于 i 的概率服从几何分布, 即

$$f_{ii}^{n-1}(1 - f_{ii}) \tag{7-77}$$

所以, 从 i 出发以后, 处于 i 状态的平均次数为

$$\sum_{n=1}^{\infty} n f_{ii}^{n-1}(1 - f_{ii}) = \frac{1}{1 - f_{ii}} \tag{7-78}$$

换句话说, 如果状态 i 常返, 那么从状态 i 出发处于 i 的平均次数为无穷大; 否则, 回到 i 的平均次数一定是有限的。

从另一个角度可以得到相同的结论, 设有随机序列 $\{A_n\}_{n=0}^{\infty}$, 当 $X_n = i$ 时, $A_n = 1$; 否则 $A_n = 0$。那么从 i 出发, 链处于状态 i 的平均次数为

$$E\left(\sum_{n=1}^{\infty} A_n | X_0 = i\right) = \sum_{n=1}^{\infty} E(A_n | X_0 = i) = \sum_{n=1}^{\infty} P(X_n = i | X_0 = i) = \sum_{n=1}^{\infty} P_{ii}^{(n)}$$

同样得到了常返态返回次数为无穷大的结论。

如果使用概率论中的表示方法, 设

$$q_{ij} = P(X_n = j, \text{ 对无穷多个 } n \geqslant 1 \text{ 成立} | X_0 = i) \tag{7-79}$$

$$= P\left(\bigcap_{k=1}^{\infty} \bigcup_{n=k}^{\infty} \{X_n = j\} | X_0 = i\right)$$

那么可以证明

$$q_{ii} = \begin{cases} 1, & i \text{ 常返} \\ 0, & i \text{ 滑过} \end{cases} \tag{7-80}$$

在概率论中, 这种非 0 即 1 的结论称为 0-1 律。

7.5.4　正常返和平均返回时间

一般情况下仅有式 (7-66) 成立, 不能说明 $\{f_{ij}^{(n)}\}_{n=1}^{\infty}$ 是真正意义上的概率分布。只有在 i 常返的条件下, $\{f_{ii}^{(n)}\}_{n=1}^{\infty}$ 才可以看作概率分布, 才能定义返回时间的平均值。

定义 7.10 (平均返回时间)　常返状态 i 的平均返回时间 μ_i 定义为

$$\mu_i = \sum_{n=1}^{\infty} n f_{ii}^{(n)} \tag{7-81}$$

利用平均返回时间可以把常返的状态作进一步细分。

定义 7.11 (正常返和零常返)　设状态 i 常返, 如果 $\mu_i < \infty$, 则称 i 为正常返 (positive recurrent); 否则称之为零常返 (null recurrent)。

在式 (7-73) 的证明过程中已经看到母函数的作用。这里进一步利用母函数导出转移概率 $P_{ij}^{(n)}$ 和平均返回时间 μ_j 之间的关系。

定理 7.2 (弱遍历性定理)　设 $\{X_n\}$ 是不可约常返的 Markov 链, 任取两个状态 i, j, 有

$$\lim_{n \to \infty} \frac{1}{n} \sum_{k=0}^{n-1} P_{ij}^{(k)} = \frac{1}{\mu_j} \tag{7-82}$$

式 (7-82) 的概率含义非常明确。说明如下:

$$\alpha_n = \frac{1}{n}\sum_{k=0}^{n-1} P_{ij}^{(k)} = \frac{1}{n}\sum_{k=0}^{n-1} E(I_{[X_k=j|X_0=i]}) = \frac{1}{n}E(\#\{n > k \geqslant 1 : X_k = j|X_0 = i\})$$

这里 $\#A$ 表示集合 A 中的元素数目。所以量 α_n 恰好是处在状态 j 的状态数目在总数 n 中所占的平均比例。当总数目趋于无穷大时,该平均比例趋于 j 的平均返回时间的倒数。

如果把反复进入状态 j 的行为解释成更新过程当中的"事件",那么由式 (4-85) 立刻可以得到式 (7-82)。但是可以从另外一个角度给出证明,以体现研究 Markov 链的性质和方法的延续性。证明的关键是微积分中的如下引理。

引理 7.1 设 $a_n \geqslant 0, \forall n$,记幂级数 $A(z)$ 为

$$A(z) = \sum_{n=0}^{\infty} a_n z^n, \quad 0 \leqslant z < 1$$

则有

$$\lim_{n\to\infty} \frac{1}{n}\sum_{k=0}^{n-1} a_k = \lim_{z\to 1^-} (1-z)A(z) \tag{7-83}$$

这个引理由 Hardy 和 Littlewood 给出,证明参见文献 [23]。

下面利用母函数给出弱遍历性定理的证明,设

$$P_{ij}(z) = \sum_{n=0}^{\infty} P_{ij}^{(n)} z^n$$

于是由式 (7-83) 有

$$\lim_{n\to\infty} \frac{1}{n}\sum_{k=0}^{n-1} P_{ij}^{(k)} = \lim_{z\to 1^-} (1-z)P_{ij}(z)$$

由式 (7-69) 和式 (7-70) 可知,当 $i \neq j$ 时,$F_{ij}(1^-) = 1$,则

$$\lim_{z\to 1^-} (1-z)P_{ij}(z) = \lim_{z\to 1^-} (1-z)F_{ij}(z)P_{jj}(z) = \lim_{z\to 1^-} \frac{1-z}{1-F_{jj}(z)}$$

而当 $i = j$ 时,直接有

$$\lim_{z\to 1^-} (1-z)P_{jj}(z) = \lim_{z\to 1^-} \frac{1-z}{1-F_{jj}(z)}$$

利用 Abel 定理,得到

$$\lim_{n\to\infty} \frac{1}{n}\sum_{k=0}^{n-1} P_{ij}^{(k)} = \lim_{z\to 1^-} \frac{1}{F_{jj}'(z)} = \frac{1}{\mu_j}$$

至此证明完成。

和常返性类似,正常返也是类性质,即有如下命题:

命题 7.3 若 i 正常返,$i \to j$,那么 j 也正常返。

事实上,由 $i \to j$ 知道,存在 m,使得 $P_{ij}^{(m)} > 0$,由 C-K 方程,有

$$P_{kj}^{(l+m)} = \sum_{s\in E} P_{ks}^{(l)} P_{sj}^{(m)} \geqslant P_{ki}^{(l)} P_{ij}^{(m)}$$

不等号两端同时对 l 求和平均, 得到

$$\frac{1}{n}\sum_{l=0}^{n-1}P_{kj}^{(l+m)} \geqslant \frac{1}{n}\sum_{l=0}^{n-1}P_{ki}^{(l)}P_{ij}^{(m)}$$

不等号两端同时令 $n \to \infty$, 得到

$$\frac{1}{\mu_j} \geqslant \frac{P_{ij}^{(m)}}{\mu_i} > 0$$

即 $\mu_j < \infty$, 所以状态 j 也是正常返。

　　同样和常返性类似, 对于有限状态的 Markov 链, 正常返的判定可以大大简化。

　　命题 7.4　有限状态的 Markov 链中一定存在正常返态。

　　设 $E = \{1, 2, \cdots, N\}$, 证明方法和常返的情形相同。如若不然, 所有状态都是滑过态或者零常返态, 取定 i, $\forall j$, 由式 (7-82), 有

$$\frac{1}{n}\sum_{k=0}^{n-1}P_{ij}^{(k)} \to 0, \quad n \to \infty$$

即有

$$\sum_{j=1}^{N}\frac{1}{n}\sum_{k=0}^{n-1}P_{ij}^{(k)} \to 0, \quad n \to \infty$$

而同时由转移概率矩阵的性质有

$$\frac{1}{n}\sum_{j=1}^{N}\sum_{k=0}^{n-1}P_{ij}^{(k)} = 1$$

两者矛盾。所以有限状态 Markov 链中一定存在正常返态。下面的推论同样非常自然。

　　推论 7.3　不可约且状态有限的 Markov 链所有状态都是正常返态。

　　例 7.19 (一维无限制随机游动)　已经知道当 $p = \frac{1}{2}$ 时, 一维无限制随机游动是常返的。现在进一步研究其是否为正常返。由于链中有无穷多个相通状态, 所以尽管链是不可约的, 也无法对它是否为正常返直接作出判断。因此首先计算以 $P_{00}^{(n)}$ 为系数的幂级数 (见例 7.15)。利用负二项式定理, 有

$$P(z) = \sum_{k=0}^{\infty}P_{00}^{(2k)}z^{2k} = \sum_{k=0}^{\infty}\frac{(2k)!}{k!k!}\left(\frac{z}{2}\right)^{2k} = (1-z^2)^{-\frac{1}{2}}$$

利用式 (7-83), 得到

$$\lim_{n\to\infty}\frac{1}{n}\sum_{k=0}^{n-1}P_{00}^{(k)} = \lim_{z\to1^-}(1-z)P(z) = \lim_{z\to1^-}(1-z)(1-z^2)^{-\frac{1}{2}} = 0$$

所以 $\mu_0 = \infty$, 从而可知 0 状态是零常返的, 进而得到一维无限制随机游动的所有状态为零常返。

7.6　转移概率的极限行为

　　通过上一节对常返性的讨论, 可以初步了解到随时间的推移, Markov 链轨道运行的规律。但是常返性的相关知识仍然没有给出当 $n \to \infty$ 时转移概率 $P_{ij}^{(n)}$ 有没有极限。如果有,

那么极限是多少? 如果对这样的渐近性有所掌握, 不仅能明确链的转移流程及其基本规律 (这是由 C-K 方程以及常返性知识提供的), 而且还可以得到充分长时间以后, 链所呈现出的最终形态, 从而对离散时间 Markov 链有比较完整的认识。

首先注意到, 式 (7-74) 已经表明, 非常返态的转移概率极限一定是 0。而常返态的情况要复杂得多。下面如不特别说明, 都假定所研究的状态是常返的。

仅仅从上一节中所提到的弱遍历性定理中无法得到 $P_{ij}^{(n)}$ 的极限性质。这是因为

$$\lim_{n\to\infty} \frac{1}{n} \sum_{k=0}^{n-1} P_{ij}^{(n)} = a \nRightarrow \lim_{n\to\infty} P_{ij}^{(n)} = a$$

尽管反过来是成立的。通过下面的例子可以进一步明确, (正) 常返性和 n 步转移概率存在极限是两回事。

例 7.20 (正常返, 但转移概率无极限) 这个例子在讨论周期性时提到过。设链有两个状态 $\{0,1\}$, 一步转移矩阵为

$$\boldsymbol{P} = \begin{pmatrix} 0 & 1 \\ 1 & 0 \end{pmatrix}$$

容易看出

$$P_{00}^{(n)} = P_{11}^{(n)} = \begin{cases} 1, & n = 2k \\ 0, & n = 2k-1 \end{cases}$$

所以有

$$\lim_{n\to\infty} \frac{1}{n} \sum_{k=0}^{n-1} P_{00}^{(n)} = \lim_{n\to\infty} \frac{1}{n} \sum_{k=0}^{n-1} P_{11}^{(n)} = \frac{1}{2}$$

很明显该链正常返, 且平均返回时间为 2。可是另一方面, $\lim_{n\to\infty} P_{00}^{(n)}$ 和 $\lim_{n\to\infty} P_{11}^{(n)}$ 都不存在极限。这说明即便是正常返的链, 其 n 步转移概率的极限仍然可能不存在。 ■

问题的关键是什么? 状态是否有周期性对于转移概率极限是否存在起着关键作用。如果状态为非周期, 那么有如下的重要结论。

定理 7.3 (Markov 链的更新定理) 设 $\{f_n\}_{n=0}^{\infty}$ 是概率分布, 其母函数为

$$F(z) = \sum_{n=0}^{\infty} f_n z^n$$

假定 $\gcd\{n : f_n > 0\} = 1$, 令

$$\mu = \sum_{n=0}^{\infty} n f_n, \quad P(z) = \frac{1}{1-F(z)} = \sum_{n=0}^{\infty} p_n z^n$$

则有

$$\lim_{n\to\infty} p_n = \frac{1}{\mu}, \quad \left(\text{如果 } \mu = \infty, \text{ 则 } \frac{1}{\mu} = 0\right)$$

这个定理由 Erdos、Feller 和 Pollard 于 1949 年给出证明。参阅文献 [7]。

令 Markov 链中常返状态 i 的首达概率 $f_{ii}^{(n)} = f_n$, 平均返回时间 $\mu_i = \mu$, 由于 i 常返, 所以 $\{f_{ii}^{(n)}\}_{n=0}^{\infty}$ 是概率分布, n 步转移概率 $P_{ii}^{(n)} = p_n$。又由于 i 非周期, 所以 $\gcd\{n : f_{ii}^n > 0\} = 1$。利用更新定理, 可得到

$$\lim_{n\to\infty} P_{ii}^{(n)} = \frac{1}{\mu_i} \tag{7-84}$$

如果状态 i 非周期的条件无法满足，则设 i 的周期为 $d_i \neq 1$，由式 (7-62) 知，可以把 d_i 步转移看作一步转移，从而得到 $\{P_{ii}^{(n)}\}$ 的一个子列的收敛性。

推论 7.4 (更新定理的推论 I：有周期性的链) 设 $\{f_n\}_{n=0}^{\infty}$ 是概率分布，其母函数为

$$F(z) = \sum_{n=0}^{\infty} f_n z^n$$

假定 $\gcd\{n : f_n > 0\} = d$，令

$$\mu = \sum_{n=0}^{\infty} n f_n, \quad P(z) = \frac{1}{1 - F(z)} = \sum_{n=0}^{\infty} p_n z^n$$

则有

$$\lim_{n\to\infty} p_{nd} = \frac{d}{\mu}, \quad \left(\text{如果 } \mu = \infty, \text{ 则 } \frac{1}{\mu} = 0\right)$$

证明 由于存在周期 d，所以 $F(z)$ 中仅包含 z^d 的各次幂。从而设

$$F_d(z) = F(z^{1/d}) = \sum_{n=0}^{\infty} f_n^d z^n$$

$F_d(z)$ 和 $\{f_n^d\}$ 恰好满足定理 7.3 的要求，注意到此时的平均返回时间满足

$$\mu_d = \sum_{n=0}^{\infty} n f_n^d = \frac{1}{d} \sum_{n=0}^{\infty} nd f_{nd} = \frac{\mu}{d}$$

立刻得到了推论中的结论。

由此可以得到常返态具有周期性时的结果：

$$\lim_{n\to\infty} P_{ii}^{(nd_i)} = \frac{d_i}{\mu_i} \tag{7-85}$$

式 (7-84) 和式 (7-85) 有一个共同点，即转移概率的起始状态和终结状态重合。事实上这一要求并不本质。定理 7.3 的如下推论可以放松这一要求。

推论 7.5 (更新定理的推论 II) 设 $F(z)$ 满足定理 7.3 的假设，且

$$G(z) = \sum_{n=0}^{\infty} g_n z^n$$

其中 g_n 非负，满足 $G(1) < \infty$

$$\mu = \sum_{n=0}^{\infty} n f_n, \quad Q(z) = \frac{G(z)}{1 - F(z)} = \sum_{n=0}^{\infty} q_n z^n$$

则有

$$\lim_{n\to\infty} q_n = \frac{G(1)}{\mu}, \quad \left(\text{如果 } \mu = \infty, \text{ 则 } \frac{1}{\mu} = 0\right)$$

证明 令

$$P(z) = 1/(1 - F(z)) = \sum_{n=0}^{\infty} p_n z^n$$

则 $Q(z) = G(z)P(z)$，于是

$$q_n = \sum_{r=0}^{n} g_r p_{n-r}$$

固定 m，满足 $m < n$，上式可以写成：

$$q_n = \sum_{r=0}^{m} g_r p_{n-r} + \sum_{r=m+1}^{n} g_r p_{n-r}$$

由于

$$p_n \to \frac{1}{\mu}, \quad n \to \infty$$

所以 p_n 有界，不妨设 $p_n < M$，从而有

$$\sum_{r=0}^{m} g_r p_{n-r} \leqslant q_n \leqslant \sum_{r=0}^{m} g_r p_{n-r} + M \sum_{r=m+1}^{n} g_r$$

令 $n \to \infty$，得到

$$\frac{1}{\mu} \sum_{r=0}^{m} g_r \leqslant \liminf q_n \leqslant \limsup q_n \leqslant \frac{1}{\mu} \sum_{r=0}^{m} g_r + M \sum_{r=m+1}^{n} g_r$$

再由 m 的任意性，令 $m \to \infty$，利用 $G(1) < \infty$，得到

$$\frac{G(1)}{\mu} \leqslant \liminf q_n \leqslant \limsup q_n \leqslant \frac{G(1)}{\mu} \implies \lim_{n\to\infty} q_n = \frac{G(1)}{\mu}$$

这正是需要证明的结论。

现在考虑 Markov 链中任意的 i, j 状态间的转移概率 $P_{ij}^{(n)}$。由式 (7-69) 和式 (7-70) 得到

$$P_{ij}(z) = \frac{F_{ij}(z)}{1 - F_{jj}(z)}$$

令 $G(z) = F_{ij}(z)$，使用推论 7.5，得到

$$\lim_{n\to\infty} P_{ij}^{(n)} = \frac{F_{ij}(1)}{\mu_j} = \frac{1}{\mu_j} \sum_{n=0}^{\infty} f_{ij}^{(n)} \tag{7-86}$$

如果再进一步把周期因素考虑进来，设 j 的周期为 d_j，那么令 $r_{ij} = \min(n : P_{ij}^{(n)} > 0)$，有

$$P_{ij}(z) = z^{r_{ij}} \sum_{n=0}^{\infty} P_{ij}^{nd_j + r_{ij}} z^{nd_j}$$

而 $F_{ij}(z)$ 没有变化。所以由推论 7.5 和推论 7.4 有

$$\lim_{n\to\infty} P_{ij}^{(r_{ij} + nd_j)} = \frac{d_j F_{ij}(1)}{\mu_j} \tag{7-87}$$

综合式 (7-84)～式 (7-87)，得到如下的离散时间 Markov 链转移概率的极限性质。

定理 7.4 (转移概率的极限)　设状态 j 常返，$f_{ij}^{(n)}$ 为从状态 i 到状态 j 经 n 步的首达概率。

$$\mu_j = \sum_{n=0}^{\infty} n f_{jj}^{(n)}, \quad F_{ij}(z) = \sum_{n=0}^{\infty} f_{ij}^{(n)} z^n$$

如果 j 为非周期态，则

$$\lim_{n \to \infty} P_{jj}^{(n)} = \frac{1}{\mu_j} \tag{7-88}$$

且有

$$\lim_{n \to \infty} P_{ij}^{(n)} = \frac{F_{ij}(1)}{\mu_j} \tag{7-89}$$

如果 j 为周期态，周期是 $d_j \neq 1$，则

$$\lim_{n \to \infty} P_{jj}^{(nd)} = \frac{d_j}{\mu_j} \tag{7-90}$$

设 $r_{ij} = \min(n : P_{ij}^{(n)} > 0)$，有

$$\lim_{n \to \infty} P_{ij}^{(r_{ij} + nd_j)} = \frac{d_j F_{ij}(1)}{\mu_j} \tag{7-91}$$

由上面的讨论可以看出链的不可约性、周期性在转移概率极限的研究中所起的作用。如果没有非周期条件，那么转移概率极限的存在性就无法保证；如果没有不可约条件，那么转移概率的极限就可能和初值有关。Markov 链长时间转移的整体表现通常是和遍历性联系在一起的，有如下定义：

定义 7.12 (状态的遍历性)　在不可约 Markov 链中，称非周期且正常返的状态为遍历态 (ergodic state)。

很明显，如果 Markov 链状态有限且不可约，那么由推论 7.3，其所有状态都正常返。若再加上非周期，则该链的所有状态都是遍历态。

7.7　非负矩阵和有限状态 Markov 链

上一节中使用了分析方面的工具研究转移概率的极限行为。本节中将使用线性代数作为研究工具，同时把目光集中在有限状态的 Markov 链上。由 C-K 方程知道，有限状态 Markov 链的 n 步转移矩阵是一步转移矩阵的 n 次幂，即 $\boldsymbol{P}^{(n)} = \boldsymbol{P}^n$。所以如果需要研究 n 步转移概率 $P_{ij}^{(n)}$ 的情况，很自然地联想到从分析一步转移矩阵入手。况且 Markov 链的转移矩阵不同于一般的方阵，拥有许多独特性质，这些性质为研究提供了方便。首先给出必要的定义。

定义 7.13 (非负方阵)　设矩阵 $\boldsymbol{A} \in \mathbb{R}^{n \times n}$ 是 n 阶方阵，其元素 A_{ij} 满足

$$A_{ij} \geqslant 0, \quad i, j = 1, 2, \cdots, n$$

则称矩阵 $\boldsymbol{A}$ 为非负方阵，记作 $\boldsymbol{A} \geqslant \boldsymbol{0}$。如果 $\boldsymbol{A}$ 的所有元素都为正，称 $\boldsymbol{A}$ 为正矩阵，记为 $\boldsymbol{A} > \boldsymbol{0}$。

很明显，Markov 链的转移矩阵都是非负方阵。

非负方阵有一些简单性质。如果 $\boldsymbol{A} \geqslant \boldsymbol{0}$ 且 $\boldsymbol{B} \geqslant \boldsymbol{0}$，那么 $\boldsymbol{AB} \geqslant \boldsymbol{0}$。如果 $\boldsymbol{A} > \boldsymbol{0}$，$\boldsymbol{B} \geqslant \boldsymbol{0}$ 并且 $\boldsymbol{AB} = \boldsymbol{0}$，那么一定有 $\boldsymbol{B} = \boldsymbol{0}$。

定义 7.14 (非负方阵的可约性) 如果非负方阵 A 可以通过行列置换化为式 (7-59) 的形式,即

$$\begin{pmatrix} D & B \\ 0 & C \end{pmatrix}$$

则称非负方阵 A 为可约的 (reducible),否则称之为不可约的 (irreducible)。

前面已经提到,如果链中存在闭的真子集,那么一步转移矩阵一定是可约的。可以证明,Markov 链的可约性和其一步转移矩阵的可约性完全相同。更进一步,对于任意的非负方阵,都可以通过行列置换将其化为如下形式:

$$A = \begin{pmatrix} A_{11} & 0 & 0 & \cdots & 0 \\ A_{21} & A_{22} & 0 & \cdots & 0 \\ \vdots & \vdots & \vdots & & \vdots \\ A_{m1} & A_{m2} & A_{m3} & \cdots & A_{mm} \end{pmatrix}$$

其中对角线上的子阵 $A_{ii}, i = 1, \cdots, m$ 都是不可约方阵。出于简便的目的,下面只讨论不可约的情况,此时 $A = A_{11}$。

Perron-Frobenius 定理说明了不可约非负方阵最重要的性质,该定理的证明请读者参阅文献 [21]。

定理 7.5 (Perron-Frobenius) 设 $A \geq 0$ 且 A 不可约,那么 A 存在一个主特征值 $\lambda_1 > 0$,满足

(1) 相应于 λ_1 的特征向量的每一个元素均为正数,即存在 $x \in \mathbb{R}^n$, $x > 0$,满足

$$Ax = \lambda_1 x$$

(2) λ_1 是 A 的特征方程的单根,且若 α 是 A 的其他特征值,则有 $|\alpha| \leq \lambda_1$。

Perron-Frobenius 定理指出,任何非负方阵都有一个"主"特征值,该特征值不仅为正,而且其他所有的特征值的模都不大于它。换句话说,该特征值恰好等于矩阵的谱半径[16]。可以证明[9],如果 $N \times N$ 阶非负方阵 A 的 (i,j) 元素为 A_{ij},则其谱半径 r 满足:

$$\min_i \sum_{j=1}^N A_{ij} \leq r \leq \max_i \sum_{j=1}^N A_{ij}$$

注意到 Markov 链的一步转移矩阵是随机矩阵,这是一种特殊的非负方阵。除了满足各个元素都非负以外,还满足每一行元素的和为 1,即

$$\sum_{j=1}^N A_{ij} = 1, \quad \forall i$$

所以有 Markov 链一步转移矩阵的谱半径为 1,其"主"特征值总是 1。

设 Markov 链的一步转移矩阵为 P,本节研究的目标是 P^n 的极限行为。线性代数中的 Jondan 标准型是计算矩阵方幂的有力工具。设 P 有 k 个特征值 $\{\lambda_1, \cdots, \lambda_k\}$ (特征方程可能存在重根),则可以找到可逆矩阵 B,使得

$$P = BJB^{-1}$$

其中

$$
\boldsymbol{J} = \begin{pmatrix} \boldsymbol{J}_{n_1}(\lambda_1) & \boldsymbol{0} & \cdots & \boldsymbol{0} \\ \boldsymbol{0} & \boldsymbol{J}_{n_2}(\lambda_2) & \cdots & \boldsymbol{0} \\ \vdots & \vdots & & \vdots \\ \boldsymbol{0} & \boldsymbol{0} & \cdots & \boldsymbol{J}_{n_k}(\lambda_k) \end{pmatrix}
$$

其中 $n_1 + \cdots + n_k = N$, 矩阵 $\boldsymbol{J}_{n_m}(\lambda_m)$ 称为 Jordan 块,

$$
\boldsymbol{J}_{n_m}(\lambda_m) = \begin{pmatrix} \lambda_m & 1 & & & \\ & \lambda_m & 1 & & \\ & & \ddots & \ddots & \\ & & & \lambda_m & 1 \\ & & & & \lambda_m \end{pmatrix}
$$

由于 $\boldsymbol{P}$ 矩阵的 "主" 特征值等于 1 且为单根, 所以

$$
\boldsymbol{P} = \boldsymbol{B} \begin{pmatrix} 1 & \boldsymbol{0} \\ \boldsymbol{0} & \boldsymbol{D} \end{pmatrix} \boldsymbol{B}^{-1} \tag{7-92}
$$

其中

$$
\boldsymbol{D} = \begin{pmatrix} J_{n_2}(\lambda_2) & \boldsymbol{0} & \cdots & \boldsymbol{0} \\ \boldsymbol{0} & J_{n_3}(\lambda_3) & \cdots & \boldsymbol{0} \\ \vdots & \vdots & & \vdots \\ \boldsymbol{0} & \boldsymbol{0} & \cdots & J_{n_k}(\lambda_k) \end{pmatrix}
$$

且有 $|\lambda_m| \leqslant 1, m = 2, 3, \cdots, k$。

　　到这里仍然不清楚 $\boldsymbol{P}^n$ 的渐近情况, 因为尽管 "主" 特征值已经很明确, 但是其他特征值的模可能等于 1, 当 $n \to \infty$ 时, 它们的方幂可能呈现出周期往复的性态。正如上一节讨论中所提到的, 可约性和周期性条件对于转移概率的极限规律非常重要。因此使用非负矩阵工具时, 也应该注意这一条件。

　　定义 7.15 (本原矩阵)　设 $\boldsymbol{A}$ 为非负方阵, 如果能够找到 m, 使得 $\boldsymbol{A}^m > \boldsymbol{0}$, 则称 $\boldsymbol{A}$ 为本原的 (primitive), 或者称 $\boldsymbol{A}$ 为本原矩阵。

　　可以证明, 如果链是不可约且非周期的, 那么其一步转移矩阵 $\boldsymbol{P}$ 一定是本原矩阵。本原矩阵有非常好的性质, 其所有不同于 "主" 特征值的特征值的模都严格小于 1。考虑到式 (7-92), 有

$$
\boldsymbol{P}^n = \boldsymbol{B} \begin{pmatrix} 1 & \boldsymbol{0} \\ \boldsymbol{0} & \boldsymbol{D}^n \end{pmatrix} \boldsymbol{B}^{-1}
$$

而由于 $|\lambda_m| < 1, m = 2, 3, \cdots, k$, 所以 $\boldsymbol{D}^n \to \boldsymbol{0}$。设 $\boldsymbol{B} = (\boldsymbol{b}_1, \cdots, \boldsymbol{b}_n)$, $\boldsymbol{B}^{-1} = (\boldsymbol{c}_1, \cdots, \boldsymbol{c}_n)^{\mathrm{T}}$, 其中 $\boldsymbol{b}_1 = (1, 1, \cdots, 1)^{\mathrm{T}}$, 则

$$
\lim_{n \to \infty} \boldsymbol{P}^n = \boldsymbol{B} \begin{pmatrix} 1 & \boldsymbol{0} \\ \boldsymbol{0} & \boldsymbol{0} \end{pmatrix} \boldsymbol{B}^{-1} = \boldsymbol{b}_1 \boldsymbol{c}_1^{\mathrm{T}} \tag{7-93}
$$

所得到 $\boldsymbol{P}^n$ 的极限是秩为 1 的矩阵。也就是说

$$
\lim_{n \to \infty} P_{ij}^{(n)} = \pi_j > 0, \quad \forall i, j
$$

使用类似的方法还可以分析不可约周期不为 1 的情形以及可约的情形，限于篇幅，这里就不讨论了。有兴趣的可参阅文献 [21]。

应当看到，和上一节基于分析的方法相比，线性代数方法虽没有直接给出转移概率极限的具体值，也没有指出该极限和转移概率矩阵各元素之间的联系，但它有一个巨大的优点，即给出了收敛的速度。利用转移矩阵方幂来估计收敛速度简单直观，而从分析角度出发去估计收敛速度是非常困难的。事实上，对于不可约非周期的链，其转移矩阵是以几何级数的速度收敛的，收敛率取决于仅次于"主"特征值的那个特征值的模。这个结果不仅具有理论方面的价值，而且在很多具体应用中作用也非常大。

7.8 平 稳 分 布

虽然上一节给出了 Markov 链转移概率极限存在性的证明，但是如何得到该极限仍然没有解决。定理 7.4 给出了极限的表达形式，但是该表达形式只说明它和平均返回时间以及首达概率有关，这两个量本身就很难计算。非负矩阵方法也没有指明计算极限的途径。本节将研究转移概率极限的计算以及相关的一些问题。

转移概率的极限并不总是存在的，极限存在要求满足不可约和非周期两个条件。现假设转移概率的极限存在，即存在 $\boldsymbol{\pi} = \{\pi_1, \pi_2, \cdots\}$，使得

$$\lim_{n \to \infty} P_{ij}^{(n)} = \pi_j$$

即 n 步转移矩阵 $\boldsymbol{P}^{(n)}$ 的极限为

$$\lim_{n \to \infty} \boldsymbol{P}^{(n)} = \boldsymbol{\Pi}$$

这里

$$\boldsymbol{\Pi} = \begin{pmatrix} \pi_1 & \pi_2 & \cdots \\ \pi_1 & \pi_2 & \cdots \\ \vdots & \vdots & \ddots \end{pmatrix}$$

考虑到

$$\boldsymbol{P}^{(n)} = \boldsymbol{P}^{(n-1)} \boldsymbol{P}$$

在等号两端同时令 $n \to \infty$，得到

$$\boldsymbol{\Pi} = \boldsymbol{\Pi} \boldsymbol{P}$$

或者

$$\boldsymbol{\pi} = \boldsymbol{\pi} \boldsymbol{P} \tag{7-94}$$

这就是求解 Markov 链转移概率极限的方程，通常称为平衡方程 (equilibrium equation)。它是研究 Markov 链最基本也是最重要的方程之一。

方程式 (7-94) 是普通的线性代数方程，求解并没有实质性的困难。但应注意即使 Markov 链的转移概率不存在极限，该方程同样可以求得非零解。事实上，由线性代数的知识可以得出，如果链的状态有限，则该方程的非零解总是存在的。也就是说，并不能把方程的有解和转移概率极限存在性的判断混为一谈。例如例 7.20 中提到过的一步转移矩阵

$$\boldsymbol{P} = \begin{pmatrix} 0 & 1 \\ 1 & 0 \end{pmatrix}$$

很显然，$(1/2, 1/2)$ 就是 $\pi = \pi \boldsymbol{P}$ 的解，但这个链的转移概率是没有极限的。所以需要弄清方程式 (7-94) 的解和转移概率极限之间的关系。

定义 7.16 (平稳分布) 设 Markov 链的一步转移矩阵为 $\boldsymbol{P}$，如果一个概率分布 $\pi = \{\pi_1, \pi_2, \cdots\}$ 满足式 (7-94)，则称 π 为该 Markov 链的平稳分布 (stationary distribution)，也称为不变分布 (invariant distribution)。

如果该 Markov 链的初始值 X_0 的分布为平稳分布，则对于任意的 n，X_n 的分布都和 X_0 相同，这是平稳分布的"不变"性。也就是说，该 Markov 链是严平稳的。还需要指出的是，仅得到式 (7-94) 的非零解 π 还不能说是得到了平稳分布，因为分布要求 π 的各个分量非负且和为 1。若不考虑常数因子，也就是它要求

$$\sum_{l=0}^{\infty} \pi_l < \infty, \quad \pi_i \geqslant 0, \quad \forall i$$

这一点并不是每一个具有式 (7-94) 形式的线性方程组的非零解都能够满足。如果给链加上一些条件，就可以得到肯定的结论。

定理 7.6 不可约且正常返的 Markov 链存在平稳分布。

由定理 7.2 知道，不可约且正常返的链中任取两个状态 i, j 都满足

$$\lim_{n \to \infty} \frac{1}{n} \sum_{m=0}^{n-1} P_{ij}^{(m)} = x_j > 0 \tag{7-95}$$

现需要证明 $\boldsymbol{x} = (x_0, x_1, \cdots)$ 满足式 (7-94) 且确实是一个概率分布。

这里使用一个小技巧来处理极限交换次序的困难。首先选取状态 j，j 从 1 到 K，固定 K，得到

$$\sum_{j=1}^{K} \left(\frac{1}{n} \sum_{m=0}^{n-1} P_{ij}^{(m)} \right) \leqslant 1$$

令 $n \to \infty$，有

$$\sum_{j=1}^{K} x_j \leqslant 1$$

再令 $K \to \infty$，得到

$$\sum_{j=1}^{\infty} x_j \leqslant 1 \tag{7-96}$$

又由 C-K 方程，得到

$$\frac{1}{n} \sum_{m=0}^{n-1} P_{ij}^{(m+1)} = \sum_l \left(\frac{1}{n} \sum_{m=0}^{n-1} P_{il}^{(m)} \right) P_{lj}$$

利用同样的技巧，可以得到

$$x_j \geqslant \sum_l x_l P_{lj} \tag{7-97}$$

现在来说明式 (7-96) 和式 (7-97) 中的等号都是成立的。如果式 (7-97) 中的等号对某个状态 j 不成立，那么有

$$\sum_j x_j > \sum_j \sum_l x_l P_{lj} = \sum_l \left(x_l \sum_j P_{lj} \right) = \sum_l x_l$$

同时 $\sum_l x_l \leqslant 1$，矛盾。

另一方面有

$$x = xP \Longrightarrow x = xP^m$$

所以

$$x_j = \sum_l x_l \left(\frac{1}{n} \sum_{m=0}^{n-1} P_{lj}^{(m)} \right) \tag{7-98}$$

由于

$$\frac{1}{n} \sum_{m=0}^{n-1} P_{kj}^{(m)} \leqslant 1$$

由控制收敛定理，在式 (7-98) 等号两端同时令 $n \to \infty$，得到

$$x_j = x_j \sum_l x_l$$

这说明式 (7-96) 中的等号成立。定理 7.6 得证。

这里不可约的条件实际可以适当放松，只需要链中存在一个闭的不可约子集，该子集中状态正常返就可以了。

定理 7.7 如果 Markov 链存在平稳分布，则一定存在正常返状态。

设 $\{u_n\}_{n=1}^{\infty}$ 为平稳分布，则

$$u_j = \sum_i u_i P_{ij}$$

进而有

$$u_j = \sum_i u_i \left(\frac{1}{n} \sum_{m=0}^{n-1} P_{ij}^{(m)} \right)$$

令 $n \to \infty$，由控制收敛定理以及定理 7.2，沿用式 (7-95) 的符号得到

$$u_j = x_j \sum_i u_i \tag{7-99}$$

如果链中没有正常返态，那么 $x_j = 0, \forall j$，那么 $u_j = 0, \forall j$，和 $\{u_n\}_{n=1}^{\infty}$ 是平稳分布矛盾。所以正常返态一定存在。

进一步还可以得到正常返状态存在的前提下，Markov 链中有多个闭集时平稳分布的表达形式。设 $C_1, C_2, \cdots$ 为闭的不可约真子集，彼此不相交且均为正常返，那么该链的平稳分布 $\{u_l\}_{l=1}^{\infty}$ 为

$$u_i = \begin{cases} \lambda_l x_i, & i \in C_l \\ 0, & i \notin \bigcup_k C_k \end{cases}$$

事实上，如果 $i \notin \bigcup_k C_k$，那么由式 (7-99)，有 $u_i = 0$。而当 $i \in C_l$ 时，令 $\lambda_l = \sum_{k \in C_l} u_k$，

$$u_i = \sum_k u_{k \in C_l} \left(\frac{1}{n} \sum_{m=0}^{n-1} P_{ki}^{(m)} \right) = \sum_{k \in C_l} u_k \left(\frac{1}{n} \sum_{m=0}^{n-1} P_{ki}^{(m)} \right) \to x_i \sum_{k \in C_l} u_k = \lambda_l x_i$$

并且可以得到

$$\sum_l \lambda_l = \sum_l \sum_{k \in C_l} u_k = \sum_k u_k = 1$$

这表明，当链中存在多个不可约正常返的子集时，其平稳分布有很多。

例 7.21 (无穷多个平稳分布) 设 Markov 链有四个状态 $\{1,2,3,4\}$，其一步转移矩阵为

$$\begin{pmatrix} 0 & 1 & 0 & 0 \\ 1 & 0 & 0 & 0 \\ 0 & 0 & 0 & 1 \\ 0 & 0 & 1 & 0 \end{pmatrix}$$

则有两个不可约正常返的闭真子集，$\{1,2\}$ 和 $\{3,4\}$。该链的平稳分布为

$$\left(\frac{\alpha}{2}, \frac{\alpha}{2}, \frac{\beta}{2}, \frac{\beta}{2} \right), \quad \alpha, \beta \geqslant 0, \alpha + \beta = 1$$

所以平稳分布有无穷多个。

综合上述两个命题，可以直接得到如下定理。

定理 7.8 (平稳分布的存在唯一性)

(1) Markov 链平稳分布存在的充分必要条件是链中存在正常返态。

(2) Markov 链平稳分布存在且唯一的充分必要条件是链中存在唯一的不可约正常返子集。

(3) Markov 链平稳分布存在、唯一，且所有元素都为正的充分必要条件是该链为不可约正常返的。

该定理提供了一个判断不可约链是否正常返的简单途径 —— 解平衡方程式 (7-94) 并观察解是否为概率分布且各个分量全为正。

例 7.22 (双随机转移矩阵) 如果一个 Markov 链的一步转移矩阵 $\boldsymbol{P}$ 不仅满足所有元素为非负、行和为 1，而且列和也为 1，则称 $\boldsymbol{P}$ 为双随机的。对于不可约且具有双随机转移矩阵的 Markov 链，它的平衡方程有明显解

$$\pi_i = 1, \quad \forall i$$

因而不可约、状态有限、具有双随机转移矩阵的 Markov 链一定正常返，而如果状态无限，那么具有双随机转移矩阵的 Markov 链没有平稳分布，这意味着该链不是正常返的。一维平衡无限制随机游动是双随机转移阵的典型例子。前面通过计算平均返回时间说明了它不是正常返的，现在利用平衡方程得到了相同的结论。

本节中一直没有提到 n 步转移概率的极限，是因为单纯从方程式 (7-94) 无法知道该极限是否存在。但如果通过其他条件 (比如非周期) 已经得到了极限的存在性，那么就可以通过解方程式 (7-94) 来得到这个极限。如果这个极限满足概率分布的要求，则称其为极限分布。但应当把极限分布和平稳分布严格区分开。

例 7.23 (Ehrenfest 模型) Ehrenfest 模型的状态空间 $\{0,1,2,\cdots,M\}$ 是有限集合，其一步转移矩阵为

$$\begin{pmatrix} 0 & 1 & & & & & \\ \frac{1}{M} & 0 & \frac{M-1}{M} & & & & \\ & \frac{2}{M} & 0 & \ddots & & & \\ & & \frac{3}{M} & \ddots & \ddots & & \\ & & & \ddots & 0 & \frac{2}{M} & \\ & & & & \frac{M-1}{M} & 0 & \frac{1}{M} \\ & & & & & 1 & 0 \end{pmatrix} \tag{7-100}$$

很明显该模型是不可约的, 且状态有限, 所以所有状态都正常返。状态转移如图 7-10 所示。现求它的平稳分布。

$$\pi_0 = \frac{1}{M}\pi_1$$

$$\pi_i = \left(1 - \frac{i-1}{M}\right)\pi_{i-1} + \frac{i+1}{M}\pi_{i+1}, \quad i = 1, \cdots, M-1$$

$$\pi_M = \frac{1}{M}\pi_{M-1}$$

可以求得

$$\pi_i = \begin{pmatrix} M \\ i \end{pmatrix} \pi_0$$

所以

$$\sum_{i=0}^{M} \pi_i = \pi_0 \sum_{i=0}^{M} \begin{pmatrix} M \\ i \end{pmatrix} = \pi_0 2^M \Longrightarrow \pi_0 = \frac{1}{2^M}$$

平稳分布为

$$\pi_i = \begin{pmatrix} M \\ i \end{pmatrix} \frac{1}{2^M}, \quad i = 1, \cdots, M$$

不过非常明显, 该链有周期 2, 转移概率的极限不存在, 即不存在极限分布。

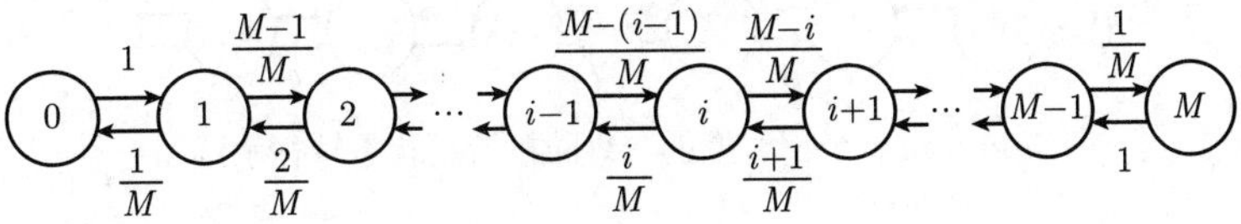

图 7-10　Ehrenfest 模型状态转移示意图

可以顺便计算一下 Ehrenfest 模型中零状态的平均返回时间 μ_0, 这可由平稳分布得到。事实上

$$\pi_0 = \frac{1}{2^M} = \frac{1}{\mu_0} \Longrightarrow \mu_0 = \frac{1}{\pi_0} = 2^M$$

通常是一个天文数字, 因为 M 往往十分巨大 (例如著名的阿伏伽德罗常量为 6.02×10^{23})。所以尽管理论上讲, 密闭容器中的气体分子经过一段时间后会全部回到左半容器, 可是耗费的时间却是很漫长的。

例 7.24 (带一个反射壁的一维随机游动)   设带一个反射壁的随机游动状态空间为 $\{0, 1, 2, \cdots\}$，0 为反射壁，其一步转移矩阵为

$$\boldsymbol{P} = \begin{pmatrix} q & p & 0 & 0 & \cdots \\ q & 0 & p & 0 & \cdots \\ 0 & q & 0 & p & \cdots \\ \vdots & \vdots & \vdots & \vdots & \ddots \end{pmatrix}$$

很明显该链是不可约的，状态转移如图 7-11 所示。现求其平衡方程式 (7-94) 的解 $\pi = \{\pi_0, \pi_1, \cdots\}$

$$\pi_0 = q\pi_0 + q\pi_1$$
$$\pi_j = p\pi_{j-1} + q\pi_{j+1}, \quad j \geqslant 1$$

由此得到

$$\pi_j = \left(\frac{p}{q}\right)^j \pi_0$$

所以，要让 π 成为分布，必须满足

$$\sum_{j=0}^{\infty} \pi_j = \pi_0 \sum_{j=0}^{\infty} \left(\frac{p}{q}\right)^j = 1$$

换句话说，需要

$$\sum_{j=0}^{\infty} \left(\frac{p}{q}\right)^j < \infty \tag{7-101}$$

如果 $p < q$，则式 (7-101) 显然成立，此时该链正常返，平稳分布为

$$\pi_0 = 1 - \frac{p}{q}, \quad \pi_j = \left(1 - \frac{P}{q}\right)\left(\frac{p}{q}\right)^j, \quad j \geqslant 1 \qquad \blacksquare$$

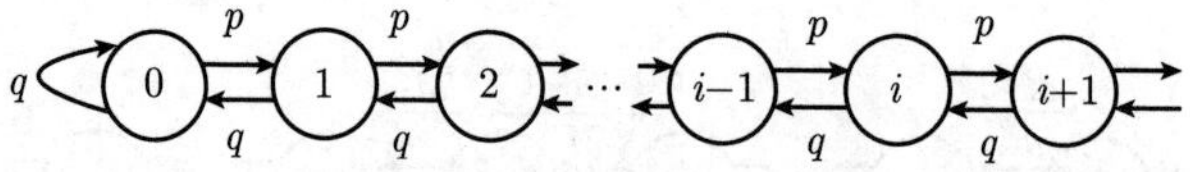

图 7-11   带一个反射壁的一维随机游动状态转移示意图

另一方面，该链是非周期的 (0 状态的周期为 1)，同时不可约，所以转移概率存在极限。当 $p < q$ 时该极限恰为平稳分布。而当 $p \geqslant q$ 时，式 (7-101) 中的级数不收敛，平稳分布也无法求得。

从上面的讨论可知，如果平稳分布不存在，则无法通过平衡方程判断 Markov 链是常返还是滑过。尽管利用定理 7.1 通过判定级数 $\sum_{n=1}^{\infty} P_{ii}^{(n)}$ 是否发散可以完成常返性的判定，但是终究不如解线性方程简明。是否存在如同定理 7.8 那样的结果，使得判断常返性可以通过解线性方程来完成呢？答案是肯定的。

定理 7.9 (常返性判据 II) 设 Markov 链 $\{X_n\}_{n=0}^{\infty}$ 不可约,一步转移矩阵为 $\boldsymbol{P}$,则该链为非常返链的充分必要条件是下列方程具有非零的有界解

$$y_j = \sum_{k=1}^{\infty} P_{jk} y_k, \quad j = 1, 2, \cdots, \tag{7-102}$$

即,如果设 $\boldsymbol{P}_0$ 为 $\boldsymbol{P}$ 中去掉了 0 状态所对应的行和列后得到的矩阵,那么 $\{X_n\}_{n=0}^{\infty}$ 是非常返链的充分必要条件是 $\boldsymbol{P}_0 \boldsymbol{y} = \boldsymbol{y}$ 有非零的有界解

首先证必要性。由于状态 0 是滑过态,且 j 和 0 相通,由式 (7-66) 和滑过态的定义,有

$$f_{j0} = \sum_{n=1}^{\infty} f_{j0}^{(n)} < 1$$

由 C-K 方程不难验证

$$f_{j0} = P_{j0} + \sum_{k=1}^{\infty} P_{jk} f_{k0}$$

令 $g_j = 1 - f_{j0}$,g_j 实际上是从 j 出发永远无法到达 0 的概率。由于该链各状态均为非常返态,所以对所有的 j,$1 \geqslant g_j > 0$,进而有

$$g_j = \sum_{k=1}^{\infty} P_{jk} g_k, \quad j = 1, 2, \cdots$$

所以上式有非零的有界解 $\{g_n\}_{n=1}^{\infty}$。

现在证充分性,如果式 (7-102) 具有非零的有界解 $\boldsymbol{y} = \{y_1, y_2, \cdots\}^{\mathrm{T}}$,不妨设 $|y_j| \leqslant 1, \forall j$,那么有

$$\boldsymbol{P}_0 \boldsymbol{y} = \boldsymbol{y}$$

进而有

$$\boldsymbol{P}_0^n \boldsymbol{y} = \boldsymbol{y}$$

也就是说,

$$y_j = \sum_{k=1}^{\infty} {}_0P_{jk}^{(n)} y_k$$

这里的 ${}_0P_{jk}^{(n)} = P(X_n = k, X_i \neq 0, \{i = 1, 2, \cdots, n-1\} | X_0 = j)$ 称为禁忌概率 (taboo probability)。因此

$$|y_j| \leqslant \sum_{k=1}^{\infty} {}_0P_{jk}^{(n)} = g_j^{(n)}$$

这里的 $g_j^{(n)}$ 是从 j 出发,在 n 步转移中从未经过 0 的概率。很明显,$g_j^{(n+1)} \leqslant g_j^{(n)}$,所以 $g_j^{(n)}$ 单调下降且有下界 0,所以有极限。因而可以找到 g_j,使得

$$1 - f_{j0} = g_j = \lim_{n \to \infty} g_j^{(n)} \geqslant |y_j| > 0$$

即存在 g_j,满足 $f_{j0} < 1$,由于 j 和 0 相通,这表明 0 状态是非常返态。由于该链是不可约的,所以为非常返链。

例 7.25 (带一个反射壁的一维随机游动) 正如在例 7.24 中所提到过的, 利用平稳方程无法判断该链的常返性。所以利用定理 7.9, 有

$$y_1 = py_2$$
$$y_k = py_{k+1} + qy_{k-1}, \quad k = 2, 3, \cdots$$

解得

$$y_n = \left(\frac{1-p}{p} \sum_{k=0}^{n-2} \left(\frac{q}{p} \right)^k + 1 \right) y_1$$

可见该方程具有非零有界解的充分必要条件是

$$\sum_{k=0}^{\infty} \left(\frac{q}{p} \right)^k < \infty \Longrightarrow \frac{q}{p} < 1 \Longrightarrow q < p \qquad \blacksquare$$

因此当 $q < p$ 时, 该链非常返。综合例 7.24 的结果, 可知该链为正常返的条件是 $p < \frac{1}{2}$, 零常返的条件是 $p = \frac{1}{2}$, 非常返的条件是 $p > \frac{1}{2}$。

例 7.26 (一维无限制的随机游动) 本例采用定理 7.9 研究例 7.15 中给定的随机游动, 例 7.15 中给出的方法涉及诸如 Stirling 公式等复杂的分析工具。现在用定理 7.9 重新分析该问题。划去 0 状态所对应的行和列, 有

$$y_1 = py_2$$
$$y_k = py_{k+1} + qy_{k-1}, \quad k = 2, 3, \cdots$$
$$y_{-1} = qy_{-2}$$
$$y_k = py_{k+1} + qy_{k-1}, \quad k = -2, -3, \cdots$$

得到

$$y_n = \left(\frac{q}{p} \sum_{k=0}^{n-2} \left(\frac{q}{p} \right)^k + 1 \right) y_1, \quad n = 2, 3, \cdots$$
$$y_{-n} = \left(\frac{p}{q} \sum_{k=0}^{n-2} \left(\frac{p}{q} \right)^k + 1 \right) y_{-1}, \quad n = 2, 3, \cdots$$

不难看出, 使上述方程没有非零有界解的充分必要条件是

$$\sum_{k=0}^{\infty} \left(\frac{q}{p} \right)^k = \infty, \quad \text{且} \quad \sum_{k=0}^{\infty} \left(\frac{p}{q} \right)^k = \infty \qquad \blacksquare$$

所以只有当 $p = q$ 时, 该链才是常返的, 否则一定非常返。这个结论和例 7.15 中的结论完全一致。

7.9 停时与强 Markov 性

对 Markov 链 $\{X_n\}_{n=0}^{\infty}$ 来说, 时间是决定其统计性质的重要因素。这一点从 Markov 性的定义中所包含的 "过去"、"现在" 和 "未来" 等概念中可以明显地体现出来。不过到目前

为止所讨论的时间都是确定性的时间, 而有许多令人感兴趣的是带有随机性的时间. 例如, Markov 链从 0 状态出发首次到达状态 j 的时间 T_j 有

$$T_j = \inf\{n : X_n = j\}$$

T_j 是一个随机变量, 它和状态 $X_0, X_1, \cdots, X_n$ 的发展是同步的. 即事件 $\{\omega : T_j(\omega) = n\}$ 和事件 $\{\omega : X_0(\omega) \neq j, \cdots, X_{n-1}(\omega) \neq j, X_n(\omega) = j\}$ 是完全等价的. 所以 T_j 的性质和 $\{X_k\}_{k=0}^n$ 的性质密切相关. 首次到达某一状态的时间是一种用途广泛的随机时间, 它是停时的典型例子.

定义 7.17 (停时) 设 $\{X_n\}$ 为随机过程, 随机变量 τ 取值于 $\mathbb{N} \cup \{\infty\}$, 且事件 $\{\tau \leqslant n\}$ 仅依赖于 $\{X_0, X_1, \cdots, X_n\}$, 则称 τ 为停时 (stopping time).

如果 τ 是停时, 那么事件 $\{\tau = n\}$ 以及 $\{\tau \leqslant n\}$ 都只依赖于 $\{X_k\}_{k=0}^n$. 从更直观的角度上有

$$I_{\{\tau = m\}} = \phi_m(X_0, X_1, \cdots, X_m)$$

也就是说, 停时由过程的 "过去" 和 "现在" 完全确定.

例 7.27 (首次返回时间) Markov 链中最典型也是最重要的停时是首次返回时间, 也就是从状态 i 出发首次返回 i 的时间, 即

$$T_i = \inf\{n : X_n = i | X_0 = i\}$$

如果 $X_n \neq i,\ \forall n$, 那么 $T_i = \{\infty\}$.

例 7.28 (首次击中时间) 另外一个重要的停时是 Markov 链首次到达状态空间的某个子集 A 的时间 T_A, 称为首次击中时间 (hitting time).

$$T_A = \inf\{n : X_n \in A\}$$

很明显

$$\{\omega : T_A(\omega) = n\} = \{\omega : X_0(\omega) \notin A, \cdots, X_{n-1}(\omega) \notin A, X_n(\omega) \in A\}$$

例 7.29 (停时的延迟) 如果 τ 是停时, n_0 是确定正整数, 那么 $\tau + n_0$ 也是停时, 因为事件 $\{\tau + n_0 = m\}$ 等价于事件 $\{\tau = m - n_0\}$, 而根据停时的定义, 事件 $\{\tau = m - n_0\}$ 仅依赖于 $\{X_0, X_1, \cdots, X_{m-n_0}\}$, 因此是停时. 也就是说, 停时的确定性延迟还是停时.

例 7.30 (停时的反例 I) 设 $\{X_n\}$ 为 Markov 链, i 为该链的一个状态, 对随机时间 τ 作如下定义:

$$\tau = \inf\{n \geqslant 0 : X_{n+1} = i\}$$

则 τ 不是停时, 因为事件 $\{\tau = n\}$ 和 X_{n+1} 有关, 不是仅由 $\{X_0, X_1, \cdots, X_n\}$ 决定.

例 7.31 (停时的反例 II) 设 $\{X_n\}$ 为 Markov 链, i 为该链的一个状态, 对随机时间 τ 作如下定义:

$$\tau = \sup\{n \geqslant 0 : X_n = i\}$$

则 τ 不是停时, 因为事件 $\{\tau = n\}$ 和 $\{X_k\}_{k=n+1}^\infty$ 有关, 不仅仅由 $\{X_k\}_{k=0}^n$ 所决定.

下面用停时概念证明一个简单而有用的事实 ——Wald 等式, 利用该等式可以化简许多复杂的计算。

定理 7.10 (Wald 等式) 令 $\{X_n\}_{n=1}^{\infty}$ 是独立同分布的随机变量, 满足 $E|X_i| < \infty$, 令 T 为过程 $\{X_n\}_{n=1}^{\infty}$ 的停时, $E|T| < \infty$, 则有

$$E\left(\sum_{k=1}^{T} X_k\right) = E(X_1)E(T)$$

该等式的证明仅需要用到停时的定义。事实上

$$E\left(\sum_{k=1}^{T} X_k\right) = \sum_{k=1}^{\infty} E(X_k I_{T \geqslant k}) = \sum_{k=1}^{\infty} E(X_k I_{T > k-1}) = \sum_{k=1}^{\infty} E(X_k)E(I_{T \geqslant k})$$

这里用到了如下事实: 由于 T 是停时, 因此, $\{T > k-1\}$ 仅决定于 $\{X_m\}_{m=1}^{k-1}$。且由于 $\{X_i\}$ 独立同分布, 所以 $\{T > k-1\}$ 和 X_k 独立。所以

$$\sum_{k=1}^{\infty} E(X_k)E(I_{T \geqslant k}) = E(X_1) \sum_{k=1}^{\infty} E(I_{T \geqslant k}) = E(X_1) \sum_{k=1}^{\infty} P(T \geqslant k) = E(X_1)E(T)$$

例 7.32 (赌徒输光问题) 两个赌徒甲、乙入赌场进行一系列赌博。令 A 为甲的原始赌本, 每次赌博输赢的概率相同, 赌注为 1。假设甲手中的赌本到达 B 时, 即认为自己达到了赚钱的目的时, 会离开赌场, 那么在他达到赚钱目的之前, 有多大的可能会把手中的赌本全部输光? 该问题被称为赌徒输光问题。

设 X_0 是甲在起始时刻的赌本, 每次下注的结果为 X_k, 第 n 时刻甲手中的赌本为 $\{S_n\}$, 该过程为具有两个吸收壁 (0 和 B) 的一维对称随机游动, 即

$$S_n = \sum_{k=1}^{n} X_k + X_0$$

这里

$$P(X_i = 1) = P(X_i = -1) = \frac{1}{2}, \quad i = 1, 2, \cdots$$

于是, 赌徒输光问题就变成了过程 $\{S_n\}$ 在到达 B 之前到达 0 的概率有多大。这个问题可以使用 Wald 等式解决。

设 $T = \inf\{n : S_n = 0$ 或 $S_n = B\}$, 很显然 T 是过程 $\{X_k\}$ 的停时。由 Wald 等式, 得到

$$(-A)P(S_T = 0) + (B-A)P(S_T = B) = E\left(\sum_{k=1}^{T} X_k\right) = E(T)E(X_1) = 0$$

且有 $P(S_T = 0) + P(S_T = B) = 1$, 所以有

$$P(S_T = B) = \frac{A}{B}, \quad P(S_T = 0) = \frac{B-A}{B}$$

强 Markov 性 (strong Markov property) 是和停时有紧密联系的一个重要概念。齐次的 Markov 链 $\{X_n\}_{n=0}^{\infty}$ 具有这样的简单特性: 任取时刻 n_0, 随机过程 $Y_n = X_{n+n_0}$ 仍然是一个齐次的 Markov 链, 且转移概率没有任何变化。换句话说, 齐次的 Markov 链从任意时刻起

始都是齐次的 Markov 链，这是由 Markov 性和齐次性共同决定的。这样很自然就会产生新的问题：如果时间 n_0 本身带有随机性，情况会有什么变化呢？在实际中也常常会遇到这样的问题，需要从某一个时刻开始往未来看，而这个时刻本身就是随机的，例如状态的首达时间，如此形成的新的过程是否仍然是 Markov 链且仍然有齐次性呢？下面的定理将回答这一问题。

定理 7.11 (强 Markov 性) 如果 $\{X_n\}_{n=0}^{\infty}$ 是齐次的 Markov 链，τ 是停时，满足 $P(\tau < \infty) = 1$，则

$$Y_n = X_{n+\tau}, \quad n \geqslant 0$$

仍然是齐次的 Markov 链，且 $\{Y_n\}_{n=0}^{\infty}$ 的转移概率和 $\{X_n\}_{n=0}^{\infty}$ 相同。

用验证是否满足 Markov 性的定义来完成证明。

$$P(Y_{n+1} = j | Y_n = i, Y_{n-1} = i_{n-1}, \cdots, Y_0 = i_0)$$
$$= P(X_{n+1+\tau} = j | X_{n+\tau} = i, X_{n+\tau-1} = i_{n-1}, \cdots, X_\tau = i_0)$$
$$= \frac{P(X_{n+1+\tau} = j, X_{n+\tau} = i, X_{n+\tau-1} = i_{n-1}, \cdots, X_\tau = i_0)}{P(X_{n+\tau} = i, X_{n+\tau-1} = i_{n-1}, \cdots, X_\tau = i_0)}$$

考察上式中的分子，有

$$P(X_{n+1+\tau} = j, X_{n+\tau} = i, \cdots, X_\tau = i_0)$$
$$= \sum_{k=0}^{\infty} P(\tau = k, X_{n+1+k} = j, X_{n+k} = i, \cdots, X_k = i_0)$$
$$= \sum_{k=0}^{\infty} P(X_{n+1+k} = j | X_{n+k} = i, \cdots, X_k = i_0, \tau = k) P(\tau = k, X_{n+k} = i, \cdots, X_k = i_0)$$

由于 τ 是停时，所以 $\{\tau = k\}$ 仅依赖于 $\{X_m\}_{m=0}^k$，因此

$$P(X_{n+1+k} = j | X_{n+k} = i, \cdots, X_k = i_0, \tau = k) = P(X_{n+1+k} = j | X_{n+k} = i) = P_{ij}$$

同时

$$\sum_{k=0}^{\infty} P(\tau = k, X_{n+k} = i, \cdots, X_k = i_0) = P(X_{n+\tau} = i, \cdots, X_\tau = i_0)$$

因此

$$P(Y_{n+1} = j | Y_n = i, \cdots, Y_0 = i_0) = P(X_{n+1+k} = j | X_{n+k} = i) = P_{ij}$$

即 $\{Y_n\}$ 是齐次 Markov 链，且它的转移概率和 $\{X_n\}$ 的相同。

例 7.33 (首达时间的计算) 考虑一维无限制随机游动，向右和向左的概率分别为 p 和 $q = 1 - p$，设 $X_0 = 1$，现通过母函数来计算从 1 出发首次到达 0 所用时间的概率分布。令

$$T_0 = \inf\{n : X_n = 0 | X_0 = 1\}$$

则 T_0 分布的母函数为

$$G(z) = E(z^{T_0} | X_0 = 1) = pE(z^{T_0} | X_1 = 2, X_0 = 1) + qE(z^{T_0} | X_1 = 0, X_0 = 1)$$
$$= pzE(z^{\bar{T}_0} | X_1 = 2, X_0 = 1) + qE(z | X_1 = 0, X_0 = 1)$$

这里的 $\bar{T}_0$ 是首次到达 2 之后, 继续转移并首次到达 0 所用的时间。由于首次到达 2 的时间是停时, 由强 Markov 性得到

$$E(z^{\bar{T}_0}|X_1 = 2, X_0 = 1) = E(z^{\bar{T}_0}|X_1 = 2)$$

所以

$$G(z) = pzE(z^{\bar{T}_0}|X_1 = 2) + qz$$

由于 $\bar{T}_0 = T_1 + \tilde{T}_0$, 其中 T_1 是到达 2 后, 继续转移并首次到达 1 的时间; $\tilde{T}_0$ 是到达 1 后, 继续转移并首次到达 0 所需的时间。再次使用强 Markov 性, 有

$$E(z^{\bar{T}_0}|X_1 = 2) = E(z^{T_1 + \tilde{T}_0}|X_1 = 2) = E(z^{T_1}|X_1 = 2)E(z^{\tilde{T}_0}|X_{T_1} = 1) = G^2(z)$$

因此

$$G(z) = pzG^2(z) + qz$$

进而有

$$G(z) = \frac{1 - \sqrt{1 - 4pqz^2}}{2pz}$$

其中, $G(z)$ 为 T_0 的母函数。通过 Taylor 展开可以得到 T_0 的分布, 同时还可以得到 T_0 的均值, 即

$$E(T_0|X_0 = 1) = \lim_{z \to 1} \frac{\mathrm{d}}{\mathrm{d}z} G(z) = \begin{cases} \infty, & p \geqslant q \\ \dfrac{1}{q - p}, & p < q \end{cases}$$

例 7.34 (更新时刻) 考虑 Markov 链 $\{X_n\}_{n=0}^{\infty}$, 设 $T_0 = 0$, 且 $X_0 = i$, 令

$$T_k = \inf\{n > T_{k-1} : X_n = i\}, \quad k = 1, 2, \cdots$$

T_k 代表的是从状态 i 出发后, 第 k 次到达状态 i 的时间。由于 $\{T_k = m\}$ 仅决定于 $\{X_n\}_{n=0}^{m}$, 所以 T_k 是停时。设 $\tau_k = T_k - T_{k-1}$, 则得到随机序列 $\{\tau_1, \tau_2, \cdots\}$, 且有

$$P(\tau_k = s_k|\tau_{k-1} = s_{k-1}, \cdots, \tau_1 = s_1) = P(X_{T_k} = i, X_{T_{k-1}+m} \neq i, 0 < m < s_k|X_{T_{k-1}} = i, B)$$

这里事件 $B = \{\tau_{k-1} = s_{k-1}, \cdots, \tau_1 = s_1\}$ 是 T_{k-1} 前所发生的事件。根据强 Markov 性, 在 $X_{T_{k-1}} = i$ 的条件下, B 和 T_{k-1} 后发生的事件 $\tau_k = s_k$ 相互独立, 所以

$$P(\tau_k = s_k|\tau_{k-1} = s_{k-1}, \cdots, \tau_1 = s_1) = P(X_{T_k} = i, X_{T_{k-1}+m} \neq i, 0 < m < s_k|X_{T_{k-1}} = i)$$

再根据强 Markov 性, 得到

$$P(X_{T_k} = i, X_{T_{k-1}+m} \neq i, 0 < m < s_k|X_{T_{k-1}} = i)$$
$$= P(X_{T_{k-1}+\tau_k} = i, X_{T_{k-1}+m} \neq i, 0 < m < s_k|X_{T_{k-1}} = i)$$
$$= P(X_{0+\tau_k} = i, X_{0+m} \neq i, 0 < m < s_k|X_0 = i)$$
$$= P(\tau_k = s_k|X_0 = i) = P(\tau_k = s_k)$$

所以 $\{\tau_k\}_{k=1}^{\infty}$ 是独立同分布的随机序列, 满足 $P(\tau_k = s) = f_{ii}^{(s)}$。习惯上称时刻 $\{T_k\}$ 为相应于状态 i 的更新时刻。

7.10 可逆的 Markov 链

Markov 性的另一种说法是在已知"现在"的条件下,"过去"和"未来"是统计独立的。这暗示着"过去"和"未来"具有某种对称性。进而可以联想到 Markov 链在时间上也可能有相应的对称性。所以在 Markov 链的研究中,特别是在仿真和排队问题的探讨中,时间上的反向和可逆性是非常有用的概念。

设 $\{X_n\}_{n=0}^\infty$ 是以 $\boldsymbol{P}$ 为一步转移矩阵的齐次 Markov 链,其平稳分布为 $\boldsymbol{\pi}$,且满足 $\pi_i > 0, \forall i$。定义矩阵 $\boldsymbol{Q}$,满足

$$\pi_i Q_{ij} = \pi_j P_{ji} \tag{7-103}$$

很明显,$Q_{ij} \geqslant 0$,并有

$$\sum_j Q_{ij} = \sum_j \frac{\pi_j}{\pi_i} P_{ji} = \frac{1}{\pi_i} \sum_j \pi_j P_{ji} = 1$$

所以矩阵 $\boldsymbol{Q}$ 也是 Markov 链的一步转移矩阵。由于

$$P(X_n = i_n, X_{n+1} = i_{n+1}, \cdots, X_{n+k} = i_{n+k}) = P(X_n = i_n)P_{i_n, i_{n+1}} P_{i_{n+1}, i_{n+2}} \cdots P_{i_{n+k-1}, i_{n+k}}$$

所以

$$P(X_n = i_n | X_{n+1} = i_{n+1}, \cdots, X_{n+k} = i_{n+k})$$

$$= \frac{P(X_n = i_n)P_{i_n, i_{n+1}} P_{i_{n+1}, i_{n+2}} \cdots P_{i_{n+k-1}, i_{n+k}}}{P(X_{n+1} = i_{n+1})P_{i_{n+1}, i_{n+2}} \cdots P_{i_{n+k-1}, i_{n+k}}}$$

$$= \frac{P(X_n = i_n)P_{i_n, i_{n+1}}}{P(X_{n+1} = i_{n+1})} = P(X_n = i_n | X_{n+1} = i_{n+1}) = Q_{ij}$$

故 $\boldsymbol{Q}$ 矩阵是 $\{X_n\}_{n=0}^\infty$ 在时间反向情况下的转移矩阵。

从而可得到判断向量 $\boldsymbol{\pi}$ 为 Markov 链平稳分布的另一方法。

命题 7.5　令 $\boldsymbol{P}$ 为该链的转移矩阵,$\boldsymbol{\pi}$ 为同一个状态空间上的概率分布,如果存在随机矩阵 $\boldsymbol{Q}$,满足式 (7-103),那么 $\boldsymbol{\pi}$ 即为该链的平稳分布。

事实上,

$$\sum_j \pi_i Q_{ij} = \sum_j \pi_j P_{ji}$$

由于 $\boldsymbol{Q}$ 矩阵的行和为 1,故

$$\pi_i = \sum_j \pi_j P_{ji}$$

也就是说,$\boldsymbol{\pi}$ 是该链的平稳分布。

如果 Markov 链的逆向转移矩阵 $\boldsymbol{Q}$ 和正向转移矩阵 $\boldsymbol{P}$ 相等,即 $\boldsymbol{Q} = \boldsymbol{P}$,则称该链为可逆的。

定义 7.18 (可逆 Markov 链)　设 $\boldsymbol{\pi}$ 为概率分布,$\boldsymbol{P}$ 为不可约 Markov 链的一步转移矩阵。如果 $\boldsymbol{P}$ 满足

$$\pi_i P_{ij} = \pi_j P_{ji}, \quad \forall i, j \in E \tag{7-104}$$

则称该链为可逆的 (reversible)。通常称方程式 (7-104) 为细致平衡方程 (detailed balance equation)。

可逆 Markov 链具有如下简单性质

$$P(X_n = i_n, X_{n+1} = i_{n+1}, \cdots, X_m = i_m) = P(X_n = i_m, X_{n+1} = i_{m-1}, \cdots, X_m = i_n)$$

例 7.35   设 Markov 链的状态空间为 $\{1, 2.3, 4, 5, 6\}$，其一步转移概率矩阵为

$$\begin{pmatrix} 0 & \frac{1}{2} & 0 & 0 & 0 & \frac{1}{2} \\ \frac{1}{3} & 0 & \frac{1}{3} & 0 & 0 & \frac{1}{3} \\ 0 & \frac{1}{2} & 0 & \frac{1}{2} & 0 & 0 \\ 0 & 0 & \frac{1}{3} & 0 & \frac{1}{3} & \frac{1}{3} \\ 0 & 0 & 0 & \frac{1}{2} & 0 & \frac{1}{2} \\ \frac{1}{4} & \frac{1}{4} & 0 & \frac{1}{4} & \frac{1}{4} & 0 \end{pmatrix}$$

很明显，该链是不可约且非周期的，其平稳分布 $\boldsymbol{\pi}$ 为

$$\boldsymbol{\pi} = \left(\frac{1}{8}, \frac{3}{16}, \frac{1}{8}, \frac{3}{16}, \frac{1}{8}, \frac{1}{4} \right)$$

可以直接验证式 (7-104) 成立。所以该链为可逆 Markov 链。

应当注意，并不是所有存在平稳分布的 Markov 链都是可逆的。如状态空间为 $(1, 2, 3)$ 的 Markov 链，具有如下转移矩阵

$$\begin{pmatrix} \frac{1}{2} & \frac{1}{2} & 0 \\ 0 & \frac{1}{2} & \frac{1}{2} \\ \frac{1}{2} & 0 & \frac{1}{2} \end{pmatrix}$$

很明显，该链不可约且状态有限，是正常返且存在平稳分布 $\boldsymbol{\pi} = \left(\frac{1}{3}, \frac{1}{3}, \frac{1}{3} \right)$。但是

$$\pi_1 P_{12} - \pi_2 P_{21} = \frac{1}{6} \neq 0$$

所以该链不是可逆的。

一般说来，通过解方程 $\boldsymbol{\pi} = \boldsymbol{\pi}\boldsymbol{P}$ 来得到平稳分布都比较繁琐。如果能够预先判断链的可逆性，然后使用细致平衡方程式 (7-104) 来求解平稳分布则比较简单。而事实上由命题 7.5 可以知道，满足细致平衡方程的分布 $\boldsymbol{\pi}$ 一定是平稳分布。所以只需解细致平衡方程，如果所得到的解是概率分布，那么该分布一定是平稳分布，且 Markov 链可逆。

例 7.36   利用细致平衡方程求解例 7.35，得到

$$\frac{\pi_1}{2} = \frac{\pi_2}{3} \quad \frac{\pi_2}{3} = \frac{\pi_3}{2} \quad \frac{\pi_4}{3} = \frac{\pi_3}{2} \quad \frac{\pi_5}{2} = \frac{\pi_4}{3}$$

$$\frac{\pi_1}{2} = \frac{\pi_6}{4} \quad \frac{\pi_2}{3} = \frac{\pi_6}{4} \quad \frac{\pi_4}{3} = \frac{\pi_6}{4} \quad \frac{\pi_5}{2} = \frac{\pi_6}{4}$$

立刻得到分布 $\boldsymbol{\pi}$ 为

$$\boldsymbol{\pi} = \left(\frac{1}{8}, \frac{3}{16}, \frac{1}{8}, \frac{3}{16}, \frac{1}{8}, \frac{1}{4}\right)$$

所以链是可逆的，且平稳分布为 $\boldsymbol{\pi}$。和解方程 $\boldsymbol{\pi} = \boldsymbol{\pi P}$ 求平稳分布相比，这样做更简单。

例 7.37 (Ehrenfest 模型) 该模型的一步转移矩阵如式 (7-100) 所示，可以得到如下关系：

$$\pi_i\left(\frac{M-i}{M} + \frac{i}{M}\right) = \left(1 - \frac{i-1}{M}\right)\pi_{i-1} + \frac{i-1}{M}\pi_i$$

即

$$\frac{M-(i-1)}{M}\pi_{i-1} = \frac{i}{M}\pi_i, \quad 0 \leqslant i \leqslant M$$

所以该模型是可逆的。因此求解细致平衡方程

$$\pi_1 = \frac{M}{1}\pi_0$$

$$\pi_i = \frac{M-(i-1)}{i}\pi_{i-1} = \cdots = \frac{M(M-1)\cdots(M-(i-1))}{M(M-1)\cdots 2\cdot 1}\pi_0$$

$$= \binom{M}{i}\pi_0, \quad 1 \leqslant i \leqslant M$$

得到

$$\pi_0 = \frac{1}{2^M} \quad \pi_i = \binom{M}{i}\frac{1}{2^M}, \quad 1 \leqslant i \leqslant M$$

可以看到使用细致平衡方程求解平稳分布的简便之处。

例 7.38 (整数值生灭过程) 设 Markov 链的状态空间为整数集 $\mathbb{Z}$，一步转移概率为

$$P_{ij} = \begin{cases} p_i, & j = i+1 \\ q_i, & j = i-1 \\ 0, & \text{其他} \end{cases}$$

其细致平衡方程为

$$\pi_i p_i = \pi_{i+1} q_{i+1}$$

故

$$\pi_{i+1} = \frac{p_i}{q_{i+1}}\pi_i = \cdots = \pi_0 \prod_{k=0}^{i}\frac{p_k}{q_{k+1}}, \quad i \geqslant 0$$

$$\pi_i = \frac{q_{i+1}}{p_i}\pi_{i+1} = \cdots = \pi_0 \prod_{k=i}^{-1}\frac{q_{k+1}}{p_k}, \quad i < 0$$

由此知道，如果

$$1 + \sum_{i=0}^{\infty}\prod_{k=0}^{i}\frac{p_k}{q_{k+1}} + \sum_{i=-1}^{-\infty}\prod_{k=i}^{-1}\frac{q_{k+1}}{p_k} < \infty$$

该链可逆，否则不可逆。如果转移概率满足 $p_i = p$，$q_i = q$，那么该链就退化成了一维无限制随机游动，此时一定不可逆，不能使用细致平衡方程来求解平稳分布。

例 7.39 (带反射壁的整数值生灭过程) 把例 7.38 中状态 0 改为反射壁，于是得到新的一步转移概率

$$P_{ij} = \begin{cases} q_0 & i=0, j=0 \\ p_0 & i=0, j=1 \\ p_i & i>0, j=i+1 \\ q_i & i>0, j=i-1 \\ 0 & \text{其他} \end{cases}$$

其细致平衡方程为

$$\pi_i p_i = \pi_{i+1} q_{i+1}, i \geqslant 0$$

所以

$$\pi_{i+1} = \pi_0 \prod_{k=0}^{i} \frac{p_k}{q_{k+1}}, \quad i \geqslant 0$$

很明显，如果再令 $p_i = p$, $q_i = q$, 当 $p < q$ 时，该链是可逆的。由于 $p < q$ 意味着链主要向左移动，而左边有反射壁，所以链会呈现出往复运动的态势，可逆性比较符合直观。

例 7.40 (二维无限制随机游动) 例 7.16 已就"平衡"情况讨论了二维无限制随机游动的常返性，现在利用细致平衡方程讨论该链的可逆性，并讨论平稳分布 $\{\pi_{(m,n)}\}$ 的存在性。其一步转移概率为

$$P_{(i,j)(i+k,j+l)} = \begin{cases} a_{k,l}, & (k,l) = (1,0), (-1,0), (0,1), (0,-1) \\ 0, & (k,l) \text{ 为其他整值} \end{cases}$$

选择 $(0,0)$ 作为基点，二维空间上任何一个点 (m,n) 都可以找到一条路径和 $(0,0)$ 相通。不妨设 $m, n \geqslant 0$，则路径为

$$(m,n) \to (m-1,n) \to \cdots \to (0,n) \to (0,n-1) \to \cdots \to (0,0)$$

对于其他情况，可以构造出相应的路径。利用细致平衡方程，得到

$$\pi_{(m,n)} = \left(\frac{a_{1,0}}{a_{-1,0}}\right) \pi_{(m-1,n)} = \cdots = \left(\frac{a_{1,0}}{a_{-1,0}}\right)^m \pi_{(0,n)}$$

$$= \left(\frac{a_{1,0}}{a_{-1,0}}\right)^m \left(\frac{a_{0,1}}{a_{0,-1}}\right) \pi_{(0,n-1)} = \cdots = \left(\frac{a_{1,0}}{a_{-1,0}}\right)^m \left(\frac{a_{0,1}}{a_{0,-1}}\right)^n \pi_{(0,0)}$$

同理可得

$$\pi_{(-m,n)} = \left(\frac{a_{-1,0}}{a_{1,0}}\right) \pi_{(-m+1,n)} = \cdots = \left(\frac{a_{-1,0}}{a_{1,0}}\right)^m \pi_{(0,n)}$$

$$= \left(\frac{a_{-1,0}}{a_{1,0}}\right)^m \left(\frac{a_{0,1}}{a_{0,-1}}\right) \pi_{(0,n-1)} = \cdots = \left(\frac{a_{-1,0}}{a_{1,0}}\right)^m \left(\frac{a_{0,1}}{a_{0,-1}}\right)^n \pi_{(0,0)}$$

$$\pi_{(m,-n)} = \left(\frac{a_{1,0}}{a_{-1,0}}\right) \pi_{(m-1,-n)} = \cdots = \left(\frac{a_{1,0}}{a_{-1,0}}\right)^m \pi_{(0,-n)}$$

$$= \left(\frac{a_{1,0}}{a_{-1,0}}\right)^m \left(\frac{a_{0,-1}}{a_{0,1}}\right) \pi_{(0,-n+1)} = \cdots = \left(\frac{a_{1,0}}{a_{-1,0}}\right)^m \left(\frac{a_{0,-1}}{a_{0,1}}\right)^n \pi_{(0,0)}$$

$$\pi_{(-m,-n)} = \left(\frac{a_{-1,0}}{a_{1,0}}\right)\pi_{(-m+1,-n)} = \cdots = \left(\frac{a_{-1,0}}{a_{1,0}}\right)^m \pi_{(0,-n)}$$

$$= \left(\frac{a_{-1,0}}{a_{1,0}}\right)^m \left(\frac{a_{0,-1}}{a_{0,1}}\right)\pi_{(0,-n+1)} = \cdots = \left(\frac{a_{-1,0}}{a_{1,0}}\right)^m \left(\frac{a_{0,-1}}{a_{0,1}}\right)^n \pi_{(0,0)}$$

所以该链可逆的条件是

$$\sum_{m=0}^{\infty}\left(\left(\frac{a_{1,0}}{a_{-1,0}}\right)^m + \left(\frac{a_{-1,0}}{a_{1,0}}\right)^m\right)\sum_{n=0}^{\infty}\left(\left(\frac{a_{0,1}}{a_{0,-1}}\right)^n + \left(\frac{a_{0,-1}}{a_{0,1}}\right)^n\right) < \infty$$

这个条件是无法达到的，所以该链不可逆。事实上，当 $a_{1,0} = a_{0,1} = a_{-1,0} = a_{0,-1}$ 时，二维无限制"平衡"的随机游动的所有状态都是零常返，平稳分布不存在；其他情况下，所有状态均为非常返态，平稳分布同样不存在。

和一维情形相类似，如果设 x 轴和 y 轴为反射壁，限制质点在第一象限运动，那么可逆的条件为

$$\sum_{m=0}^{\infty}\left(\frac{a_{1,0}}{a_{-1,0}}\right)^m \sum_{n=0}^{\infty}\left(\frac{a_{0,1}}{a_{0,-1}}\right)^n < \infty$$

只需要 $a_{1,0} < a_{-1,0}$ 且 $a_{0,1} < a_{0,-1}$ 即可满足可逆条件。此时平稳分布为

$$\pi_{(m,n)} = \left(\frac{a_{1,0}}{a_{-1,0}}\right)^m \left(\frac{a_{0,1}}{a_{0,-1}}\right)^n \left(1 - \frac{a_{1,0}}{a_{-1,0}}\right)^{-1}\left(1 - \frac{a_{0,1}}{a_{0,-1}}\right)^{-1}$$

下面给出一个定理，可以从另外一个角度认识可逆 Markov 链。

定理 7.12 (可逆性的环路描述) 对于不可约且状态有限的 Markov 链，该链为可逆的充分必要条件是：$\forall m \in \mathbb{N}$，任取一条状态"环路"

$$i_1 \to i_2 \to \cdots \to i_m \to i_1, \quad i \in \mathbb{Z}$$

都满足

$$P_{i_1,i_2}P_{i_2,i_3}\cdots P_{i_{m-1},i_m}P_{i_m,i_1} = P_{i_1,i_m}P_{i_m,i_{m-1}}\cdots P_{i_3,i_2}P_{i_2,i_1} \tag{7-105}$$

证明必要性。由于该链不可约且状态有限，由推论 7.3 可知，所有状态都是正常返的。也就是说，$\pi_i > 0, \forall i$。任取一条状态"环路" $i_1 \to i_2 \to \cdots \to i_m \to i_1$，得

$$\pi_{i_1}P_{i_1,i_2}P_{i_2,i_3}\cdots P_{i_{m-1},i_m}P_{i_m,i_1}$$
$$= \pi_{i_2}P_{i_2,i_1}P_{i_2,i_3}\cdots P_{i_{m-1},i_m}P_{i_m,i_1}$$
$$= \pi_{i_3}P_{i_2,i_1}P_{i_3,i_2}\cdots P_{i_{m-1},i_m}P_{i_m,i_1}$$
$$= \cdots\cdots$$
$$= \pi_{i_1}P_{i_2,i_1}P_{i_3,i_2}\cdots P_{i_m,i_{m-1}}P_{i_1,i_m}$$

所以式 (7-105) 成立。

证明充分性。$\forall i,j \in E$，如果 $P_{ij} = 0$，那么由式 (7-105) 得到 $P_{ji} = 0$，细致平衡方程式 (7-104) 自然成立，所以假定 $P_{ij} > 0$，由于 $j \to i$，所以存在状态路径

$$j \to i_1 \to i_2 \to \cdots \to i_m \to i$$

满足

$$P_{j,i_1} P_{i_1,i_2} P_{i_2,i_3} \cdots P_{i_{m-1},i_m} P_{i_m,i} > 0$$

由此得到

$$P_{ij} P_{j,i_1} P_{i_1,i_2} P_{i_2,i_3} \cdots P_{i_{m-1},i_m} P_{i_m,i} > 0$$

由式 (7-105)，有

$$P_{i,i_m} P_{i_m,i_{m-1}} \cdots P_{i_3,i_2} P_{i_2,i_1} P_{i_1,j} P_{ji} > 0$$

所以 $P_{ji} > 0$。令

$$v_i = \frac{P_{ji}}{P_{ij}}, \quad v_j = 1$$

即可得到

$$v_i P_{ij} = P_{ji} = v_j P_{ji}$$

满足细致平衡方程式 (7-104)，定理的充分性得到证明。

该定理可以用于判断 Markov 链是否可逆，是否可用细致平衡方程求解。

7.11　Markov 链的应用 ——模拟退火算法

模拟退火算法是求解全局优化问题的一种有效方法。一般的优化问题可以归结为寻找目标函数在一定范围内的最小点。常用的方法是利用某种迭代加局部比较来推动优化过程的发展，逐步达到目标函数的最小值。例如梯度下降法每次将当前考察点的函数值和该点邻域中各点的函数值进行比较，然后将考察点向函数值下降最快的方向，也就是梯度方向移动，希望通过多次这样的移动来获得目标函数的最小点。但是事实往往不遂人愿，这样做获得的结果实际上只是停止在梯度为零的点上，因此该结果只能说是目标函数的局部最小值，如图7-12 所示。此时函数在考察点的取值小于其邻域内所有点的取值，搜索过程也就停止了，可是真正的最小点并没有找到。问题就在于任何一个局部极小点都满足梯度为零的条件，所以单纯使用梯度无法把局部极小点和全局最小点区分开来。于是陷入局部极小的问题就成为了优化领域内比较困难的问题之一，克服局部极小，达到全局最优的努力往往就寄托在初值的选择上。

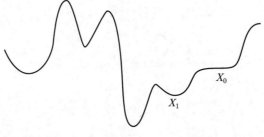

图 7-12　局部极小示意图

为了避免落入局部极小，Kirkpatrick 等人于 1982 年提出了模拟退火算法 (simulated annealing)，该方法借鉴了统计物理的知识和方法。统计物理研究了在不同温度下微观粒子所处的各个能量水平 (状态) 的概率。在高温条件下，其平均能量较高；如果从高温开始非常缓慢地降温，则粒子就很可能在每一个温度上达到热平衡，直到系统被完全冷却，形成处于低温状态下的晶体。这个过程称为物理退火 (physical annealing)。

设想把粒子的能量水平看作状态，使用简单的随机模型描述物理退火过程，为模拟退火算法的构造作准备。设材料处于绝对温度 T，处在状态 i 的粒子的能量为 $E(i)$，则粒子从状态 i 转移到状态 j 的概率为

$$P_{ij} = \min\left(1, \exp\left(\frac{E(i) - E(j)}{kT}\right)\right)$$

其中 k 为 Boltzmann 常数。

不难看出，如果 $E(i) > E(j)$，则粒子从 i 状态以概率 1 转移到 j 状态，这表明从高能量水平向低能量水平的转移是必然的。这和优化迭代过程很类似，如果在迭代过程中当前考察点附近某点的函数值小于当前考察点，那么该点一定会被定为新考察点。如果 $E(i) < E(j)$，那么粒子将会以概率 P_{ij} 从状态 i 转移到状态 j，也就是从低能量水平向高能量水平转移。这说明，优化过程中如果发现当前考察点周围各点函数值都比当前考察点高，也不应该停止转移，而是以一定的概率向外运动，这是脱离局部极小的一种途径。

在某一温度 T 下进行了充分的能量转换后，处于有限状态集 S 上的粒子达到了热平衡。此时粒子处于状态 i 的概率服从著名的 Boltzmann 分布：

$$P(X_T = i) = \frac{1}{Z_{E,T}} \exp\left(-\frac{E(i)}{kT}\right)$$

其中

$$Z_{E,T} = \sum_{i \in S} \exp\left(-\frac{E(i)}{kT}\right)$$

很显然

$$\lim_{T \to \infty} P(X_T = i) = \frac{1}{|S|}$$

其中，$|S|$ 是 S 中元素的个数。也就是说，在高温状态下，所有的可能出现的状态是等概率的。

另一方面，当温度下降时，

$$\begin{aligned}
\lim_{T \to 0} P(X_T = i) &= \lim_{T \to 0} \frac{1}{Z_{E,T}} \exp\left(-\frac{E(i)}{kT}\right) \\
&= \lim_{T \to 0} \frac{\exp\left(-\dfrac{E(i) - E_{\min}}{kT}\right)}{\sum_{i \in S} \exp\left(-\dfrac{E(i) - E_{\min}}{kT}\right)} \\
&= \lim_{T \to 0} \frac{\exp\left(-\dfrac{E(i) - E_{\min}}{kT}\right)}{\sum_{i \in S_{\min}} \exp\left(-\dfrac{E(i) - E_{\min}}{kT}\right) + \sum_{i \notin S_{\min}} \exp\left(-\dfrac{E(i) - E_{\min}}{kT}\right)} \\
&= \begin{cases} \dfrac{1}{|S_{\min}|}, & i \in S_{\min} \\ 0, & i \notin S_{\min} \end{cases}
\end{aligned}$$

其中

$$E_{\min} = \min_{i \in S} E(i), \quad S_{\min} = \{i : E(i) = E_{\min}\}$$

这表明，随着温度的降低，粒子会逐渐进入到能量最低的状态中去。这为构造全局优化的算法提供了思路。

模拟退火算法的思路就是把优化的目标函数 f 作为物理退火过程中的能量水平，求解函数最小值的迭代过程看作 Markov 链，然后通过构造合适的转移概率使该链具有极限分布，且该极限分布 (也就是平稳分布) 具有如下的 Boltzmann 分布形式：

$$\pi_T(i) = \frac{\exp\left(-\dfrac{1}{T}(f(i) - f_{\min})\right)}{\displaystyle\sum_{i \in S} \exp\left(-\dfrac{1}{T}(f(i) - f_{\min})\right)} \tag{7-106}$$

也就是说，极限分布的相当一部分概率都集中在 f 的全局最小点附近。经过一段时间的转移后，当前考察点将开始接近全局最优点。现在开始"退火"，即降低"温度" T，以当前考察点作为新的 Markov 链的初值，并且使新链同样具有形如式 (7-106) 的极限分布，可以看出，由于 T 的下降，新的极限分布和 T 下降前的极限分布相比，有更多的概率集中在 f 的全局最小点附近。那么再经过一段时间的转移后，当前考察点将进一步接近全局最优点。这样不断地降低 T，不断地转移，循环往复，最终的结果将会是算法收敛到 f 的全局最小点。

上述过程的关键是如何构造合适的转移概率，既能使该 Markov 链收敛到全局最优点，又能保证令人满意的收敛速度。需要注意，该链的转移概率很明显和温度 T 有关。而 T 随时间不断变化，所以这是一条非齐次 Markov 链，其转移概率有如下形式：

$$P(X_{n+1} = j \mid X_n = i) = \begin{cases} P_{T_1}(j|i), & n = 1, 2, \cdots, n_1 \\ P_{T_2}(j|i), & n = n_1 + 1, \cdots, n_2 \\ \quad\vdots \end{cases}$$

对于固定的 T，转移概率包括两个部分，建议 (proposal) 概率和接受 (acceptance) 概率。建议概率决定从当前考察点向哪一个点运动，也就是给出候选的新考察点；而接受概率决定是否将该候选点作为新的考察点，继续迭代过程。如果设当前考察点为 X_n，新的候选考察点为 Y，新的考察点为 X_{n+1}，则建议概率 $q(y|x)$ 定义为

$$q(y|x) = P_q(Y = y \mid X_n = x)$$

接受概率 $a(y|x)$ 一般取为

$$a_T(y|x) = P_{a_T}(X_{n+1} = y \mid X_n = x) = \min\left(1, \exp\left(-\frac{1}{T}(f(y) - f(x))\right)\right)$$

所以，转移概率为

$$P_{ij}(T) = q(j|i)a_T(y|x) = q(j|i)\min\left(1, \exp\left(-\frac{1}{T}(f(j) - f(i))\right)\right)$$

考虑建议概率为均匀分布的特殊情形，即

$$q(j|i) = \frac{1}{|S|}$$

那么

$$P_{ij}(T) = \begin{cases} \dfrac{1}{|S|} \min\left(1, \exp\left(-\dfrac{1}{T}(f(j) - f(i))\right)\right), & j \neq i \\ 1 - \displaystyle\sum_{j \neq i} P_{ij}(T), & j = i \end{cases}$$

可以看出，具有这样转移概率的 Markov 链是不可约且非周期的，所以极限分布的存在性没有问题。但是该链给状态空间中的每一个点都赋予转移的可能，计算量太大，导致算法收敛过慢，所以可以使用改进建议概率的方法。即

$$P_{ij}(T) = \begin{cases} \dfrac{1}{|S|} G_{ij} \min\left(1, \exp\left(-\dfrac{1}{T}(f(j) - f(i))\right)\right), & j \neq i \\ 1 - \displaystyle\sum_{j \neq i} P_{ij}(T), & j = i \end{cases}$$

其中 G_{ij} 是一个稀疏的一步转移阵，引入它的目的是限定可能的转移范围，减小搜索工作量。如果设

$$G_{ij} = \begin{cases} \dfrac{1}{|R_i|}, & j \in R_i \\ 0, & \text{其他} \end{cases}$$

其中 $R_i \subset S$ 是 i 的某个邻域，这样 Markov 链的每一次转移都被限制在当前状态的一个邻域内，计算量明显减少。又若

$$G_{ij} = \begin{cases} \dfrac{1}{|S_i|}, & j \in S_i \\ 0, & \text{其他} \end{cases}$$

其中

$$S_i = \{l \in R_i, f(l) = \min_{j \in R_i} f(j) \text{ 或者 } f(l) > f(i)\}$$

则可以进一步加快迭代搜索的速度。注意到，当 $T \to 0$ 时，该链的随机性消失，退化为普通的最速下降方法。所以模拟退火算法是普通基于梯度的优化方法的随机化版本。

除了转移概率以外，模拟退火算法还有一个重要问题值得注意，就是温度 T 下降的速度。统计物理的知识指出，如果物理退火的速度过快，那么粒子将无法充分交换能量以达到热平衡，所以无法形成人们所期望的晶体。同样地，在模拟退火算法中，如果温度下降过快，那么最终算法也无法收敛到全局最小点。但是如果温度下降过缓，又会严重影响收敛速度。这是一对需要仔细处理的矛盾。目前常用的选择是

$$T_n = \log\left(\frac{c}{n+1}\right), \quad c \text{ 是常数}$$

最后不加证明地指出，在相当宽泛的条件下，有

$$\lim_{n \to \infty} P(X_n \in S_{\min}) = 1$$

这样就从理论上说明了模拟退火算法的有效性。模拟退火算法的改进和拓展很多，最近仍是学术界的研究热点之一。本节只是给出其基本思路，有兴趣的读者可参阅相关文献。

7.12 Markov 链的应用 —— 分支过程

本节使用 Markov 链研究群体增长方面的问题。设一个群体内的每一个体都具有繁殖能力,个体的繁殖行为是彼此独立的,且同一代个体的繁殖能力相同。设第 n 代的第 k 个个体在一生中繁殖后代的数目为随机变量 $X_{n,k}$,$\{X_{n,k}, k=1, 2, \cdots\}$ 服从相同的概率分布

$$p_{n,k} = P(X_{n,k} = k), \quad k = 0, 1, 2, \cdots$$

如果把群体内个体初始数目作为第 0 代数目 S_0,那么经过 n 代繁殖后,群体内的个体数目可以表示如下:

$$\xi_{n+1} = \sum_{k=1}^{\xi_n} X_{n,k}, \quad n = 1, 2, \cdots$$

式中 ξ_n 为第 n 代的个体数目。$\{\xi_n\}_{n=0}^{\infty}$ 称为离散分支过程 (discrete branch processes)。现在研究该群体各代个体数目的变化规律。

很明显,分支过程是 Markov 链。但由于不同代个体的繁殖能力可能存在差异,即该链不一定是齐次的,为简便起见,假定各代繁殖能力相同,即 $X_{n,k}$ 的分布和 n 无关,那么分支过程即为齐次的 Markov 链。其中 0 状态为吸收态,如果 $p_0 > 0$,即个体没有后代的概率为正,则其余各状态均为非常返态。忽略下标 n,记 $X_{n,k}$ 为 X_k,则 $\forall m$,

$$P_{m0} = P(\xi_{n+1} = 0 | \xi_n = m) = P(X_1 + \cdots + X_m = 0)$$
$$= P(X_1 = 0) \cdots P(X_m = 0) = (p_0)^m > 0$$

所以状态 m 是非常返态。

分支过程中最令人感兴趣的是群体是否会灭绝的问题,也就是过程到达吸收态 0 的概率。下面使用母函数工具进行研究。令

$$G(z) = E(z^{X_1}) = \sum_{k=0}^{\infty} p_k z^k$$
$$F_n(z) = E(z^{\xi_n}) = \sum_{k=0}^{\infty} z^k P(\xi_n = k)$$

$G(z)$ 和 $F_n(z)$ 分别为 X_1 和 ξ_n 的母函数。设 $\xi_0 = 1$,则 $F_0(z) = z$,利用条件期望以及 $\{X_k\}$ 之间的独立性,有 $F_1(z) = G(z)$,且

$$F_n(z) = E(z^{\sum_{k=1}^{\xi_{n-1}} X_k}) = E(E(z^{\sum_{k=1}^{\xi_{n-1}} X_k} | \xi_{n-1})) = E((E(z^{X_1}))^{\xi_{n-1}}) = F_{n-1}(G(z))$$

也就是说

$$F_n(z) = \underbrace{G(G(G \cdots G(z)))}_{n} = G(F_{n-1}(z))$$

令 $z \to 0$,得到

$$r_n = G(r_{n-1}), \quad n = 1, 2, \cdots \tag{7-107}$$

式中 $r_n = P(\xi_n = 0|\xi_0 = 1)$，它代表在第 n 代种群灭绝的概率，而式 (7-107) 即为灭绝概率的递推公式。由于 $r_n \in [0,1]$，而 $G(z)$ 在 $[0,1]$ 上单调非降，所以 $r_n \geqslant r_{n-1}$。换句话说，序列 $\{r_n\}_{n=0}^{\infty}$ 单调非降有上界，因此存在极限。设 $r_n \to r$，那么 r 一定满足

$$r = G(r) \tag{7-108}$$

通常称 r 为灭种概率。

方程式 (7-108) 是非线性方程，解可能不唯一，现要证明灭种概率是方程式 (7-108) 的最小正根。设 z 是方程式 (7-108) 的任何一个正根，由于 G 在 $[0,1]$ 上单调非降，所以

$$0 \leqslant z$$
$$r_1 = G(0) \leqslant G(z) = z$$
$$r_2 = G(r_1) \leqslant G(z) = z$$
$$\vdots$$
$$r_{n+1} = G(r_n) \leqslant G(z) = z$$

取极限，得到

$$r \leqslant z$$

也就是说，r 是式 (7-108) 的最小正根。

下面进一步研究个体繁殖后代数目的统计特性对灭种概率的影响。为此构造函数 $f(z)$

$$f(z) = \frac{G(z)}{z} = \frac{p_0}{z} + p_1 + p_2 z + p_3 z^2 + \cdots$$

则方程 $G(z) = z$ 的正根相当于 $f(z) = 1$ 的正根。分析 $f(z)$ 在 $[0,1]$ 内的变化趋势，有

$$f(0) = \infty, \quad f(1) = 1$$
$$f'(0) = -\infty, \quad f'(1) = -p_0 + p_2 + 2p_3 + 3p_4 + \cdots = \sum_{k=1}^{\infty} kp_k - 1 = m_X - 1$$
$$f''(z) = 2\frac{p_0}{z^3} + 2p_3 + 6p_4 z + \cdots > 0$$

其中 m_X 是单个个体繁殖后代的平均数。可以看出，由于 $f''(z) > 0$，所以 $f(z)$ 是严格凸函数，进而 $f'(z)$ 的正负将决定 $f(z)$ 的形态。所以就个体繁殖后代数目的均值 $m_X \leqslant 1$ 和 $m_X > 1$ 两种情况进行讨论。

如果 $m_X \leqslant 1$，则 $f'(1) \leqslant 0$。由凸性知道 $f'(z)$ 单调不减，所以 $f'(z)$ 在 $[0,1]$ 内均为负值，于是 $f(z)$ 为单调递减函数。又由于 $f(1) = 1$，则方程 $f(z) = 1$ 的最小正根为 1。因此当 $m_X \leqslant 1$ 时，种群以概率 1 灭绝。

如果 $m_X > 1$，则 $f'(1) > 0$。即 $f'(z)$ 由负值单调递增到正值。$f'(z)$ 的连续性保证了一定存在 z_0，使得 $f'(z_0) = 0$，$f(z)$ 在 z_0 处取到最小值。一方面 $f(z)$ 在 $[z_0, 1]$ 上单调上升，且 $f(1) = 1$，所以 $f(z_0) \leqslant 1$；另一方面，$f(z)$ 在 $(0, z_0]$ 上单调下降，且 $f(0) = \infty$，所以在 $(0, z_0]$ 上必定存在 z_1，使得 $f(z_1) = 1$。所以在 $m_X > 1$ 的情况下，方程 $f(z) = 1$ 有两个根，1 和 z_1，而 z_1 为最小正根。

容易证明，如果种群的初始数目 $\xi_0 = m, m > 1$，那么其灭种概率为 r^m。分支过程非常有趣的一个性质就是如果群体数目不趋于零 (灭绝)，就会趋于无穷大 (爆炸)，所以群体数目趋于无穷大的概率为 $1 - r^m$。事实上，由于 0 状态为吸收态，其余状态都是滑过态，所以由式 (7-74)，$\forall j$ 都有

$$P(\xi_n = j | \xi_0 = m) \to 0, \quad n \to \infty$$

取定 $K > 0$，有

$$P(\xi_n > K | \xi_0 = m) + \sum_{j=1}^{K} P(\xi_n = j | \xi_0 = m) + P(\xi_n = 0 | \xi_0 = m) = 1$$

等号两端同时令 $n \to \infty$，得到

$$\lim_{n \to \infty} P(\xi_n > K) = 1 - r^m$$

由 K 的任意性，有

$$P(\lim_{n \to \infty} \xi_n \to \infty) = 1 - r^m$$

例 7.41 设有离散分支过程，群体中单个个体繁殖下一代的数目服从如下分布

k	0	1	2	3
p_k	$\frac{1}{4}$	$\frac{1}{2}$	$\frac{3}{16}$	$\frac{1}{16}$

则个体繁殖下一代数目的均值 m_X 为

$$m_X = 1 \times \frac{1}{2} + 2 \times \frac{3}{16} + 3 \times \frac{1}{16} = \frac{17}{16} > 1$$

母函数为

$$G(z) = \frac{1}{4} + \frac{1}{2} z + \frac{3}{16} z^2 + \frac{1}{16} z^3$$

求解 $G(z) = z$，得到

$$(z - 1)(z^2 + 4z - 4) = 0 \Longrightarrow z_1 = 1, z_2 = -2 + 2\sqrt{2}, z_3 = -2 - 2\sqrt{2}$$

最小正根 (也就是灭种概率) 为 $2(\sqrt{2} - 1) = 0.828$。

如果调整下一代个体繁殖数目的概率取值，可以得到表 7-1 所示的结果。

表 7-1 灭种概率

p_0	p_1	p_2	p_3	m_X	最小正根 (灭种概率)
$\frac{3}{8}$	$\frac{1}{2}$	$\frac{1}{16}$	$\frac{1}{16}$	$\frac{13}{16} < 1$	1
$\frac{1}{4}$	$\frac{1}{2}$	$\frac{3}{16}$	$\frac{1}{16}$	$\frac{17}{16} > 1$	0.828
$\frac{1}{4}$	$\frac{1}{2}$	$\frac{1}{8}$	$\frac{1}{8}$	$\frac{9}{8} > 1$	0.732
$\frac{1}{4}$	$\frac{1}{2}$	0	$\frac{1}{4}$	$\frac{5}{4} > 1$	0.618

由表 7-1 可知，通过改变个体繁殖数目的统计特性，可以调整其均值并进而影响群体的灭种概率。当 $m_X \leqslant 1$ 时，群体必然灭种；而当 $m_X > 1$ 时，增大 m_X 可以改变母函数 $G(z)$ 的形状，从而使灭种概率向小的方向发展。 ∎

7.13 非常返状态的简要分析

前面所讨论的内容大部分属于不可约的 Markov 链，如果 Markov 链可约，其中存在着若干个状态有限的相通类，那么相通类中的状态都是正常返态，其特性已经有所研究；不在上述相通类中的状态为非常返态，其行为特性也令人感兴趣，下面将给出一些分析方法。

Markov 链的状态空间 E 可以分解为如下形式：

$$E = T \cup \left(\bigcup_k R_k \right)$$

其中 $\{R_k\}$ 是互不相通的不可约常返类 (由于常返具有封闭性，所以这些类之间单向可达都不可能)，T 是非常返态组成的集合。且该链的一步转移概率矩阵可以表示为

$$\boldsymbol{P} = \begin{array}{c} \\ R_1 \\ R_2 \\ \vdots \\ T \end{array} \begin{array}{c} \begin{array}{cccc} R_1 & R_2 & \cdots & T \end{array} \\ \left(\begin{array}{cccc} \boldsymbol{P}_1 & \boldsymbol{0} & \boldsymbol{0} & \boldsymbol{0} \\ \boldsymbol{0} & \boldsymbol{P}_2 & \boldsymbol{0} & \boldsymbol{0} \\ \boldsymbol{0} & \boldsymbol{0} & \ddots & \boldsymbol{0} \\ \boldsymbol{B}_1 & \boldsymbol{B}_2 & \cdots & \boldsymbol{Q} \end{array} \right) \end{array} \qquad (7\text{-}109)$$

或者简单地表示为

$$\boldsymbol{P} = \begin{pmatrix} \boldsymbol{R} & \boldsymbol{0} \\ \boldsymbol{B} & \boldsymbol{Q} \end{pmatrix}$$

从式 (7-109) 可以印证已经得到的事实：从常返态出发不能进入非常返态，且不同的常返类之间也不能相通。现在需要研究的问题是讨论非常返态的行为，包括：

(1) 从非常返态出发后，一直处于非常返态中的概率；

(2) 从非常返态出发后，最终进入各常返态类的概率；

(3) 从非常返态出发后，最终进入常返态的时间的统计特性。

7.13.1 单步递推方法

解决上述问题需要引入一些新的方法。首先考虑"单步递推"方法，它主要利用 Markov 性和全概率公式。现通过具体例子给以说明。

例 7.42 (赌徒输光问题)　例 7.32 中已经讨论过著名的赌徒输光问题。它实质上是带有两个吸收壁 0 和 N 的随机游动。下面用"单步递推"方法研究该问题。设 u_j 为质点从状态 j 出发首次到达 0 状态的概率，则根据 Markov 性以及全概率公式可得

$$\begin{cases} u_j = p u_{j+1} + q u_{j-1} \\ u_0 = 1 \\ u_N = 0 \end{cases} \qquad (7\text{-}110)$$

式 (7-110) 刻画了利用质点从初始状态出发移动一步的情况所构造的递推关系。

求解差分方程式 (7-110)，其特征方程为

$$pr^2 - r + q = 0$$

解得

$$r_1 = 1, r_2 = \frac{q}{p}$$

当 $p \neq q$ 时，方程式 (7-110) 的通解为

$$u_j = Ar_1^j + Br_2^j = A + B\left(\frac{q}{p}\right)^j$$

代入边界条件后得到

$$u_j = \frac{\left(\dfrac{q}{p}\right)^j - \left(\dfrac{q}{p}\right)^N}{1 - \left(\dfrac{q}{p}\right)^N}$$

当 $p = q$ 时，方程式 (7-110) 的通解为

$$u_j = A + Bj$$

代入边界条件后得到

$$u_j = 1 - \frac{j}{N}$$

这和例 7.32 中得到的结果是一致的。

下面用单步递推方法求解输光时间 T 的均值，也就是从赌博开始到结束所经历的赌局次数的均值。设链的起始状态为 j，$m_j = E(T|X_0 = j)$，那么由 Markov 性和齐次性可得到

$$m_j = 1 + pE(T|X_0 = j+1) + qE(T|X_0 = j-1)$$

即有迭代关系

$$m_j = 1 + pm_{j+1} + qm_{j-1} \tag{7-111}$$

首先设 $p \neq q$，求解方程式 (7-111)

$$-1 = p(m_{j+1} - m_j) - q(m_j - m_{j-1})$$

令 $y_j = m_j - m_{j-1}$，有

$$\begin{cases} -1, & = py_{j+1} - qy_j \\ m_0, & = 0 \\ m_j, & = \displaystyle\sum_{k=1}^{j} y_k \end{cases} \tag{7-112}$$

解得

$$m_j = \frac{p}{p-q}\left(1 - \left(\frac{q}{p}\right)^j\right)m_1 - \frac{1}{p-q}\left[(j-1) - \frac{q}{p-q}\left(1 - \left(\frac{q}{p}\right)^{j-1}\right)\right] \tag{7-113}$$

利用边界条件 $m_N = 0$ 得到

$$m_1 = \frac{1}{p}\frac{1}{1 - \left(\dfrac{q}{p}\right)^N}\left[(N-1) - \frac{q}{p-q}\left(1 - \left(\frac{q}{p}\right)^{N-1}\right)\right] \tag{7-114}$$

将式 (7-114) 代入式 (7-113)，就可以得到 m_j。

如果 $p = q$，那么式 (7-112) 变成了

$$-2 = y_{j+1} - y_j, \quad m_j = \sum_{k=1}^{j} y_k$$

所以

$$m_j = \sum_{k=1}^{j} y_k = jm_1 - 2\sum_{k=1}^{j-1} k$$

利用边界条件 $m_N = 0$，得 $m_1 = N - 1$，故

$$m_j = j(N-1) - j(j-1) = j(N-j) \qquad\blacksquare$$

下面给出使用单步递推方法求解各常返类的吸收概率等问题的一般性方法。需要指出的是，这些方法的应用范围要比本节所谈到的更广。它们可以用于求解状态空间的普通子集 (而不局限于常返类) 的命中时间 (hitting time) 以及吸收概率。读者可以自行尝试推广这里的结果。

1. 常返类 R_k 的吸收概率

设从状态 i 出发进入常返类 R_k 的概率为 $P(R_k|i)$。若 $i \in R_k$，则 $P(R_k|i) = 1$；若 $i \in R_m, m \neq k$，则 $P(R_k|i) = 0$；若 $i \in T$，那么

$$P(R_k|i) = \sum_{j \in E} P_{ij} P(R_k|j), \quad i \in T \tag{7-115}$$

于是

$$P(R_k|i) - \sum_{j \in T} P_{ij} P(R_k|j) = \sum_{j \in R_k} P_{ij}, \quad i \in T$$

如果令 $h_i = P(R_k|i)$，那么式 (7-115) 可以写成

$$h_i = \begin{cases} 1 & i \in R_k \\ \sum_{j \in E} P_{ij} h_j & i \notin R_k \end{cases} \tag{7-116}$$

这就是求解常返类 R_k 的吸收概率的线性方程组。该方程组的导出并没有用到 R_k 的常返性，甚至没有用到 R_k 内状态的互通性，所以如果把 R_k 替换成状态空间 E 的任意子集，方程组式 (7-116) 仍然成立。

上述结论只说明了吸收概率 $P(R_k|i)$ 满足式 (7-116)，但并没有说明式 (7-116) 的解一定是吸收概率。换句话说，式 (7-116) 可能有不止一组解，究竟哪一组解是所要求的吸收概率呢？可以证明，吸收概率是式 (7-116) 的最小非负解 (这里"最小"的含义是如果 $x = \{x_i : i \in E\}$ 是式 (7-116) 的一组非负解，那么 $P(R_k|i) \leqslant x_i$)。

事实上，设 $x = \{x_i : i \in E\}$ 是式 (7-116) 的一组非负解，且满足 $x_i = 1, i \in R_k$，那么当 $i \notin R_k$ 时有

$$x_i = \sum_{j \in E} P_{ij} x_j = \sum_{j \in R_k} P_{ij} + \sum_{j \notin R_k} P_{ij} x_j$$

进而有

$$x_i = \sum_{j \in R_k} P_{ij} + \sum_{j \notin R_k} P_{ij} \left(\sum_{k \in R_k} P_{jk} + \sum_{k \notin R_k} P_{jk} x_k \right)$$

$$= P(X_1 \in R_k | X_0 = i) + P(X_1 \notin R_k, X_2 \in R_k | X_0 = i) + \sum_{j \notin R_k} \sum_{k \notin R_k} P_{ij} P_{jk} x_k$$

所以

$$x_i = P(X_1 \in R_k | X_0 = i) + P(X_1 \notin R_k, X_2 \in R_k | X_0 = i) + \cdots$$
$$+ P(X_1 \notin R_k, X_2 \notin R_k, \cdots, X_{n-1} \notin R_k, X_n \in R_k | X_0 = i)$$
$$+ \sum_{j_1 \notin R_k} \cdots \sum_{j_n \notin R_k} P_{ij_1} P_{j_1 j_2} \cdots P_{j_{n-1} j_n} x_{j_n}$$

由于 x 非负,所以 $\forall N$

$$x_i \geqslant \sum_{n=1}^{N} P(X_1 \notin R_k, \cdots, X_{n-1} \notin R_k, X_n \in R_k | X_0 = i)$$

令 $N \to \infty$,得到

$$x_i \geqslant \sum_{n=1}^{\infty} P(X_1 \notin R_k, \cdots, X_{n-1} \notin R_k, X_n \in R_k | X_0 = i) = P(R_k | i)$$

所以 $\{P(R_k | i)\}$ 是式 (7-116) 的最小非负解。

2. 从非常返态进入常返态所需时间的均值

设 i 为起始状态,H 为从 i 出发进入常返类 $\cup R_k$ 所需的时间 (为了记号方便,这里省略了 H 对 i 的依赖),则 H 是一个随机变量,令 $P(H = n | i)$ 表示从 i 出发经过 n 步首次进入常返态类的概率。那么很明显

$$P(H = 0 | i) = 1, \quad i \in \cup R_k$$
$$P(H < \infty | i) \leqslant 1, \quad i \in T$$

通常称 $1 - P(H < \infty | i)$ 为亏值 (defect),亏值代表过程永远停留在非常返态集合内的概率。

利用单步递推方法,有如下的递推关系:

$$\begin{cases} P(H = 1 | i) = \sum_{j \in \cup R_k} P_{ij} \\ P(H = n+1 | i) = \sum_{j \in T} P_{ij} P(H = n | j) \end{cases} \quad i \in T, n = 1, 2, \cdots \tag{7-117}$$

利用式 (7-117) 可以计算常返类的吸收时间的概率分布。可以用相似的方法计算从 i 出发到达任何一个闭集的吸收时间的概率分布。

考虑从非常返态 i 出发进入常返类所需时间的均值 $E(H | i)$。只有当亏值为 0 时,均值才存在。由式 (7-117) 可得

$$(n+1) P(H = n+1 | i) - P(H = n+1 | i) = n \sum_{j \in T} P_{ij} P(H = n | j)$$

等号两端对 n 求和, 得到

$$\sum_{n=1}^{N}(n+1)P(H=n+1|i)-\sum_{n=1}^{N}P(H=n+1|i)=\sum_{j\in T}\sum_{n=1}^{N}nP(H=n|j)P_{ij}$$

进而有

$$\sum_{n=1}^{N+1}nP(H=n|i)-\sum_{n=1}^{N+1}P(H=n|i)=\sum_{j\in T}\sum_{n=1}^{N}nP(H=n|j)P_{ij}$$

令 $N\to\infty$, 有

$$E(H|i)-1=\sum_{j\in T}P_{ij}E(H|j)$$

$\{E(H|i)\}=h_i$ 是如下线性方程组的解:

$$\begin{cases} h_i=0, & i\in\cup R_k \\ h_i=1+\sum_{j\in T}P_{ij}h_j, & i\in T \end{cases}$$

7.13.2 矩阵方法

齐次 Markov 链的一步转移矩阵包含了该链的全部统计信息, 有效地利用该矩阵可以得到一些和该链性质有关的重要结果。

1. 无限逗留问题

设 A 为状态空间 E 的一个子集 (不限定为常返类, 也可为非常返状态组成的集合), 需要求解从状态 $i\in A$ 出发后一直处于 A 中的概率 v_i,

$$v_i=P(X_r\in A, r\geqslant 1|X_0=i\in A)$$

设

$$v_i(n)=P(X_1\in A, X_2\in A, \cdots, X_n\in A|X_0=i\in A)$$

那么 n 增加时, $v_i(n)$ 是单调不增序列, 于是

$$\lim_{n\to\infty}v_i(n)=v_i$$

令 $\boldsymbol{v}(n)=(v_1(n),v_2(n),\cdots)^{\mathrm{T}}$, $\boldsymbol{v}(n)$ 为从子集 A 中某一状态 i 出发, 经 n 步转移一直处于子集 A 中的概率所组成的列矩阵。则由 C-K 方程得到

$$\begin{aligned} v_i(n+1)&=\sum_{j\in A}P(X_1=j,X_2\in A,\cdots,X_{n+1}\in A|X_0=i\in A)\\ &=\sum_{j\in A}\sum_{k\in A}P(X_1=j,X_2=k,X_3\in A,\cdots,X_{n+1}\in A|X_0=i\in A)\\ &=\sum_{j\in A}\sum_{k\in A}P_{ij}P(X_2=k,X_3\in A,\cdots,X_{n+1}\in A|X_1=j,X_0=i\in A)\\ &=\sum_{j\in A}P_{ij}\sum_{k\in A}P(X_2=k,X_3\in A,\cdots,X_{n+1}\in A|X_1=j\in A)\\ &=\sum_{j\in A}P_{ij}v_j(n) \end{aligned}$$

也就是说

$$\boldsymbol{v}(n+1) = \boldsymbol{Q}\boldsymbol{v}(n) \tag{7-118}$$

其中 $\boldsymbol{Q}$ 是一步转移矩阵 $\boldsymbol{P}$ 中对应于子集 A 的各个状态所组成的子矩阵。考虑到 $\boldsymbol{v}(0) = (1,1,\cdots)^{\mathrm{T}} = \boldsymbol{I}_A$，有

$$\boldsymbol{v}(n) = \boldsymbol{Q}^n \boldsymbol{I}_A$$

令 $\boldsymbol{v} = (v_1, v_2, \cdots)^{\mathrm{T}}$，当 $n \to \infty$ 时，$\boldsymbol{v}(n) \to \boldsymbol{v}$。在式 (7-118) 等号两端令 $n \to \infty$，即可得到

$$\boldsymbol{v} = \boldsymbol{Q}\boldsymbol{v}, \quad \boldsymbol{0}_A \leqslant \boldsymbol{v} \leqslant \boldsymbol{I}_A \tag{7-119}$$

线性方程组式 (7-119) 的解比较有特点。首先指出，该方程可能有不止一组解，但是 $\boldsymbol{v}$ 应取满足 $\boldsymbol{0}_A \leqslant \boldsymbol{v} \leqslant \boldsymbol{I}_A$ 的方程组最大解。事实上，如果 $\boldsymbol{u}$ 也是式 (7-119) 的解，且满足 $\boldsymbol{0}_A \leqslant \boldsymbol{u} \leqslant \boldsymbol{I}_A$，那么有

$$\boldsymbol{u} = \boldsymbol{Q}\boldsymbol{u} = \boldsymbol{Q}^n \boldsymbol{u} \leqslant \boldsymbol{Q}^n \boldsymbol{I}_A = \boldsymbol{v}(n) \Longrightarrow \boldsymbol{u} \leqslant \boldsymbol{v}$$

不仅如此，设 $c = \sup_{i \in A} v_i$，则 c 等于 1 或 $\boldsymbol{v} = \boldsymbol{0}_A$。要验证这一点，只须注意到

$$\boldsymbol{v} = \boldsymbol{Q}\boldsymbol{v} = \boldsymbol{Q}^n \boldsymbol{v} \leqslant c\boldsymbol{Q}^n \boldsymbol{I}_A = c\boldsymbol{v}(n) \Longrightarrow \boldsymbol{v} \leqslant c\boldsymbol{v} \Longrightarrow c = 1 \text{ 或者 } \boldsymbol{v} = \boldsymbol{0}_A$$

注意这里得到的结果与定理 7.9 之间的区别和联系。

例 7.43 (有限个非常返态)　如果 Markov 链中非常返态的数目有限，则其一步转移矩阵可以写成

$$\boldsymbol{P} = \begin{pmatrix} \boldsymbol{D} & \boldsymbol{0} \\ \boldsymbol{B} & \boldsymbol{Q} \end{pmatrix}$$

可知

$$\boldsymbol{P}^n = \begin{pmatrix} \boldsymbol{D}^n & \boldsymbol{0} \\ * & \boldsymbol{Q}^n \end{pmatrix}$$

由式 (7-74) 可知，对于非常返态 j 有 $P_{ij}^{(n)} \to 0, n \to \infty$，所以 $\boldsymbol{Q}^n \to \boldsymbol{0}, n \to \infty$，由此得到

$$\boldsymbol{v} = \lim_{n \to \infty} \boldsymbol{v}(n) = \lim_{n \to \infty} \boldsymbol{Q}^n \boldsymbol{I}_A = \boldsymbol{0}_A$$

也就是说，如果非常返态数目有限，则在非常返态中无限逗留的概率是 0。这和直观非常一致。

例 7.44 (带一个反射壁的一维随机游动)　例 7.25 中已经讨论了带一个反射壁的随机游动的常返性，使用的工具是定理 7.9。这里从另外一个角度，利用"从状态 i 出发永不访问 0 状态的概率 $v_i > 0$"以说明当 $p > q$ 时 0 状态为非常返，从而该链所有状态均为非常返。

选定 $A = \mathbb{N}$，解方程 $\boldsymbol{v} = \boldsymbol{Q}\boldsymbol{v}$ 得到

$$v_2 = \frac{1}{p}v_1 = (1 + \frac{q}{p})v_1$$

$$v_3 = \frac{1}{p}(v_2 - qv_1) = v_1\left(1 + \frac{q}{p} + \left(\frac{q}{p}\right)^2\right)$$

$$\vdots$$

$$v_i = v_1 \sum_{k=1}^{i-1} \left(\frac{q}{p}\right)^k$$

鉴于 $0 \leqslant v_i \leqslant 1$,

$$v_1 \sum_{k=0}^{\infty} \left(\frac{q}{p}\right)^k \leqslant 1 \rightarrow v_1 \leqslant 1 - \frac{q}{p}$$

由于 $\boldsymbol{v}$ 是方程 $\boldsymbol{v} = \boldsymbol{Q}\boldsymbol{v}$ 的最大解, 所以取 $v_1 = 1 - q/p$, 从而得到

$$v_i = 1 - \left(\frac{q}{p}\right)^i$$

其实只要有 $v_1 > 0$ 就已经可以说明 0 状态非常返了。

例 7.45 (设备维修问题) 考虑例 7.7 中的设备维修问题, 该链的一步转移矩阵为

$$\boldsymbol{P} = \begin{pmatrix} a_0 & a_1 & a_2 & a_3 & \cdots \\ a_0 & a_1 & a_2 & a_3 & \cdots \\ 0 & a_0 & a_1 & a_2 & \cdots \\ 0 & 0 & a_0 & a_1 & \cdots \\ \vdots & \vdots & \vdots & \vdots & \end{pmatrix}$$

其中 $\{a_i, i \geqslant 0\}$ 代表每天失效机器数目的概率分布。如果 $a_0 a_1 a_2 > 0$, 则该链是不可约的。

在状态空间中任取状态 i, 考虑子集 $A_i = \{i, i+1, \cdots\}$, 对于任意的 $i, i \geqslant 1$, A_i 对应的转移阵都是相同的,

$$\boldsymbol{Q} = \begin{pmatrix} a_1 & a_2 & a_3 & \cdots \\ a_0 & a_1 & a_2 & \cdots \\ 0 & a_0 & a_1 & \cdots \\ \vdots & \vdots & \vdots & \end{pmatrix}$$

所以对于方程 $\boldsymbol{v} = \boldsymbol{Q}\boldsymbol{v}$, 满足 $0 \leqslant \boldsymbol{v} \leqslant \boldsymbol{I}_A$ 的最大解完全一样。换句话说, 不同的 A_i 相应的无限逗留概率没有区别。

对 A_1 而言, $v_i = P(X_n \geqslant 1, n \geqslant 1 | X_0 = i)$ 是从状态 i 出发永不访问状态 0 的概率。而对于 A_i, $v_1 = P(X_n \geqslant i, n \geqslant 1 | X_0 = i)$ 是从状态 i 出发永不访问子集 $\{0, 1, 2, \cdots, i-1\}$ 的概率。由于访问 $\{0, 1, 2, \cdots, i-1\}$ 必然经过状态 $i-1$, 所以 v_1 也就是永不访问状态 $i-1$ 的概率。要想从 i 状态出发到达 0 状态, 必须首先从 i 状态到达 $i-1$ 状态, 然后再从 $i-1$ 状态到达 0 状态。于是有如下递推关系

$$1 - v_i = (1 - v_1)(1 - v_{i-1})$$

设 $v_1 = 1 - \beta$, 对上式递推可以得到

$$v_i = 1 - \beta^i$$

为了确定 β, 回到方程 $\boldsymbol{v} = \boldsymbol{Q}\boldsymbol{v}$, 由第一行得到

$$v_1 = a_1 v_1 + a_2 v_2 + a_3 v_3 \cdots$$

从而有

$$1 - \beta = a_1(1 - \beta) + a_2(1 - \beta^2) + a_3(1 - \beta^3) + \cdots$$

由于 $\{a_k\}_{k=0}^{\infty}$ 是概率分布, 所以有

$$\beta = a_0 + a_1\beta + a_2\beta^2 + \cdots = \sum_{k=0}^{\infty} a_k\beta^k = G(\beta) \qquad\blacksquare$$

函数 $G(\beta)$ 是相应于概率分布 $\{a_k\}_{k=0}^{\infty}$ 的母函数。

设 $\rho = \sum_{k=1}^{\infty} ka_k$ 为相应于概率分布 $\{a_k\}_{k=0}^{\infty}$ 的均值, 下面分析 ρ 的取值对状态性质的影响。回顾 7.12 节离散分支过程的相关讨论, 可知如果 $\rho \leqslant 1$, 方程 $G(\beta) = \beta$ 只有一个根, 即 $\beta = 1$。所以任取 i, $v_i = 0$。这说明从任意一个状态 i 出发, 返回状态 0 的概率都是 1。因此 0 状态是常返态, 进而所有的状态都是常返态。

如果 $\rho > 1$, 则方程有两个根, 1 和 $\beta_0 \in (0,1)$。由于所求的 $\boldsymbol{v}$ 是 $\boldsymbol{v} = \boldsymbol{Q}\boldsymbol{v}$ 的最大解, 所以取 $\beta = \beta_0 < 1$, 所以 $v_i = 1 - \beta^i \neq 0$。这说明从任意一个状态 i 出发, 永不返回状态 0 的概率为正。因此 0 状态是非常返态, 进而所有的状态都是非常返态。

2. 逗留时间的分布

设非常返态组成的集合为 T, 相应的子转移矩阵为 $\boldsymbol{Q}$, 若 $i \in T$, 状态在 T 中逗留的时间为 S, 那么

$$P(S \geqslant n | X_0 = i) = P(X_1 \in T, \cdots, X_n \in T | X_0 = i) = \sum_{j \in T} q_{ij}^{(n)}$$

其中 $q_{ij}^{(n)}$ 是 Q^n 中的元, 所以

$$\begin{aligned} P(S = n | X_0 = i) &= P(S \geqslant n | X_0 = i) - P(S \geqslant n+1 | X_0 = i) \\ &= \sum_{j \in T} [q_{ij}^{(n)} - q_{ij}^{(n+1)}] \end{aligned}$$

于是得到 T 中的逗留时间, 即逗留时间 S 的分布为

$$P_i(S = n) = P(S = n | X_0 = i) = [(\boldsymbol{Q}^n - \boldsymbol{Q}^{n+1})\boldsymbol{I}_T]_i$$

其中 $I_T = (1, 1, \cdots, 1)^{\mathrm{T}}$, 如果 T 是有限集合, 则 $P(S = \infty | X_0 = i) = 0$, 于是逗留时间 $S \geqslant n$ 的概率为

$$P(S \geqslant n | X_0 = i) = [\boldsymbol{Q}^n \boldsymbol{I}_T]_i$$

3. 常返类的吸收概率

首先考虑一种特殊情形, 设各个常返类均为单一状态, T 是非常返态组成的子集, $\boldsymbol{Q}$ 是对应 T 的子转移矩阵。则链的一步转移矩阵为

$$\boldsymbol{P} = \begin{pmatrix} 1 & 0 & 0 & \cdots & \boldsymbol{0} \\ 0 & 1 & 0 & \cdots & \boldsymbol{0} \\ 0 & 0 & 1 & \cdots & \boldsymbol{0} \\ \vdots & \vdots & \vdots & & \vdots \\ \boldsymbol{b}_1 & \boldsymbol{b}_2 & \boldsymbol{b}_3 & \cdots & \boldsymbol{Q} \end{pmatrix} \qquad (7\text{-}120)$$

于是

$$\boldsymbol{P}^n = \begin{pmatrix} 1 & 0 & 0 & \cdots & \boldsymbol{0} \\ 0 & 1 & 0 & \cdots & \boldsymbol{0} \\ 0 & 0 & 1 & \cdots & \boldsymbol{0} \\ \vdots & \vdots & \vdots & & \vdots \\ \boldsymbol{L}_1^{(n)} & \boldsymbol{L}_2^{(n)} & \boldsymbol{L}_3^{(n)} & \cdots & \boldsymbol{Q}^n \end{pmatrix}$$

其中

$$\boldsymbol{L}_k^{(n)} = (\boldsymbol{I} + \boldsymbol{Q} + \cdots + \boldsymbol{Q}^{n-1})\boldsymbol{b}_k = \sum_{m=0}^{n-1} \boldsymbol{Q}^m \boldsymbol{b}_k$$

$$\boldsymbol{L}_k^{(n)}(i) = P(X_n = k | X_0 = i), \quad i \in T$$

设 S_k 为常返态集 k 的吸收时间，于是 $P(S_k \leqslant n | X_0 = i) = \boldsymbol{L}_k^{(n)}(i)$。常返态 k 的吸收概率为 $P(S_k \leqslant \infty | X_0 = i) = \boldsymbol{L}_k^{(\infty)}(i)$，其中

$$\boldsymbol{L}_k^{(\infty)} = \sum_{m=0}^{\infty} \boldsymbol{Q}^m \boldsymbol{b}_k = (\boldsymbol{I} - \boldsymbol{Q})^{-1} \boldsymbol{b}_k \tag{7-121}$$

现在考虑一般情形，此时转移矩阵形如式 (7-109)。设想把每一个常返类 R_k 都简并为单一状态，相应地令 $\boldsymbol{b}_k = \boldsymbol{B}_k \boldsymbol{I}_{R_k}$，$\boldsymbol{I}_{R_k} = (1, 1, \cdots)^{\mathrm{T}}$，即构成了形如式 (7-120) 的标准形式，可以使用式 (7-121) 计算各个常返类的吸收概率。

例 7.46 设 Markov 链的状态空间为 $\{1, 2, \cdots, 7\}$，一步转移矩阵为

$$\boldsymbol{P} = \begin{pmatrix} 0.5 & 0.5 & & & & & \\ 0.8 & 0.2 & & & & & \\ & & 0 & 0.4 & 0.6 & & \\ & & 1 & 0 & 0 & & \\ & & 1 & 0 & 0 & & \\ 0.1 & 0 & 0.2 & 0.1 & 0.2 & 0.3 & 0.1 \\ 0.1 & 0.1 & 0.1 & 0 & 0.1 & 0.2 & 0.4 \end{pmatrix}$$

计算从状态 6 出发，被各个常返类吸收的吸收概率。

该链有两个常返类 $R_1 = \{1, 2\}$，$R_2 = \{3, 4, 5\}$，非常返类为 $T = \{6, 7\}$，且有

$$\boldsymbol{P}_1 = \begin{pmatrix} 0.5 & 0.5 \\ 0.8 & 0.2 \end{pmatrix}, \boldsymbol{P}_2 = \begin{pmatrix} 0 & 0.4 & 0.6 \\ 1 & 0 & 0 \\ 1 & 0 & 0 \end{pmatrix}, \boldsymbol{B}_1 = \begin{pmatrix} 0.1 & 0 \\ 0.1 & 0.1 \end{pmatrix}, \boldsymbol{B}_2 = \begin{pmatrix} 0.2 & 0.1 & 0.2 \\ 0.1 & 0 & 0.1 \end{pmatrix}$$

将 R_1，R_2 简并后，得到

$$\boldsymbol{Q} = \begin{pmatrix} 0.3 & 0.1 \\ 0.2 & 0.4 \end{pmatrix}, \boldsymbol{b}_1 = \boldsymbol{B}_1 \begin{pmatrix} 1 \\ 1 \end{pmatrix} = \begin{pmatrix} 0.1 \\ 0.2 \end{pmatrix}, \boldsymbol{b}_2 = \boldsymbol{B}_2 \begin{pmatrix} 1 \\ 1 \\ 1 \end{pmatrix} = \begin{pmatrix} 0.5 \\ 0.2 \end{pmatrix}$$

此时一步转移阵变成了

$$P = \begin{pmatrix} 1 & 0 & \mathbf{0} \\ 0 & 1 & \mathbf{0} \\ b_1 & b_2 & Q \end{pmatrix}$$

利用式 (7-121)，有

$$(I - Q)^{-1} b_1 = \begin{pmatrix} 0.2 \\ 0.4 \end{pmatrix}, \qquad (I - Q)^{-1} b_2 = \begin{pmatrix} 0.8 \\ 0.6 \end{pmatrix}$$

所以从状态 6 出发，被 R_1 吸收的概率为 0.2，被 R_2 吸收的概率为 0.8。

习题

1. 设 $\{X_n, n \geqslant 0\}$ 是状态空间为 $E = \{1, 2, 3, 4\}$ 的 Markov 链，试构造一步转移阵和初始状态，使得

$$P(X_2 = 4 | X_1 \in \{2, 3\}, X_0 = 1) \neq P(X_2 = 4 | X_1 \in \{2, 3\})$$

本题作为例子说明，Markov 性质无法得出如下结论：只要知道任何一些有关当前的信息，可以说明过去和将来出现的事件都是统计独立的。

2. 设 $\{Z_n, n \geqslant 1\}$ 是独立同几何分布的随机变量序列，对于 $k \geqslant 0$，$P(Z_n = k) = q^k p, q = 1 - p, p \in (0, 1)$，设 $X_n = \max(Z_1, Z_2, \cdots, Z_n)$ 是在 n 时刻记录的数值，X_0 为与 $\{Z_n\}_{n \geqslant 1}$ 统计独立的整数值随机变量。试证明 $\{X_n\}$ 为齐次 Markov 链，并写出其转移概率，及 X_{n+1} 和 X_n 之间的递推关系。

3. 设 $\{Z_n, n \geqslant 1\}$ 为独立同两点分布的随机变量序列，分布为 $P(Z_n = 0) = p > 0, P(Z_n = 1) = q = 1 - p > 0$，令

$$X_n = \begin{cases} 0, & Z_n = 0, Z_{n-1} = 0 \\ 1, & Z_n = 0, Z_{n-1} = 1 \\ 2, & Z_n = 1, Z_{n-1} = 0 \\ 3, & Z_n = 1, Z_{n-1} = 1 \end{cases}$$

试说明 $\{X_n, n \geqslant 2\}$ 构成一个不可约非周期齐次 Markov 链，并求其一步转移概率矩阵。如果 $\{Y_n, n \geqslant 2\}$ 满足

$$Y_n = \begin{cases} 0, & Z_n = 0, Z_{n-1} = 0 \\ 1, & \text{其他} \end{cases}$$

说明 $\{Y_n, n \geqslant 2\}$ 不是 Markov 链。

4. 设有编号为 1 至 N 的 N 个球，分别随机放置于 A, B 两个罐中，设在第 n 步时，A 中有 X_n 个球，然后任选一个球 (即从 1 到 N 中任取一个球号) 并任选一个罐，设选中 A 罐的概率是 $p > 0$，选中 B 罐的概率是 $q = 1 - p > 0$，将选中球号的球放入选中的罐中，这样操作后 A 罐中的球数即为 X_{n+1}，试写出 $\{X_n, n \geqslant 0\}$ 的迭代表达式，并说明其为 Markov 链，写出其一步转移概率并求平稳分布。

5. 采用存货策略为 (S, s) 的存货问题。设商店建立如下的某种商品的库存策略以满足持续不断的需求：假设在时刻 n 到 $n + 1$ 间隔内的总需求量为 Z_{n+1}，$\{Z_n, n \geqslant 0\}$ 为独立同分布随机变量，且与起始的库存 X_0 也独立。存货的补充在 n 时刻之后立刻开始进行，采用如下的 (S, s) 补充策略 (其中 $S > s > 0$)，即如果在 n 时刻发现库存低于 s，则在 n^+ 时刻将库存补充到 S；如果高于 s，则不予补充 (这里库存取负值是允许的，因为暂时无法满足的需求可以由立刻的补充给以满足)。则库存 $\{X_n, n \geqslant 0\}$ 构成 Markov 链，如果 $S = 5, s = 2, X_0 > s$，$\{Z_n\}$ 为 $[0, 4]$ 内均匀分布的离散整数值随机变量，即 $P(Z_n = i) = 1/5, i = 0, \cdots, 4$，写出 X_n 的递推方程和一步转移概率矩阵，讨论状态性质，计算平稳分布以及补充数的数学期望。

6. 某个数字通信系统中，由一串 0/1 码按照下列规则编译成 0，1，−1 序列：若输入串某位置出现 0，则输出串中在该位置也相应为 0；若输入串中某位置出现 1，则在输出串中同一位置出现 1 或者 -1，且规定输出串中 1，−1 交替出现。输出串中第一个出现 1/−1 的位置设为 1。举例来说，如果输入串为 0，1，1，1，0，1，⋯，那么输出串即为 0，1，−1，1，0，−1，⋯。如果输入串出现的字母为独立同分布随机变量，且 0，1 出现概率相同，则输出串 $\{Y_n, n \geqslant 1\}$ 为 Markov 链，求其一步转移概率矩阵 $\boldsymbol{P}$，n 步转移概率矩阵 $\boldsymbol{P}^n$ 及平稳分布，并在到达平稳后，求 Y_n 的期望和相关函数。

7. 设有三个状态 $\{0, 1, 2\}$ 的 Markov 链，一步转移概率矩阵为

$$\boldsymbol{P} = \begin{pmatrix} p_1 & q_1 & 0 \\ 0 & p_2 & q_2 \\ q_3 & 0 & p_3 \end{pmatrix}$$

试求首达概率 $f_{00}^{(1)}$，$f_{00}^{(2)}$，$f_{00}^{(3)}$，$f_{01}^{(1)}$，$f_{01}^{(2)}$，$f_{01}^{(3)}$。

8. 设有一个电脉冲序列，脉冲幅度为独立同分布随机度量，取值服从集合 $\{1, 2, 3, \cdots, n\}$ 上的均匀分布。现测量其幅度值，每隔一个单位时间测量一次，从第一次测量计算起，求测量到最大值 n 的期望时间。

9. 设 Markov 链的状态空间为 $\{0, 1, 2\}$，一步转移概率矩阵为

$$\boldsymbol{P} = \begin{pmatrix} 0 & 1 & 0 \\ 1-p & 0 & p \\ 0 & 1 & 0 \end{pmatrix}$$

计算 $\boldsymbol{P}^{(2)}$ 和 $\boldsymbol{P}^{(4)}$，验证两者相等。计算 $\boldsymbol{P}^{(n)}$，$n \geqslant 1$，说明该链是周期链。

10. 设 Markov 链的状态空间为 $\{0, 1, 2, 3, 4, 5\}$，一步转移概率矩阵为

$$\boldsymbol{P} = \begin{pmatrix} 0 & 0 & \frac{1}{2} & \frac{1}{2} & 0 & 0 \\ \frac{1}{3} & 0 & 0 & 0 & \frac{1}{3} & \frac{1}{3} \\ 0 & 1 & 0 & 0 & 0 & 0 \\ 0 & 1 & 0 & 0 & 0 & 0 \\ 0 & 0 & 1 & 0 & 0 & 0 \\ 0 & 0 & \frac{1}{2} & \frac{1}{2} & 0 & 0 \end{pmatrix}$$

画出状态转移图并计算 $\boldsymbol{P}^{(2)}$ 和 $\boldsymbol{P}^{(3)}$，该链是否具有周期性？

11. 设 Markov 链的状态空间为 $\{0, 1, 2, 3, 4, 5\}$，一步转移概率矩阵为

$$\boldsymbol{P} = \begin{pmatrix} 0 & 1 & 0 & 0 & 0 & 0 \\ 1 & 0 & 0 & 0 & 0 & 0 \\ 0 & 0 & 1 & 0 & 0 & 0 \\ 0 & 0 & 0 & 1 & 0 & 0 \\ 0 & 0 & \frac{1}{2} & \frac{1}{2} & 0 & 0 \\ 0 & 0 & \frac{1}{3} & \frac{1}{3} & 0 & \frac{1}{3} \end{pmatrix}$$

(1) 分析各个状态的性质。该链是否可约，是否存在闭集，是否存在周期状态？

(2) 求 $P_{i2}^{(n)}$，$i = 0, 1, \cdots, 5$。

(3) 计算 $\lim\limits_{n \to \infty} P_{53}^{(n)}$，$\lim\limits_{n \to \infty} P_{52}^{(n)}$。

12. 设 Markov 链的状态空间为 $\{0, 1, 2\}$，一步转移概率矩阵为

$$\boldsymbol{P} = \begin{pmatrix} 1-\alpha & \alpha & 0 \\ 0 & 1-\beta & \beta \\ \gamma & 0 & 1-\gamma \end{pmatrix}$$

其中 $\alpha, \beta, \gamma \in (0, 1)$。该链是否可约，是否可逆，请计算其平稳分布。

13. 设有状态空间为 $\{0, 1, 2, \cdots\}$ 的 Markov 链，其一步转移概率为

$$P_{i,j} = \begin{cases} \dfrac{i+1}{i+2}, & j = 0 \\[2mm] \dfrac{1}{i+2}, & j = i+1 \\[2mm] 0, & \text{其他} \end{cases}$$

讨论该链各个状态的性质 (正常返、零常返、非常返)，若为正常返，求其平稳分布。如果一步转移概率改为

$$P_{i,j} = \begin{cases} \dfrac{1}{i+2}, & j = 0 \\[2mm] \dfrac{i+1}{i+2}, & j = i+1 \\[2mm] 0, & \text{其他} \end{cases}$$

情况又如何呢？

14. 设质点在 X-Y-Z 三维空间内的 X 方向，Y 方向或者 Z 方向上作随机游动，在 X-Y-Z 空间内安排了整数点格。质点每次运动只能沿 X 方向往左或者往右移一格，或沿 Y 方向往上或者往下移一格，或沿 Z 方向往前或者往后移一格，六种移动方式的概率相同，试求质点从 $(0,0,0)$ 出发经 $2n$ 步一栋回到 $(0,0,0)$ 的概率，并判断该三维随机游动的常返性。

15. 设 $\{X_n, n \geqslant 1\}$ 为齐次 Markov 链，状态空间为 $\{1, 2, 3, 4\}$，转移概率矩阵为

$$\boldsymbol{P} = \begin{pmatrix} 0.2 & 0.3 & 0.5 & 0 \\ 0 & 0.2 & 0.3 & 0.5 \\ 0.5 & 0 & 0.2 & 0.3 \\ 0.3 & 0.5 & 0 & 0.2 \end{pmatrix}$$

求从状态 1 出发，击中状态 3 先于状态 4 的概率。

16. 设有两个统计独立的 Markov 链 $\{X_n, n \geqslant 0\}$ 和 $\{Y_n, n \geqslant 0\}$，其状态空间均为 $\{1, 2\}$，一步转移概率矩阵分别为

$$\boldsymbol{P}_1 = \begin{pmatrix} p & q \\ q & p \end{pmatrix}, \quad \boldsymbol{P}_2 = \begin{pmatrix} p' & q' \\ q' & p' \end{pmatrix}$$

若两条链分别从 $X_0 = 1$ 和 $Y_0 = 2$ 出发，τ 为首次出现 $X_n = Y_n$ 的时间，求首次在 $\tau = n$ 时出现 $X_n = Y_n$ 的概率以及 τ 的期望。

17. 设有 Markov 链 $\{X_n, n \geqslant 0\}$，一步转移概率矩阵为

$$\boldsymbol{P} = \begin{pmatrix} 0 & \dfrac{1}{2} & \dfrac{1}{2} \\[2mm] \dfrac{1}{3} & \dfrac{1}{4} & \dfrac{5}{12} \\[2mm] \dfrac{2}{3} & \dfrac{1}{4} & \dfrac{1}{12} \end{pmatrix}$$

试求：P^n，平稳分布以及进入到平稳分布的收敛速度。

18. 质点在二维格点上做随机游动, 若质点限于第一象限内运动, X 轴和 Y 轴为其反射壁, 运动规则如下:

$$p_{(i,k)(j,l)} = \begin{cases} a_{1,0}, & j=i+1, l=k \\ a_{0,1}, & j=i, l=k+1 \\ a_{-1,0}, & j=i-1, l=k, i>0 \\ a_{0,-1}, & j=i, l=k-1, k>0 \\ a_{1,1}, & j=i+1, l=k+1 \\ a_{-1,-1}, & j=i-1, l=k-1, j,k>0 \\ a_{-1,0}+a_{-1,-1}, & i=j=0, l=k\neq 0 \\ a_{0,-1}+a_{-1,-1}, & j=i\neq 0, l=k=0 \\ a_{-1,0}+a_{0,-1}+a_{-1,-1}, & j=i=0l=k=0 \\ 0, & \text{其他} \end{cases}$$

其中

$$\sum_{n,m=-1}^{1} a_{n,m}=1 \qquad a_{0,0}=a_{-1,1}=a_{1,-1}=0$$

$$a_{1,0} < a_{-1,0}, \quad a_{0,1} < a_{0,-1}, \quad a_{1,0}a_{-1,-1}a_{0,1}=a_{0,-1}a_{1,1}a_{-1,0}$$

该链是否可逆, 是否存在平稳分布, 如果存在, 求出平稳分布。

19. 某生产线生产的产品可能出现不合格, 不合格率为 $p\in(0,1)$, 为此设计一个检查产品质量的方案, 该方案中并不要求对每一产品进行检查, 而是包含两个层次, 在第 A 层次中, 产品的受检概率为 $r\in(0,1)$, 而在第 B 层次中, 每个产品都要受到检查。设两个层次中每单位时间只能检查一件产品。考虑一批产品, 如果在第 A 层次受检时出现不合格的情况, 马上转入第 B 层次; 如果在第 B 层次中连续出现 N 个合格产品, 则转入第 A 层次。用 $\{X_n, n\geqslant 1\}$ 代表受检过程中系统所处的状态, 状态空间为 $\{E_0, E_1, \cdots, E_N\}$, 其中 $X_k=E_j, 0\leqslant j<N$ 代表受检过程处于第 B 层次, j 代表此刻有 j 个合格产品; $X_k=E_N$ 则说明过程进入了第 A 层次。试证明, $\{X_n, n\geqslant 1\}$ 是不可约 Markov 链, 给出过程的一步转移概率和状态转移图, 求该过程的平稳分布, 求很长一段时间内, 受检产品在所有产品中所占的比率。给出检查方案的效率(定义为长时间运行时, 检查得到的不合格产品的比例与所有不合格产品比例之比)。

20. 设 $\{X_n, n\geqslant 0\}$ 为齐次 Markov 过程, 状态空间为 N, 一步转移概率矩阵为 P, $\{Y_n\}$ 如下定义:

$$Y_0=X_0,$$
$$Y_n=X_k, \qquad k=\min\{m>n-1, X_m\neq Y_{n-1}\}$$

即 Y_n 取 $\{X_n\}$ 序列中的新值, 例如

n	0	1	2	3	4	5	6	7	8	9	$\cdots$
X_n	1	1	1	2	2	1	3	3	3	2	$\cdots$
Y	$Y_0=1$			$Y_1=2$		$Y_2=1$	$Y_3=3$			$Y_4=2$	$\cdots$

证明 $\{Y_n\}$ 是齐次的 Markov 链, 并求其一步转移概率矩阵 (用 $\boldsymbol{P}$ 表示) 和平稳分布。同时说明, 只有当 $\{Y_n\}$ 为不可约和常返时, $\{X_n\}$ 才是不可约和常返的。

21. 设有齐次分支过程 $\{\xi_n, n\geqslant 0\}$, m_X 为单个体繁殖下一代数目的平均值, σ_X^2 为单个体繁殖下一代数目的方差, 试计算当 $\xi_0=1$ 时, 经过 n 代繁殖后, 第 n 代数目的均值和方差。

22. 设有齐次分支过程 $\{\xi_n, n\geqslant 0\}$, $\xi_0=1$, 证明

$$P(\xi_n>N, 0<n<m|\xi(m)=0)\leqslant [P(\xi_m=0)]^N$$

23. 设有齐次分支过程 $\{\xi_n, n \geqslant 0\}$，单个体繁殖 k 个下一代的概率是 $P_k = p(1-p)^k$, $k \geqslant 0$, $0 < p < 1$，求其灭绝概率。

24. 某公司的运营状况分为三个状态，0 代表良好，1 代表困难，2 代表破产，一步转移概率矩阵为

$$P = \begin{pmatrix} 0.6 & 0.3 & 0.1 \\ 0.2 & 0.5 & 0.3 \\ 0 & 0 & 1 \end{pmatrix}$$

转移时间间隔为 1 年。求从当前良好运行状况到遭遇破产的平均时间，并且求从当前良好运行状况起 6 年后发生破产的概率。

25. 设有齐次 Markov 链，状态空间为 $\{1,2,3,4,5\}$，一步转移概率为

$$P = \begin{pmatrix} 1 & 0 & 0 & 0 & 0 \\ 0 & 0.4 & 0.6 & 0 & 0 \\ 0 & 0.5 & 0.5 & 0 & 0 \\ 0.4 & 0.2 & 0.2 & 0.1 & 0.1 \\ 0.5 & 0 & 0.1 & 0.2 & 0.2 \end{pmatrix}$$

求从状态 5 出发，被状态集 $\{2,3\}$ 吸收的概率。

26. 设 $\{X_n, n \geqslant 0\}$ 为不可约有限状态 Markov 链，状态空间为 $\{1,2,\cdots,r\}$，一步转移概率矩阵为 P，设 T_j 为从 i 出发首次到 j 的时间，证明

$$P_i(T_j > n) = \{Q_j^n I\}_i$$

其中，Q_j 为从 P 中删除了 j 行 j 列得到的矩阵，I 代表长度为 $r-1$、各元素均为 1 的向量。$\{\}_i$ 表示列向量中第 i 个元素。

第 8 章 连续时间 Markov 链

连续时间 Markov 链的基本概念尽管和离散时间 Markov 链很类似，但是在理论分析和计算方法方面仍然有较大差异。在时间连续的情况下，随机过程具有许多离散时间情形下不具备的路径特性。本章的讨论将不拘泥于理论细节，注重计算方法以及实例的讨论，特别是连续时间 Markov 链在排队理论中的应用，这对于电子工程领域的技术工作者是十分重要的。

8.1 基 本 定 义

状态离散、时间连续的随机过程 $X(t)$ 有可数的状态空间，时间一般取值在 $[0, \infty)$ 上。过程 $X(t)$ 的状态在时刻 $t_1, t_2, t_3, \cdots$ 发生跳变，跳变的时刻 t_k 是随机变量，跳变的大小也是随机变量。一般规定 $X(t)$ 的样本轨道在跳变点是右连续的，即 $X(t)$ 在跳变点进入新的状态。

定义 8.1 (连续时间 Markov 链) 对于具有可数状态空间 E 的连续时间的随机过程 $X(t)$，如果满足

$$P(X(t+s) = j | X(s) = i, X(s_k) = i_k, \cdots, X(s_1) = i_1) = \mathbb{P}((X(t+s) = j | X(s) = i) \quad (8\text{-}1)$$

其中 $i, j, i_1, \cdots, i_k \in E, t, s > 0, s > s_k \geqslant s_{k-1} \geqslant \cdots \geqslant s_1 > 0, k \in \mathbb{N}$，则称其为连续时间 Markov 链。

如果式 (8-1) 的右端只与 t 有关，与 s 的取值无关，即满足

$$P((X(t+s) = j | X(s) = i) = P((X(t) = j | X(0) = i), \quad \forall s \geqslant 0$$

则该 Markov 链为齐次的。并记 $\mathrm{P}_{ij}(t)$ 为从状态 i 出发经过 t 时间间隔后转移到状态 j 的转移概率，即

$$P_{ij}(t) = P(X(t) = j | X(0) = i)$$

以后讨论中如无特别说明，所讨论的 Markov 链是齐次的。

定义 8.2 (转移概率矩阵) 称由转移概率组成的如下矩阵为转移概率矩阵。

$$\boldsymbol{P}(t) = \{P_{ij}(t)\}_{i,j \in E} = \begin{pmatrix} P_{00}(t) & P_{01}(t) & P_{02}(t) & \cdots \\ P_{10}(t) & P_{11}(t) & P_{12}(t) & \cdots \\ P_{20}(t) & P_{21}(t) & P_{22}(t) & \cdots \\ \vdots & \vdots & \vdots & \ddots \end{pmatrix}$$

其中，矩阵中各元素满足

$$P_{ij}(t) \geqslant 0, \quad i, j \in E$$
$$\sum_{j \in E} P_{ij}(t) = 1$$

例 8.1 (Poisson 过程) 在第 4 章讨论 Poisson 过程时提到过, Poisson 过程是连续时间 Markov 链的典型代表, 状态空间为 $\{0, 1, 2, \cdots\}$, 转移概率为

$$P_{ij}(t) = P(X(t+s) = j | X(s) = i) = \begin{cases} \dfrac{(\lambda t)^{j-i}}{(j-i)!} \exp(-\lambda t), & j \geqslant i \\ 0, & j < i \end{cases}$$

所以转移概率矩阵为

$$\boldsymbol{P}(t) = \begin{pmatrix} 1 & \lambda t & \dfrac{(\lambda t)^2}{2!} & \cdots & \dfrac{(\lambda t)^k}{k!} & \cdots \\ & 1 & \lambda t & \cdots & \dfrac{(\lambda t)^{k-1}}{(k-1)!} & \cdots \\ & & 1 & \cdots & \dfrac{(\lambda t)^{k-2}}{(k-2)!} & \cdots \\ & & & \ddots & \vdots & \\ & 0 & & & 1 & \cdots \\ & & & & & \ddots \end{pmatrix} \exp(-\lambda t)$$

例 8.2 (两状态 Markov 链) 设 $N(t)$ 为参数是 λ 的 Poisson 过程, $X(t)$ 的状态空间为 $\{-1, 1\}$, 定义

$$X(t) = X(0)(-1)^{N(t)}$$

初始状态 $X(0)$ 为取值于 $\{-1, 1\}$、服从两点分布的随机变量, 且与 $N(t)$ 统计独立。称 $X(t)$ 为两状态 Markov 链。

由于

$$X(t+s) = X(0)(-1)^{N(t+s)} = X(0)(-1)^{N(s)}(-1)^{N(t+s)-N(s)} = X(s)(-1)^{N(t+s)-N(s)}$$

所以 $X(t+s)$ 仅依赖于 $X(s)$ 和 $N(t+s) - N(s)$。而 Poisson 过程具有独立增量性, 即 $N(t+s) - N(s)$ 和 $N(s)$ 独立, 进而在给定 $N(s)$ 的条件下 $X(t+s)$ 和 $X(s_k), \cdots, X(s_1), s > s_k \geqslant \cdots \geqslant s_1$ 都独立, 所以 $X(t)$ 是连续时间 Markov 链。有

$$\begin{aligned} P(X(t+s) = 1 | X(s) = -1) &= P((N(t+s) - N(s)) \text{是奇数} | X(s) = -1) \\ &= \frac{1}{2} \exp(-\lambda t) \left[\sum_{k=0}^{\infty} \frac{(\lambda t)^k}{k!} - \sum_{k=0}^{\infty} \frac{(-\lambda t)^k}{k!} \right] \\ &= \frac{1}{2} \exp(-\lambda t)[\exp(\lambda t) - \exp(-\lambda t)] \\ &= \frac{1}{2}(1 - \exp(-2\lambda t)) \end{aligned}$$

同理可得

$$P(X(t+s) = 1 | X(s) = 1) = \frac{1}{2}(1 + \exp(-2\lambda t))$$

所以该链的转移概率矩阵为

$$P(t) = \begin{pmatrix} \dfrac{1}{2}(1 + \exp(-2\lambda t)) & \dfrac{1}{2}(1 - \exp(-2\lambda t)) \\ \dfrac{1}{2}(1 - \exp(-2\lambda t)) & \dfrac{1}{2}(1 + \exp(-2\lambda t)) \end{pmatrix}$$

该链为齐次 Markov 链。

例 8.3 (一致 Markov 链) 设 $\{\xi_n\}_{n=0}^{\infty}$ 为离散时间 Markov 链,状态空间为 E,转移概率矩阵为 $\boldsymbol{K} = \{k_{ij}\}_{i,j \in E}$。设 $N(t)$ 为 Poisson 过程,参数为 λ,$0 \leqslant t_1 < \cdots < t_n < \cdots$ 为 Poisson 事件发生时刻。$\{\xi_n\}_{n=0}^{\infty}$ 和 $N(t)$ 统计独立。定义随机过程 $X(t)$ 为

$$X(t) = \xi_{N(t)}$$

通常称 $X(t)$ 为一致的 Markov 链,称 $N(t)$ 为 $X(t)$ 的时钟,$\{\xi_n\}_{n=0}^{\infty}$ 为 $X(t)$ 的从属链,也称嵌入链。

图 8-1 给出了 $X(t)$ 的一条样本轨道。由图可以看出,任取 $n \geqslant 0$,都有 $X(t_n) = \xi_n$。$X(t)$ 的所有不连续点时刻均有 Poisson 事件出现,但是并不是所有的 Poisson 事件出现的时刻都是 $X(t)$ 的不连续点,原因在于 ξ_n 有转移回自身的可能。图中 t_3 和 t_5 两个时刻 ξ_n 就转回了自身。

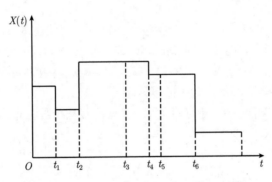

图 8-1 一致 Markov 链的样本轨道示意图

可以证明,$X(t)$ 是齐次连续时间 Markov 链,其转移概率为

$$P_{ij}(t) = \sum_{n=0}^{\infty} \frac{(\lambda t)^n}{n!} \exp(-\lambda t) k_{ij}^{(n)}$$

转移概率矩阵为

$$\boldsymbol{P}(t) = \sum_{n=0}^{\infty} \frac{(\lambda t)^n}{n!} \exp(-\lambda t) \boldsymbol{K}^n = \exp(\lambda(\boldsymbol{K} - \boldsymbol{I})t)$$

对于连续时间 Markov 链,"停留"和"跳变"是两个关键特性。研究"停留"和"跳变"的规律对于掌握连续时间 Markov 链非常重要。

首先考虑"停留"问题。设有状态空间为 E 的连续时间 Markov 链 $X(t)$,$X(0) = i \in E$,从时刻 0 开始计算起,$X(t)$ 停留在状态 i 上的时间为 τ_0。换句话说,如果设 $t_0 = 0$,$X(t)$ 的状态跳变时刻为 $t_1, t_2, t_3, \cdots$ 则停留 (sojourn) 时间定义为 $\tau_k = t_{k+1} - t_k$,且定义

$$g_i(t) = P(\tau_0 > t | X(0) = i)$$

则

$$
\begin{aligned}
g_i(s+t) &= P(\tau_0 > s+t | X(0) = i) = P(X(u) = i, u \leqslant s+t | X_0 = i) \\
&= P(X(u) = i, u \in (s, s+t] | X(u) = i, u \in [0, s]) P(X(u) = i, u \in (0, s] | X(0) = i) \\
&= P(X(u) = i, u \in (s, s+t] | X(s) = i) P(X(u) = i, u \in (0, s] | X(0) = i) \\
&= g_i(t) g_i(s)
\end{aligned}
$$

得到

$$g_i(t) = \exp(-\lambda_i t)$$

换句话说，第一次跳变前，链在起始状态上的停留时间 τ_0 服从指数分布。这是 Markov 性的直接推论。由于链是齐次的，所以对于任意的 k，τ_k 都服从指数分布，只不过对于不同的 k，这些指数分布的参数可能会不同。

对于"跳变"问题，有

$$p_{ij}(\tau_0) = P(X(\tau_0) = j | X(0) = i), \quad j \neq i$$

根据 Markov 性，链下一步转移到哪一个状态和停留在当前状态多长时间 (即 τ_0) 没有关联。

这里不加证明地指出，连续时间 Markov 链具有强 Markov 性。显然，状态跳变时刻 $t_1, t_2, t_3, \cdots$ 都是停时，所以令 $X_n = X(t_n)$，那么 X_n 构成离散时间的 Markov 链，其一步转移概率为 $\{p_{ij}\}$。通常称 $\{X_n\}$ 为 $X(t)$ 的嵌入链。

如果给定嵌入链 $\{X_n\}$，则对于任意的 n，独立的服从指数分布的随机变量 τ_n 的分布仅依赖于 n 时刻的状态 X_n，即

$$
f_{\tau_n}(t | X_n = i) = \left\{
\begin{array}{ll}
\lambda_i \exp(-\lambda_i t), & t \geqslant 0 \\
0, & t < 0
\end{array}
\right.
$$

由此可以看出，一致的 Markov 链是连续时间 Markov 链的一种特例。它的"一致"性就体现在对于每个 τ_n 而言，参数 λ_i 都相同，并不依赖于当前所处的状态。

8.2　Q 矩阵和 Kolmogorov 前进－后退方程

8.2.1　Q 矩阵

和离散的情况相类似，连续时间齐次 Markov 链的转移概率满足如下关系，

$$P_{ij}(t+s) = \sum_{k \in E} P_{ik}(s) P_{kj}(t) \tag{8-2}$$

通常称式 (8-2) 为连续时间的 Chapman-Kolmogorov 方程，简称 C-K 方程。该方程还可以更紧凑地表达为矩阵形式

$$\boldsymbol{P}(t+s) = \boldsymbol{P}(s)\boldsymbol{P}(t), \quad \boldsymbol{P}(0) = \boldsymbol{I} \tag{8-3}$$

和离散时间 Markov 链有所不同的是，式 (8-3) 中的时间 s, t 不是非负整数，所以找不到
"最小"的时间单位 Δ，使得对于所有的 t 都有 $\boldsymbol{P}(t) = \boldsymbol{P}^{t/\Delta}(\Delta)$。这正是连续时间随机过程
的复杂之处。因而需要找到一个能起到相当于离散 Markov 链中一步转移矩阵所起"作用"
的量，并利用它来求解 $\boldsymbol{P}(t)$。为此增加如下条件，

$$\lim_{\Delta t \downarrow 0} \boldsymbol{P}(\Delta t) = \boldsymbol{I} \tag{8-4}$$

即 $\boldsymbol{P}(\Delta t)$ 的每一个元素都在原点处连续。满足这个条件的转移概率通常称为标准的 (stan-
dard) 转移概率。转移概率的标准性可以保证其不仅在原点，而且在任意的 t 处都是连续的，
即

$$\lim_{\Delta t \downarrow 0} \boldsymbol{P}(t + \Delta t) = \boldsymbol{P}(t)$$

标准性的物理概念也非常明显。当转移所需的时间趋于 0 时，不同状态间转移发生的概率
也随之减小，链以接近于 1 的概率停留在原状态。这是由于对于一般物理系统，转移需要消
耗能量，而在瞬间内积聚状态改变所需的能量需要无穷大的功率，这一般情况下是无法达到
的。所以今后如不加说明，所研究的转移概率都是标准的。

利用 C-K 方程和连续性假设式 (8-4) 可以证明，转移概率 $P_{ij}(t)$ 是一致连续且可微的
函数。即有

$$P_{ij}(\Delta t) = P_{ij}(0) + q_{ij}\Delta t + o(\Delta t) = \delta_{ij} + q_{ij}\Delta t + o(\Delta t)$$

这里

$$q_{ii} = \lim_{\Delta t \to 0} \frac{P_{ii}(\Delta t) - 1}{\Delta t} = -q_i, \qquad q_i \geqslant 0$$

$$q_{ij} = \lim_{\Delta t \to 0} \frac{P_{ij}(\Delta t)}{\Delta t}, \quad j \neq i$$

用矩阵形式表示即为

$$\boldsymbol{Q} = \frac{\mathrm{d}}{\mathrm{d}t}\boldsymbol{P}(t)|_{t=0} = \lim_{\Delta t \to 0} \frac{\boldsymbol{P}(\Delta t) - \boldsymbol{I}}{\Delta t}$$

称 q_{ij} 为从状态 i 到状态 j 的转移率 (transition rate)，$\boldsymbol{Q}$ 为转移率矩阵，通常称为 $\boldsymbol{Q}$ 矩阵。
它是对连续时间 Markov 链至关重要的矩阵，其作用相当于离散时间 Markov 链中的一步转
移矩阵。其元素 q_{ij} 满足如下条件

$$q_{ii} = -q_i \leqslant 0$$
$$0 \leqslant q_{ij} < \infty, \qquad i \neq j$$
$$\sum_{j \neq i} q_{ij} \leqslant q_i$$

下面通过计算上一节提到的几个 Markov 链的 $\boldsymbol{Q}$ 矩阵以熟悉这个重要概念。

设 Poisson 过程 $N(t)$ 的参数为 λ，则

$$q_{i,i+1} = \lambda, \quad q_{ii} = -\lambda, \quad q_{ij} = 0, j \neq i, i+1$$

$\boldsymbol{Q}$ 矩阵为

$$Q = \begin{pmatrix} -\lambda & \lambda & & & \\ & -\lambda & \lambda & & \\ & & -\lambda & \lambda & \\ & & & \ddots & \ddots \\ & & & & \ddots \end{pmatrix}$$

两状态 Markov 链的 Q 矩阵为

$$Q = \begin{pmatrix} -\lambda & \lambda \\ \lambda & -\lambda \end{pmatrix}$$

一致 Markov 链的 Q 矩阵为

$$Q = \lambda(K - I) \tag{8-5}$$

即有

$$q_{ij} = \begin{cases} \lambda k_{ij}, & i \neq j \\ -\lambda(1 - k_{ii}), & i = j \end{cases}$$

必须指出，Q 矩阵具有明显的概率含义。前面已经提到过，连续时间 Markov 链的行为可以从它的两个特征"停留"和"跳变"来考察。其中在任何一个状态上"停留"的时间都服从指数分布，而在状态间跳跃的行为则可以用嵌入的离散时间 Markov 链来描述。下面将进一步说明，这些指数分布以及嵌入的离散时间 Markov 链都和 Q 矩阵的概率含义有着密切关系。

首先考虑"停留"时间 $\tau_i = \inf\{t \geqslant 0 : X(t) \neq i, X(0) = i\}$，那么有

$$P(\tau_i \geqslant t | X(0) = i) = P(X(s) = i, 0 < s < t | X(0) = i)$$

$$= P\left(X\left(\frac{kt}{2^n}\right) = i, \forall n, k = 1, 2, \cdots, 2^n - 1 | X(0) = i\right)$$

$$= \lim_{n \to \infty} P\left(X\left(\frac{kt}{2^n}\right) = i, k = 1, 2, \cdots, 2^n - 1 | X(0) = i\right)$$

$$= \lim_{n \to \infty} \left(P_{ii}\left(\frac{t}{2^n}\right)\right)^{2^n - 1}$$

$$= \lim_{n \to \infty} \left(1 - \left(1 - P_{ii}\left(\frac{t}{2^n}\right)\right)\right)^{\frac{1}{1 - P_{ii}(t/2^n)} \frac{1 - P_{ii}(t/2^n)}{t/2^n} \frac{2^n - 1}{2^n} t}$$

$$= \exp(-q_i t) = \exp(q_{ii} t)$$

可见 Q 矩阵的对角线元素 q_{ii} 就是在 i 状态上停留时间所服从的指数分布的参数。计算中忽略了一些数学严格性方面的细节，不过并不妨碍对于 Q 矩阵概率含义的理解。如果 $q_i = \infty$，那么链在状态 i 上几乎不作停留，刚一到达就会立刻离开，称这样的状态为瞬时态。尽管在数学上瞬时态有一定意义，但在实际应用中这种状态很难遇到。所以如果不特别说明，不讨论瞬时态和具有瞬时态的过程。

接着考虑"跳变"行为，有

$$\frac{P_{ij}(\Delta t)}{1 - P_{ii}(\Delta t)} \to \frac{q_{ij}}{q_i}$$

等式左端可以解释为在时间微元 Δt 内离开 i 状态的条件下，转移到 j 状态的条件概率。所以 $\dfrac{q_{ij}}{q_i}$ 表示在离开 i 的一瞬间，转移到状态 j 的概率。它与前面所提到的嵌入链的一步转移概率之间的关系为

$$\frac{q_{ij}}{q_i} = \frac{k_{ij}}{1 - k_{ii}} \tag{8-6}$$

很显然，要使得该概率解释有意义，需要有

$$\sum_{j \in E, j \neq i} \frac{q_{ij}}{q_i} = 1$$

结合瞬时态的讨论，给出如下定义。

定义 8.3 (保守性) 设 $X(t)$ 为连续时间 Markov 链，如果 $\forall i \in E$，都有 $q_i < \infty$，且满足

$$q_i = -q_{ii} = \sum_{j \neq i} q_{ij} \tag{8-7}$$

则称该链是保守 (conservative) 的。

但并不是所有连续时间 Markov 链都满足保守性。事实上，由

$$\sum_{j \in E} P_{ij}(\Delta t) = 1$$

可得

$$\frac{1 - P_{ii}(\Delta t)}{\Delta t} = \sum_{j \neq i} \frac{P_{ij}(\Delta t)}{\Delta t} \tag{8-8}$$

由于链中的状态有可能有无穷多个，所以在式 (8-8) 等号两端令 $\Delta t \to 0$ 时，等号右端的极限与求和的次序不能随意交换。根据 Fatou 引理[20]，一般情况下只能得到

$$q_i = \lim_{\Delta t \to 0} \frac{1 - P_{ii}(\Delta t)}{\Delta t} = \lim_{\Delta t \to 0} \sum_{j \neq i} \frac{P_{ij}(\Delta t)}{\Delta t}$$

$$\geqslant \sum_{j \neq i} \lim_{\Delta t \to 0} \frac{P_{ij}(\Delta t)}{\Delta t} = \sum_{j \neq i} q_{ij}$$

如果满足保守性，则可以保证等号成立，也就是式 (8-7) 成立。

如果链的状态空间是有限的，那么取极限与有限求和的次序总是可以交换的，所以式 (8-7) 一定成立，且 $\forall i$，$q_{ii} < \infty$。所以有限状态的 Markov 链是保守的。

定义 8.4 (正则 Markov 链) 设状态离散、时间连续的 Markov 链 $X(t)$ 发生跳变的时刻为 $t_1, t_2, t_3, \cdots$，停留时间 $\tau_k = t_{k+1} - t_k$，且满足 $\forall i \in E$，

$$P\left(\sum_{k=1}^{\infty} \tau_k < \infty | X(0) = i \right) = 0$$

则称 $X(t)$ 为正则的 (regular)。上式说明，正则的 Markov 链在有限长的时间内只发生有限次跳变。由于实际物理过程中的状态跳变都需要花费能量，在有限长时间内花费无限多能量是不可能的，所以一般的物理过程所对应的 Markov 链都是正则的。

8.2.2　Kolmogorov 前进-后退方程

在实际应用中，往往不是首先得到转移概率 $P_{ij}(t)$，再通过求导得到 $\boldsymbol{Q}$ 矩阵，而是根据物理原理首先得到描述转移概率变化率的 $\boldsymbol{Q}$ 矩阵，然后通过积分得到转移概率。所以在给定 $\boldsymbol{Q}$ 矩阵的前提下，如何得到转移概率就成了连续时间 Markov 链的最为重要的问题，该问题也称为 $\boldsymbol{Q}$ 过程问题。Kolmogorov 前进 - 后退方程是研究 $\boldsymbol{Q}$ 过程问题的基本工具。

首先考虑状态有限的情况，由 C-K 方程得到

$$\frac{\boldsymbol{P}(t+\Delta t)-\boldsymbol{P}(t)}{\Delta t}=\frac{\boldsymbol{P}(t)\boldsymbol{P}(\Delta t)-\boldsymbol{P}(t)}{\Delta t}=\boldsymbol{P}(t)\frac{\boldsymbol{P}(\Delta t)-\boldsymbol{I}}{\Delta t}$$

也可以得到

$$\frac{\boldsymbol{P}(t+\Delta t)-\boldsymbol{P}(t)}{\Delta t}=\frac{\boldsymbol{P}(\Delta t)\boldsymbol{P}(t)-\boldsymbol{P}(t)}{\Delta t}=\frac{\boldsymbol{P}(\Delta t)-\boldsymbol{I}}{\Delta t}\boldsymbol{P}(t)$$

上述两式的等号两端取极限，由于有限状态条件下求和与取极限次序可以交换，所以

$$\frac{\mathrm{d}}{\mathrm{d}t}\boldsymbol{P}(t)=\boldsymbol{P}(t)\boldsymbol{Q} \tag{8-9}$$

$$\frac{\mathrm{d}}{\mathrm{d}t}\boldsymbol{P}(t)=\boldsymbol{Q}\boldsymbol{P}(t) \tag{8-10}$$

把式 (8-9) 写成更加明确的形式

$$\frac{\mathrm{d}}{\mathrm{d}t}P_{ij}(t)=-P_{ij}(t)q_j+\sum_{k\neq j}P_{ik}(t)q_{kj} \tag{8-11}$$

称式 (8-9) 和式 (8-11) 为 Kolmogorov 前进方程。

把式 (8-10) 写成更加明确的形式

$$\frac{\mathrm{d}}{\mathrm{d}t}P_{ij}(t)=-q_iP_{ij}(t)+\sum_{k\neq i}q_{ik}P_{kj}(t) \tag{8-12}$$

称式 (8-10) 和式 (8-12) 为 Kolmogorov 后退方程。

在状态有限的前提下，求解式 (8-9) 和式 (8-10) 并不困难。由于 $\boldsymbol{P}(0)=\boldsymbol{I}$，则

$$\boldsymbol{P}(t)=\boldsymbol{P}(0)\exp(\boldsymbol{Q}t)=\exp(\boldsymbol{Q}t) \tag{8-13}$$

其中的矩阵指数 $\exp(\boldsymbol{A})$ 定义为

$$\exp(\boldsymbol{A})=\sum_{k=0}^{\infty}\frac{A^k}{k!}$$

使用 Jondan 标准型计算矩阵指数比较方便。

例 8.4 (机器维修问题)　设某机器的正常工作时间服从参数为 λ 的指数分布，一旦机器损坏则立刻进行修理，修理时间服从参数为 μ 的指数分布。如果在起始时刻 $t=0$ 机器处于正常工作状态，计算在时刻 T 机器处于工作状态的概率？

这是一个两状态的 Markov 链。设正常工作状态为 0，修理状态为 1，则状态空间为 $\{0,1\}$，在 Δt 时间内，机器从正常状态转入损坏修理状态的概率为

$$P_{01}(\Delta t)=1-\exp(-\lambda\Delta t)=\lambda\Delta t+o(\Delta t)$$

且有 $P_{00}(\Delta t) = 1 - P_{01}(\Delta t)$。另一方面，在 Δt 时间内，机器从修理状态转入正常状态的概率为

$$P_{10}(\Delta t) = 1 - \exp(-\mu\Delta t) = \mu\Delta t + o(\Delta t)$$

且有 $P_{11}(\Delta t) = 1 - P_{10}(\Delta t)$。所以 $\boldsymbol{Q}$ 矩阵为

$$\boldsymbol{Q} = \begin{pmatrix} -\lambda & \lambda \\ \mu & -\mu \end{pmatrix}$$

求 $\boldsymbol{Q}$ 矩阵的特征根，得到

$$\det(s\boldsymbol{I} - \boldsymbol{Q}) = 0 \Rightarrow (s+\lambda)(s+\mu) - \lambda\mu = 0$$

故

$$s_1 = 0, \quad s_2 = -(\lambda+\mu)$$

相应的特征向量为

$$(1,1)^{\mathrm{T}}, \quad \left(-1, \frac{\mu}{\lambda}\right)^{\mathrm{T}}$$

利用式 (8-13) 求解 Kolmogorov 方程，得

$$\boldsymbol{P}(t) = \exp(\boldsymbol{Q}t) = \begin{pmatrix} 1 & -1 \\ 1 & \dfrac{\mu}{\lambda} \end{pmatrix} \begin{pmatrix} 1 & 0 \\ 0 & \exp(-(\lambda+\mu)t) \end{pmatrix} \begin{pmatrix} 1 & -1 \\ 1 & \dfrac{\mu}{\lambda} \end{pmatrix}^{-1}$$

$$= \begin{pmatrix} \dfrac{\mu}{\lambda+\mu} + \dfrac{\lambda}{\lambda+\mu}\exp(-(\lambda+\mu)t) & \dfrac{\lambda}{\lambda+\mu} - \dfrac{\lambda}{\lambda+\mu}\exp(-(\lambda+\mu)t) \\ \dfrac{\mu}{\lambda+\mu} - \dfrac{\lambda}{\lambda+\mu}\exp(-(\lambda+\mu)t) & \dfrac{\lambda}{\lambda+\mu} + \dfrac{\lambda}{\lambda+\mu}\exp(-(\lambda+\mu)t) \end{pmatrix} \tag{8-14}$$

由于机器在时刻 0 正常工作，所以初始概率为 $(1,0)^{\mathrm{T}}$，因此在时刻 T 仍然正常工作的概率为

$$P_0(T) = P_0(0)P_{00}(T) = \frac{\mu}{\lambda+\mu} + \frac{\lambda}{\lambda+\mu}\exp(-(\lambda+\mu)T)$$

从这个例子可知研究连续时间 Markov 链与离散时间 Markov 链的不同。研究离散时间 Markov 链的关键是找一步转移矩阵 $\boldsymbol{P}$，利用它可以计算任意的 n 步转移矩阵 $\boldsymbol{P}^{(n)} = \boldsymbol{P}^n$。而连续时间 Markov 链的研究中，$\boldsymbol{Q}$ 矩阵起着关键的作用，从 $\boldsymbol{Q}$ 矩阵出发，利用求解 Kolmogorov 前进–后退方程可以得到转移矩阵 $\boldsymbol{P}(t)$。而 $\boldsymbol{Q}$ 矩阵本身一般需要通过实际物理模型的具体分析获取。

当状态数目无穷多时，情况比较复杂，问题在于求和与取极限的次序能否被交换。可以证明，对于保守的 Markov 链，后退方程式 (8-12) 总成立。事实上

$$\frac{P_{ij}(t+\Delta t) - P_{ij}(t)}{\Delta t} = \frac{P_{ii}(\Delta t) - 1}{\Delta t}P_{ij}(t) + \sum_{k \neq i}\frac{P_{ik}(\Delta t)}{\Delta t}P_{kj}(t)$$

两端令 $\Delta t \to 0$，使用 Fatou 引理，得到

$$\frac{\mathrm{d}}{\mathrm{d}t}P_{ij}(t) \geqslant \sum_{k \in E} q_{ik}P_{kj}(t)$$

如果在某一个 t 处等号不成立, 则有

$$0 = \frac{\mathrm{d}}{\mathrm{d}t} \sum_{j \in E} P_{ij}(t) \geqslant \sum_{j \in E} \frac{\mathrm{d}}{\mathrm{d}t} P_{ij}(t) > \sum_{j \in E} \sum_{k \in E} q_{ik} P_{kj}(t) = \sum_{k \in E} q_{ik}$$

和保守性矛盾! 因此 Kolmogorov 后退方程成立.

前进方程和后退方程不同, 它的成立需要附加一些条件, 例如

$$q = \sup_{j \in E} q_j < \infty \tag{8-15}$$

此时如果 Δt 充分小, 则

$$0 \leqslant \frac{P_{kj}(\Delta t)}{\Delta t} \leqslant \sum_{k \neq j} \frac{P_{kj}(\Delta t)}{\Delta t} = \frac{1 - P_{jj}(\Delta t)}{\Delta t} \leqslant q_j + \delta \leqslant q + \delta < \infty$$

在下列等式两端同时令 $\Delta t \to 0$,

$$\frac{P_{ij}(t + \Delta t) - P_{ij}(t)}{\Delta t} = P_{ij}(t) \frac{P_{jj}(\Delta t) - 1}{\Delta t} + \sum_{k \neq j} P_{ik}(t) \frac{P_{kj}(\Delta t)}{\Delta t}$$

利用控制收敛定理, 得到

$$\frac{\mathrm{d}}{\mathrm{d}t} P_{ij}(t) = \sum_{k \in \varepsilon} P_{ik}(t) q_{kj}$$

因此在条件式 (8-15) 下, Kolmogorov 前进方程成立.

应当指出, 对于一般的物理模型, 基本上可以保证前进和后退方程的成立, 上面的讨论只是为了逻辑的完整. Kolmogorov 前进 - 后退方程描述的是转移概率 $P_{ij}(t)$ 的变化规律, 如果加上初始时刻的概率分布, 就可以得到描述 Markov 链在任意时刻概率分布的微分方程 ——Fokker-Planck 方程.

设 $p_i(t) = P(X(t) = i)$, $\boldsymbol{p}(t) = (p_0(t), p_1(t), \cdots)$, 则

$$\boldsymbol{p}(t) = \boldsymbol{p}(0) \boldsymbol{P}(t)$$

所以如果 Kolmogorov 前进方程式 (8-9) 成立, 有

$$\frac{\mathrm{d}}{\mathrm{d}t} \boldsymbol{p}(t) = \boldsymbol{p}(0) \frac{\mathrm{d}}{\mathrm{d}t} \boldsymbol{P}(t) = \boldsymbol{p}(0) \boldsymbol{P}(t) \boldsymbol{Q}$$

也就是

$$\frac{\mathrm{d}}{\mathrm{d}t} \boldsymbol{p}(t) = \boldsymbol{p}(t) \boldsymbol{Q} \tag{8-16}$$

通常将式 (8-16) 称为 Fokker-Planck 方程.

8.3　转移概率的极限行为

和离散时间 Markov 链相似, 连续时间 Markov 链转移概率的极限可以给出随机系统进入稳态后的表现. 研究连续时间 Markov 链的极限情况可以从离散时间 Markov 链的相关讨论中得到借鉴.

首先考虑连续时间链的状态间互通性。连续时间链的互通性比离散时间情形简单。现不加证明指出，$\forall i,j$，$P_{ij}(t)$ 的取值只有下列两种可能

$$P_{ij}(t) > 0, \quad \forall t > 0$$

或者

$$P_{ij}(t) = 0, \quad \forall t > 0$$

可以通过"停留"和"跳变"两种行为模式来理解上述结论的合理性。"停留"和"跳变"在 Markov 链的转移行为中各司其职，"停留"决定链在某一个状态上盘桓多长时间，"跳变"则决定下一步向哪里去。而"跳变"完全由嵌入链所刻画。如果在嵌入链中从 i 状态可达 j 状态，那么无论从 i 到 j 的路径上有多少个状态，其数目终究是有限的。可以让链在每一个状态上的停留时间充分短，从而总转移时间满足任意小的要求，同时由于"停留"时间服从指数分布，所以无论多小的概率总是正的，由 C-K 方程知道，总转移概率也是正的。

正如在离散时间情况下做过的那样，可以通过状态之间的相通性对状态进行分类，把相通的状态分为同一类。这样如果所有状态都相通，很自然地引出下面的概念。

定义 8.5 (不可约性)　　如果 $\forall i,j$，都可以找到 t，使得 $P_{ij}(t) > 0$，那么称连续时间 Markov 链 $X(t)$ 是不可约的。

不难理解，连续时间 Markov 链不可约等价于其嵌入链不可约。

在不可约的前提下，连续时间情形下转移概率的渐近性态和平稳分布有密切联系。现仿照离散时间情况给出平稳分布的定义。

定义 8.6 (平稳分布)　　设 Markov 链的转移概率矩阵为 $\boldsymbol{P}(t)$，如果向量 $\boldsymbol{\pi} = \{\pi_k\}_{k=0}^{\infty}$ 满足

$$\pi_k \geqslant 0, \forall k, \quad \sum_{k=0}^{\infty} \pi_k = 1$$

$$\boldsymbol{\pi} = \boldsymbol{\pi}\boldsymbol{P}(t) \tag{8-17}$$

则称 $\boldsymbol{\pi}$ 为该链的平稳分布。

也就是说，如果链的初始分布取为平稳分布，那么任意时刻的分布都是平稳分布。离散时间情形下可以通过一步转移概率矩阵和简单的线性方程组式 (7-49) 来求得平稳分布，连续时间链能否利用 $\boldsymbol{Q}$ 矩阵做到这一点呢，答案是肯定的。

命题 8.1　　向量 $\boldsymbol{\pi}$ 是连续时间 Markov 链的平稳分布的充要条件是

$$\boldsymbol{\pi}\boldsymbol{Q} = \boldsymbol{0} \tag{8-18}$$

该命题的一般性证明比较繁琐，从略。这里对状态有限的情况进行讨论。

$$\boldsymbol{\pi}\boldsymbol{Q} = \boldsymbol{0} \Leftrightarrow \sum_{n=1}^{N} \frac{t^n}{n!} \boldsymbol{\pi}\boldsymbol{Q}^n = \boldsymbol{0} \Leftrightarrow \sum_{n=0}^{N} \frac{t^n}{n!} \boldsymbol{\pi}\boldsymbol{Q}^n = \boldsymbol{\pi} \Leftrightarrow \boldsymbol{\pi}\exp(\boldsymbol{Q}t) = \boldsymbol{\pi} \Leftrightarrow \boldsymbol{\pi}\boldsymbol{P}(t) = \boldsymbol{\pi}$$

例 8.5 (PASTA 性质)　　设 $X(t)$ 为连续时间 Markov 链，$\boldsymbol{P}^X(t)$ 为 $X(t)$ 的转移矩阵；$N(t)$ 为与之独立的 Poisson 过程，参数为 λ，事件发生的时刻为 $T_1, T_2, \cdots$。令 $Y_n = X(T_n)$，很明显 Y_n 是离散时间 Markov 链，试说明 $X(t)$ 的平稳分布同时也是 Y_n 的平稳分布。

令 $\boldsymbol{P}^Y$ 为 $\{Y_n\}$ 的一步转移概率矩阵，由于 Poisson 过程的时间间隔是独立的，且服从指数分布，所以

$$\boldsymbol{P}^Y = \lambda \int_0^\infty \boldsymbol{P}^X(t)\exp(-\lambda t)\mathrm{d}t$$

利用分部积分，得到

$$\boldsymbol{P}^Y = -\exp(-\lambda t)\boldsymbol{P}^X(t)\mid_0^\infty + \int_0^\infty \exp(-\lambda t)\frac{\mathrm{d}}{\mathrm{d}t}\boldsymbol{P}^X(t)\mathrm{d}t$$

利用转移概率的标准性式 (8-4)，以及 Kolmogorov 后退方程，有

$$
\begin{aligned}
\boldsymbol{P}^Y &= \boldsymbol{I} + \int_0^\infty \exp(-\lambda t)\boldsymbol{Q}\boldsymbol{P}^X(t)\mathrm{d}t \\
&= \boldsymbol{I} + \boldsymbol{Q}\int_0^\infty \exp(-\lambda t)\boldsymbol{P}^X(t)\mathrm{d}t \\
&= \boldsymbol{I} + \frac{1}{\lambda}\boldsymbol{Q}\boldsymbol{P}^Y
\end{aligned}
$$

所以，如果 $X(t)$ 存在平稳分布 $\boldsymbol{\pi}$ 满足 $0 = \boldsymbol{\pi Q}$，那么

$$\boldsymbol{\pi P}^Y = \boldsymbol{\pi I} + \boldsymbol{\pi Q P}^Y\frac{1}{\lambda} = \boldsymbol{\pi}$$

因此，$\boldsymbol{\pi}$ 也是 $\{Y_n\}$ 的平稳分布。这个性质通常也称为 PASTA 性质 (Poisson arrival see time average)。请注意 PASTA 性质和一致 Markov 链的内在联系。

到目前为止已经看到，连续时间 Markov 链和离散时间 Markov 链的相似之处非常多。在离散时间情形下取得的不少结果都可以很自然地推广到连续时间情形。不过两者的差异也很明显。特别是，在离散时间 Markov 链中有周期性概念，而在连续时间 Markov 链中不存在状态的周期性，所以转移概率极限的存在性不再会遇到麻烦，现不加证明地给出如下结果。

定理 8.1 (转移概率的极限)　设 $X(t)$ 是不可约的连续时间 Markov 链，如果存在平稳分布 $\boldsymbol{\pi}$，那么

$$\lim_{t\to\infty} P_{ij}(t) = \pi_j, \quad \forall i, j$$

如果不存在平稳分布，那么

$$\lim_{t\to\infty} P_{ij}(t) = 0, \quad \forall i, j$$

事实上，无论平稳分布存在与否，当 $t \to \infty$ 时 $P_{ij}(t)$ 的极限 π_{ij} 总是存在的。而且在不可约的条件下该极限和初始状态无关，即 $\pi_{ij} = \pi_j$。不仅如此，由于

$$\frac{\mathrm{d}}{\mathrm{d}t}\boldsymbol{P}(t) = \boldsymbol{P}(t)\boldsymbol{Q}$$

在等号两端令 $t \to \infty$，得到

$$\boldsymbol{\pi Q} = \boldsymbol{0} \tag{8-19}$$

由于不用考虑极限的存在性, 所以总可以利用方程式 (8-19) 满足收敛性的解来得到转移概率的极限。如果存在平稳分布, 那么式 (8-19) 满足收敛性的非零解恰为转移概率的极限。如果不存在平稳分布, 那么式 (8-19) 所有的非零解的和都发散, 收敛解只有 0, 故而极限就是 0。

例 8.6 (机器维修问题) 考虑例 8.4 中讨论的机器维修问题。在转移概率式 (8-14) 中令 $t \to \infty$,

$$\lim_{t \to \infty} \boldsymbol{P}(t) = \begin{pmatrix} \dfrac{\mu}{\lambda + \mu} & \dfrac{\lambda}{\lambda + \mu} \\ \dfrac{\mu}{\lambda + \mu} & \dfrac{\lambda}{\lambda + \mu} \end{pmatrix}$$

另一方面, 求解式 (8-19), 有

$$(\pi_0, \pi_1) \begin{pmatrix} -\lambda & \lambda \\ \mu & -\mu \end{pmatrix} = 0$$

考虑到 $\pi_0 + \pi_1 = 1$, 得到

$$\pi_0 = \frac{\mu}{\lambda + \mu}, \quad \pi_1 = \frac{\lambda}{\lambda + \mu}$$

两种方法得到的结果是完全一致的。一般说来, 求解 Kolmogorov 前进 - 后退方程这样的微分方程的难度要比求解式 (8-19) 这样的代数方程大得多, 所以讨论系统进入稳态后的情况, 更多地使用式 (8-19) 以降低复杂度。

例 8.7 (一致 Markov 链) 考虑例 8.3 中的一致 Markov 链, 其 $\boldsymbol{Q}$ 矩阵为 $\boldsymbol{Q} = \lambda(\boldsymbol{P} - \boldsymbol{I})$, 所以

$$\boldsymbol{\pi} \boldsymbol{Q} = \lambda(\boldsymbol{\pi} \boldsymbol{P} - \boldsymbol{\pi})$$

换句话说, 一致 Markov 链和它的从属 Markov 链具有相同的平稳分布。 ∎

8.4 瞬时分布的求解

现通过几个重要的连续时间 Markov 链的分析和求解以熟悉计算瞬时概率分布的方法, 主要采用母函数以及 Laplace 变换等方法。而且这些例子还是后面排队问题讨论的基础。

8.4.1 纯生过程

纯生过程 (pure birth processes)$X(t)$ 是 Poisson 过程的一种拓广, 同时又是更一般的生灭过程的特例。Poisson 过程的增长强度 λ 和当前所处的状态无关, 而纯生过程则不然, 它在 $[t, t + \Delta t]$ 时间段内的转移概率满足

$$P(X(t + \Delta t) = k | X(t) = n) = \begin{cases} \lambda_n(t)\Delta t + o(\Delta t), & k = n + 1 \\ o(\Delta t), & k \geqslant n + 2 \\ 0, & k < n \end{cases}$$

其中 $\lambda_n(t)$ 既是 t 的函数, 又是状态 n 的函数。此时过程是非齐次的。如果 $\lambda_n(t) = \lambda_n$, 和 t 无关, 则过程为齐次的。

下面讨论满足齐次条件的纯生过程。设初始分布为 $P(X(0) = m) = 1$, 可得 $\boldsymbol{Q}$ 矩阵为

$$\boldsymbol{Q} = \begin{pmatrix} -\lambda_m & \lambda_m & & & & \\ & -\lambda_{m+1} & \lambda_{m+1} & & & \\ & & \ddots & \ddots & & \\ & & & -\lambda_n & \lambda_n & \\ & & & & \ddots & \ddots \end{pmatrix}$$

在时刻 t 的概率分布 $\boldsymbol{p}(t)$ 满足 Fokker-Planck 方程，

$$\frac{\mathrm{d}}{\mathrm{d}t}\boldsymbol{p}(t) = \boldsymbol{p}(t)\boldsymbol{Q} \tag{8-20}$$

其中 $\boldsymbol{p}(t) = (p_m(t), p_{m+1}(t), \cdots)$，$\boldsymbol{p}(0) = (1, 0, 0, \cdots)$。使用 Laplace 变换方法求解线性微分方程组式 (8-20)，设 $\pi_n(s) = \mathcal{L}\{p_n(t)\}$，则

$$s\pi_m(s) - 1 = -\lambda_m \pi_m(s)$$

$$s\pi_{m+1}(s) = -\lambda_{m+1}\pi_{m+1}(s) + \lambda_m \pi_m(s)$$

$$\vdots$$

$$s\pi_n(s) = -\lambda_n \pi_n(s) + \lambda_{n-1}\pi_{n-1}(s) \quad n > m$$

由此得到

$$\pi_m(s) = \frac{1}{s + \lambda_m}$$

$$\pi_n(s) = \frac{\lambda_{n-1}\lambda_{n-2}\cdots\lambda_m}{(s + \lambda_n)(s + \lambda_{n-1})\cdots(s + \lambda_m)} = \sum_{k=m}^{n} \frac{A_k}{s + \lambda_k}$$

其中

$$A_k = \frac{(-1)^{n-m}\lambda_{n-1}\lambda_{n-2}\cdots\lambda_m}{\displaystyle\prod_{i=m, i\neq k}^{n} (\lambda_k - \lambda_i)}$$

所以

$$p_n(t) = (-1)^{n-m}\lambda_{n-1}\lambda_{n-2}\cdots\lambda_m \sum_{k=m}^{n} \frac{\exp(-\lambda_k t)}{\displaystyle\prod_{i=m, i\neq k}^{n} (\lambda_k - \lambda_i)} \tag{8-21}$$

8.4.2 线性齐次纯生过程

线性齐次纯生过程又称Yule-Furry 过程。考虑某群体成员通过分裂或者其他方式产生新成员，但是没有消亡。每一个成员在 $[t, t + \Delta t]$ 内产生一个新成员的概率为 $\lambda \Delta t + o(\Delta t)$，$\lambda$ 为一常数；产生两个或者两个以上新成员的概率为 $o(\Delta(t))$，确定了群体的增长率。成员之间没有相互作用，即成员产生新成员的行为是相互独立的。设 t 时刻群体数目为 n，那么在 $[t, t + \Delta t]$ 内群体增加一个成员的概率为

$$\binom{n}{1}(\lambda \Delta t + o(\Delta t))(1 - \lambda \Delta t + o(\Delta t))^{n-1} = n\lambda \Delta t + o(\Delta t)$$

产生两个或者两个以上成员的概率为 $o(\Delta t)$，所以 Yule-Furry 过程是齐次纯生过程的特例，其中

$$\lambda_n = n\lambda \tag{8-22}$$

代入式 (8-21)，得到

$$p_n(t) = (-1)^{n-m}(n-1)\lambda(n-2)\lambda \cdots m\lambda \sum_{k=m}^{n} \frac{\exp(-k\lambda t)}{\displaystyle\prod_{i=m,i\neq k}^{n}(k\lambda - i\lambda)} \tag{8-23}$$

其中

$$(n-1)\lambda(n-2)\lambda \cdots m\lambda = \lambda^{n-m}\frac{(n-1)!}{(m-1)!} = (n-m)!\binom{n-1}{m-1}\lambda^{n-m}$$

$$\prod_{i=m,i\neq k}^{n}(k\lambda - i\lambda) = \lambda^{n-m}(-1)^{n-k}(n-k)(n-k-1)\cdots 2\cdot 1(k-m)(k-m-1)\cdots 2\cdot 1$$

$$= \lambda^{n-m}(-1)^{n-k}\frac{(n-k)!(k-m)!}{(n-m)!}(n-m)!$$

$$= \lambda^{n-m}(-1)^{n-k}(n-m)!\binom{n-m}{k-m}^{-1}$$

所以

$$p_n(t) = (-1)^{n-m}\lambda^{n-m}(n-m)!\binom{n-1}{m-1}\sum_{k=m}^{n}\frac{\exp(-k\lambda t)}{(-1)^{n-k}(n-m)!\lambda^{n-m}}\binom{n-m}{k-m}$$

$$= \binom{n-1}{m-1}\sum_{k=m}^{n}(-1)^{k-m}\binom{n-m}{k-m}\exp(-k\lambda t)$$

$$= \binom{n-1}{m-1}\exp(-m\lambda t)\sum_{k=m}^{n}(-1)^{k-m}\binom{n-m}{k-m}\exp(-(k-m)\lambda t)$$

$$= \binom{n-1}{m-1}\exp(-m\lambda t)\sum_{k=0}^{n-m}(-1)^{k}\binom{n-m}{k}\exp(-(k)\lambda t)$$

$$= \binom{n-1}{m-1}\exp(-m\lambda t)(1-\exp(-\lambda t))^{n-m}, \quad n > m$$

下面利用另外一种方法求解 Yule-Furry 过程，该方法也适用于后面例子的讨论。考虑随机变量序列 $\{p_0(t), p_1(t), \cdots, p_n(t), \cdots\}$ 的母函数

$$G(z,t) = \sum_{n=0}^{\infty}p_n(t)z^n$$

如果初始条件为 $X(0) = m$，即 $p_m(0) = 1$，那么当 $n < m$ 时，$p_n(t) = 0$。注意到

$$\frac{\partial G(z,t)}{\partial z} = \sum_{n=0}^{\infty}np_n(t)z^{n-1}$$

由式 (8-20) 和式 (8-22)，得

$$\frac{\mathrm{d}}{\mathrm{d}t}p_n(t) = -n\lambda p_n(t) + (n-1)\lambda p_{n-1}(t)$$

等号两端乘 z^n 并对 n 求和，得到

$$\frac{\partial G(z,t)}{\partial t} + \lambda z(1-z)\frac{\partial G(z,t)}{\partial z} = 0, \quad G(z,0) = z^m \tag{8-24}$$

式 (8-24) 是一阶 (拟) 线性偏微分方程，求解的方法较多。现采用比较简便的特征 (characteristic) 方程，也称为辅助 (auxillary) 方程方法[5]

$$\frac{\mathrm{d}t}{1} = \frac{\mathrm{d}z}{\lambda z(1-z)} = \frac{\mathrm{d}G}{0}$$

得到两个独立的解，

$$G(z,t) = a, \quad \frac{z\exp(-\lambda t)}{1-z} = b, \quad a,b \text{是任意常数}$$

由此可以得到方程式 (8-24) 的解为

$$G(z,t) = f\left(\frac{z}{1-z}\exp(-\lambda(t))\right)$$

考虑初始条件，有

$$z^m = f\left(\frac{z}{1-z}\right) \Rightarrow f(x) = \left(\frac{x}{1+x}\right)^m$$

因此

$$G(z,t) = \left(\frac{z\exp(-\lambda t)}{1-z+z\exp(-\lambda t)}\right)^m$$

对 z 作级数展开，取 z^n 的系数为

$$p_n(t) = \binom{n-1}{m-1}\exp(-m\lambda t)(1-\exp(-\lambda t))^{n-m}, \quad t>0, n>m$$

这是负二项分布。

如果 $m=1$，即群体的初始数目为 1，则

$$p_n(t) = \exp(-\lambda t)(1-\exp(-\lambda t))^{n-1}$$

此时 $p_n(t)$ 服从几何分布，并且

$$E(X(t)) = \sum_{n=0}^{\infty} np_n(t) = \exp(\lambda t)$$

$$\mathrm{Var}(X(t)) = E(X^2(t)) - [E(X(t))]^2 = \exp(\lambda t)(\exp(\lambda t)-1)$$

Yule 于 1924 年研究群体增长的规律，得到了上述结果。Furry 曾经用相同的模型描述和宇宙射线有关的过程，但今天看来这样的模型仍显粗糙。

8.4.3 生灭过程

在通信交换理论、工程可靠性理论、运筹学、管理科学以及流行病传染学等学科中经常遇到这样一类状态离散、时间连续的 Markov 链，它们的共同特点是可以用下面给出的"在时间段 $[t, t + \Delta t]$ 内的转移概率"进行表示

$$P(X(t + \Delta t) = k | X(t) = n) = \begin{cases} \lambda_n(t)\Delta t + o(\Delta t), & k = n + 1 \\ \mu_n(t)\Delta t + o(\Delta t), & k = n - 1 \\ o(\Delta t), & |k - n| \geqslant 2 \end{cases}$$

其中 $\lambda_n(t)$ 和 $\mu_n(t)$ 的形式依赖于具体问题。通常称这类过程为生灭过程 (birth-death processes)。

生灭过程是非常重要的 Markov 链，内容十分丰富，限于篇幅无法展开讨论。这里只讨论齐次线性生灭过程，这种过程在生物种群繁衍、排队理论等方面有广泛的应用。在齐次生灭过程中，$\lambda_n(t)$ 和 $\mu_n(t)$ 满足

$$\lambda_n(t) = \lambda_n, \quad \mu_n(t) = \mu_n$$

所以 $\boldsymbol{Q}$ 矩阵为

$$\boldsymbol{Q} = \begin{pmatrix} -\lambda_0 & \lambda_0 & & & & \\ \mu_1 & -(\lambda_1 + \mu_1) & \lambda_1 & & & \\ & \mu_2 & -(\lambda_2 + \mu_2) & \lambda_2 & & \\ & & \mu_3 & -(\lambda_3 + \mu_3) & \lambda_3 & \\ & & & & \ddots & \ddots \\ & & & \ddots & & \ddots \end{pmatrix}$$

下面讨论线性齐次生灭过程。在该过程中 $\lambda_n = n\lambda$，$\mu_n = n\mu$，这表示简单的出生–消亡过程，λ 和 μ 分别是单个体的出生率和消亡率。事实上，假定在 t 时刻群体的数目为 n，那么在 $[t, t + \Delta t]$ 内群体数目增加 1 的概率为

$$P(X(t + \Delta t) = n + 1 | X(t) = n) = \binom{n}{1} \lambda\Delta t(1 - \lambda\Delta t - \mu\Delta t + o(\Delta t))^{n-1} + o(\Delta t)$$

$$= n\lambda\Delta t + o(\Delta t)$$

在 $[t, t + \Delta t]$ 内群体数目减少 1 的概率为

$$P(X(t + \Delta t) = n - 1 | X(t) = n) = \binom{n}{1} \mu\Delta t(1 - \lambda\Delta t - \mu\Delta t + o(\Delta t))^{n-1} + o(\Delta t)$$

$$= n\mu\Delta t + o(\Delta t)$$

在 $[t, t + \Delta t]$ 内群体数目不变的概率为

$$P(X(t + \Delta t) = n | X(t) = n) = \binom{n}{1}\binom{n-1}{1} \lambda\mu(\Delta t)^2(1 - (\lambda + \mu)\Delta t + o(\Delta t))^{n-2}$$

$$+ (1 - (\lambda + \mu)\Delta t + o(\Delta t))^n + o(\Delta t)$$

$$= 1 - n(\lambda + \mu)\Delta t + o(\Delta t)$$

设初始值为 m, 令 $p_{-1}(t) = 0$, 得到 Fokker-Planck 方程组

$$\frac{\mathrm{d}}{\mathrm{d}t}p_n(t) = (n-1)\lambda p_{n-1}(t) - n(\lambda + \mu)p_n(t) + (n+1)\mu p_{n+1}(t) \tag{8-25}$$

$$p_m(0) = 1 \tag{8-26}$$

使用在线性纯生过程中讨论过的母函数和偏微分方程方法, 设

$$G(z,t) = \sum_{n=0}^{\infty} p_n(t)z^n$$

在式 (8-25) 两端同时乘 z^n, 并对 n 求和, 等式左端得到

$$\sum_{n=0}^{\infty} \frac{\mathrm{d}}{\mathrm{d}t}p_n(t)z^n = \frac{\mathrm{d}}{\mathrm{d}t}\sum_{n=0}^{\infty} p_n(t)z^n = \frac{\partial G(z,t)}{\partial t}$$

等式右端有三项, 分别为

$$\sum_{n=0}^{\infty}(n-1)\lambda p_{n-1}(t)z^n = z^2\lambda\sum_{n=0}^{\infty} np_n(t)z^{n-1} = z^2\lambda\frac{\partial G(z,t)}{\partial z}$$

$$\sum_{n=0}^{\infty} n(\lambda + \mu)p_n(t)z^n = z(\lambda + \mu)\sum_{n=0}^{\infty} np_n(t)z^{n-1} = z(\lambda + \mu)\frac{\partial G(z,t)}{\partial z}$$

$$\sum_{n=0}^{\infty}(n+1)\mu p_{n+1}(t)z^n = \mu\sum_{n=0}^{\infty} np_n(t)z^{n-1} = \mu\frac{\partial G(z,t)}{\partial z}$$

于是得

$$\frac{\partial G(z,t)}{\partial t} + (\lambda z - \mu)(1-z)\frac{\partial G(z,t)}{\partial z} = 0, \quad G(z,0) = z^m \tag{8-27}$$

式 (8-27) 的辅助方程为

$$\frac{\mathrm{d}t}{1} = \frac{\mathrm{d}z}{(\lambda z - \mu)(1-z)} = \frac{\mathrm{d}G}{0}$$

得到两个独立的解

$$G(z,t) = a, \quad \frac{1-z}{\lambda z - \mu}\exp((\lambda-\mu)t) = b, \quad a,b \text{ 是任意常数}$$

于是式 (8-27) 的解为

$$G(z,t) = f\left(\frac{1-z}{\lambda z - \mu}\exp((\lambda-\mu)t)\right) \tag{8-28}$$

考虑初值条件式 (8-26), 得到

$$z^m = f\left(\frac{1-z}{\lambda z - \mu}\right) \Longrightarrow f(x) = \left(\frac{1+\mu x}{1+\lambda x}\right)^m$$

代入式 (8-28), 有

$$G(z,t) = \left(\frac{\mu(1-z) - (\mu - \lambda z)\exp(-(\lambda-\mu)t)}{\lambda(1-z) - (\mu - \lambda z)\exp(-(\lambda-\mu)t)}\right)^m \tag{8-29}$$

为求解方便，对式 (8-29) 进行化简。令

$$\alpha(t) = \frac{\mu(1 - \exp((\lambda - \mu)t))}{\mu - \lambda \exp((\lambda - \mu)t)}, \quad \beta(t) = \frac{\lambda}{\mu}\alpha(t)$$

有

$$G(z,t) = \left(\frac{\alpha(t) + (1 - \alpha(t) - \beta(t))z}{1 - \beta(t)z}\right)^m \tag{8-30}$$

将式 (8-30) 作关于 z 的幂级数展开，

$$(\alpha(t) + (1 - \alpha(t) - \beta(t))z)^m = \sum_{j=0}^{m}\binom{m}{j}\alpha(t)^{m-j}(1 - \alpha(t) - \beta(t))^j z^j \tag{8-31}$$

同时，当 $|\beta(t)z| < 1$ 时，有

$$(1 - \beta(t)z)^{-m} = \sum_{k=0}^{\infty}\binom{-m}{k}(-\beta(t))^k z^k = \sum_{k=0}^{\infty}\binom{m+k-1}{k}\beta(t)^k z^k \tag{8-32}$$

利用式 (8-31) 和式 (8-32) 得到，当 $n \geqslant 1$ 时

$$p_0(t) = [\alpha(t)]^m \tag{8-33}$$

$$p_n(t) = \sum_{j=0}^{\min(m,n)}\binom{m}{j}\binom{m+n-j-1}{n-j}[\alpha(t)]^{m-j}[\beta(t)]^{n-j}(1 - \alpha(t) - \beta(t))^j \tag{8-34}$$

式 (8-33) 和式 (8-34) 给出了线性齐次生灭过程在任意时刻 t 概率分布的公式。下面继续讨论几个相关问题。首先利用母函数求解群体数目的均值和方差，有

$$E(X(t)) = \left.\frac{\partial G(z,t)}{\partial z}\right|_{z=1} = m \exp((\lambda - \mu)t) \tag{8-35}$$

$$\mathrm{Var}(X(t)) = m\left(\frac{\lambda + \mu}{\lambda - \mu}\right)\exp((\lambda - \mu)t)(\exp((\lambda - \mu)t) - 1) \tag{8-36}$$

也可以直接从 Fokker-Planck 方程出发，导出过程均值满足的微分方程并求解。

零状态在生灭过程中处于特殊的地位。它是吸收态，如果链进入零状态则意味着群体的灭种，没有重新繁荣发展的可能。所以灭种概率 $p_0(t)$，特别是当 t 趋于无穷大时灭种概率的渐近性态令人感兴趣。

$$\lim_{t \to \infty} p_0(t) = \lim_{t \to \infty}[\alpha(t)]^m = \lim_{t \to \infty}\left[\frac{\mu(1 - \exp((\lambda - \mu)t))}{\mu - \lambda \exp((\lambda - \mu)t)}\right]^m$$

$$= \begin{cases} 1, & \lambda \leqslant \mu \\ \left(\frac{\mu}{\lambda}\right)^m, & \lambda > \mu \end{cases}$$

注意：当出生率 λ 和消亡率 μ 相等的时候，渐近灭种概率竟然是 1！这和直观有很大出入，因为一般情况下人们都认为如果出生和死亡相抵，那么群体数量将保持均衡，而事实却是群体将趋于灭亡。即便是出生率高于消亡率，如果两者相差不多且初始值较小，灭种的概率仍然非常可观。此外，当 $\lambda = \mu$ 时，均值将始终保持在初始值上，不随时间而改变。可是群体却在以概率 1 走向消亡。

实际应用中比较常见的生灭模型可以按照群体数目增加和减少的不同模式进行分类，即

$$\lambda_n = \lambda, \quad \text{简单迁入}; \quad \lambda_n = n\lambda, \quad \text{简单出生}$$

$$\mu_n = \mu, \quad \text{简单迁出}; \quad \mu_n = n\mu, \quad \text{简单消亡}$$

按照这个分类，Poisson 过程属于简单迁入过程，而上面所讨论的属于简单出生 - 简单消亡过程。作为进一步的例子，考虑简单迁入–简单消亡过程 (immigration-death)。此时 $\lambda_n = \lambda$，$\mu_n = n\mu$。其起始条件为 $p\{X(0) = m\} = 1$，Fokker-Planck 方程为

$$\frac{\mathrm{d}}{\mathrm{d}t} p_n(t) = \lambda p_{n-1}(t) - (\lambda + n\mu) p_n(t) + (n+1)\mu p_{n+1}(t)$$

$$p_m(0) = 1$$

式中 $n = 0, 1, 2, \cdots$，$p_{-1}(t) = 0$。仍旧采用母函数方法，得到偏微分方程

$$\frac{\partial G(z,t)}{\partial t} + \mu(z-1)\frac{\partial G(z,t)}{\partial z} = \lambda(z-1)G(z,t), \quad G(z,0) = z^m \tag{8-37}$$

辅助方程为

$$\frac{\mathrm{d}t}{1} = \frac{\mathrm{d}z}{\mu(z-1)} = \frac{\mathrm{d}G}{\lambda(z-1)G}$$

方程式 (8-37) 的解为

$$G(z,t) = \exp\left(\frac{\lambda}{\mu}z\right) f(\exp(-\mu t)(z-1))$$

通过初值条件确定 f，即

$$\exp\left(\frac{\lambda}{\mu}z\right) f(z-1) = z^m \Longrightarrow f(x) = (x+1)^m \exp\left(-\frac{\lambda}{\mu}(x+1)\right)$$

所以

$$G(z,t) = \exp\left\{\frac{\lambda}{\mu}(z-1)(1-\exp(-\mu t))\right\} (1 + (z-1)\exp(-\mu t))^m$$

值得注意的是，$G(z,t)$ 的渐近行为很有特点，

$$\lim_{t \to \infty} G(z,t) = \exp\left(\frac{\lambda}{\mu}(z-1)\right) \tag{8-38}$$

不仅和初始值 m 无关，而且恰好是标准的 Poisson 分布的母函数。这说明简单迁入 - 简单消亡过程的极限分布是 Poisson 分布。

上面几个例子说明，尽管采用了母函数、偏微分方程、Laplace 变换等有力工具，但是求解连续时间 Markov 链任意时刻 (即非稳态) 的瞬时概率分布仍然非常复杂。一些很常见的模型往往也不易计算。例如简单迁入 - 简单迁出模型 (后面将知道这是最基本的排队模型——M/M/1)，其 Fokker-Planck 方程为

$$\frac{\mathrm{d}}{\mathrm{d}t} p_0(t) = -\lambda p_0(t) + \mu p_1(t) \tag{8-39}$$

$$\frac{\mathrm{d}}{\mathrm{d}t} p_n(t) = \lambda p_{n-1}(t) - (\lambda + \mu) p_n(t) + \mu p_{n+1}(t) \tag{8-40}$$

$$p_m(0) = 1$$

注意，方程式 (8-39) 的形式比较特殊，它不能简单地通过在式 (8-40) 中令 $n = 0$，$p_{-1}(t) = 0$ 得到。所以表面上看起来这两个方程和前面处理过的模型没有什么特别，可实际上式 (8-39) 和式 (8-40) 的求解更加困难。正因为如此，很多情况下人们转而关注 Markov 链进入稳态后的情况，也就是计算 Markov 链的极限概率，从而避开对瞬时概率的求解，同时又不妨碍对问题本质的把握。

8.5 瞬时分布的极限

由定理 8.1 知道，对于不可约连续时间 Markov 链，当 $t \to \infty$ 时，其转移概率 $P_{ij}(t)$ 一定存在初始状态无关的极限 π_j，该极限满足方程式 (8-19)。可以利用求解方程式 (8-19) 的收敛解以得到转移概率的极限。设 $p_j(t)$ 为瞬时分布，利用控制收敛定理有

$$p_j = \lim_{t \to \infty} p_j(t) = \lim_{t \to \infty} \sum_{i \in E} P(X(0) = i) P_{ij}(t) = \sum_{i \in E} P(X(0) = i) \lim_{t \to \infty} P_{ij}(t)$$

$$= \pi_j \sum_{i \in E} P(X(0) = i) = \pi_j$$

也就是说，瞬时分布和转移概率具有相同的极限。该极限满足

$$\boldsymbol{p}\boldsymbol{Q} = 0, \quad \boldsymbol{p} = (p_0, p_1, \cdots) \tag{8-41}$$

考虑一般的齐次生灭过程。设瞬时分布极限为 $\{p_n\}_{n=0}^{\infty}$，由式 (8-41) 有

$$0 = \lambda_{n-1} p_{n-1} - (\lambda_n + \mu_n) p_n + \mu_{n+1} p_{n+1}, \quad n = 0, 1, 2, \cdots \tag{8-42}$$

这里规定 $p_{-1} = 0$ 且 $\mu_0 = 0$，它符合物理直观，因为当群体数目为 0 时，不可能继续减少。于是式 (8-42) 当 $n = 0$ 时有

$$-\lambda_0 p_0 + \mu_1 p_1 = 0 \Longrightarrow p_1 = \frac{\lambda_0}{\mu_1} p_0$$

将式 (8-42) 改写成如下形式

$$\mu_{n+1} p_{n+1} - \lambda_n p_n = \mu_n p_n - \lambda_{n-1} p_{n-1}$$

递推得到

$$\mu_{n+1} p_{n+1} - \lambda_n p_n = \cdots = \mu_1 p_1 - \lambda_0 p_0 = 0$$

即有

$$p_n = \frac{\lambda_{n-1}}{\mu_n} p_{n-1} = \cdots = \frac{\lambda_{n-1} \lambda_{n-2} \cdots \lambda_1 \lambda_0}{\mu_n \mu_{n-1} \cdots \mu_2 \mu_1} p_0 \tag{8-43}$$

如果满足

$$\sum_{n=0}^{\infty} p_n < \infty$$

即满足

$$1 + \sum_{n=1}^{\infty} \frac{\lambda_{n-1} \lambda_{n-2} \cdots \lambda_1 \lambda_0}{\mu_n \mu_{n-1} \cdots \mu_2 \mu_1} < \infty \tag{8-44}$$

则链具有平稳分布，瞬时分布的极限恰为此平稳分布。

$$p_n = \left(1 + \sum_{n=1}^{\infty} \frac{\lambda_{n-1}\lambda_{n-2}\cdots\lambda_1\lambda_0}{\mu_n\mu_{n-1}\cdots\mu_2\mu_1}\right)^{-1} \frac{\lambda_{n-1}\lambda_{n-2}\cdots\lambda_1\lambda_0}{\mu_n\mu_{n-1}\cdots\mu_2\mu_1}$$

而如果

$$\sum_{n=0}^{\infty} p_n = \infty$$

那么过程不存在平稳分布，瞬时分布的极限为 0。

式 (8-42) 可以用图 8-2 表示。

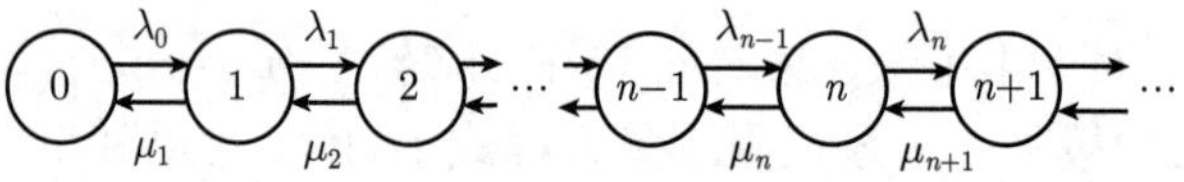

图 8-2　状态转移示意图

图中圆表示过程所处的状态，圆中的数字为状态标识，箭头表示状态间的转移关系，箭头上的符号 $\lambda_0, \lambda_1, \cdots, \mu_0, \mu_1, \cdots$ 表示转移率。式 (8-42) 所表示的关系说明了链的统计平衡，即流入 n 状态的平均转移率和流出 n 状态的平均转移率相同，这样就可以利用状态转移率图写出 Markov 链进入平稳后它的平稳分布所满足的线性方程组。

上述一般性结果可以用于若干特殊情形。如果 $\lambda_n = \lambda$，$\mu_n = n\mu$，则得到简单迁入–简单消亡过程，式 (8-44) 中的级数为

$$1 + \sum_{n=1}^{\infty} \frac{\lambda_{n-1}\lambda_{n-2}\cdots\lambda_1\lambda_0}{\mu_n\mu_{n-1}\cdots\mu_2\mu_1} = 1 + \sum_{n=1}^{\infty} \frac{1}{n!}\left(\frac{\lambda}{\mu}\right)^n = \exp\left(\frac{\lambda}{\mu}\right)$$

该级数总是收敛的，过程的平稳分布为

$$p_n = \frac{\alpha^n}{n!}\exp(-\alpha), \quad \alpha = \frac{\lambda}{\mu}$$

恰好是 Poisson 分布，这和式 (8-38) 中得到的结果是一致的。

如果 $\lambda_n = \lambda$，$\mu_n = \mu$，则为简单迁入–简单迁出过程，这种情况下瞬时概率的求解比较困难。可是瞬时概率的极限却很容易得到。

$$1 + \sum_{n=1}^{\infty} \frac{\lambda_{n-1}\lambda_{n-2}\cdots\lambda_1\lambda_0}{\mu_n\mu_{n-1}\cdots\mu_2\mu_1} = \sum_{n=0}^{\infty}\left(\frac{\lambda}{\mu}\right)^n$$

立刻可知，如果 $\lambda < \mu$，级数收敛，过程存在平稳分布，

$$p_n = \alpha^n(1-\alpha), \quad \alpha = \frac{\lambda}{\mu} \tag{8-45}$$

如果 $\lambda \geqslant \mu$，级数发散，过程不存在平稳分布，瞬时分布的极限为 0。

8.6　排队和服务问题

在日常生活中时常遇到排队现象，例如商店中等候购物的顾客、电话交换中等待转接的呼叫、网络交换中等待转发的数据包等。这些现象有十分明显的共性特征。首先是所有的排队问题都有两个要素：顾客、服务设施 (简称服务台)。排队问题中的顾客和服务台都是广义

概念, 泛指等待处理的事物和处理事物的机制。例如在电话交换问题中, 顾客为到达交换设备的呼叫, 服务台就是交换设备, 顾客按照某种规律到达服务台前, 排队等待服务, 这就构成了排队问题的基本模式。

任何排队问题都包括三个重要的历程: 到达过程、等待过程、服务过程。三个过程都蕴含随机因素。其中到达过程可以用随机点过程来描述。原因在于顾客通常被认为是离散的, 排队的长度也普遍取非负整数值, 而顾客的到达时间被认为可以取任何非负实数, 即为连续的随机变量。所以 Poisson 过程、Poisson 过程的拓广、更新过程以及更一般的点过程模型都常常被用于描述排队问题的到达过程。

等待过程需要遵循一定的规则, 比如如果顾客到达时服务台空闲, 那么顾客应立刻接受服务; 如果服务台忙, 那么顾客应开始排队, 并且在不同的实际背景下还有排一条队和排多条队的分别, 如果顾客不愿排队, 可以选择离开; 如果队列长度有限制, 那么在队列长度达到上限后到达的顾客必须自动离去; 当服务台数目多于一个时, 还可能有一些复杂的规则来决定顾客在哪一个服务台接受服务。

服务过程有两点值得注意。首先是当某个服务台空闲且队列非空时, 如何选择下一个服务对象。通常采取的原则是先到先服务 (FIFO)。但在很多实际问题中情况会更复杂, 例如顾客可能有不同的优先级, 服务资源的分配可能采取不同的抢占策略等。其次是服务时间, 它一般是某类连续分布随机变量。注意到顾客从服务台接受完服务后离开的情况和到达过程非常相似, 都可以用点过程进行描述, 而服务时间在其中又起着重要作用, 所以从某种程度上讲, 到达过程和服务过程以及到达的时间间隔和服务台的服务时间之间存在着某些相似之处。

这里介绍被广泛使用的排队服务系统分类记号, 该记号体系是由英国统计学家 D.G. Kendall 引入的。用 M 表示具有 Markov 性的过程, 例如 Poisson 过程; G 表示一般性的过程, 不一定具有 Markov 性; D 表示固定间隔的点过程。每一种排队模型的记号由 '/' 隔开的三部分组成, 第一部分代表输入过程的特性, 第二部分代表服务过程的特性, 第三部分代表服务台的个数。例如 M/M/s 就表示输入过程为 Poisson 过程, 顾客到达间隔为指数分布; 服务台的服务时间也为指数分布, 有 s 个服务台在工作。M/G/1 表示顾客到达服从 Poisson 过程, 服务台的服务时间服从一般性的分布, 只有一个服务台。

排队和服务问题所包含的内容非常广, 限于篇幅, 只讨论和 Markov 链有关的问题, 研究的对象包括以下几个方面:

(1) 服务系统中顾客的平均数;

(2) 服务系统中等待服务的顾客的平均数;

(3) 顾客在服务系统中所花费时间的平均值;

(4) 顾客在服务系统中用于排队等候的时间的平均值。

应当指出, 多数情况下所关心的问题不在于排队系统的瞬时变化, 而在于系统进入稳态后的情况。这一点可以从上面 4 个问题中共有的 "平均值" 看出来。所以解决上述问题的关键是排队服务系统的队列长度的极限分布。

8.6.1 M/M/1

M/M/1 模型的到达过程为 Poisson 过程, 设其参数 —— 顾客流到达强度为 λ。仅有一个服务台, 服务时间服从指数分布, 参数为 μ。这意味着如果把队列长度 $X(t)$ 看作随机过程，则它是连续时间 Markov 链，可以用线性齐次生灭过程进行描述，其中 $\lambda_n = \lambda$, $\mu_n = \mu$。

(1) 队列长度无限制

在没有队列长度限制的情况下考虑其瞬时分布的极限，由式 (8-45) 知，如果 $\lambda < \mu$，那么过程存在极限分布

$$p_n = \left(\frac{\lambda}{\mu}\right)^n \left(1 - \frac{\lambda}{\mu}\right) \tag{8-46}$$

这也很符合直观。如果顾客到达的强度高于服务台的服务速率，$\lambda > \mu$，那么队列将无限制地增长，系统始终无法进入平稳状态。

当 $\lambda < \mu$ 系统进入平稳后，系统中出现 n 个顾客的概率为 p_n，所以系统中顾客的平均数为

$$L = \sum_{n=0}^{\infty} n p_n = \sum_{n=0}^{\infty} n \left(\frac{\lambda}{\mu}\right)^n \left(1 - \frac{\lambda}{\mu}\right) = \frac{\lambda}{\mu - \lambda} \tag{8-47}$$

这 n 个顾客中，1 人正在接受服务，剩下 $n-1$ 人在排队等候，所以等候的平均人数为

$$L_Q = \sum_{n=1}^{\infty} (n-1) p_n = L - (1 - p_0) = \frac{\lambda}{\mu - \lambda} - \frac{\lambda}{\mu} = \frac{\lambda^2}{\mu(\mu - \lambda)} \tag{8-48}$$

当顾客到达时有顾客正在接受服务，由于指数分布的无记忆性，所以从顾客的到达时刻算起，正在接受服务的顾客还要被服务的时间仍然服从指数分布，且参数没有变化。所以如果顾客到达时系统中有 n 个顾客，那么该顾客逗留在系统的平均时间 T_n 和排队等候的平均时间 T_n^Q 分别为

$$T_n = \frac{n+1}{\mu}, \quad T_n^Q = \frac{n}{\mu}$$

于是，顾客在系统中的平均逗留时间 W 以及排队等候的平均时间 W_Q 分别为

$$W = \sum_{n=0}^{\infty} T_n p_n = \sum_{n=0}^{\infty} \frac{n+1}{\mu} p_n = \frac{L}{\mu} + \frac{1}{\mu} = \frac{1}{\mu - \lambda} \tag{8-49}$$

$$W_Q = \sum_{n=0}^{\infty} T_n^Q p_n = \sum_{n=0}^{\infty} \frac{n}{\mu} p_n = \frac{L}{\mu} = \frac{\lambda}{\mu(\mu - \lambda)} \tag{8-50}$$

(2) 队列长度受限

如果队列长度有限制，假定队列长度不可以超过 N，那么状态空间为 $\{0, 1, \cdots, N\}$，共有 $N+1$ 个状态。如果顾客到达时队伍中已经有 N 个顾客，说明队列已满，新来的顾客将自动离去。此时过程的平稳分布满足

$$\lambda p_0 = \mu p_1$$
$$(\lambda + \mu) p_k = \lambda p_{k-1} + \mu p_{k+1}, \quad 1 \leqslant k \leqslant N-1$$
$$\lambda p_{N-1} = \mu p_N$$

由于状态有限，所以不存在级数收敛的问题，无须再假定 $\lambda < \mu$，于是

$$p_1 = \frac{\lambda}{\mu}p_0$$

$$p_k = \frac{\lambda}{\mu}p_{k-1} = \cdots = \left(\frac{\lambda}{\mu}\right)^k p_0, \quad 1 \leqslant k \leqslant N-1$$

$$p_N = \frac{\lambda}{\mu}p_{N-1} = \left(\frac{\lambda}{\mu}\right)^N p_0$$

由

$$1 = \sum_{k=0}^{N} p_n = p_0 \left[1 + \frac{\lambda}{\mu} + \cdots + \left(\frac{\lambda}{\mu}\right)^N\right] = p_0 \frac{1 - \left(\frac{\lambda}{\mu}\right)^{N+1}}{1 - \frac{\lambda}{\mu}}$$

得到

$$p_0 = \frac{1 - \frac{\lambda}{\mu}}{1 - \left(\frac{\lambda}{\mu}\right)^{N+1}} \tag{8-51}$$

$$p_k = \left(\frac{\lambda}{\mu}\right)^k \frac{1 - \frac{\lambda}{\mu}}{1 - \left(\frac{\lambda}{\mu}\right)^{N+1}}, \quad k = 1, 2, \cdots, N \tag{8-52}$$

系统中顾客的平均数为

$$L = \sum_{k=0}^{N} kp_k = \frac{1 - \frac{\lambda}{\mu}}{1 - \left(\frac{\lambda}{\mu}\right)^{N+1}} \sum_{k=1}^{N} k\left(\frac{\lambda}{\mu}\right)^k = \frac{\lambda}{\mu - \lambda} \frac{1 - (N+1)\left(\frac{\lambda}{\mu}\right)^N + N\left(\frac{\lambda}{\mu}\right)^{N+1}}{1 - \left(\frac{\lambda}{\mu}\right)^{N+1}} \tag{8-53}$$

其中排队等待的顾客平均数为

$$L_Q = \sum_{k=1}^{N} (k-1)p_k = L - \sum_{k=1}^{N} p_k = L - (1 - p_0)$$

计算顾客的平均逗留时间时有一个问题需要注意：有些顾客到达服务台时发现队列已满，会立即自动离去，这一部分顾客的逗留时间为 0。顾客遇到队列满的概率是 p_N，此时顾客所花费的时间为 0。把这一部分顾客计算在内时得到的平均逗留时间记为 $W^{(1)}$，不计算这一部分顾客时得到的平均逗留时间为 $W^{(2)}$，则

$$W^{(1)} = \sum_{k=0}^{N-1} \frac{k+1}{\mu} p_k = \frac{1}{\mu}\left(\sum_{k=0}^{N-1} kp_k + \sum_{k=0}^{N-1} p_k\right) = \frac{L - (N+1)p_N + 1}{\mu} \tag{8-54}$$

注意在式 (8-54) 中求和的上限为 $N-1$ 而不是 N，这是因为 $k = N$ 时到达的顾客在系统中逗留的时间为 0。上式中 L 和 p_N 分别由式 (8-53) 和式 (8-52) 确定。

计算 $W^{(2)}$ 时只考虑进入系统的顾客, 那些到达时发现系统队列已满, 立刻离去的顾客不计在内。所以需要对队列长度服从的概率进行归一化。

$$W^{(2)} = \sum_{k=0}^{N-1} \frac{k+1}{\mu} \frac{p_k}{1-p_N} = \frac{W^{(1)}}{1-p_N} = \frac{L-(N+1)p_N+1}{\mu(1-p_N)} \tag{8-55}$$

其中 $p_k/(1-p_N)$ 是已知队列长度小于 N 的条件下, 队列长度为 k 的条件概率。所以式 (8-55) 计算的实际上是条件期望, 即已知顾客一定能够进入队列的条件下, 在系统中逗留的平均时间。针对这两种情况, 请自行计算平均的排队等候时间 $W_Q^{(1)}$ 和 $W_Q^{(2)}$。

(3) 里特尔 (Little) 公式 $L = \lambda W$

通过对式 (8-47) 与式 (8-49), 式 (8-48) 与式 (8-50) 两对公式的观察, 可以发现

$$L = \frac{\lambda}{\mu-\lambda} = \lambda W \tag{8-56}$$

$$L_Q = \frac{\lambda^2}{\mu(\mu-\lambda)} = \lambda W_Q \tag{8-57}$$

式 (8-56) 和式 (8-57) 虽然是通过对特殊的排队模型进行分析的结果, 似乎具有一定的偶然性, 但实际上如果给一点恰当的说明, 这两式具有非常大的普遍意义, 几乎对所有的排队问题都是正确的。这两个关系式说明, 系统中顾客的平均数目等于顾客的到达率乘以顾客在系统中的平均逗留时间; 系统中排队等候的平均顾客数等于顾客的到达率乘以顾客的平均排队等候时间。

考察公式 $L = \lambda W$ 是否适用于队列长度受限的 M/M/1。由式 (8-54) 有

$$W^{(1)} = \frac{L-(N+1)p_N+1}{\mu} = \frac{1}{\mu}\left[L-(N+1)\left(\frac{\lambda}{\mu}\right)^N \frac{1-\frac{\lambda}{\mu}}{1-\left(\frac{\lambda}{\mu}\right)^{N+1}}+1\right]$$

$$= \left[L+\frac{[1-\left(\frac{\lambda}{\mu}\right)^{N+1}-(N+1)\left(\frac{\lambda}{\mu}\right)^N+(N+1)\left(\frac{\lambda}{\mu}\right)^{N+1}]}{1-\left(\frac{\lambda}{\mu}\right)^{N+1}}\right]\frac{1}{\mu}$$

$$= \frac{L+\frac{\mu-\lambda}{\lambda}L}{\mu} = \frac{1}{\lambda}L$$

即

$$L = \lambda W^{(1)}$$

计算 $W^{(2)}$ 时只考虑了进入系统的顾客, 所以需要对到达率加一点说明。顾客到达服务台后以概率 p_N 立刻离开, 以概率 $1-p_N$ 进入系统开始排队, 根据 Poisson 过程的分析, 进入系统的顾客仍然服从 Poisson 过程, 参数变为 $\lambda(1-p_N)$。换句话说, 此时的到达率应为 $\lambda(1-p_N)$。由式 (8-55) 得到

$$W^{(2)} = \frac{W^{(1)}}{1-p_N} = \frac{L}{\lambda(1-p_N)}$$

即有

$$L = [\lambda(1 - p_N)]W^{(2)} = \lambda_2 W^{(2)}$$

其中 λ_2 为实际进入系统的顾客的到达率。可知对到达率进行适当说明后，公式 $L = \lambda W$ 对于队长受限的 M/M/1 仍然适用。请自行验证

$$L_Q = \lambda W_Q^{(1)}, \quad L_Q = \lambda_2 W_Q^{(2)}$$

综上所述，关系式

$$L = \lambda_A W \tag{8-58}$$

$$L_Q = \lambda_A W_Q \tag{8-59}$$

是排队服务问题的基本公式，通常称为里特尔 (Little) 公式。其中的 λ_A 是顾客流到达率，在不同的场合有不同的含义。

下面从宏观的角度对式 (8-58) 和式 (8-59) 进行说明。当排队系统进入稳态后，取一个充分大的时间间隔 T，从两个方面计算 T 时间内系统内所有顾客逗留的总平均时间。首先由于系统已经平稳，系统中的平均顾客数为 L，所以在 T 时间内系统中的所有顾客逗留的总平均时间为 LT；另一方面，每一个顾客在系统中的平均逗留时间为 W，而 T 时间内到达顾客的平均数目为 λT，所以所有顾客逗留的总平均时间为 λWT，因而有

$$LT = \lambda WT \Longrightarrow L = \lambda W$$

(4) 成批到达的情况

考虑排队系统的到达过程为成批到达 (batch arrival)，每一批有 b 个顾客，$[0,t]$ 内到达的批次服从参数为 λ 的 Poisson 分布。服务台仍只有一个，且服务时间服从参数为 μ 的指数分布。队列长度没有限制。这是普通 M/M/1 模型的拓广。首先给出本链的 Q 矩阵及其状态转移图 (见图 8-3)。

$$Q = \begin{pmatrix} -\lambda & & & & \lambda & & \\ \mu & -(\lambda+\mu) & & & & \lambda & \\ & \mu & -(\lambda+\mu) & & & & \lambda \\ & & \ddots & \ddots & & & \ddots \end{pmatrix}$$

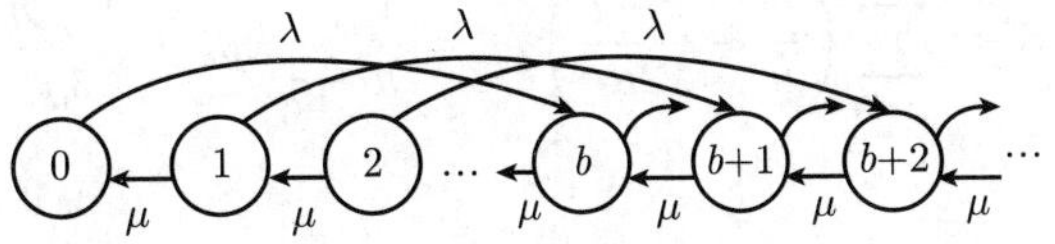

图 8-3 状态转移示意图

然后写出平稳分布满足的方程

$$\lambda p_0 = \mu p_1 \tag{8-60}$$

$$(\lambda + \mu)p_k = \lambda p_{k-b} + \mu p_{k+1}, \quad k \geqslant 1 \tag{8-61}$$

这里规定 $p_k = 0, k < 0$。该方程组的求解比较复杂，故采用母函数方法求解。设

$$G(z) = \sum_{k=0}^{\infty} p_k z^k$$

在式 (8-60) 两端同时乘以 z^0, 式 (8-61) 两端同时乘以 $z^k, k = 1, 2, \cdots$ 再相加, 得到

$$(\lambda + \mu) \sum_{k=0}^{\infty} p_k z^k - \mu p_0 = \mu p_1 + \lambda \sum_{k=1}^{\infty} p_{k-b} z^k + \mu \sum_{k=1}^{\infty} p_{k+1} z^k$$

$$= \lambda z^b \sum_{k=0}^{\infty} p_k z^k + \frac{\mu}{z} \left(\sum_{k=0}^{\infty} p_k z^k - p_0 - p_1 z \right) + \mu p_1$$

所以

$$G(z) = \frac{\mu p_0 (z-1)}{(\lambda + \mu) z - \lambda z^{b+1} - \mu}$$

由于 $G(1) = 1$, 利用洛必达法则, 有

$$1 = \lim_{z \to 1} G(z) = \frac{\mu p_0}{(\lambda + \mu) - \lambda(b+1)}$$

解出

$$p_0 = 1 - b \frac{\lambda}{\mu}$$

令 $\rho = b\lambda/\mu$, 则

$$G(z) = \frac{(1-\rho)(1-z)}{\left(1 + \frac{\rho}{b} z^{b+1} \right) - \left(1 + \frac{\rho}{b} \right) z} \tag{8-62}$$

从而可知, 系统达到稳态的条件是 $\rho < 1$。

由于顾客是成批到达, 同一批内的顾客逗留时间各不相同。设同一批顾客按照某种次序接受服务, 则依照该次序的第 m 个顾客需要等待前面的 $m-1$ 个顾客服务完毕后才可以接受服务, 再加上自身的服务时间, 该顾客在同一批次内所导致的平均逗留时间为 m/μ, 所以同一批的 b 个顾客的平均逗留时间为 $(b+1)/(2\mu)$。如果设该批顾客到达时, 系统内已经有 k 个顾客, 则此条件下该批顾客的平均逗留时间为

$$\frac{k}{\mu} + \frac{1+b}{2\mu} \tag{8-63}$$

现在可以计算顾客在系统中的平均逗留时间 W 以及平均排队时间 W_Q, 有

$$W = \sum_{k=0}^{\infty} \left(\frac{k}{\mu} + \frac{1+b}{2\mu} \right) p_k = \frac{1}{\mu} \sum_{k=0}^{\infty} k p_k + \frac{1+b}{2\mu}$$

所以

$$W = \frac{1}{\mu} L + \frac{1+b}{2\mu} = \frac{1}{\mu} \left. \frac{\mathrm{d}}{\mathrm{d}z} G(z) \right|_{z=1} + \frac{1+b}{2\mu} \tag{8-64}$$

连续使用洛必达法则, 得

$$\left. \frac{\mathrm{d}}{\mathrm{d}z} G(z) \right|_{z=1} = \lim_{z \to 1} \frac{-(1-\rho)\left(1 + \frac{\rho}{b} z^{b+1} - \left(1 + \frac{\rho}{b} \right) z \right) - (1-\rho)(1-z)\left((b+1)\frac{\rho}{b} z^b - \left(1 + \frac{\rho}{b} \right) \right)}{\left(1 + \frac{\rho}{b} z^{b+1} - \left(1 + \frac{\rho}{b} \right) z \right)^2}$$

$$= \lim_{z \to 1} \frac{(1-\rho)(b+1)\rho z^{b-1}(z-1)}{2 \left(1 + \frac{\rho}{b} z^{b+1} - \left(1 + \frac{\rho}{b} \right) z \right) \left(\rho z^b - 1 + \frac{\rho}{b}(z^b - 1) \right)}$$

$$= \lim_{z \to 1} \frac{(1-\rho)(b+1)\rho(bz^{b-1} - (b-1)z^{b-2})}{2\left(\rho z^b - 1 + \frac{\rho}{b}(z^b - 1)\right)^2}$$

$$= \frac{(1-\rho)(b+1)\rho}{2(\rho-1)^2} = \frac{(b+1)\rho}{2(1-\rho)}$$

因此

$$W = \frac{1}{\mu}\frac{(b+1)\rho}{2(1-\rho)} + \frac{1+b}{2\mu} = \frac{b+1}{2\mu(1-\rho)} = \frac{b+1}{2(\mu-b\lambda)} \tag{8-65}$$

利用母函数的计算仍是相当繁琐的。如果转而利用 Little 公式进行计算，那么可以简化求解过程。由式 (8-64) 中第一个等式可以得到

$$W = \frac{1}{\mu}L + \frac{1+b}{2\mu} = \frac{1}{\mu}\lambda_A W + \frac{1+b}{2\mu}$$

由于顾客是成批到达，因此 $\lambda_A = b\lambda$，有

$$W = \frac{b\lambda}{\mu}W + \frac{1}{2\mu}(1+b) = \rho W + \frac{1}{2\mu}(1+b)$$

解得

$$W = \frac{b+1}{2\mu(1-\rho)} = \frac{b+1}{2(\mu-b\lambda)} \tag{8-66}$$

可见利用 Little 公式得到的结果和利用母函数直接计算所得到的式 (8-65) 是完全一致的，使用 Little 公式进行计算要简单得多。

8.6.2 M/M/s

如果服务台个数为 s，且 $s > 1$，那么尽管到达过程和 M/M/1 相同，服务过程却和 M/M/1 不同。仍以系统中的顾客数 n 作为 Markov 链的状态，状态空间为非负整数集合，假定各服务台的工作统计独立，则当 $n < s$ 时，服务台有空闲，实际工作的服务台个数为 n，此时顾客离开系统的速率为 $\mu_n = n\mu$。当 $n \geqslant s$ 时，所有 s 个服务台均在工作，顾客中有 $n - s$ 个在排队等待，顾客离开系统的速率为 $\mu_n = s\mu$。即 M/M/s 模型仍是生灭过程模型。

$$\lambda_n = \lambda \tag{8-67}$$

$$\mu_n = \begin{cases} n\mu, & n \leqslant s \\ s\mu, & n > s \end{cases} \tag{8-68}$$

(1) 队列长度无限

如果队列长度无限，过程的状态空间为 $\{0, 1, 2, \cdots\}$，利用式 (8-43) 得到

$$p_n = \frac{1}{n!}\left(\frac{\lambda}{\mu}\right)^n p_0, \quad n \leqslant s \tag{8-69}$$

$$p_n = \frac{1}{s! s^{n-s}}\left(\frac{\lambda}{\mu}\right)^n p_0, \quad n \geqslant s \tag{8-70}$$

若平稳分布存在，即要求下列级数收敛

$$\sum_{n=0}^{\infty} p_n = p_0\left[\sum_{n=0}^{s-1}\frac{1}{n!}\left(\frac{\lambda}{\mu}\right)^n + \frac{1}{s!}\left(\frac{\lambda}{\mu}\right)^s\sum_{n=0}^{\infty}\left(\frac{\lambda}{s\mu}\right)^n\right]$$

可知，级数收敛的条件为

$$\frac{\lambda}{s\mu} < 1$$

此时

$$1 = \sum_{n=0}^{\infty} p_n = p_0 \left[\sum_{k=0}^{s-1} \frac{1}{k!} \left(\frac{\lambda}{\mu} \right)^k + \frac{1}{(s-1)!} \left(\frac{\lambda}{\mu} \right)^s \frac{\mu}{s\mu - \lambda} \right]$$

所以

$$p_0 = \left[\sum_{k=0}^{s-1} \frac{1}{k!} \left(\frac{\lambda}{\mu} \right)^k + \frac{1}{(s-1)!} \left(\frac{\lambda}{\mu} \right)^s \frac{\mu}{s\mu - \lambda} \right]^{-1} \tag{8-71}$$

式 (8-71)，式 (8-69) 和式 (8-70) 给出了队列无限情况下 M/M/s 模型的极限分布。

利用极限分布可以直接得到系统中顾客的平均数目，只是计算稍显繁琐：

$$L = \sum_{n=1}^{\infty} n p_n = p_0 \left[\sum_{n=1}^{s} \frac{n}{n!} \left(\frac{\lambda}{\mu} \right)^n + \frac{s^s}{s!} \sum_{n=s+1}^{\infty} n \left(\frac{\lambda}{s\mu} \right)^n \right]$$

$$= p_0 \left[\frac{\lambda}{\mu} \sum_{n=0}^{s-1} \frac{1}{n!} \left(\frac{\lambda}{\mu} \right)^n + \frac{s^{s+1}}{s!} \frac{\left(\frac{\lambda}{s\mu} \right)^{s+1}}{1 - \frac{\lambda}{s\mu}} + \frac{s^s}{s!} \frac{\left(\frac{\lambda}{s\mu} \right)^{s+1}}{\left(1 - \frac{\lambda}{s\mu} \right)^2} \right]$$

$$= p_0 \left[\frac{\lambda}{\mu} \sum_{n=0}^{s-1} \frac{1}{n!} \left(\frac{\lambda}{\mu} \right)^n + \frac{s^{s+1}}{s!} \left(\frac{\lambda}{s\mu} \right)^{s+1} \frac{s\mu}{s\mu - \lambda} + \frac{s^s}{s!} \left(\frac{\lambda}{s\mu} \right)^{s+1} \left(\frac{s\mu}{s\mu - \lambda} \right)^2 \right]$$

由式 (8-71) 有

$$p_0 \sum_{k=0}^{s-1} \frac{1}{k!} \left(\frac{\lambda}{\mu} \right)^k = 1 - p_0 \left(\frac{\lambda}{\mu} \right)^s \frac{1}{s!} \frac{s\mu}{s\mu - \lambda}$$

所以

$$L = \frac{\lambda}{\mu} + p_0 \left(\frac{\lambda}{\mu} \right)^{s+1} \frac{1}{(s-1)!} \left(\frac{\mu}{s\mu - \lambda} \right)^2 \tag{8-72}$$

同样可以得到排队等候的顾客平均数目为

$$L_Q = \sum_{n=s+1}^{\infty} (n-s) p_n = \sum_{n=s+1}^{\infty} n p_n - s \sum_{n=s+1}^{\infty} p_n = \sum_{n=1}^{\infty} n p_n - \sum_{n=1}^{s} n p_n - s \sum_{n=s+1}^{\infty} p_n$$

$$= L - p_0 \left[\frac{\lambda}{\mu} + 2 \frac{1}{2!} \left(\frac{\lambda}{\mu} \right)^2 + 3 \frac{1}{3!} \left(\frac{\lambda}{\mu} \right)^3 + \cdots + s \frac{1}{s!} \left(\frac{\lambda}{\mu} \right)^s + s \sum_{n=s+1}^{\infty} \frac{1}{s! s^{n-s}} \left(\frac{\lambda}{\mu} \right)^n \right]$$

$$= L - \left(\frac{\lambda}{\mu} \right) p_0 \left[1 + \left(\frac{\lambda}{\mu} \right) + \frac{1}{2!} \left(\frac{\lambda}{\mu} \right)^2 + \cdots + \frac{1}{(s-1)!} \left(\frac{\lambda}{\mu} \right)^{s-1} + \sum_{n=s}^{\infty} \frac{1}{s! s^{n-s}} \left(\frac{\lambda}{\mu} \right)^n \right]$$

$$= L - \frac{\lambda}{\mu} = p_0 \left(\frac{\lambda}{\mu} \right)^{s+1} \frac{1}{(s-1)!} \left(\frac{\mu}{s\mu - \lambda} \right)^2 \tag{8-73}$$

计算顾客排队等候的平均时间需要注意一些细节。首先只有当系统中顾客数目超过 s 时才会出现排队，如果顾客数目不超过于 s，那么顾客将没有排队等候时间；其次需要格外注意顾客的等待过程。如果系统中有 s 个顾客 (该情况的出现概率为 p_s)，那么此时到达的顾客就需要排队等候。s 个接受服务的顾客中有任意一个完成服务离去后，排队的顾客就可以立刻接受服务。因此排队顾客的实际等待时间 Y 是 s 个服务时间的最小值，也就是 s 个独立的同指数分布随机变量的最小值。由顺序统计量知识，

$$P(Y>t)=(\exp(-\mu t))^s \Longrightarrow f_Y(y)=\begin{cases} s\mu\exp(-s\mu y), & y\geqslant 0 \\ 0, & y<0 \end{cases} \Longrightarrow E(Y)=\frac{1}{s\mu}$$

如果系统中有 n 个顾客且 $n>s$(该情况的出现概率为 p_n)，那么新到达的顾客花费在排队等候上的平均时间为 $(n-s+1)\frac{1}{s\mu}$，于是

$$W_Q=\sum_{n=s}^{\infty}\frac{n-s+1}{s\mu}p_n=\frac{1}{s\mu}\left[\sum_{n=s+1}^{\infty}(n-s)p_n+\sum_{n=s}^{\infty}p_n\right]=\frac{1}{s\mu}\left[L_Q+p_0\frac{1}{s!}\left(\frac{\lambda}{\mu}\right)^s\left(1+\frac{\lambda}{s\mu}+\cdots\right)\right]$$

$$=\frac{1}{s\mu}\left[L_Q+\frac{1}{s!}\left(\frac{\lambda}{\mu}\right)^s\frac{s\mu}{s\mu-\lambda}p_0\right]=\frac{p_0}{s\mu}\left[\left(\frac{\lambda}{\mu}\right)^{s+1}\frac{1}{(s-1)!}\left(\frac{\mu}{s\mu-\lambda}\right)^2+\frac{1}{s!}\left(\frac{\lambda}{\mu}\right)^s\frac{s\mu}{s\mu-\lambda}\right]$$

$$=\frac{p_0}{\mu}\left(\frac{\lambda}{\mu}\right)^s\frac{1}{(s-1)!}\left(\frac{\mu}{s\mu-\lambda}\right)^2 \tag{8-74}$$

不论系统中有多少人在排队等待，对于某一个顾客而言的平均服务时间仍然是 $1/\mu$，所以顾客在系统中的平均逗留时间为

$$W=\sum_{n=s}^{\infty}\left[(n-s+1)\frac{1}{s\mu}+\frac{1}{\mu}\right]p_n+\frac{1}{\mu}\sum_{n=0}^{s-1}p_n=W_Q+\frac{1}{\mu}\sum_{n=0}^{\infty}p_n$$

$$=\frac{1}{\mu}+\frac{p_0}{\mu}\left(\frac{\lambda}{\mu}\right)^s\frac{1}{(s-1)!}\left(\frac{\mu}{s\mu-\lambda}\right)^2 \tag{8-75}$$

比较式 (8-73) 与式 (8-74) 以及式 (8-72) 与式 (8-75) 可以知道，对于无队长限制的 M/M/s 模型，Little 公式

$$L=\lambda W, \quad L_Q=\lambda W_Q$$

仍然成立。

(2) 队列长度受限

设队列长度的上限为 N，不妨设 $N>s$，则状态空间为 $\{0,1,2,\cdots,N\}$，生灭过程的参数为

$$\lambda_n=\lambda \tag{8-76}$$

$$\mu_n=\begin{cases} n\mu, & 0\leqslant n\leqslant s \\ s\mu, & s<n\leqslant N \end{cases} \tag{8-77}$$

所以有

$$p_k=\frac{1}{k!}\left(\frac{\lambda}{\mu}\right)^k p_0, \quad 0\leqslant k\leqslant s \tag{8-78}$$

$$p_k=\frac{1}{s!s^{k-s}}\left(\frac{\lambda}{\mu}\right)^k p_0, \quad s<k\leqslant N \tag{8-79}$$

由于状态有限，所以没有级数收敛的困扰，有

$$p_0 = \left[\sum_{k=0}^{s} \frac{1}{k!} \left(\frac{\lambda}{\mu} \right)^k + \sum_{k=s+1}^{N} \frac{1}{s! s^{k-s}} \left(\frac{\lambda}{\mu} \right)^k \right]^{-1} \tag{8-80}$$

当 $N = s$ 时，极限分布式 (8-78) 和式 (8-80) 给出了著名的电话交换问题的答案。某电话总机有 s 条中继线路，如果一个呼叫到来时有空闲线路，则该呼叫占用此线路并开始通话。通话结束后线路使用完毕而成为空闲线路并等待下一次呼叫。如果呼叫到来时所有的 s 条线路均被占用，那么该呼叫就被拒绝，而发起呼叫的电话用户在听筒中会听到"占线音"。设到达过程服从 Poisson 分布，到达率为 λ；通话时间 (也就是服务时间) 服从指数分布，参数为 μ，因此电话交换问题实质上是队长受限的 M/M/s 问题，队长为 s。当系统进入稳态后，可以得到 k 条中继线路被占用的概率为

$$p_k = \frac{1}{k!} \left(\frac{\lambda}{\mu} \right)^k \left[\sum_{n=0}^{s} \frac{1}{n!} \left(\frac{\lambda}{\mu} \right)^n \right]^{-1}, \quad 0 \leqslant k \leqslant s \tag{8-81}$$

于是，呼叫被拒绝 (中继线均被占) 的概率为

$$p_s = \frac{1}{s!} \left(\frac{\lambda}{\mu} \right)^s \left[\sum_{n=0}^{s} \frac{1}{n!} \left(\frac{\lambda}{\mu} \right)^n \right]^{-1} \tag{8-82}$$

线路被占用的平均数目为

$$L = \sum_{k=0}^{s} k p_k = (1 - p_s) \frac{\lambda}{\mu} \tag{8-83}$$

通常称式 (8-81) 为Erlang 公式，这是为了纪念著名的丹麦电信工程师 Erlang 而命名的。该公式在电信工程设计中被广泛使用。

8.6.3　机器维修问题

机器维修问题是生灭过程在排队问题中的又一应用实例。和 M/M/s 模型不同，在机器维修问题中随着系统状态的改变，到达率而不是服务率发生相应的变化。

设有 M 台机器，每一台机器从开始运行起到需要维修的时间间隔是指数分布的随机变量，参数为 λ；各台机器的运行状况彼此独立。一旦机器需要维修，且维修工空闲，则机器立刻得到维修服务，每一台机器的维修时间也服从指数分布，参数为 μ；若维修工不空闲，则机器开始排队等候维修服务。维修服务过程按照"先到先服务"原则进行，假设机器维修情况和机器运行情况也相互独立。

(1) 单个维修工

考虑只有一个维修工的情况，以出现故障的机器数目作为系统状态。系统的状态空间为 $\{0, 1, 2, \cdots, M\}$。如果出现故障的机器有 n 台，只有一台处于维修状态，其他 $n-1$ 台都在排队等候服务。其状态转移图如图 8-4 所示。

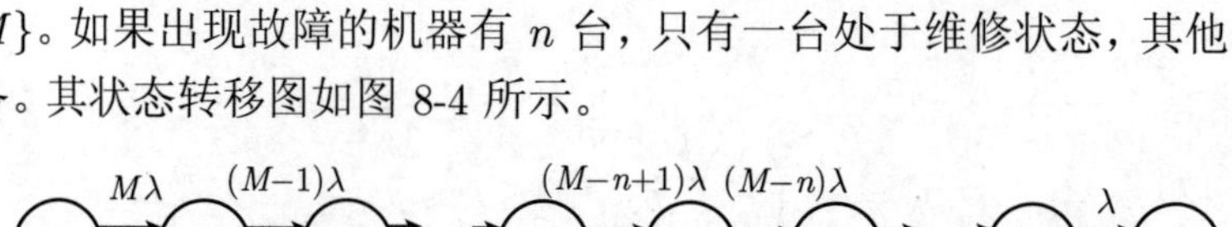

图 8-4　单个维修工情况状态转移示意图

生灭过程的参数为

$$\lambda_n = (M - n)\lambda, \quad n \leqslant M \tag{8-84}$$

$$\mu_n = \mu \tag{8-85}$$

该系统为状态有限的 Markov 链, 极限概率一定存在, 且满足

$$0 = M\lambda p_0 - \mu p_1$$

$$0 = (M - n + 1)\lambda p_{n-1} - [(M - n)\lambda + \mu]p_n + \mu p_{n+1}, \quad 1 \leqslant n \leqslant M - 1 \tag{8-86}$$

故有

$$0 = M\lambda p_0 - \mu p_1 = \cdots = (M - n + 1)\lambda p_{n-1} - \mu p_n = (M - n)\lambda p_n - \mu p_{n+1} \tag{8-87}$$

有

$$p_{n+1} = \frac{(M - n)\lambda}{\mu} p_n = \cdots = \frac{(M - n)\cdots(M - 1)M\lambda^{n+1}}{\mu^{n+1}} p_0, \quad 0 \leqslant n \leqslant M - 1 \tag{8-88}$$

考虑到

$$1 = \sum_{n=0}^{M} p_n = p_0 \left[1 + M\left(\frac{\lambda}{\mu}\right) + \cdots + M!\left(\frac{\lambda}{\mu}\right)^M \right]$$

可得

$$p_n = \frac{M!}{(M - n)!} \left(\frac{\lambda}{\mu}\right)^n \left[\sum_{k=0}^{M} \frac{M!}{(M - k)!} \left(\frac{\lambda}{\mu}\right)^k \right]^{-1} \tag{8-89}$$

现在计算系统中出现故障的机器的平均数目 L。由式 (8-87) 有

$$(M - n + 1)\lambda p_{n-1} = \mu p_n$$

等号两端同时对 n 求和, 得到

$$\lambda \sum_{n=1}^{M} (M - n + 1)p_{n-1} = \mu \sum_{n=1}^{M} p_n$$

即有

$$M\lambda(1 - p_M) - \lambda \sum_{n=1}^{M} (n - 1)p_{n-1} = \mu(1 - p_0)$$

$$M\lambda - \lambda \left(\sum_{n=0}^{M-1} np_n + Mp_M \right) = \mu(1 - p_0)$$

$$M\lambda - L\lambda = \mu(1 - p_0)$$

所以

$$L = M - \frac{\mu}{\lambda}(1 - p_0) \tag{8-90}$$

进而可以得到排队等候维修的机器的平均数目 L_Q,

$$L_Q = \sum_{n=1}^{M} (n - 1)p_n = \sum_{n=1}^{M} np_n - \sum_{n=1}^{M} p_n = L - (1 - p_0)$$

因此

$$L_Q = M - \frac{\lambda + \mu}{\lambda}(1 - p_0) \tag{8-91}$$

下面通过对具体数据的计算以获取该问题的某些相应结果。令 $M = 6$，$\lambda = 0.1\mu$，则有 $L_Q = 0.32966$，表 8-1 给出了故障机器数为 n 的概率。

表 8-1 单个维修工时故障机器数为 n 的概率

故障机器数目 n	等候维修的机器数目 $n-1$	p_n
0	0	0.4845149
1	0	0.2907089
2	1	0.1453545
3	2	0.0581418
4	3	0.0174425
5	4	0.0034885
6	5	0.0003489

(2) 多个维修工

除了维修工的数目更改为 $r > 1$，多个维修工模型的其他规定和单个维修工时的规定完全一致。如果仍以出现故障的机器数目 n 作为系统状态，如果 $n < r$，说明有 n 台机器正在维修，还有 $r - n$ 个维修工空闲。当 $n \geqslant r$ 时，说明 r 个维修工都处于忙状态，有 $n - r$ 台机器正在排队等待维修，状态转移如图 8-5 所示。

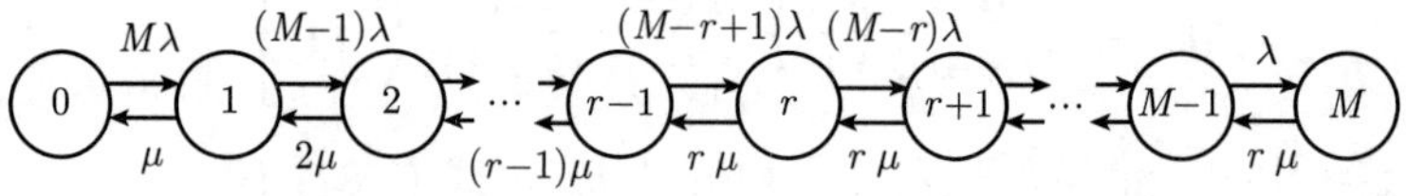

图 8-5 多个维修工情况状态转移示意图

作为生灭过程，该模型的参数为

$$\lambda_0 = M\lambda, \quad \mu_0 = 0$$
$$\lambda_n = (M - n)\lambda, \quad \mu_n = n\mu, \quad 1 \leqslant n < r$$
$$\lambda_n = (M - n)\lambda, \quad \mu_n = r\mu, \quad r \leqslant n \leqslant M$$

模型的极限分布满足

$$M\lambda p_0 = \mu p_1$$
$$(M - n)\lambda p_n + n\mu p_n = (M - n + 1)\lambda p_{n-1} + (n + 1)\mu p_{n+1}, \quad 1 \leqslant n < r$$
$$(M - n)\lambda p_n + r\mu p_n = (M - n + 1)\lambda p_{n-1} + r\mu p_{n+1}, \quad r \leqslant n \leqslant M$$

因此

$$p_1 = \frac{M\lambda}{\mu} p_0 \tag{8-92}$$

$$p_n = \frac{(M - n + 1) \cdots M}{n(n - 1) \cdots 1} \left(\frac{\lambda}{\mu}\right)^n p_0, \quad 2 \leqslant n \leqslant r \tag{8-93}$$

$$p_n = \frac{(M - n + 1) \cdots M}{r^{n-r} r(r - 1) \cdots 1} \left(\frac{\lambda}{\mu}\right)^n p_0, \quad r + 1 \leqslant n \leqslant M \tag{8-94}$$

因此可解出 p_0，并进而得到 $p_1, p_2, \cdots, p_M$。

令 $M = 20$，$r = 3$，$\lambda = 0.1\mu$，得到表 8-2 中的数值结果。

表 8-2 多个维修工时服务系统的各项数值结果

故障机器数 n	被维修机器数	等候维修机器数	空闲维修工	p_n
0	0	0	3	0.13625
1	1	0	2	0.27250
2	2	0	1	0.25883
3	3	0	0	0.15533
4	3	1	0	0.08802
5	3	2	0	0.04694
6	3	3	0	0.02347
7	3	4	0	0.01095

下面从三个指标出发考察此类机器维修服务系统的效益。

(1) 每个维修工管理的机器平均数 $= \dfrac{M}{r}$；

(2) 机器的损失系数 $= \dfrac{\text{等候维修的机器平均数}}{\text{机器总数}} = \dfrac{L_Q}{M}$；

(3) 维修工的损失系数 $= \dfrac{\text{空闲的维修工平均数}}{\text{维修工总数}} = \dfrac{\rho}{r}$。

在多个维修工的情况下，

$$L_Q = \sum_{n=r+1}^{M}(n-r)p_n = p_4 + 2p_5 + \cdots + 17p_{20} = 0.33866, \quad \frac{L_Q}{M} = 0.016934$$

$$\rho = 3p_0 + 2p_1 + p_2 = 1.21263, \quad \frac{\rho}{r} = 0.40421$$

而单个维修工情况下

$$L_Q = 0.32966, \quad \frac{L_Q}{M} = 0.0549$$

$$\rho = 0.48451, \quad \frac{\rho}{r} = 0.4845$$

两者效益比较见表 8-3。可以看出，设置多个维修工既可以减小机器的损失系数，又可以减小维修工的损失系数，总体效益较高。

表 8-3 效益比较

	单个维修工	多个维修工
每个维修工管理机器平均数	6	6.67
机器的损失系数	0.0549	0.0169
维修工的损失系数	0.4845	0.4042

8.6.4 M/G/1

无论是 M/M/1，M/M/s 还是机器维修模型，都有一个共同特点，它们均为连续时间 Markov 链。更具体地说，同为齐次生灭过程。所以求解的方法非常类似，集中考虑系统进入稳态的情况，根据 Kolmogorov 前进–后退方程组列出极限概率所满足的线性方程组，通过解该方程组得到极限概率分布，然后直接利用定义来计算平均队列长度等特征量。所以 Markov 性在计算过程中起着关键作用。

下面开始接触连续时间 Markov 性不再成立的排队模型。尽管到达过程仍然是 Poisson 过程，但是服务时间不再是指数分布，也就是说，服务时间不再具有无记忆性。这意味着系统整体的 Markov 性被破坏了。原有的基于 Kolmogorov 前进 - 后退方程的线性方程组不再成立，必须寻找其他途径来解决这一新问题。

下面假定服务台只有一个，首先考虑一个可以归结为已有 Markov 模型的特例，即 M/G/1 模型，然后就一般情况进行分析。

(1) Γ 分布服务时间

如果服务时间服从 Γ 分布，参数为 (k,μ)，其概率密度为

$$f(t) = \mu\exp(-\mu t)\frac{(\mu t)^{k-1}}{(k-1)!}$$

由于参数为 (k,μ) 的 Γ 分布的随机变量可以看作 k 个指数分布随机变量的和，所以问题可以转化为如下形式："顾客成批到达，每批 k 个，到达的批数服从 Poisson 过程，参数为 λ，服务时间仍旧是独立的指数分布，参数为 μ。"于是问题变成了在 8.6.1 节 (4) 中分析过的情况。利用式 (8-66) 的结果，得

$$W = \frac{k+1}{2(\mu - k\lambda)} + [k - \frac{1}{2}(k+1)]\frac{1}{\mu} = \frac{2k\mu - \lambda k(k-1)}{2\mu(\mu - \lambda k)} \tag{8-95}$$

上式中第一项是 8.6.1 节 (4) 所规定的条件下给出的平均逗留时间。不过本小节的条件与 8.6.1 节 (4) 略有区别，所以对这个时间做了一点修正。原有条件说明的是同一批的 k 个顾客逗留时间的平均值，而现在需要的是这 k 个顾客全部结束服务所需的平均时间，所以式中第二项恰好弥补了两者相差的部分。利用 Little 公式可得系统中的顾客平均数目为

$$L = \lambda W = \frac{\lambda[2k\mu - \lambda k(k-1)]}{2\mu(\mu - \lambda k)} \tag{8-96}$$

需要指出，只有在 $\mu > k\lambda$ 的情况下上述计算才有意义，否则极限分布不存在。

(2) 一般情形

如果服务时间既不是指数分布，也不是 Γ 分布，设各个顾客的服务时间是独立同分布的随机变量 $V_1, V_2, \cdots$，且和输入顾客流统计独立，V_k 的分布函数为

$$F_V(t) = P(V_k \leqslant t)$$

概率密度为

$$f_V(t) = \frac{\mathrm{d}}{\mathrm{d}t}F_V(t)$$

明显有 $F_V(t) = 0,\quad f_V(t) = 0, \forall t < 0$，且规定

$$E(V) = \int_{0-}^{\infty} tf_V(t)\mathrm{d}t = \frac{1}{\mu}$$

再设 $f_V(t)$ 的 Laplace 变换为

$$V(s) = \mathcal{L}f_V(t) = \int_{0^-}^{\infty} \exp(-st)f_V(t)\mathrm{d}t$$

设服务台个数为 1,按照先到先服务的规则排队服务,记系统中的顾客数目为 $X(t)$。

这种情况下不能把模型看作连续时间 Markov 链,那么是否就无法应用 Markov 链的知识了呢?答案是否定的。目前虽然模型本身并不是连续时间 Markov 链,但仍可以设法构造一个嵌入的离散时间随机过程,使得该离散时间过程具有 Markov 性,从而可利用离散时间 Markov 链的性质研究解决问题的方法。这就是所谓的"嵌入 Markov 链"方法。该方法是由 Kendall 首先提出的。

如图 8-6 和图 8-7 所示,使用"嵌入 Markov 链"方法的关键是选取适当的时刻序列 $t_1, t_2, \cdots$,使得 $X(t_1), X(t_2), \cdots$ 能构成离散时间 Markov 链。对于 M/G/1 模型而言,选取第 n 个顾客服务结束离开系统的时刻 S_n 作为嵌入时刻,那么 $X(S_n)$ 就是在第 n 个顾客离开的时刻排在他后面的顾客数目。如果 $X(S_n) > 0$,那么第 n 个顾客接受服务时间内,第 $n+1$ 个顾客已经在排队等候或者开始排队等候;当第 n 个顾客服务完毕,第 $n+1$ 个顾客立刻开始接受服务。在第 $n+1$ 个顾客服务期间内,又有若干个顾客到达并开始排队,设其数目为 U_{n+1},那么当第 $n+1$ 个顾客结束服务离开系统时,排队等候的顾客数目为

$$X(S_{n+1}) = X(S_n) - 1 + U_{n+1}, \quad 当 X(S_n) > 0$$

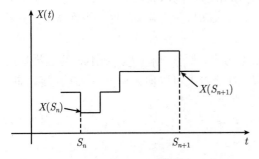

图 8-6 当 $X(S_n) > 0$ 时系统内人数的
变化情况示意图

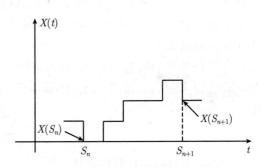

图 8-7 当 $X(S_n) = 0$ 时系统内人数的
变化情况示意图

如果 $X(S_n) = 0$,那么服务台将会等待第 $n+1$ 个顾客的到来。从第 $n+1$ 个顾客到来起直到服务完毕时,恰有 U_{n+1} 个顾客进入系统等待服务,所以

$$X(S_{n+1}) = U_{n+1}, \quad 当 X(S_n) = 0$$

令 $q_n = X(S_n)$,把前两式合并,有

$$q_{n+1} = q_n - I(q_n) + U_{n+1} \tag{8-97}$$

这里 $I(x)$ 定义为

$$I(x) = \begin{cases} 1, & x > 0 \\ 0, & x \leqslant 0 \end{cases}$$

由于 Poisson 过程的独立增量性,$\{U_k\}_{k=0}^{\infty}$ 是相互独立的随机变量,则在被服务的顾客的服务时间内 $\{U_k\}_{k=0}^{\infty}$ 的分布为

$$\alpha_m = P(U_n = m) = \int_{0^-}^{\infty} \frac{(\lambda t)^m}{m!} \exp(-\lambda t) f_V(t) \mathrm{d}t$$

且 U_k 和 $\{q_i\}_{i=0}^{n-1}$ 相互独立。根据递归表示式 (8-97)，$\{q_k\}_{k=0}^{\infty}$ 是离散时间 Markov 链。其转移概率为

$$P_{kj} = P(q_n = j|q_{n-1} = k) = P(q_{n-1} - I(q_{n-1}) + U_n = j|q_{n-1} = k)$$
$$= P(U_n = j - q_{n-1} + I(q_{n-1})|q_{n-1} = k) = P(U_n = (j - k + I(k))$$
$$= \begin{cases} \alpha_{j-k+1}, & k > 0, j \geqslant k-1 \\ \alpha_j, & k = 0, j \geqslant 0 \\ 0, & \text{其他} \end{cases} \tag{8-98}$$

一步转移概率矩阵如下

$$\boldsymbol{P} = \begin{pmatrix} \alpha_0 & \alpha_1 & \alpha_2 & \alpha_3 & \cdots \\ \alpha_0 & \alpha_1 & \alpha_2 & \alpha_3 & \cdots \\ 0 & \alpha_0 & \alpha_1 & \alpha_2 & \cdots \\ 0 & 0 & \alpha_0 & \alpha_1 & \cdots \\ 0 & 0 & 0 & \alpha_0 & \cdots \\ \vdots & \vdots & \vdots & \vdots & \end{pmatrix} \tag{8-99}$$

可以通过对离散时间 Markov 链 $\{q_n\}_{n=0}^{\infty}$ 转移概率极限的研究以获取有关 $X(t)$ 极限概率分布及其相关信息。需要指出，这样做的前提是当 $n \to \infty$ 时，$S_n \to \infty$。这一点在 M/G/1 模型中显然可以满足。

由于任意两个状态都相通，且对角线上元素不为零，所以 $\{q_n\}_{n=0}^{\infty}$ 是不可约非周期的 Markov 链，若链为正常返，则转移概率存在极限。且该极限可以由方程 $\pi = \pi\boldsymbol{P}$ 决定，即

$$\pi_k = \pi_0 \alpha_k + \sum_{i=1}^{k+1} \pi_i \alpha_{k-i+1}, \quad k \geqslant 0 \tag{8-100}$$

下面利用母函数以简化计算。令

$$G(z) = \sum_{j=0}^{\infty} \pi_j z^j, \quad B(z) = \sum_{k=0}^{\infty} \alpha_k z^k$$

由式 (8-100) 得到

$$G(z) = \pi_0 B(z) + \frac{1}{z}[G(z) - \pi_0]B(z)$$

即

$$G(z) = \frac{\pi_0(z-1)B(z)}{z - B(z)} \tag{8-101}$$

不难看出，要想让 π 成为分布，需要 $\pi_0 > 0$，且当 $z \to 1$ 时 $G(z) \to 1$。使用洛必达法则有

$$\lim_{z \to 1} G(z) = \lim_{z \to 1} \frac{\pi_0(z-1)B(z)}{z - B(z)} = \frac{\pi_0}{1 - B'(1)} = 1$$

所以

$$\pi_0 = 1 - B'(1) > 0 \implies B'(1) < 1 \tag{8-102}$$

而另一方面，

$$B(z) = \sum_{k=0}^{\infty} \left(\int_{0^-}^{\infty} \frac{(\lambda t)^k}{k!} \exp(-\lambda t) f_V(t) \mathrm{d}t \right) z^k$$

$$= \int_{0^-}^{\infty} \left(\sum_{k=0}^{\infty} \frac{(\lambda t z)^k}{k!} \right) \exp(-\lambda t) f_V(t) \mathrm{d}t$$

$$= \int_{0^-}^{\infty} \exp(-\lambda t(1-z)) f_V(t) \mathrm{d}t$$

$$= V(\lambda(1-z))$$

这里 $V(z)$ 为服务时间 V 的概率密度的 Laplace 变换。而 $\{U_n\}$ 的均值为

$$\rho = B'(1) = -\lambda V'(0) = \lambda E(V) = \frac{\lambda}{\mu} \tag{8-103}$$

因此条件式 (8-102) 等价于 $\rho < 1$。从而可得：当 $\rho < 1$ 时，Markov 链 $\{q_i\}_{i=0}^{\infty}$ 正常返，母函数可以写为

$$G(z) = \frac{(1-\rho)(1-z)V(\lambda(1-z))}{V(\lambda(1-z)) - z} \tag{8-104}$$

由第 7 章定理 7.9 得知，对于离散时间 Markov 链 $\{q_i\}_{i=0}^{\infty}$，当且仅当

$$y_1 = \sum_{i=1}^{\infty} \alpha_i y_i \tag{8-105}$$

$$y_j = \sum_{i=0}^{\infty} \alpha_i y_{j+i-1} \tag{8-106}$$

存在非零的有界解 $\{y_k\}_{k=1}^{\infty}$ 时，该链为非常返。如果 $\rho > 1$，那么当 $z \in (0,1)$ 时，

$$B(z) \in (0,1), \quad B(1) = 1, \quad B'(1) > 1$$

根据分支过程的讨论可知，一定存在 $c \in (0,1)$ 满足 $B(c) = c$。由第 7 章例 7.45 的结论可知

$$y_j = 1 - b^j$$

恰好满足式 (8-105) 和式 (8-106)。所以 $\rho > 1$ 时，该链是非常返的。事实上，当 $\rho = 1$ 时，该链是零常返的。限于篇幅，这里不再讨论。

将母函数 $G(z)$ 作 Taylor 级数展开，则 z^k 的系数恰好是 π_k。考虑服务时间是指数分布的特殊情况，

$$f_V(t) = \begin{cases} \mu \exp(-\mu t), & t \geqslant 0 \\ 0, & t < 0 \end{cases}$$

所以

$$V(z) = \frac{\mu}{z + \mu} \Longrightarrow V(\lambda(1-z)) = \frac{\mu}{\lambda(1-z) + \mu}$$

则有

$$G(z) = \frac{1-\rho}{1-\rho z} = (1-\rho) \sum_{k=0}^{\infty} \rho^k z^k \Longrightarrow \pi_k = (1-\rho)\rho^k$$

这和式 (8-46) 中得到的结果是完全一致的。

当 $\rho < 1$，可利用极限分布求队列长度的均值。由式 (8-104) 得到

$$G(z)(V(\lambda(1-z)) - z) = (1-\rho)(1-z)V(\lambda(1-z))$$

连续求导后有

$$G'(z)(V(\lambda(1-z)) - z) + G(z)[V'(\lambda(1-z))(-\lambda) - 1]$$
$$= (1-\rho)[(1-z)V'(\lambda(1-z))(-\lambda) - V(\lambda(1-z))]$$
$$G''(z)(V(\lambda(1-z)) - z) + 2G'(z)[V'(\lambda(1-z))(-\lambda) - 1] + G(z)V''(\lambda(1-z))\lambda^2$$
$$= (1-\rho)[(1-z)V''(\lambda(1-z))\lambda^2 - 2V'(\lambda(1-z))(-\lambda)]$$

在 $V(s)$ 中令 $s \to 0$，并在上式中令 $z \to 1$，有

$$V(0) = \int_{0-}^{\infty} f_V(t)\mathrm{d}t = 1, \quad V'(0) = -E(V) = -\frac{1}{\mu}$$
$$V''(0) = \int_{0-}^{\infty} t^2 f_V(t)\mathrm{d}t = E(V^2)$$

所以队列长度的均值为

$$L = \sum_{n=0}^{\infty} n\pi_n = G'(1) = \rho + \frac{\lambda^2 E(V^2)}{2(1-\rho)} = \rho + \frac{\lambda^2 \mathrm{Var}(V) + \rho^2}{2(1-\rho)} \tag{8-107}$$

下面计算等待时间。从第 n 个顾客进入系统时刻起，到该顾客开始接受服务时刻间的时间是该顾客等候服务的时间 W_Q，第 n 个顾客被服务时间为 V_n，W_Q 和 V_n 是统计独立的随机变量。在第 n 个顾客服务结束离开系统 S_n 时，系统内的顾客数目 g_n 恰好是 W_Q 和 V_n 两段时间进入系统的顾客数。因而

$$L = E(g_n) = \sum_{k=1}^{\infty} kP(g_n = k)$$
$$= \sum_{k=1}^{\infty} k \int_{-\infty}^{\infty} \int_{-\infty}^{\infty} \exp(-\lambda(x+y)) \frac{[\lambda(x+y)]^k}{k!} f_{W_Q}(x) f_{V_n}(y)\mathrm{d}x\mathrm{d}y$$
$$= \int_{-\infty}^{\infty} \int_{-\infty}^{\infty} \lambda(x+y) f_{W_Q}(x) f_{V_n}(y)\mathrm{d}x\mathrm{d}y$$
$$= \lambda(E(W_Q) + E(V_n)) = \lambda E(W_Q) + \rho$$

注意，Little 公式仍然满足，且等待时间的均值为

$$E(W_Q) = \frac{\lambda E(V^2)}{2(1-\rho)}$$

习题

1. 设有一致 Markov 链 $X(t)$，其状态空间为 $\{0,1\}$，其从属链的一步转移概率矩阵为

$$\boldsymbol{K} = \begin{pmatrix} 1-\alpha & \alpha \\ \beta & 1-\beta \end{pmatrix}$$

其时钟为 Poisson 过程, 参数为 λ。求 $X(t)$ 的转移概率矩阵 $\mathbf{P}(t)$。

2. 证明两状态 Markov 链 $X(t) = X(0)(-1)^{N(t)}$, $N(t)$ 为 Poisson 过程, 是一致 Markov 链的特例, 写出其从属链的一步转移概率矩阵。

3. 设 $X(t)$ 为一个简单的线性齐次生灭过程, $X(0) = 1$, 其中 $\lambda_n = n\lambda$, $\mu_n = n\mu$, 试计算在第一个消亡前出现 n 个出生的概率。

4. 一条电路供给 m 个焊工用电, 每个焊工均是间断地用电, 先假设如下:

(1) 焊工在 t 时刻用电, 而在 $t + \Delta t$ 时刻停止用电的概率为 $\mu\Delta t + o(\Delta t)$。

(2) 焊工在 t 时刻没有用电, 而在 $t + \Delta t$ 时刻开始用电的概率为 $\lambda\Delta t + o(\Delta t)$。

设每个焊工工作的情况是相互统计独立的, 且 $X(t)$ 表示在 t 时刻正在用电的焊工数目, $X(0) = 0$,

(1) 求该过程的 $\mathbf{Q}$ 矩阵, 并列出 Fokker-Planck 方程。

(2) 当 $t \to \infty$, 求 $X(t)$ 的极限分布 p_n。

5. 设某系统内有两个通信信道, 每信道正常工作的时间服从指数分布, 其均值为 $1/\lambda$。两个信道何时产生中断是相互统计独立的, 信道一旦中断, 立即进行维修, 其维修时间也是服从指数分布的随机变量, 其平均维修时间为 $1/\mu$, 且信道的维修行为也是相互独立的。研究两信道组成的系统的工作情况。

(1) 写出该系统组成的至少两种分析方案, 并求出相应的 $\mathbf{Q}$ 矩阵。

(2) 分别列出其前进方程。

(3) 设在 0 时刻两信道都正常工作, 求 t 时刻两信道均处于正常工作的概率。

(4) 求在 $(0, t)$ 内两信道连续正常工作的概率。

6. 设有传染过程 $X(t)$ 为纯增殖系统, 它处在状态 k 时的增长率为 $\lambda_k = (b + k\lambda)$, 其中 $b > 0$, $\lambda \geqslant 0$, 试证明

$$P_{ij}(t) = \begin{pmatrix} -(i + b/\lambda) \\ j - i \end{pmatrix} \exp(-(b + i\lambda)t)(\exp(-\lambda t) - 1)^{j-i}, \quad j \geqslant i$$

式中

$$\begin{pmatrix} -(i + b/\lambda) \\ j - i \end{pmatrix} = \frac{(-(i + b/\lambda))(-(i + b/\lambda) - 1) \cdots (-(i + b/\lambda) - j + i + 1)}{(j - i)!}$$

为负二项式系数。

7. 设有一个简单迁入, 简单消亡的生灭过程 $X(t)$, 其参数为 $\lambda_n = \lambda$, $\mu_n = n\mu$, λ 和 μ 是正常数, $X(0) = 0$。

(1) 求 $p_n(t)$。

(2) 求 $E(X(t))$,

(3) 证明

$$\lim_{t \to \infty} p_0(t) = \exp\left(-\frac{\lambda}{\mu}\right)$$

8. (Polya 过程) 设有时变, 纯生过程 $X(t)$, 其参数为

$$\lambda_n(t) = \lambda\left(\frac{1 + an}{1 + a\lambda t}\right), \qquad n = 0, 1, 2, \cdots, a > 0, \lambda > 0$$

过程的起始状态为 $X(0) = 0$。

(1) 列出 $p_n(t) = P(X(t) = n)$ 满足的 Fokker-Planck 方程。

(2) 求解该方程组，证明

$$p_0(t) = (1 + a\lambda t)^{-1/a}$$

$$p_n(t) = \frac{(\lambda t)^n}{n!}(1 + a\lambda t)^{-n-1/a}\prod_{m=1}^{n-1}(1 + am), \qquad n \geqslant 1$$

9. 考虑有限状态生灭过程 $X(t)$，参数为 $\lambda_n = \lambda(N - n)$，$\mu_n = n\mu$，$0 \leqslant n \leqslant N$，$X(0) = 0$。证明

$$p_n(t) = P(X(t) = n) = \binom{N}{n}p^n q^{N-n}$$

式中

$$p = \lambda\frac{1 - \exp(-(\lambda + \mu)t)}{\lambda + \mu}$$

$$q = 1 - p$$

10. 设 $X_1(t)$ 和 $X_2(t)$ 为相互统计独立的线性纯生过程，且两过程具有相同的参数 λ，即 $\lambda_n(t) = n\lambda$，两个过程的起始状态分别为 m_1 和 m_2，证明

$$P(X_1(t) = n_1 | X_1(t) + X_2(t) = N) = \frac{\binom{n_1 - 1}{m_1 - 1}\binom{N - n_1 - 1}{m_2 - 1}}{\binom{N - 1}{m_1 + m_2 - 1}}$$

式中 $n_1 \geqslant m_1$，$N \geqslant m_1 + m_2$。

11. M/M/1 服务系统的队长受限时，请计算排队等待时间 $W_Q^{(1)}$ 和 $W_Q^{(2)}$，并验证

$$L_Q = \lambda W_Q^{(1)}$$

$$L_Q = \lambda_2 W_Q^{(2)}$$

其中 $\lambda_2 = \lambda(1 - P_N)$。

12. M/M/1 服务系统中，顾客到达率为 λ，平均服务时间为 $1/\mu$。

(1) 计算顾客到达时系统中已经有 n 个或者 n 个以上顾客的概率。

(2) 计算在服务员服务时间内顾客到达的平均数。

(3) 计算在服务员服务时间内无顾客到达的概率。

13. 在 M/M/1 服务系统中，服务规则为先到先服务，设排队系统已经到达平稳状态，若 Y 代表一个顾客的排队等候时间和被服务时间的总和，

(1) 计算 Y 的概率密度 $f_Y(t)$ 以及分布函数 $F_Y(t)$。

(2) 计算一个顾客花费在排队上的时间的分布函数。

14. M/M/1 服务系统中，顾客到达率为 λ，平均服务时间为 $1/\mu$，现规定顾客在被服务结束后，以概率 α 离开系统，以概率 $1 - \alpha$ 重新再排队，于是一个顾客可以多次被服务。

(1) 建立系统的平衡方程，画出状态转移图，求系统进入平稳后各状态所取概率，说明存在统计平衡的条件。

(2) 计算顾客从进入系统后，一共被服务了 n 次的概率。

(3) 计算顾客被服务时间的平均值 (不包括该顾客在系统中排队等待的时间)。

(4) 计算顾客从进入系统起到第一次被服务所花费的排队时间的平均值。

(5) 计算顾客在系统中逗留时间的平均值 (包括该顾客在系统中排队等待的时间以及被服务的时间)。

15. 某加油站有两台油泵, 当顾客到达加油站时, 只有当有泵空闲时顾客才能够得到服务, 否则顾客将不会进入加油站而立刻离开. 假定顾客按照 Poisson 分布规律到达加油站, 其参数为 λ, 顾客的加油时间服从均值为 $1/\mu$ 的指数分布, 求进入加油站并且接受服务的顾客数和所有到达加油站的潜在顾客数之比.

16. 某作业系统有三台同类型机器和两个维修工, 每台机器的正常工作时间服从指数分布, 平均正常工作时间为 $1/\lambda$; 一个维修工维修一台机器所需时间也服从指数分布, 平均维修时间为 $1/\mu$, 机器损坏立即进入维修, 修好后马上进入工作.

(1) 计算在 t 时刻不工作的机器数的数学期望.

(2) 两个维修工均在忙着维修机器所占用时间.

17. 设有一个出租汽车站, 到达该站的出租汽车数目服从 Poisson 分布, 平均每分钟到达 1 辆; 到达该站的顾客数目也服从 Poisson 分布, 平均每分钟到达 2 人. 如果出租车抵站时没有顾客候车, 则无论是否有车停留在站上, 该辆出租车都停留在站上等待顾客; 反之, 若顾客到达出租车站时发现站上无车, 则立刻步行离去, 如果站上有车, 那么该顾客就雇一辆车离去.

(1) 如果使用生灭过程来建模, 如何选择过程的状态.

(2) 求车站上等候的出租车的平均数.

(3) 到达车站的顾客当中坐车离去的比例有多大?

18. 设有 G/M/1 系统, 其输入过程不再是 Poisson 流, 而是一个一般的更新过程, 如果顾客的到达时刻为 $\tau_1, \tau_2, \cdots, \tau_n, \cdots$, 相邻顾客的间隔服从分布函数为 $F(t)$ 的随机变量, 其均值为 $1/\lambda$; 设顾客的服务时间为指数分布的随机变量, 均值为 $1/\mu$. 这样构成的系统不再是 Markov 过程. 但是选择时刻 $\{\tau_k\}_{k\in\mathbb{N}}$ 中的时刻对系统状态进行观察, 则 $\{X(\tau_1^-), X(\tau_2^-), \cdots, X(\tau_n^-), \cdots\}$ 仍旧具有 Markov 性.

(1) 试写出 $X_n = X(\tau_n^-)$ 满足的递推方程, 以说明该链具有 Markov 性.

(2) 写出其一步转移概率矩阵.

(3) 计算该嵌入链的平稳分布.

附　　录

本附录将对书中用到的背景知识进行简要介绍。

附录 1　向　量　空　间

定义 A.1 (向量空间 (vector space))　定义在数域 F(一般情况下 $F = \mathbb{R}$ 或者 $F = \mathbb{C}$) 上的向量空间 V 是一个集合，该集合的元素称为向量 (vector)，F 中的元素称为标量 (scalar)。在 V 上定义两种二元运算，分别记作 "+" 和 "*"，即

$$+: V \times V \to V, \quad *: F \times V \to V \tag{A-1}$$

称为 "加" 和 "数乘"。这两种运算满足如下条件：

(1) $\forall x \in V$，$\forall y \in V$，都有 $x + y = y + x$；(加法的交换律)

(2) $\forall x \in V$，$\forall y \in V$，$\forall z \in V$，都有 $(x + y) + z = x + (y + z)$；(加法的结合律)

(3) $\forall x \in V$，存在唯一的元素 $0 \in V$，满足 $0 + x = x + 0 = x$；(零元的存在性)

(4) $\forall x \in V$，存在唯一的元素 $-x \in V$，满足 $x + (-x) = 0$；(逆元的存在性)

(5) $\forall x \in V$，$\forall \alpha, \beta \in F$，满足 $\alpha * (\beta * x) = (\alpha * \beta) * x$；(数乘的结合律)

(6) $\forall x \in V$，$\forall \alpha、\beta \in F$，满足 $(\alpha + \beta) * x = \alpha * x + \beta * x$；(数乘对标量加法的分配律)

(7) $\forall x \in V$，$\forall y \in V$，$\forall \alpha \in F$，满足 $\alpha * (x + y) = \alpha * x + \alpha * y$；(数乘对向量加法的分配律)

(8) $\forall x \in V$，满足 $1 * x = x$。这里 1 是数域 F 的单位元。

定义 A.2 (度量空间 (metric space))　考虑定义在复数域 $\mathbb{C}$ 上的向量空间 V，如果存在非负函数 $\|\cdot\|: V \to \mathbb{R}$，对于任意的 $u, v \in V$ 和 $\alpha \in \mathbb{C}$，满足

(1) $\|v\| = 0$ 当且仅当 $v = 0$；

(2) $\|u + v\| \leqslant \|u\| + \|v\|$；(三角不等式)

(3) $\|\alpha v\| = |\alpha| \|v\|$；

则称空间 V 为度量空间，称函数 $\|\cdot\|$ 为空间上的度量。

定义 A.3 (内积空间 (inner product space))　考虑定义在复数域 $\mathbb{C}$ 上的向量空间 V，如果存在二元函数 $\langle \cdot \cdot \rangle: V \times V \to \mathbb{C}$，对于任意的 $u, v, w \in V$ 和 $a \in \mathbb{C}$，都有

(1) $\langle v, v \rangle \geqslant 0$，$\langle v, v \rangle = 0$ 当且仅当 $v = 0$；

(2) $\langle v, u + w \rangle = \langle v, u \rangle + \langle v, w \rangle$；

(3) $\langle \alpha u, v \rangle = \alpha \langle u, v \rangle$；

(4) $\overline{\langle u, v \rangle} = \langle v, u \rangle$；

则称空间 V 为内积空间，称二元函数 $\langle \cdot, \cdot \rangle$ 为内积。

内积最重要的性质之一就是如下的 Cauchy-Schwarz 不等式

$$|\mathrm{Re} \langle v, u \rangle| \leqslant \langle u, u \rangle^{1/2} \langle v, v \rangle^{1/2} \tag{A-2}$$

其中等号当且仅当 $u = v$ 时成立。

事实上，令 $a \in \mathbb{R}$，考虑二次函数 $f(a) = \langle a*u+v, a*u+v \rangle$，于是有

$$f(a) = \langle u, u \rangle a^2 + 2a\mathrm{Re}\langle u, v \rangle + \langle v, v \rangle \geqslant 0$$

因此该二次函数的判别式 $\Delta \leqslant 0$，即

$$4(\mathrm{Re}\langle u, v \rangle)^2 - 4\langle u, u \rangle\langle v, v \rangle \leqslant 0$$

不等式 (A-2) 立刻得到证明。

如果 V 是内积空间，内积为 $\langle \cdot, \cdot \rangle$，那么定义 $\| \cdot \| = \langle \cdot, \cdot \rangle^{1/2}$，可以验证 $\| \cdot \|$ 满足度量的三个条件。称 $\| \cdot \|$ 为内积 $\langle \cdot, \cdot \rangle$ 诱导出的度量。因此内积空间一定是度量空间，反之则不一定。

例 A.1　$\mathbb{R}^n = \{(x_1, \cdots, x_n) | x_i \in \mathbb{R}, i = 1, 2, \cdots, n\}$ 和 $\mathbb{C}^n = \{(x_1, \cdots, x_n) | x_i \in \mathbb{C}, i = 1, 2, \cdots, n\}$ 是典型的内积空间。内积分别为

$$\langle x, y \rangle_{\mathbb{R}} = \sum_{i=1}^{n} x_i y_i, \qquad \langle x, y \rangle_{\mathbb{C}} = \sum_{i=1}^{n} x_i \overline{y_i} \tag{A-3}$$

例 A.2　定义于 $\mathbb{R}$ 上的所有复值平方可积函数构成的集合

$$\left\{ f(x) \in \mathbb{C} \Big| \int_{-\infty}^{\infty} |f(x)|^2 \mathrm{d}x < \infty \right\}$$

是内积空间，通常记作 $L^2(\mathbb{R})$，其内积为

$$\langle f, g \rangle = \int_{-\infty}^{\infty} f(x)\overline{g(x)}\mathrm{d}x \tag{A-4}$$

例 A.3　二阶矩有限的复值随机变量构成的集合 $\{X : E|X|^2 < \infty\}$ 是内积空间，其内积为 $\langle X, Y \rangle = E(X\overline{Y})$。

向量空间的知识对于理解相关理论很有帮助，更加详细的内容可以参看文献 [22]。

附录 2　交换积分与求极限次序

定理 A.1 (控制收敛定理)　设非负函数 f 在集合 E 上可积，可积函数序列 $\{f_n\}$ 满足

$$\lim_{n\to\infty} f_n(x) = f(x), \quad |f_n| \leqslant f, \ \forall n$$

那么 f 可积，且满足

$$\lim_{n\to\infty} \int_E f_n(x)\mathrm{d}x = \int_E \lim_{n\to\infty} f_n(x)\mathrm{d}x = \int_E f(x)\mathrm{d}x$$

定理 A.2 (单调收敛定理)　设定义于集合 E 上的可积函数序列 $\{f_n\}$ 满足单调条件，即 $f_n(x) \leqslant f_{n+1}(x), \forall x \in E$，且满足

$$\lim_{n\to\infty} f_n(x) = f(x), \qquad \int_E f_1(x)\mathrm{d}x > -\infty$$

那么 f 可积，且满足

$$\lim_{n\to\infty}\int_E f_n(x)\mathrm{d}x=\int_E\lim_{n\to\infty}f_n(x)\mathrm{d}x=\int_E f(x)\mathrm{d}x$$

定理 A.3 (Fatou 引理)　设 $\{f_n\}$ 为定义于集合 E 上的可积非负函数序列，那么

$$\int_E\liminf_{n\to\infty}f_n(x)\mathrm{d}x\leqslant\liminf_{n\to\infty}\int_E f_n(x)\mathrm{d}x$$

交换积分与求极限次序的定理可以推广到交换级数求和与求极限次序，可参看文献 [20]。

附录 3　随机变量的收敛

除了第 2 章中讨论到的均方收敛外，定义于概率空间 $(\Omega,\mathcal{F},P)$ 上的随机变量序列还有若干种收敛方式，这里给出其定义并简要讨论它们间的相互关系。

定义 A.4 (几乎处处收敛)　如果随机变量序列 $\{X_n\}$ 满足

$$P(\{\omega\in\Omega:\lim_{n\to\infty}X_n(\omega)=X(\omega)\})=1$$

则称 $\{X_n\}$ 几乎处处收敛于随机变量 X(也称以概率 1 收敛)，记作 $X_n\xrightarrow{a.e}X$。

定义 A.5 (依概率收敛)　如果随机变量序列 $\{X_n\}$ 满足 $\forall\epsilon>0$

$$\lim_{n\to\infty}P(\omega\in\Omega:|X_n(\omega)-X(\omega)|\geqslant\epsilon)=0$$

则称 $\{X_n\}$ 依概率收敛于随机变量 X，记作 $X_n\xrightarrow{P}X$。

定义 A.6 (依分布收敛)　设随机变量序列 $\{X_n\}$ 的概率分布函数序列为 $\{F_{X_n}(x)\}$，$F_X(x)$ 为随机变量 X 的概率分布函数，满足

$$\lim_{n\to\infty}F_{X_n}(x)=F_X(x)$$

上式在 $F_X(x)$ 的所有连续点上成立，则称 $\{X_n\}$ 依分布收敛到 X，记作 $X_n\xrightarrow{d}X$。

定理 A.4　几乎处处收敛蕴含依概率收敛。

证明　设 $\{X_n\}$ 几乎处处收敛于 X，那么由几乎处处收敛的定义

$$P(\omega\in\Omega:\lim_{n\to\infty}X_n(\omega)\neq X(\omega))=0$$

换句话说

$$P\left(\bigcup_{\epsilon>0}\bigcap_{k=1}^{\infty}\bigcup_{n=k}^{\infty}\{\omega\in\Omega:|X_n(\omega)-X(\omega)|\geqslant\epsilon\}\right)=0$$

即 $\forall\epsilon>0$，有

$$P\left(\bigcap_{k=1}^{\infty}\bigcup_{n=k}^{\infty}\{\omega\in\Omega:|X_n(\omega)-X(\omega)|\geqslant\epsilon\}\right)=0$$

如果令 $A_k=\bigcup_{n=k}^{\infty}\{\omega\in\Omega:|X_n(\omega)-X(\omega)|\geqslant\epsilon\}$，那么 $A_k\supseteq A_{k+1}$，所以

$$P\left(\bigcap_{k=1}^{\infty}A_k\right)=\lim_{k\to\infty}P(A_k)$$

也就是说

$$\lim_{k\to\infty} P\left(\bigcup_{n=k}^{\infty}\{\omega\in\Omega: |X_n(\omega)-X(\omega)|\geqslant\epsilon\}\right)=0$$

立刻得到

$$\lim_{k\to\infty} P(\omega\in\Omega: |X_k(\omega)-X(\omega)|\geqslant\epsilon)=0$$

这说明，$\{X_n\}$ 依概率收敛于 X。■

因此

$$X_n \xrightarrow{a.e} X \Rightarrow X_n \xrightarrow{P} X$$

反之则不然，即从依概率收敛无法导出几乎处处收敛。下面给出一个例子。

例 A.4　考虑概率空间 $(\Omega,\mathcal{F},P)$，设样本空间为 $[0,1]$，概率分布 P 为实数轴上的均匀分布。定义随机变量序列 $\{X_n\}$ 如下

$$X_{2^n,k}(\omega)=\begin{cases}1, & \omega\in\left[\dfrac{k}{2^k},\dfrac{k+1}{2^n}\right] \\ 0, & \text{其他}\end{cases} \qquad k=0,1,\cdots,2^n-1$$

对于取定的 ϵ，有

$$\lim_{n,k\to\infty} P(\omega\in\Omega: |X_{2^n,k}|\geqslant\epsilon)=\lim_{n,k\to\infty}\frac{1}{2^n}=0$$

所以 $\{X_n\}$ 依概率收敛到 0。但很明显，$\forall\omega\in[0,1]$

$$\lim_{n,k\to\infty} X_{2^n,k}(\omega)\neq 0$$

所以 $\{X_n\}$ 并不几乎处处收敛。■

定理 A.5　依概率收敛蕴含依分布收敛。

证明　设随机变量序列 $\{X_n\}$ 依概率收敛到 X，它们的概率分布函数分别为 $\{F_{X_n}(x)\}$ 和 $F_X(x)$，设 $x,y\in\mathbb{R}$，不失一般性，设 $y<x$。由于

$$\{X\leqslant y\}\leqslant\{X\leqslant y, X_n\leqslant x\}\bigcup\{X\leqslant y, X_n>x\}$$
$$\subset\{X_n\leqslant x\}\bigcup\{X\leqslant y, X_n>x\}$$

所以

$$F_X(y)\leqslant F_{X_n}(x)+P(X\leqslant y, X_n>x) \tag{A-5}$$

注意到

$$P(X\leqslant y, X_n>x)\leqslant P(|X_n-X|\geqslant x-y)\to 0,\quad n\to\infty$$

在式 (A-5) 两边令 $n\to\infty$，取下极限得到

$$F_X(y)\leqslant\liminf_{n\to\infty} F_{X_n}(x)$$

同理可以得到，当 $x<z$ 时

$$\limsup_{n\to\infty} F_{X_n}(x)\leqslant F_X(z)$$

也就是说，当 $y < x < z$ 时，有

$$F_X(y) \leqslant \liminf_{n\to\infty} F_{X_n}(x) \leqslant \limsup_{n\to\infty} F_{X_n}(x) \leqslant F_X(z)$$

所以如果 x 是 F_X 的连续点，令 $y \to x$, $z \to x$，立刻有

$$\lim_{n\to\infty} F_{X_n}(x) = F(x)$$

即 $\{X_n\}$ 依分布收敛到 X。∎

因此

$$X_n \xrightarrow{P} X \Rightarrow X_n \xrightarrow{d} X$$

反之则不然，即一般情况下，从依分布收敛无法导出依概率收敛。下面给出一个例子。

例 A.5   令 X 为零均值、方差为 1 的标准 Gauss 随机变量，$X_n = (-1)^n X$，那么 X_n 的分布和 X 完全相同，当然依分布收敛到 X；同时

$$X_n - X = \begin{cases} -2X, & n\text{为奇数} \\ 0, & n\text{为偶数} \end{cases}$$

因而，$\forall \epsilon > 0$,

$$P(|X_n - X| > \epsilon) = \begin{cases} \dfrac{2}{\sqrt{2\pi}} \displaystyle\int_{\frac{\epsilon}{2}}^{\infty} \exp\left(-\frac{s^2}{2}\right) \mathrm{d}s, & n\text{为奇数} \\ 0, & n\text{为偶数} \end{cases}$$

很明显，X_n 不依概率收敛到 X。

在某些特殊情况下，依分布收敛可以蕴含以概率收敛。

定理 A.6   如果随机变量序列 $\{X_n\}$ 依分布收敛于确定性常数 C(也称为常值随机变量)，那么 $\{X_n\}$ 依概率收敛于 C。即

$$X_n \xrightarrow{d} C \Rightarrow X_n \xrightarrow{P} C, \qquad n \to \infty \tag{A-6}$$

证明 $\forall \epsilon > 0$，设 X_n 的概率分布为 $F_{X_n}(x)$，则

$$P(|X_n - C| \geqslant \epsilon) = P(X_n \geqslant C + \epsilon) + P(X_n \leqslant C - \epsilon)$$
$$= 1 - F_{X_n}(C + \epsilon) + F_{X_n}(C - \epsilon)$$

由于 $\{X_n\}$ 依分布收敛到 C，即 $F_{X_n}(x)$ 在 $F_c(x)$ 的连续点上收敛；另一方面

$$F_c(x) = \begin{cases} 1, & x \geqslant c \\ 0, & x < c \end{cases}$$

其间断点只有一个 $x = C$，而 $x = C + \epsilon$ 和 $x = C - \epsilon$ 均为 $F_c(x)$ 的连续点，所以当 $n \to \infty$ 时，

$$P(|X_n - C| \geqslant \epsilon) \longrightarrow 1 - F_c(C + \epsilon) + F_c(C - \epsilon) = 1 - 1 + 0 = 0$$

即 $\{X_n\}$ 依概率收敛到 C。∎

定理 A.7　均方收敛蕴含依概率收敛。

证明　根据 Chebyshev 不等式，如果 X_n 均方收敛于 X，则 $\forall \epsilon > 0$，

$$P(|X_n - X| \geqslant \epsilon) \leqslant \frac{E|X_n - X|^2}{\epsilon^2} \to 0$$

即有

$$X_n \xrightarrow{m.s} X \Rightarrow X_n \xrightarrow{P} X$$

反之在一般情况下，从依概率收敛无法导出均方收敛。下面给出例子。

例 A.6　设样本空间 $\Omega = (0, 1)$，定义随机变量 $X(\omega) = 0$，并设

$$X_n(\omega) = \begin{cases} n^{1/2}, & 0 < \omega < \dfrac{1}{n} \\ 0, & \dfrac{1}{n} \leqslant \omega < 1 \end{cases}$$

很明显，$\forall \epsilon > 0$，$X_n(\omega) \to X(\omega)$。且有

$$P(|X_n - X| \geqslant \epsilon) \leqslant \frac{1}{n}, \qquad n \to \infty$$

即 X_n 依概率收敛于 X。同时

$$E|X_n - X|^2 = (n^{1/2})^2 \frac{1}{n} = 1$$

可见 X_n 不满足均方收敛。

综合上述定理，随机变量序列各种收敛间的关系可以用图 A-1 给以描述。

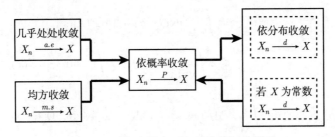

图 A-1　随机变量序列各种收敛间的关系

附录 4　特征函数与母函数

特征函数和母函数是研究概率论的重要工具。

1. 特征函数

定义 A.7 (一元随机变量的特征函数)　设 X 为一元随机变量，其特征函数为一元函数，定义为

$$\phi_X(\omega) = E(\exp(\mathrm{j}\omega X)) = \int_{-\infty}^{\infty} \exp(\mathrm{j}\omega x) \mathrm{d}F(x)$$

定义 A.8 (多元随机变量的特征函数)　设 $\boldsymbol{X} = (X_1, \cdots, X_n)^{\mathrm{T}}$ 为 n 元随机变量, 则其特征函数也为 n 元函数, 定义为

$$\phi_X(\boldsymbol{\omega}) = E(\exp(\mathrm{j}\boldsymbol{\omega}^{\mathrm{T}}\boldsymbol{X})) = \int_{-\infty}^{\infty} \exp(\mathrm{j}(\omega_1 x_1 + \cdots + \omega_n X_n))\mathrm{d}F(x_1, \cdots, x_n)$$

其中, $\boldsymbol{\omega} = (\omega_1, \cdots, \omega_n)^{\mathrm{T}}$。

特征函数有许多重要性质。

定理 A.8　如果 $\phi_X(\omega)$ 是随机变量 X 的特征函数, 那么

(1) $|\phi_X(\omega)| \leqslant 1 = \phi_X(0)$, $\phi_X(-\omega) = \overline{\phi_X(\omega)}$;

(2) 设 a, b 为确定实常数, $aX + b$ 的特征函数为 $\phi_X(a\omega)\exp(\mathrm{j}\omega b)$;

(3) $\phi_X(\omega)$ 是一致连续函数。

证明　(1) 和 (2) 的证明很直接, 现证明 (3)。$\forall \omega, h \in \mathbb{R}$,

$$\phi_X(\omega + h) - \phi_X(\omega) = \int_{-\infty}^{\infty} (\exp(\mathrm{j}x(\omega + h)) - \exp(\mathrm{j}x\omega))\mathrm{d}F(x)$$

从而

$$\begin{aligned}
|\phi_X(\omega + h) - \phi_X(\omega)| &= |\int_{-\infty}^{\infty} (\exp(\mathrm{j}x(\omega + h)) - \exp(\mathrm{j}x\omega))\mathrm{d}F(x)| \\
&\leqslant \int_{-\infty}^{\infty} |\exp(\mathrm{j}x\omega)||\exp(\mathrm{j}xh) - 1|\mathrm{d}F(x) \\
&= \int_{-\infty}^{\infty} |\exp(\mathrm{j}xh) - 1|\mathrm{d}F(x) \\
&\leqslant 2\int_{|X|>A} \mathrm{d}F(x) + 2\int_{-A}^{A} \sin\frac{xh}{2}\mathrm{d}F(x)
\end{aligned}$$

$\forall \epsilon > 0$, 选 A 充分大, 使得 $\int_{|X|>A} \mathrm{d}F(x) < \dfrac{\epsilon}{4}$, 取 h 足够小, 使得 $\forall x \in (-A, A)$, 都有 $\left|\sin\dfrac{xh}{2}\right| < \dfrac{\epsilon}{8A}$, 那么有

$$|\phi_X(\omega + h) - \phi_X(\omega)| \leqslant 2 * \frac{\epsilon}{4} + 2 * 2A * \frac{\epsilon}{8A} = \epsilon \tag{A-7}$$

由于式 (A-7) 中不等号右端不依赖于 ω, 所以 $\phi_X(\omega)$ 一致连续。

通过特征函数, 可以方便地计算随机变量的各阶矩。设随机变量 X 的分布函数为 $F_X(x)$, 特征函数为 $\phi_X(\omega)$, 如果 X 的各阶矩存在, 则有

$$\begin{aligned}
\phi_X'(0) &= \frac{\mathrm{d}}{\mathrm{d}\omega} \int_{-\infty}^{\infty} \exp(\mathrm{j}\omega x)\mathrm{d}F(x) \bigg|_{\omega=0} = \mathrm{j} \int_{-\infty}^{\infty} x\exp(\mathrm{j}\omega x)\mathrm{d}F(x) \bigg|_{\omega=0} \\
&= \mathrm{j} \int_{-\infty}^{\infty} x\mathrm{d}F(x) = \mathrm{j}E(X)
\end{aligned}$$

$$\phi_X''(0) = \frac{\mathrm{d}^2}{\mathrm{d}\omega^2} \int_{-\infty}^{\infty} \exp(\mathrm{j}\omega x)\mathrm{d}F(x)\bigg|_{\omega=0} = -\int_{-\infty}^{\infty} x^2 \exp(\mathrm{j}\omega x)\mathrm{d}F(x)\bigg|_{\omega=0}$$

$$= -\int_{-\infty}^{\infty} x^2 \mathrm{d}F(x) = -E(X^2)$$

$$\vdots$$

$$\phi_X^{(n)}(0) = \frac{\mathrm{d}^n}{\mathrm{d}\omega^n} \int_{-\infty}^{\infty} \exp(\mathrm{j}\omega x)\mathrm{d}F(x)\bigg|_{\omega=0} = \mathrm{j}^n \int_{-\infty}^{\infty} x^n \exp(\mathrm{j}\omega x)\mathrm{d}F(x)\bigg|_{\omega=0}$$

$$= \mathrm{j}^n \int_{-\infty}^{\infty} x^n \mathrm{d}F(x) = \mathrm{j}^n E(X^n)$$

更进一步, $\phi_X(\omega)$ 可以展开成幂级数

$$\phi_X(\omega) = E(\exp(\mathrm{j}\omega x)) = \int_{-\infty}^{\infty} \exp(\mathrm{j}\omega x)\mathrm{d}F(x)$$

$$= \int_{-\infty}^{\infty} \sum_{n=0}^{\infty} \frac{(\mathrm{j}\omega x)^n}{n!}\mathrm{d}F(x)$$

$$= \sum_{n=0}^{\infty} \frac{\mathrm{j}^n E(X^n)}{n!}\omega^n$$

其中的系数恰好是随机变量 X 的各阶矩. 对以上结果作延伸, 得到如下定理:

定理 A.9 设随机向量 $(X_1 \cdots X_n)$ 的特征函数为 $\phi_{(X_1 \cdots X_n)}(\omega_1 \cdots \omega_n)$, 其各阶联合矩均存在, 那么

$$E(X_1^{k_1} \cdots X_n^{k_n}) = \mathrm{j}^{\sum_{i=1}^{n} k_i} \frac{\partial^{k_1 + \cdots + k_n}}{\partial \omega_1^{k_1} \cdots \partial \omega_n^{k_n}} \phi_{(X_1 \cdots X_n)}(\omega_1 \cdots \omega_n)\bigg|_{\omega_1 = \cdots = \omega_n = 0} \tag{A-8}$$

特征函数很适合对独立随机变量的和进行处理.

定理 A.10 设 X 和 Y 为独立的随机变量, 特征函数分别为 $\phi_X(\omega)$ 和 $\phi_Y(\omega)$, $Z = X + Y$, 则 Z 的特征函数 $\phi_Z(\omega)$ 为

$$\phi_Z(\omega) = \phi_X(\omega)\phi_Y(\omega) \tag{A-9}$$

进一步设 X 和 Y 为连续型随机变量, 概率密度分别为 $f_X(x)$ 和 $f_Y(x)$, 则 Z 的概率密度为

$$f_Z(z) = f_X * f_Y(z) = \int_{-\infty}^{\infty} f_X(z-y)f_Y(y)\mathrm{d}y \tag{A-10}$$

其中 $*$ 代表卷积.

证明 由特征函数的定义及 X 与 Y 独立, 得

$$\phi_Z(\omega) = E(\exp(\mathrm{j}\omega Z)) = E(\exp(\mathrm{j}\omega(X+Y))) = E(\exp(\mathrm{j}\omega X))E(\exp(\mathrm{j}\omega Y))$$

$$= \phi_X(\omega)\phi_Y(\omega)$$

由概率论知识, 连续型随机变量的和仍为连续型随机变量. 注意到对于连续型随机变量, 特征函数恰为其概率密度的 Fourier 反变换 (不计常数因子), 即

$$\phi_X(\omega) = E(\exp(\mathrm{j}\omega X)) = \int_{-\infty}^{\infty} f_X(x)\exp(\mathrm{j}\omega x)\mathrm{d}x = 2\pi\mathcal{F}^{-1}(f_X(x)) \tag{A-11}$$

换句话说

$$f_X(x) = \frac{1}{2\pi}\mathcal{F}(\phi_X(\omega)) \tag{A-12}$$

由 Fourier 变换的知识及式 (A-9), 得到

$$
\begin{aligned}
f_Z(z) &= \frac{1}{2\pi}\mathcal{F}(\phi_Z(\omega)) = \frac{1}{2\pi}\mathcal{F}(\phi_X(\omega)\phi_Y(\omega))\\
&= \frac{1}{2\pi}\int_{-\infty}^{\infty}\exp(-\mathrm{j}\omega z)\phi_X(\omega)\phi_Y(\omega)\mathrm{d}\omega\\
&= \int_{-\infty}^{\infty}f_X(z-y)f_Y(y)\mathrm{d}y = f_X * f_Y(z)
\end{aligned}
$$

推论 A.1　设 $\{X_k, k = 1, \cdots, n\}$ 为独立的随机变量, 特征函数分别为 $\{\phi_{X_k}(\omega)\}, k = 1, \cdots, n$, $Z = X_1 + \cdots + X_n$, 那么 Z 的特征函数为

$$\phi_Z(\omega) = \phi_{X_1}(\omega)\cdots\phi_{X_k}(\omega) \tag{A-13}$$

进一步设 $\{X_k\}$ 为连续型随机变量, 概率密度为 $\{f_{X_k}(x)\}$, 那么 Z 的概率密度为

$$f_Z(z) = f_{X_1} * f_{X_2} * \cdots * f_{X_n}(z) \tag{A-14}$$

定理 A.11 (逆转公式)　设随机变量 X 的概率分布为 $F_X(x)$, 特征函数为 $\phi_X(\omega)$。如果 $x < y$, 那么

$$
\begin{aligned}
&(F_X(y-0) - F_X(x+0)) + \frac{F_X(x+0) - F_X(x-0)}{2} + \frac{F_X(y+0) - F_X(y-0)}{2}\\
&= \lim_{T\to\infty}\frac{1}{2\pi}\int_{-T}^{T}\frac{\exp(-\mathrm{j}\omega x) - \exp(-\mathrm{j}\omega y)}{\mathrm{j}\omega}\phi_X(\omega)\mathrm{d}\omega
\end{aligned}
\tag{A-15}
$$

定理的证明读者可以参看文献 [4]。如果 x 和 y 是 $F_X(x)$ 的连续点, 那么逆转公式即为

$$F_X(y) - F_X(x) = \lim_{T\to\infty}\frac{1}{2\pi}\int_{-T}^{T}\frac{\exp(-\mathrm{j}\omega x) - \exp(-\mathrm{j}\omega y)}{\mathrm{j}\omega}\phi_X(\omega)\mathrm{d}\omega \tag{A-16}$$

更进一步, 如果 X 为连续型随机变量, 其概率密度为 $f_X(x)$, 那么逆转公式即为

$$f_X(x) = \frac{1}{2\pi}\int_{-\infty}^{\infty}\phi_X(\omega)\exp(-\mathrm{j}\omega x)\mathrm{d}\omega \tag{A-17}$$

定理 A.12 (特征函数的唯一性)　如果两个随机变量有相同的特征函数, 那么它们的概率分布也相同。

特征函数最重要的性质之一是"收敛性质"。

定理 A.13　设随机变量序列 $\{X_k, k \in \mathbb{N}\}$ 的特征函数序列为 $\{\phi_{X_k}(\omega), k \in \mathbb{N}\}$, 概率分布函数序列为 $\{F_{X_k}(x), k \in \mathbb{N}\}$。如果 $\{X_k\}$ 依分布收敛到概率分布为 $F_X(x)$ 的随机变量 X, 那么在任意一个有限区间上, $\{\phi_{X_k}\}$ 均一致收敛。即

$$X_k \xrightarrow{F} X \Rightarrow \phi_{X_k}(\omega) \to \phi_X(\omega) \qquad k \to \infty \tag{A-18}$$

定理 A.14　设随机变量序列 $\{X_k, k \in \mathbb{N}\}$ 的特征函数序列为 $\{\phi_{X_k}(\omega), k \in \mathbb{N}\}$, 概率分布函数序列为 $\{F_{X_k}(x), k \in \mathbb{N}\}$。如果 $\{\phi_{X_k}(\omega)\}$ 逐点收敛到 $\phi(\omega)$, 且 $\phi(\omega)$ 在 0 点连续, 那么 $\{X_k\}$ 弱收敛到随机变量 X, 且 X 的特征函数恰为 $\phi(\omega)$。

这两个定理的证明可以参看文献 [4]。下面通过一个例子来说明其用途。

例 A.7 (弱大数律与中心极限定理)　概率论中的弱大数律和中心极限定理都描述了随机变量和的极限行为。设独立同分布随机变量序列 $\{X_k, k \in \mathbb{N}\}$ 的概率分布为 $F(x)$，特征函数为 $\phi(\omega)$，再设其均值为 μ，方差为 σ^2，那么弱大数律是指当 $n \to \infty$ 时，

$$\frac{X_1 + \cdots + X_n}{n} \xrightarrow{P} \mu \tag{A-19}$$

而中心极限定理是指

$$\frac{X_1 + \cdots + X_n - n\mu}{\sqrt{n}\sigma} \xrightarrow{F} N(0,1) \tag{A-20}$$

其中 $N(0,1)$ 表示均值为 0，方差为 1 的高斯分布。

首先证明弱大数律。设 X_1 的特征函数为 $\phi(\omega)$，则

$$\phi_{\frac{X_1+\cdots+X_n}{n}}(\omega) = E\left(\exp\left(\mathrm{j}\omega\left(\frac{X_1 + \cdots + X_n}{n}\right)\right)\right) = E\left(\exp\left(\mathrm{j}\frac{\omega}{n}(X_1 + \cdots + X_n)\right)\right)$$
$$= E\left(\exp\left(\mathrm{j}\frac{\omega}{n}X_1\right)\right) \cdots E\left(\exp\left(\mathrm{j}\frac{\omega}{n}X_n\right)\right) = \left(\phi\left(\frac{\omega}{n}\right)\right)^n \tag{A-21}$$

将 $\phi(\omega)$ 做 Taylor 展开，得到

$$\phi\left(\frac{\omega}{n}\right) = 1 + \mathrm{j}\mu\frac{\omega}{n} + o\left(\frac{\omega}{n}\right)$$

因此当 $n \to \infty$ 时，$\forall \omega \in \mathbb{R}$，

$$\phi_{\frac{X_1+\cdots+X_n}{n}}(\omega) = \left(1 + \mathrm{j}\mu\frac{\omega}{n} + o\left(\frac{\omega}{n}\right)\right)^n \longrightarrow \exp(\mathrm{j}\omega\mu)$$

$\exp(\mathrm{j}\omega m)$ 是 ω 的连续函数，由定理 (A.14)，有

$$\frac{X_1 + \cdots + X_n}{n} \xrightarrow{d} \mu$$

由定理 A.6，得到

$$\frac{X_1 + \cdots + X_n}{n} \xrightarrow{P} \mu$$

下面证明中心极限定理。不妨设 $\mu = 0$(否则的话可以考虑 $X_n - \mu$)，与弱大数律的证明方法类似，得到

$$\phi_{\frac{X_1+\cdots+X_n}{\sqrt{n}\sigma}}(\omega) = \left(\phi\left(\frac{\omega}{\sqrt{n}\sigma}\right)\right)^n = \left(1 + \frac{\mathrm{j}^2\sigma^2}{2}\left(\frac{\omega}{\sqrt{n}\sigma}\right)^2 + o\left(\frac{\omega}{\sqrt{n}\sigma}\right)^2\right)^n$$
$$= \left(1 - \frac{\omega^2}{2n} + o\left(\frac{\omega^2}{n}\right)\right)^n \to \exp\left(-\frac{\omega^2}{2}\right)$$

由于 $\phi(\omega) = \exp(-\omega^2/2)$ 在 0 点连续，且恰为 $N(0,1)$ 分布的特征函数，所以由定理 (A.14)，有

$$\frac{X_1 + \cdots + X_n - n\mu}{\sqrt{n}\sigma} \xrightarrow{d} N(0,1)$$

表 A-1 给出了常用的几种连续型分布的特征函数。

表 A-1　常见连续型分布的概率密度与特征函数

分布名称	概率密度 $f(x)$	特征函数 $\phi(\omega)$
Cauchy 分布	$\dfrac{1}{\pi(1+x^2)}$	$\exp(-|\omega|)$
指数分布	$\lambda\exp(-\lambda x)$	$\dfrac{\lambda}{\lambda-\mathrm{j}\omega}$
Gamma 分布	$\dfrac{x^{\alpha-1}\exp(-x/\beta)}{\beta^\alpha\Gamma(\alpha)}$	$(1-\mathrm{j}\beta\omega)^{-\alpha}$
Gauss 分布	$\dfrac{1}{\sqrt{2\pi}\sigma}\exp\left(-\dfrac{(x-\mu)^2}{2\sigma^2}\right)$	$\exp\left(\mathrm{j}\omega\mu-\dfrac{\sigma^2\omega^2}{2}\right)$

2. 母函数

母函数的定义和特征函数很类似，通常只用于对非负整数值的随机变量的分析处理。

定义 A.9 (母函数)　设非负整数值随机变量 X 的概率分布为 $P(X=x_k)=p_k$，则其母函数定义为

$$G_X(z)=E(z^X)=\sum_{k=0}^{\infty}z^k p_k \tag{A-22}$$

定理 A.15 (独立随机变量的和)　设 X 和 Y 为独立的非负整数值随机变量，母函数分别为 $G_X(z)$ 和 $G_Y(z)$，设 $W=X+Y$，那么 W 的母函数为 $G_W(z)=G_X(z)G_Y(z)$。

定理 A.16 (随机变量的矩)　设 X 为非负整数值随机变量，各阶矩均存在，母函数为 $G_X(z)$，那么

$$E(X)=\left(\frac{\mathrm{d}}{\mathrm{d}z}G_X(z)\right)\bigg|_{z=1}=G_X'(1) \tag{A-23}$$

$$E(X^2)=\left(\frac{\mathrm{d}^2}{\mathrm{d}z^2}G_X(z)\right)\bigg|_{z=1}+\left(\frac{\mathrm{d}}{\mathrm{d}z}G_X(z)\right)\bigg|_{z=1}=G_X''(1)+G_X'(1) \tag{A-24}$$

$$\mathrm{Var}(X)=E(X^2)-(EX)^2=G_X''(1)+G_X'(1)-[G_X'(1)]^2 \tag{A-25}$$

参考文献

[1] N. Balakrishnan and C.R. Rao. *Order statistics : theory and methods*. Elsevier, Amsterdam ; New York, 1998.

[2] P. Billingsley. *Convergence of probability measures*. Wiley, New York, 1968.

[3] Y.S. Chow and H. Teicher. *Probability Theory : Independence, Interchangeability, Martingales*. Springer-Verlag, New York, 1978.

[4] K.L. Chung. *A Course in Probability Theory*. Academic Press, New York, second edition, 1974.

[5] R. Courant and D Hilbert. *Methods of mathematical physics, Vol II*. Interscience Publishers, Inc, New York, 1962.

[6] J.L. Doob. *Stochastic Processes*. John Wiley Sons, New York, 1953.

[7] W. Feller. *An introduction to probability theory and its applications*. Wiley, New York, 1957.

[8] D. Freedman. *Brownian Motion and Diffusion*. Springer-Verlag, New York, 1983.

[9] F.R Gantmacher. *The Theory of Matrices, Vol I, II*. Chelsea Publishing Co, New York, 1959.

[10] I.I. Gihman and A.V. Skorohod. *The Theory of Stochastic Processes*. Springer-Verlag, Berlin, 1975.

[11] B.V. Gnedenko. *The Theory of Probability*. Chelsea Publishing, New York, 1962.

[12] U. Grenander and G. Szego. *Toeplitz forms and their applications*. University of California Press, Berkeley ; Los Angeles, 1958.

[13] M.S. Kay. *Modern Spectrum Analysis: Theory and Application*. Englewood Cliffs, N.J, Prentice Hall, 1988.

[14] A.V. Oppenheim. *Digital Signal Processing*. Englewood Cliffs, N.J., Prentice-Hall, 1975.

[15] R.E. Paley and N. Wiener. *Fourier Transform in the Complex Domain*. Amer Math Soc Coll Pub, Amer Math Soc, 1934.

[16] J.G. Proakis. *Digital Communication*. McGraw-Hill, New York, fourth edition, 2001.

[17] J.G. Proakis. *Algorithms for Statistical Signal Processing*. Englewood Cliffs, N.J., Prentice-Hall, 2002.

[18] F. Riesz and B. Sz-Nagy. *Functional Analysis*. Frederic Ungar Publishing, New York, 1955.

[19] S.M Ross. *Introduction to Probability Models*. Academic Press, London, sixth edition, 1997.

[20] H.L. Royden. *Real Analysis*. Macmillan Publishing, New York, 1968.

[21] E. Seneta. *Non-negative Matrices and Markov Chains*. Springer, New York, second edition, 2006.

[22] A.E. Taylor and D.C Lay. *Introduction to Functional Analysis*. Wiley, New York, second edition, 1980.

[23] E.C. Titchmarsh. *Theory of Functions*. Oxford University Press, London, second edition, 1939.

[24] P.M. Woodward. *Probability and Information Theory, with Application to Radar*. McGraw-Hill Book Company, New York, 1953.

索　引